动物生活史

（英）约翰·亚瑟·汤姆森　著

周超飞　译

应急管理出版社

·北京·

图书在版编目（CIP）数据

动物生活史／（英）约翰·亚瑟·汤姆森著；周超飞
译. -- 北京：应急管理出版社，2022
ISBN 978 - 7 - 5020 - 9191 - 0

Ⅰ.①动… Ⅱ.①约… ②周… Ⅲ.①动物—普及读
物 Ⅳ.①Q95 - 49

中国版本图书馆 CIP 数据核字（2021）第 253895 号

动物生活史

著　　者	（英）约翰·亚瑟·汤姆森
译　　者	周超飞
责任编辑	高红勤
封面设计	主语设计

出版发行	应急管理出版社（北京市朝阳区芍药居 35 号　100029）
电　　话	010 - 84657898（总编室）　010 - 84657880（读者服务部）
网　　址	www. cciph. com. cn
印　　刷	北京市兆成印刷有限责任公司
经　　销	全国新华书店

开　　本	710mm×1000mm$^1/_{16}$　**印张** 35　**字数** 450 千字
版　　次	2022 年 7 月第 1 版　2022 年 7 月第 1 次印刷
社内编号	20211270　　　　　**定价** 98.00 元

序 言

对于研究博物学的人而言，最有效的研究方式就是观察动物们平时的生活习性，从而了解其觅食、求偶、领地以及种群的情况，而这几个方面既是博物学研究的永恒主题，亦是我们在这里要探讨的话题。在涉足上述领域之后，我们会发现，动物是值得同情的，毕竟它们所遭遇的困境事实上也是人类所面临的困境。

所有生物在活着的时候都在演绎着生命历程，所起到的作用或大或小。在生命这场演出中，人类所扮演的角色无疑至关重要。世界宛如瞬息万变的舞台，在不知多少万年间持续地上演着各种剧目，不但从未停息，并将再接再厉。当然，相较于整个漫长的演出，人类走上舞台，并开始探索戏剧情节的时间还十分短暂。

因此，我们讨论的重点将是动物的野外生活，尤其是脊椎动物中的哺乳动物与鸟类，以及无脊椎动物中的昆虫与蜘蛛的生活。毫无疑问，这几类动物是我们了解得最多，且所知信息最确凿的。在走上动物研究之路后，我们将很快看到，假如不提出——哪怕是不太专业地提出——一系列生物学的基础问题，研究工作便停滞不前。我们想要表达的一个观点是：

在古往今来的博物学研究领域内，一直有一种与思维训练有关的法则，而这种法则已渐渐演变为现代生态学，就像解剖学、生物学等领域内那些偏重分析的研究方法所遵循的法则一样。除了探究思维训练法则之外，我们还期待大家能喜欢我们的讲述，能有更多的人可以感受到生命最深邃的愉悦——纵然算不上玄妙，却足够深刻。

目　录

THE
OUTLINE
OF
NATURAL
HISTORY

第一章

哺乳动物是如何生活的

　　大体而言，我们可以把动物分为两大类：脊椎动物与无脊椎动物，而这两个大类又可以分解出若干纲。

　　首先来看看脊椎动物，其下属的纲有：

　　（1）哺乳纲，大部分为四足、有体毛；

　　（2）鸟纲，两足、身覆羽毛；

　　（3）有鳞的爬行纲，例如蜥蜴、蛇等；

　　（4）体表光滑的两栖纲，例如蛙类、水螈等；

　　（5）鱼纲，身体长有鳃、鳍。

　　再来看看无脊椎动物，其下属的纲有：

　　（1）软体动物，例如蜗牛以及双壳纲；

　　（2）蜘蛛以及蛛类；

　　（3）昆虫纲；

　　（4）甲壳纲，例如蟹、虾等；

　　（5）一些种类的蠕虫；

　　（6）海盘车、海胆以及相关物种；

（7）动物植物，例如水母、海葵等；

（8）海绵；

（9）单体动物，这是世界上结构最简单的动物：单细胞动物与单生活质动物。

首先要讲到的是哺乳纲。在这一纲中，人类是最高级的动物，其他还有猴类、肉食类、有蹄类、食虫类、啮齿类等。

聪明的猴

这一目（灵长目）内等级颇多，除却人类之外，智商最高的当数猴类。猴类中又包括：

（1）新世界猴，例如蜘蛛猴、吼猴等；

（2）旧世界猴，例如猕猴、狒狒等；

（3）人猿，全为旧世界动物，例如长臂猿、合趾猿、黑猩猩、大猩猩、猩猩等。

先来看看猴类的感觉器官。感觉器官不但能为大脑提供信息，还能协同大脑指挥身体。猴类的感觉器官都十分发达。我们知道狗和马的双眼位于两侧，只能横视，而猴类的双眼则可以直视，就像人类一样。这一点至为关键，这意味着它们眼中的事物大多都是双眼同时所见。这就是人们常说的立体视觉，可以目测出长、宽、高。猴类还可以认出各种形状（甚至字母）和颜色。它们生活在森林之中，天生行动迅捷，擅长洞察环境，对任何动作与变化都十分敏感，可以很快发现新出现的异象。它们的听觉很发达，不过嗅觉不如犬类那么灵敏。

和其他哺乳动物相比，猴类最突出的特点就是拥有灵活的双手。尽管猴类还需要借助手来行走，不过它们的双手已经可以离地活动，而不像犬类那样，前肢无法离开地面自由活动。猴类的手可以做出攀、攥、提、握等动作，它们的触觉敏锐，抓握能力突出。当然，有一些哺乳动物也能做出上述动作，例如松鼠，它们可以用手捧起坚果，不过猴类的手是可以配合视觉，以协调的方式来操控物体。它们的手如同工具，就像我们所看到的那样，它们会拆东西，还会转动刷子的手柄来取乐。

有趣的实验

在进一步认识猴类之前，我们需要明白这样一件事：它们的大脑颇为发达，可以说已进化到了一个相当高的程度。仔细看看那些身材健硕的猴子的眼睛，人们可以很容易看出它们的一些情绪。猴类十分聪敏，也十分活跃。桑代克教授曾表示："通过观察，我们发现猫和狗相对来说活动较少，甚至可以保持长时间不活动。但是猴类的活动却很多，它们似乎对一切都很感兴趣，而且往往只是因为单纯的喜欢而不停地做很多事。"

面对所有值得探究或掌控的事情，它们总是充满好奇心，急迫地想要寻找答案，可见它们的活跃程度之高。吉卜林[①]曾说，里奇－提奇－泰维[②]一辈子都在探索新事物，这句话也可以用到猴类身上，我们甚至可以说，它们对这个世界充满了好奇。

桑代克教授在研究时发现，一只猴子在不经意间碰到了一条活动的金

[①] 吉卜林（Rudyard Kipling），英国小说家、诗人，出生于印度。1907 年荣获诺贝尔文学奖。——译者注

[②] 里奇－提奇－泰维（Rikki-Tikki-Tavi），吉卜林的作品《丛林奇谈》中的灰獴。——译者注

属线，而金属线的颤动让它兴奋不已。在此之后，它又玩了很久这个游戏，反反复复好几百次。尽管得不到任何好处，但这只猴子显然很高兴听到那种嗡嗡的声音。

猴类的行动通常都十分迅捷，一想到什么事就会马上去做。甚至有时候，在人们尚未洞察到它们的想法时，它们就已经结束了行动。在学习将不同的事物联系起来的时候（比如动作和声音），猴类是动物界中的佼佼者，其敏感程度相当高。很多人都知道，在伦敦动物园里，有一只名为"萨莉"的黑猩猩。人类老师曾教它听数字举麦秆，没过多久，它就可以分辨5以内的数字了。在听到数字，譬如3、2或1的时候，它会举起相应数量的麦秆。老师对它进行了奖励。后来，老师让它尝试分辨更大的数字，不过并不顺利。这可能是因为它没有足够的耐性。在学习更大数字的时候，它总是用手把一根麦秆对折起来，然后握在手里露出两头，以取代"2"。这种方式可以节约一些时间，不能不说是聪明的。尽管没有因此而获得老师的奖励，可萨莉还是很喜欢这样做。

福尔摩斯教授饲养了一只印度帽猴，并给它取名为莉齐。这种猴子和生活在直布罗陀海峡的猕猴是亲戚，它们的曾祖辈是兄弟关系。莉齐对所有事物都很感兴趣，无论是可以做的，还是不可以做的。它被圈养在一个铁笼子里，前面竖着铁条，它可以从中间伸出手臂。有一次，人们把一个苹果放到一块木板上，把木板放在距离笼子不远的地方。那块木板带有一个手柄，而莉齐刚好可以够到那个手柄。于是，莉齐马上伸出手臂握住手柄，把木板拉到近处，然后拿到了苹果。莉齐的动作一气呵成，这可能与这类动物的生活习性有关：为了获得果实，会把树枝拉到身旁。

在另一个测试中，人们给了莉齐一个装有一颗花生并带有软木塞的瓶子，晃动瓶身，瓶子就会叮咚响。出于本能，莉齐攥着瓶子又咬又掰，用牙把软木塞取了下来，可它并没有把瓶子倒过来，倒出花生。这个实例很有意思，意味着它的智力并不太高。在重复了很多次之后，莉齐的动作也越来越快，最后终于取出了花生。然而，它始终无法理解其中的原理。它的动作快，只是因为它省略了不必要的动作，说明它的学习还处于低等阶段。假如它足够聪慧，它理应知道翻转瓶身。

在学习解锁迷笼这件事上，猴类比猫、狗要聪明许多。它们会按顺序清除障碍，这是因为它们拥有灵活的双手，并能掌握使用手的技能。在反复尝试之后，它们能够更正一个又一个错误，所以最终效果比莉齐的"瓶子经验"（还不能称为实验）要好。

曾有一只猴子在 8 个月后依旧顺利且快速地解锁了迷笼，这表明它的记忆力非同一般。有些猴子甚至能够学会从汉普顿宫迷宫之类的建筑里走出来。想要顺利完成这类游戏，必须记住迷宫里的各个转弯与曲折处。我们曾看到一份颇有意思的资料，两只猕猴在即将走出迷宫时咿呀乱语，就像是在庆祝："这次终于成功了，可以拿到奖励了。"

人们通常认为，猴类拥有极强的模仿能力。不过在我们看来，这一看法并不完全正确。我们曾看到这样一个耐人寻味的场面：两只黑猩猩在擦拭自己的柜子时会对湿毛巾撕咬一番，其行为类似于女人在洗衣服。它们可能曾见到人类的类似行为，因此自己也开始尝试。然而，针对猴类所做的实验表明：总的来说，一只猴子需要靠自己去摸索方法从而解决问题。除了一些简单得不能再简单的事情，例如利用弯树枝把远处的食物拉到近处之外，在它们面前表现出某种行为以期帮助它们掌握某种技能是徒劳的。当然，事无绝对，毕竟猴类中等级颇多，智力也有高有低。

猴类不光活跃，还具有坚定不移的实验主义精神。它们会借助手部技能解决难题，并牢牢记住解决的方法。我们见过一只会表演杂技的黑猩猩，它叫彼得。在众多研究对象中，它可以说是最聪慧的一只猴子（准确地说是猿类）了，不仅会溜冰、骑单车、穿针引线、解开绳结，还会抽香烟、串珠子、钉钉子，甚至偷偷拿钥匙开锁。

彼得的演出十分精彩，其中最拿手的是骑单车绕过瓶子：5 个瓶子排

图1　赤猴

分布在西非，体长约为85厘米，尾长约75厘米。背部及头顶的皮毛呈橘红色，胸腹部及四肢皮毛为白色，脸颊及下颏有浓密的白胡须。赤猴生性活泼、活动敏捷。它们的视觉、听觉、嗅觉都很敏锐。喜欢吃植物的花、果、枝、叶及树皮，偶尔也吃鸟卵或者小型无脊椎动物。

成"∞"字形；最好玩的是拿锤子钉钉子，拿螺丝刀钻螺丝，物尽其用，准确有序。我们曾用一只特制的锤子来考验它，只见它认真地摸了摸锤子的两头，然后放弃了圆头，用平头钉起了钉子。它所掌握的杂技表演多达36场，其中一些熟练的表演无须借助任何提示。训练员好像只需要准备表演道具，而无须提供其他帮助。彼得很喜欢演出，在7岁那年过劳而死。

霍纳迪博士是纽约动物园的董事，也是《动物的思维与态度》[①]一书的作者。这本书中提到，一只名叫苏才脱的黑猩猩在经过训练后成了特技演员，不但会骑自行车，而且还能十分淡然地滑冰。它能够站在大木球上，

---

① 出版于1922年。——作者注

以惊人的平衡能力及娴熟的脚法滚动木球。它先是滚上一个大斜坡，然后顺着一个有很多级台阶的扶梯滚下来，最后顺利地回到舞台上，其间一直如履平地，未曾失误，甚至可以说一切尽在它的掌握之中。我们无从断定这类技巧所需的智力程度，不过不可否认的是，苏才脱之所以能做到，是因为它在现实生活中拥有敏锐且果断的判断力。

猴类和猿类无异于马、狗、猫、象等动物，它们的行为具有一定的智慧。在我们看来，如果认为它们没有思考能力，我们就无法自圆其说；如果觉得它们不会斟酌，"要不先这么做，再那么做"，我们就无法理解它们的行为。我们需要面对现实，它们的确拥有些许思想，也就是专业领域内所说的"知觉的推论"。换句话说，它们在脑海里玩着一些小型的实验游戏，而记忆中的影像，或者说所见事物的样子就是游戏筹码。假如它们的实验是针对"概况的观点"，譬如"人""奖励"等——就像人类偶尔会做的那些事，那么这类实验则可以被看作理性的，也就是"概念的推论"。当然，我们尚未发现有动物的智力处于水平线之上。

这一问题至关重要，我们将通过研究大猩猩来做出解释。

大猩猩

潘尼少校 1918 年从伦敦的一家商店买下一只年轻的雌性大猩猩，帮助它摆脱了悲惨的命运，之后将这只幼小的猩猩交给坎宁安女士照顾。坎宁安女士将它的成长经历记录成一本小册子。

在开启新生活之后，这只名叫约翰的大猩猩变得开心快乐了许多。它讲卫生爱干净，日常最喜欢喝热牛奶，还有已经加热过的新鲜水果。虽然吃东西的速度不是很快，但它进餐时的态度却非常不错。想要喝水的时候，它会拧开水龙头，喝完之后再拧上。它总是自顾自地玩耍，或者和一个 3 岁小孩玩闹。它对动物幼崽很有爱心，不管是小羊羔还是小牛犊，不过它对成年动物常常感到害怕。它常在走廊里玩，会打开窗栓，推开窗户，让外面的人看到自己。它喜欢拍打双手，或者挥拳击打自己的胸部，就像杜·沙伊鲁所记录的那样——除非他描述得有误。约翰总是很谨慎，但又对身边的人类好奇不已，比如那些站在高处窗户里四下张望的人。它有时候也很淘气，不过还没有达到让人们对它施加体罚的程度。（在我们看来，对它的惩罚便是一边说它太淘气，一边推开它。每到此时，它就会躺在地上撒泼打滚，以示自己知错并会改正，然后把手放到你的膝盖上，再把头搁到你的脚面上。）

再谈一件趣事，来看看在小玩伴摔跤的时候，约翰会做出什么反应。小女孩呜呜地哭起来，然而妈妈并没有扶她起来，约翰立刻上前拽住妈妈，有时候会使劲儿打一下妈妈，因为它觉得是妈妈惹哭了小女孩。不过，我们很难推断出这只年纪不大的大猩猩到底在想什么。它可能在想："我的朋友在哭，就像我被所爱的人推开之后躺在地上哭一样，她的妈妈居然没有去扶她，我该做些什么呢？去打她妈妈一下，如果需要再喊上几声也是可以的。"假如它真这么想，那么它的行为就是经过思考的。尽管我们不能就此认为它的行为和人类通常所做出的行为没有什么差别，不过无论如何，这种行为也闪耀着智慧之光。从另一个角度来看，假如我们认为约翰的想法是"这简直太不公平了，怎么能让我的小伙伴这么哭呢！我必须要提出抗议"，那么我们就更应该认为它不失理智，或者说不失"概况的观点"。不过，上述两种解释都是不成立的。约翰可能的确带有愤怒或疑惑的情绪，但它做出攻击行为的主要原因应该是小女孩偶尔会那样做。就像大猩猩常常用拳头击打胸部一样，这样的行为并不意味着它拥有较高的智力。

我们还听坎宁安女士提到过另一件事，这件事表明大猩猩和人类拥有某些类似的特性："屠夫送来一块带有骨头的牛排，由于我偶尔会给约翰吃上一小块，所以那次也给它切了一些。我把牛排上不那么好的肉给了它，它尝了尝，然后严肃地还了回来。它抓起我的手，把我的手放到精肉上。我给它切了一点精肉，它接受了。此时，我那年幼的侄女恰巧回到家，她以为我在开玩笑，让我再来一次。结果不言而喻，对于那些不好的肉，约翰连试都没试。"相较于上个例子中的"触景伤情"，这次的事情看上去更有意思。

还有一次，在坎宁安女士出门前，约翰跑过来想要坐到她腿上，据说那是它的光荣之座。然而，坎宁安女士因为担心弄脏所穿的浅色衣物而拒绝了它。约翰照例躺在地上哭喊了一阵，然后找来了一张报纸，铺在坎宁安女士的大腿上。在坎宁安女士看来，那是约翰最聪明的一个举动，若要详细解读的话，大概可以认为它在做判断："我想坐到她腿上，但是被拒绝了，因为她担心我会弄脏她的衣服。不能弄脏衣服，就需要用报纸垫一下。因此，我需要找来一张报纸。"如果约翰真这么想，而且此前也没有看到过这样的行为，那么它的举动可以说是相当明智了，尽管还算不上理性。然而，想要得出科学的结论，我们还得考虑到它是不是看到过坎宁安女士的类似行为，比如在衣柜抽屉里铺上报纸，在隔板下垫上报纸以及坎宁安女士在给约翰刷毛或洗澡的时候会不会穿围裙。简单来说，我们不仅要看表象，更要深入探究很多细节。就算约翰的行为带有智慧的色彩，可我们还是无法确定它的智力高低，还需要继续研究下去。在博物学领域内，相较于前人的观点，我们的想法要缜密很多，我们不能简单地对某件事或某个记录表示认同。

大猩猩的种类大致有两种：第一种是栖息在北部刚果森林、喀麦隆以及加蓬地区的西非低地种；第二种是栖息在西北坦干伊喀湖以及基伍火山的高原的东孔戈种。巴恩斯先生近来正在准备研究后者，他之前在猿类聚居地观察过最大型的猿，这一机会是史无前例的。

在高原地区，猿类甚至可以生活在海拔上千英尺①的山林里，因为那

---

① 1英尺约为30.48厘米。——译者注

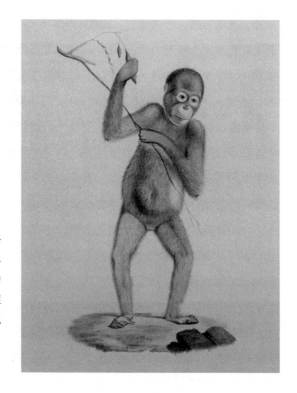

图 2　猩猩

猩猩在马来语和印尼语中叫作"Orang Utan"，意思是"森林人"，因身体上的长毛为红色，故俗称红毛猩猩。分布于马来西亚和印尼的婆罗洲及苏门答腊岛。

里有它们经常吃的食物——非洲热带高地盛产的一种竹笋。而且猿类还拥有适应高山地区生活的体表：除了胸部之外，身上其他部位都长满了又厚又黑的毛发（高山地区气温很低），就连头顶上都长着许多毛，就像英国士兵戴的熊皮帽一样。

　　大猩猩身材高大魁梧。巴恩斯先生曾射杀过一只体长 6 英尺 2 英寸[①]的大猩猩。我们还知道一只比日本柔道运动员还健硕的大猩猩，足有 32 英石[②]重，且手臂的长度达到了 19 英寸。无论是粗壮的树枝，还是狮子的

---

　　① 1 英寸约为 2.54 厘米。——译者注

　　② 1 英石约为 6 千克。——译者注

前肢，或者是猎豹的头部，它都能轻易掰断；而且只需要短短几分钟，它就可以把桑多①或哈肯施密特②撕得粉碎。当你遇到一只愤怒的大猩猩，你能做的只有开枪，或者用留声机播放音乐。这并不是说音乐能使它镇定下来，而是因为未知的原因，大猩猩在听到音乐后会感到受不住。

人们从小就被灌输了这样的知识：猿类毕竟是猿类，生活在树上，而我们的祖先则生活在地面。然而，巴恩斯先生坚称大猩猩并非生活在树上，它只是可以凭借四肢爬到树上而已。这种大型动物的行动方式很奇特，它们能够在竹林间快速移动，攀在竹子上就像是在踩高跷。如果居高临下地观察，我们将发现，它们黑乎乎的头部总是忽上忽下，粗壮的手臂忽高忽低，仿佛是一群怪兽在海里翻腾。它们鲜少在地面上行走，除非手里抓着垂下的树枝，或是受到人类攻击——人类是它们唯一的敌人。事实上，大猩猩行动时一般四足着地，手部握拳，手背贴地。

在高原地区，大猩猩通常睡在地上，或者至少靠近地面，而不是在树上休息。其实它们的生活环境相对来说是安全的，唯一会令它们感到不适的是：常常会被大雨浇得像个落汤鸡。所以，它们通常会睡在大树的空洞里、繁茂的枝叶下、竹林间开阔的土地上以及洞穴里，它们会把羊齿类植物或柔嫩的树枝搬到洞穴里铺好。在竹林间开阔的土地上，它们沐浴着阳光，有时候拨弄小草，有时候四处走动。

相较于低地，高原上的草类分布得并不太广阔。水果和植物的根都不是大猩猩的食物。它们主要吃竹笋以及酸模、芹科草等富含水分的植物，偶尔还会吃蜂蜜。

巴恩斯先生提出，猿类是有家庭概念的，一个家庭里有父猿、若干成年雌猿以及数只幼猿。不过，对于这类关键问题，还需要进行更多更细致

---

① 桑多（Sandow），德国著名健美运动员。——译者注
② 哈肯施密特（Hackenschmidt），俄罗斯著名摔跤手。——译者注

的观察。我们偶尔会看到形单影只的老猿，它们可能是因为不敌健壮的"青年"而不得不离开了家庭，但它们并不缺食物，不过是成了老前辈而已。

认真观察的话，可以发现猿的胸部十分健硕（约有 60 英寸），拥有很大的牙床和锋利的牙齿，叫声尖锐，就像水牛似的。它们通常都很安静，并非生来就爱喋喋不休。兴奋或者发现新事物的时候，它们会叫得很大声，听上去类似于犬吠，然而它们会"乒乒乓乓"地捶胸以传递信号——要么是警告危险，要么是呼朋唤友。在我看来，它们可能也会通过这种方式给自己打气，因为我发现，它们有时候会在没有任何危险的情况下大声叫喊。

一只成年雄猿的身高可以达到 6 英尺以上，毛发多为灰黑色，有的会略微偏红，令人难忘。不过，巴恩斯先生坚持认为，猿类的威胁远逊于伦敦街头的十字路口。

因为双腿比双臂短了许多，所以大猩猩的身材比例看起来很不协调，除此之外，它们的样子还算不错。幼猿看上去像孩子们喜爱的大肚熊玩具，的确很漂亮。公正地说，大猩猩的模样并不丑。

大猩猩最大的特点是力大无比，不过它们的视觉、听觉、嗅觉都不怎么样。它们的智力水平达到了一定程度，就实验结果而言，它们潜力无穷，拥有一定的智力，并能在合理的引导与刺激下得到开发。有人指出，包括人类在内，动物遗传体系中不应该涉及潜力一说，但我们并不认同这种说法。如果将饥饿、疾病等灾难因素排除在外，大猩猩的生存时间或许要比人类更长。

大多数人都误以为大猩猩是凶残的动物。不过，在巴恩斯先生眼中，它们不过是徒有凶恶的外表罢了，从来不会主动攻击人类。近来，斯堪的纳维亚考察团猎杀了 14 只大猩猩，我们认为这些人绝不仅仅是在做科学研究。巴恩斯先生说过一句充满人道主义精神的话："只要不是无情之徒，就不会在猎杀猿类时忘记，这种行为无异于杀人。"猿类具有一定的人性，这很有意思。幼猿能够洞察到危险的存在，成年猿类则充满好奇心，因此，我们绝不能把狩猎视为游戏。我们很高兴看到诸如孔戈猩猩庇护所这样的机构，尽管大猩猩不是人类的祖先，但理应受到保护。更何况，相较于其他动物，它们更值得我们去保护。大猩猩很了不起！

作为一名心理学家，科勒教授之前得到过一个绝佳的研究黑猩猩的机会。他告诉我们，在看到有同类即将受到惩罚的时候，即使是一只奄奄一息的黑猩猩，也一定会尽力恳求看守，希望他网开一面。除此之外，雄猿在看到生病的幼猿瘫倒在地时，也会跑过去援助，尽管它不是幼猿的母亲，却会如母亲一般对待幼猿，尽力扶起虚弱的幼猿。此类令人感动且有用的事例数不胜数，我们就不再一一列举了。

科勒教授曾做过一个实验，他当着黑猩猩的面，在它笼子前的沙地里埋了两个梨子。几番实验的间隔时间不尽相同，最久的有 15 分钟。接着，他在笼子里放上一根木棍，黑猩猩马上拿起来木棍，穿过铁笼空隙伸到外面，开始挖土找梨子。这种行为不得不说是聪敏的。

在完成"梨子实验"16 小时后，研究者又对几只猿做了类似实验。这些猿同样也拿起了木棍，在埋梨子的地方挖来挖去，希望得到水果。在必要条件不变的情况下，实验重复进行了多次，得到的结果均是如此。毫无疑问，猿的行为带有智慧的属性。对于期望拥有的东西，它们总是记得很清楚，而且可以控制好动作，根据记忆找准挖土的位置。"理性"这个词的意思比"智力"更广泛一些，所以可能会有人在这里使用"理性"这个词，但这并不意味着它们认为"梨子实验"透露出了理性的特质。

黑猩猩栖息在树上，尽管它们也常常下地活动。树木是它们的生活场所，不过它们也常常来到树下，挖掘植物的根或球根，有时候还会迁徙，选择更适合居住的大树落脚。入夜之后，它们会利用枝叶繁多的新鲜树枝在距离地面 15 ～ 20 英尺高的地方搭建平台，然后在那里睡到翌日清晨。它们喜欢叫喊，但在树枝间进食的时候却很安静，而且会避免食物掉落，以泄露自己的藏身之处。它们的"语言"不算丰富。克里斯蒂博士在其著作上写到，在白天的时候，黑猩猩通常会在树上度过一段休闲舒适的时光，采摘果实或鲜嫩的叶芽、和小伙伴们玩闹、做鬼脸逗乐、无所事事地荡秋千，偶尔下到地面，躺在木头上闭目养神。如果觉察到危险，警惕的雄猿长者会马上离开群体，从高高的树梢上一段一段往下跳，几次之后便能落地行走。它用长长的手臂抓住枝条攀上爬下，或者拨开阻挡它前行的枝叶与藤蔓，但不会用上肢来协助行走。黑猩猩行走时是不用上肢的，这一行为可参见它们留下的行走痕迹：人们只看到过它们的足迹，虽然偶尔夹杂着一些手指留下的印记，但那是因为它们在行走的时候总爱在地上捡落叶。

不过，我们认为这种动物在一两个方面确实体现出了近似理性的行为。据霍纳迪博士说，一只被人类猎捕并被取名为桃洪的猩猩好像很喜欢制作杠杆，"它制作杠杆的时候，好像明白当初阿基米德所发现的螺旋原理"。霍纳迪博士提到"原理"一词可能是刻意为之，不过这件事的确有其神奇之处。桃洪在明白了杠杆的原理后开始制作各种杠杆，甚至是大型杠杆，可见它一点也不笨，而且它还突破了条件的限制。通过最开始的学习，它总结了经验，汲取了教训，然后付诸实践，尽管条件已经发生变化。它兴奋不已地开启了制作杠杆的旅程，拆掉了笼子里的支架，还破坏了放在阳台上的两个衣柜。在很长的一段时间里，它烦闷至极，原因在于它无法把头伸到笼子外面以观察周围人或动物的行为——这种欲望生而有之。"在弄清杠杆的作用后，没过多久，它就把笼子上的横条撬到了顶部，并让横条的一端从铁框和最边上的铁条之间脱落，然后熟练地撬弯了两条纵向的铁条，这样它就可以伸出头，随心所欲地观察四周了。"桃洪恐怕是世上最爱搞破坏的动物了。

综上所述，毋庸置疑，猴和猿的大脑很聪明，它们仿佛总在思考，拥有不凡的探索心、记忆力以及探求事物间联系的能力，因此它们可以把一种行为的经验运用到另一个类似的行为中。一言以蔽之，一部分猿类的智力水平是相当高的。

THE
OUTLINE
OF
NATURAL
HISTORY

第二章

哺乳动物在英国

　　四足、带有毛发、用母体分泌的乳汁喂养幼崽是大多数哺乳动物都具备的显著特征。分布于英国的哺乳动物大致有如下几类：食肉目、食虫目、翼手目（蝙蝠）、啮齿目、有蹄目、游水目以及类似于鲸类的一些动物。尽管这份清单并不算太长，但依旧无法一一详述，所以我们将从各目中选取一些典型动物来进行讨论。

蝙　蝠

　　有多种蝙蝠是英国特有的，例如赫赫有名的大蹄蝠、小蹄蝠、大棕蝠、长须蝠、纳塔勒氏蝠、道氏鼠耳蝠以及长耳蝠。蝙蝠是唯一一种可以飞翔的哺乳动物，同时在别的方面也有很多与众不同之处。

　　蝙蝠的双翼其实是一层薄薄的皮，由肩部到臂上缘，再到凸起的拇指下方，连接长掌骨，从其他手指向下延伸，覆盖身体两侧，到达后肢；对于有尾蝙蝠而言，翼和尾部也是相连的。它们的胸部覆盖着厚实的肌肉，用以鼓动双翼，肌肉主要集中于胸骨外突的地方；拇指上带有爪，其他手指则无爪。当然，大部分以果实为生的蝙蝠的第二个指头上是有爪的。分布于英国的蝙蝠都是食虫类，双齿都带尖，十分锋利。它们的腿不太有力，睡觉时倒挂于树枝上，膝部和肘部都向后弯曲，五只脚趾都带爪，在四肢和尾部之间常见一皮囊（两个股骨之间有一层膜）。它们拥有极为敏感的皮肤，因此，即使是在没有光线的地方也不会撞到任何物体。通常情况下，它们体温很高，单胎较多。雌蝙蝠鲜少不顾幼崽，哪怕是在飞行的时候也会带着。

图 3　蝙蝠

蝙蝠是唯一能够真正飞翔的哺乳动物，具有很强的飞行能力，也是多种病毒的天然宿主，多在夜间活动。蝙蝠视觉较差，听觉异常发达，主要以果实、花粉和花蜜为食。

马　鹿

要说英国最漂亮的哺乳动物，恐怕非马鹿莫属了。这种动物从肩到足的高度可达到 43～51 英寸，体长可达到 70 英寸，成年雄性马鹿的体重可达到 200 千克，成年雌性马鹿的体重也可达到 150 千克，单次行走距离可达 50 英里。这种动物看上去极为优雅，总是挺直着脖子，高昂着脑袋，四肢轻巧灵活。无论是高达两米的栅栏，还是宽阔的地缝，它们总能一跃而过。如今，在英国的很多地方都能见到所谓的"鹿跃溪涧"。马鹿擅长游泳，喜好探险。它们的毛发在夏季会变短、呈赤褐色、光亮润泽；在冬季会变长、呈灰褐色、松松软软。和其他普通的鹿不同，初生的马鹿身上带有斑点，这种斑点有助于幼鹿在树林里躲藏，并会在第一个春天到来时逐渐褪去。在动物身上，很多初生时的特征会在成长过程中渐渐消失，这样的特质及相关事例并不鲜见，通常被人们称为"返祖现象"。也就是说，马鹿的祖先身上应该有斑点。雄性马鹿和雌性马鹿在大多数时候是分开生活的。雄性马鹿一般居于高处，所以人们经常可以看到站在山脊上的马鹿，犹如天光云影之下的黑色雕塑。每到 8 月初，马鹿的鹿角便会停止生长。在一段时间以内，鹿角上的热皮（纤细茸毛），也就是我们常说的鹿茸，含有丰富的毛细血管，总是因为碰触树枝或地面而擦破。随着 9 月末的到来，它们迎来了"鹿鸣的时节"，雄性马鹿间的战斗开始了。冲突不断发生，赢家将获得数头雌性马鹿的青睐。从 5 月开始，直至 6 月中旬，一只只小鹿相继来到世上。马鹿一般都是单胎（多胎的情况极为罕见），产房通常在蕨类、石楠等植物中以及树林边缘。

只有驯鹿的雌鹿有鹿角，其他种类的鹿并不会出现这种情况。鹿角是露出体外的额骨固体衍生物，每年都会脱落并重新生长，和花开花落是一个道理。在出生后的第一年里，小鹿和母亲生活在一起，当它们长到 8～10 个月时，头上就会长出角突，这部分结构不会脱落，将伴随一生。次年，它们会长出不分叉的梗。第三年，新的角从梗底长出，形成眉毛一样的突起。第四年，第二个梗长了出来。这两个突起可以保护脖子。第五年，第三个梗从新梗上端长出来，此后连年往复，直到数量最大化。然后，这种生长动力将慢慢减弱。完整的鹿角通常包括眉状突起等 6 个突起，不过，

图 4　马鹿

马鹿因为体型形似骏马而得名，生活在高山森林或草原地区，喜欢群居，善于奔跑和游泳。喜欢吃各种草、树叶、嫩枝条、果实等。

有的鹿头上拥有 12 ～ 20 个突起，看起来漂亮极了。

鹿角上的热皮十分敏感，而且在撞到树枝的时候不易折断，假如不幸折断，此后就会长成不正常的形状。有趣的是，鹿角的生长有自限性，在开始生长后，血液是不会流入鹿茸及角骨的，所以每到 3 月的时候就会脱落。人们通常认为鹿角可以当作武器，不过需要说明的是，在鹿角脱落后，雄鹿会用牙齿和鹿蹄御敌，它们打斗起来也很凶猛，所以鹿角可能只是雄鹿的健壮指标罢了。狐和鹰是小牛犊的敌人，但对于成年马鹿而言，敌人却很少，如果说鹿角是它们的武器，那么雌性马鹿没有鹿角这件事就说不通了。更何况，雄性马鹿在打斗的时候更偏好使用牙齿与前蹄。我们很少看到脱落的鹿角，究其原因，一是马鹿一般都爱惜鹿角，知道鹿角要脱落就会来到僻静的地方，以便让鹿角落在植被茂密的地方；二来脱落的鹿角会被马鹿啃咬一番，我们在少数能见到的脱落鹿角上看到过马鹿的齿痕。

　　说马鹿是山岗动物，或者泽地动物并无大错，不过准确地说，它们一开始是生活在森林里的。马鹿大多栖息于蛮荒之地，例如埃克斯穆尔[①]、苏格兰高地等，这说明马鹿是很强健的动物。它们的主食是树叶，譬如菩提树、毛榉、桦木、赤杨、榛树等树木的树叶，不过它们最常吃的是石楠的顶叶和各种草。马鹿毫不在乎要去的地方是远还是近，不管是清晨还是日暮，它们都在享受，要么去原野里找食物，要么去树林里摘果子，甚至跑到遥远的海边找到几块带盐的石头舔上几下，对于它们来说，这些再正常不过了。它们最爱的食物是苹果、甘蓝、胡萝卜、马铃薯、芜菁以及或鲜嫩或成熟的谷子。它们会闯进没有栅栏的菜园，把各种作物搞得乱七八糟。杰弗瑞斯在其著作《马鹿》中写道："在吃芜菁的时候，雌性马鹿看上去很像羊，可雄性马鹿却不知道节约粮食。路过芜菁地的雄性马鹿会选择牢牢咬住并使劲拔出芜菁，然后猛地一甩。吃进嘴里的只是一小部分，剩下的全被它甩了出去。每个芜菁只吃一口，其余的都被扔到了路边。因此，要找出它的踪迹并不难，看看田地四周，循着被丢弃的芜菁就可以找到了。这种行为很奢侈，雄性马鹿丢掉的芜菁可比它吃进肚里的多多了。"入冬之后，雪落满地，马鹿的生活陷入了困境。

　　时至今日，马鹿成为英国境内唯一一种大型哺乳动物，我们应该对这位贵族不吝赞美。它们浑身充满了力量，行动谨慎；常到水中清洗身体，以便减少留在路途中的气味；总是站在物体的前方，以避免有敌人从背后偷袭。雌性马鹿在发现危险的时候会用低沉的声音向小鹿发出信号，小鹿随后会躺倒在地上，或者躲进蕨科植物中。雄性马鹿随时都在对环境进行

---

① 埃克斯穆尔：英国小城，位于萨默塞特郡西部和德文郡南部地区。——译者注

侦察，能闻到一英里外的动物气味，而且视觉和听觉也都相当敏锐。

人们在沼泽地区发现过马鹿的遗骸，相较而言，现今马鹿的体形变小了，骨骼和鹿角的厚度也变薄了，也许是因为它们越来越不常栖息在森林之中。我们不希望看到森林面积持续减少，只有这样马鹿才有可能继续生活在沼泽地区。除了作为马鹿的栖息地，沼泽地区似乎也没什么别的用处了。杰弗瑞斯说过："对于雄性马鹿而言，鹿角是一种骄傲，它们拥有黄中带红的皮毛，无论是模样还是行动看上去都那么端庄大方，它们的美丽令其他动物望尘莫及。一片片长着羊齿类植物和石楠的斜坡从来都是它们的领地，从它们出现的第一天起。"马鹿是了不起的动物！

狐 狸

在英国的原始森林中，狐狸是现存不多的大型动物之一，所以非常值得人们关注。除此之外，还有一个原因，在英国人杀死最后一只狼（大概在1743年）后，狐狸成了英国本土仅存的一种食肉目犬科动物。狐狸很漂亮，皮毛精致，背部大多是赤褐色，腹部则是白色；嘴前突略尖，让它们看上去很聪明；耳朵呈三角形，较大，边缘是黑色的，让它看起来很敏锐；尾巴蓬松，足有身体的一半那么长（大概3英尺）。众所周知，狐狸和鸡之间的仇恨"不共戴天"，不过谁也无法忽视它们华美的外表，尤其是体形相对更大的犬狐。

狐狸不是群居动物，雌雄两性只会在交配期生活在一起，平时则不会，食物也是各自猎捕，独自享用。狐狸一般会住在天然洞穴里，或者獾的巢穴，也会自己挖洞居住。尽管狐狸的数量并不少，但人们一般很少见到它们的身影，这是因为它们通常只在拂晓或黄昏，或者幽暗的地方捕猎。它们总是藏身于繁茂的树丛里，就算天天路过，我们也很难察觉到它们的踪迹。在夜里，它们的活动范围很广，而且捕猎时既谨慎又勇敢。在危急关头，它们的速度可以达到每小时 20 英里。它们是隐身大师，可以骗过精明的猎犬，这样的故事不胜枚举——它们甚至会躲到溪水中。毫无疑问，它们是敏感、机警、聪明、灵活的动物，因此说它们是犬类的兄弟是有道理的。

需要强调的是，狐狸从不挑食，所有不挑食的动物都会活得很好。兔、鼠、鸡、鸭、雉、斑鸠、羊羔、野兔、田鼠、水鼠、荒原上的松鸡、沼泽里的蛙，还有海边的螃蟹都是它们的腹中之物。偶尔，它们会尝尝昆虫，不过和人类一样，吃昆虫不过是一种猎奇行为。它们的牙齿和犬类的牙齿并无二致，就连数量都一样。最突出的特点是拥有足以把猎物咬死的锋利犬齿，上颚与下颚各有一颗后齿，同样十分锋利，足以咬断筋腱，咬碎不太粗的骨头以及撕咬大骨头上的肉。

与其他一些食肉动物一样，狐狸的尾巴下面也有一个臭腺，这个腺体会分泌出一种油脂，气味极其难闻，包括人类在内的很多动物都难以忍受。

图 5　狐狸

狐狸身体细长，四肢修长，尾巴很长，嗅觉灵敏，听觉发达，善于快速及长距离奔跑，是杂食性动物。

这种特性能帮助它们追踪并找到同类，也能驱赶敌人，就像臭鼬一样。

狐狸还有一个绝招，那就是"装死"。在遭到攻击后，它们会斜躺在地上一动不动，然后伺机遁逃。在低等动物中，静止不动、晕厥、抽搐等行为不过是一系列骗术。有的时候，狐狸会率先冲上去，死死咬住敌人，然后伺机而逃。

对于狐狸来说，冬天是交配的季节。为了吸引自己喜欢的异性，雄狐之间常常展开激烈的争斗。它们会使出许多奇招，例如用尾巴猛地刺向对方的眼睛。雌狐的孕期为两个月，会在第二个月的月末，或第三个月的月初产下 3 ～ 7 只幼狐。在睁眼之前，小狐狸的身体呈灰黑色，背部是黄褐色的，腹部则是烟灰色。一段时间以后，它们的毛发才会变得像父母一样。哺乳期通常为一个月左右，此后，母亲会让小狐狸吃鼠、鼬等软一些的动物。在觅食上，母亲任劳任怨、所向披靡，经常叼着田鼬匆匆忙忙地往家赶。和其他很多食肉动物类似，狐狸母亲会把幼崽带在身边，而在 9 个月后，可爱的小狐狸就开始不安分了。对于小狐狸来说，玩闹和学习有利于日后的生存与竞争，要知道，过不了多久，母亲就会让小狐狸独自生活了。在被母亲赶走后，小狐狸必须自己想办法活下去。没有了母亲的庇护，它们只能四处游荡，寻找无主之地。一岁半的时候，它们成年了。幼年时期做过的游戏也成了现实生活中的策略。和白鼬一样，狐狸偶尔会在家兔面前疯狂地蹦跳（或者追自己的尾巴），趁家兔站在一旁傻看时，它们瞅准时机冲上前去咬住猎物的咽喉，真是一个以喜剧开场、悲剧落幕的故事。

毫无疑问，狐狸还会猎捕羊，特别是在山庄里。人们有时候会在狐狸居住的洞穴中发现羊的残骸，这无疑是一个环境证据。与其他食肉动物一样，狐狸也是疯狂的杀手。就数量而言，它们猎杀的羊已超出了自身所需。在我们看来，那是嗜血本性的流露，只要有猎物，它们就会杀戮。试想一下，当一只野生食肉动物猛然出现在一百只羊面前，接下来将会发生什么悲剧！当然，在兽类的世界里，这种事情从未发生过，哪怕是在野生羊群里。

　　人们经常说狐狸是"羊圈的常客"，事实上，它们只是经常闯入圈养家禽的围栏。暂且不论经济损失，就博物学角度来看，狐狸偷猎小鸡、小鸭、小鹅的方式其实很有意思，体现了一定的技能与智慧。当然，看守家禽的人肯定不会这么想，毕竟他们损失惨重。虽然狐狸有可能是"替罪羊"，不过人们的确常常在它们的洞穴里找到小鸭的残骸，证据确凿，无须多言。

　　另外，对于生活在地面的鸟类，例如雉、斑鸠、松鸡等来说，狐狸无疑是危险动物。这是事实，因此在禽类栖息地（例如高地上的荒原），狐狸的繁衍会受到自然法则的限制。生物关系一向奇妙无比，所以狐多则雉少，雉多则狐少。

　　最后，来看一个难以解释的现象。那些"猎狐"①盛行的郡一般会养殖狐狸，而这不利于农业发展，而且猎狐的地点往往是在农田里，经济损失可想而知。不过，在很多地方，因上述问题蒙受损失的农民会获得金钱上的补偿。猎狐不是科学要研究的方向，不过，要是没有了猎狐，可能狐狸的数量会锐减，甚至绝种。就如同吐绶鸡（也就是火鸡）的生存有赖于人类的饲养——最近这些年来，野生吐绶鸡的数量越来越少。农业越是发达的地方，狐狸就越多，这或许与人类的猎狐有关。

　　英国本土的哺乳动物并不多，而狐狸的存在无疑丰富了英国人的生活。尽管不像"同胞"狼一样被视为伤人的猛兽，可它们的劣势也是不可辩驳的，当然，相较于鼠类，它们还不算太坏。那么，问题来了，除了好看、有趣以及可供人取乐之外，关于狐狸还有什么可讨论的吗？我们的回答是：它们是"自然平衡"体系中不可或缺的存在，狐狸抑制着家兔、鼠、鼹、鼱鼠等的数量。如前文所述，小狐狸可以得到母亲带回来的鼱，只此一件

---

　　① 猎狐是英国上流社会的传统运动之一。2005 年，英国明令禁止了这项持续了 600 年的贵族运动。——译者注

事情便可以"将功赎罪"了。当然，我们也需要明白，狐狸的数量也是需要抑制的。

生活在低地的梗狐体形较小，而生活在山地的缇狐则体形较大，另外二者数量悬殊。究其原因，高地和英国北部相比，环境相对恶劣。和养殖的狐狸相比，高地狐狸被猎杀得更多，所以狐狸越来越少。不过，值得一提的是，这一现象和种群差异也有关，眼下英国境内的狐狸大多是从欧洲大陆引进的。

不要忘了，英国本土的狐狸种群可追溯至上新世，尽管此后屡遭重创（最大的灾难无疑是作为狐狸的原始栖息地的森林，面积正在不断缩小），但时至今日依然活跃于世间。它们之所以能生存到现在，是因为它们足够敏锐、迅捷、机警，是穴居动物，更是夜行性动物，懂得如何保护自己，也懂得教育后代如何适应环境。最重要的是，它们是为数不多的拥有智慧的动物之一。它们会消除体味以遁形；知道装死逃生；能够逃离陷阱；必要时还会浮在水面上，就像盛马铃薯的皮囊一样漂到岸边，成功自救。培根曾经建议政治家好好了解一下狐狸这种动物，这不是没有道理的。在这方面，曼斯菲尔德所著的《列那狐》一书堪称经典，书中所述内容，是科学无法企及的。

野 兔

每当 3 月来临时，就可以见到在原野上撒欢的野兔。它们蹦蹦跳跳，仿佛是在迎接春天。事实上，它们正在经历交配期，因而情不自禁地蹦跳着。此时的野兔，神经紧绷，热血沸腾，异乎寻常。

平时，野兔都非常温柔顺和，如果不是遭受巨大刺激，绝不会伤害其他动物；相反，其他动物如果想伤害它们倒是轻而易举。野兔的敌人有很多，例如狐狸、水獭、白鼬、猎犬以及数不清的飞禽走兽。曾几何时，臭鼬与野猫在英国比比皆是，对于野兔而言，它们也是敌人。不过，这并不代表野兔会日日惶恐，实际上它们很懂如何躲避攻击，而且非常擅长此道。它们住在可以眼观四路耳听八方的地方，而它们本身即拥有发达的视觉、听觉与嗅觉。在发现危险的时候，它们同样会发出信号，那便是磨牙声。它们拥有一颗强大的心脏，所以可以全速逃离危险。登山是它们的拿手好戏，而且它们还懂得迂回前行以隐藏行踪，就连狐狸都常常被迷惑。在听到同类发出的信号后，它们会像箭一样冲出去，转眼就不知所终。它们躲在羊齿类植物中、牧草里、田地间，除了一双大眼睛之外，它让人很难察觉。对它们来说，毛被打湿是最麻烦的事，因为很难晒干。它们无法渡过太宽的河，哪怕身后的敌人步步逼近。大多数

图 6　野兔

　　野兔以野草、树叶等为食。野兔一般单独活动，隐蔽性很强，毛色很容易与周围的杂草混在一起，即使人走近了也不易察觉。野兔在害怕或者被捕猎的时候会发出尖叫声，类似婴儿啼哭的声音。野兔奔跑的速度很快，能达到 50 千米 / 小时。

野兔都是吃货,最爱的食物有麝香草、甘菊、新鲜的麦子、带甜味的车轴草、野生百里香以及生长在海边的豆类。它们能吃的东西有很多,无论是石头上的青苔还是常绿灌木的枝条,不管是蒲公英还是悬钩子。食谱丰富的动物更容易活下来,例如野兔。

野兔有很多敌人,好在它们拥有敏锐的感官、发达的肌肉以及与生俱来的"骗术",所以总能想办法躲过危险。不妨来看三个毫不夸张的例子。野兔可以从很远的地方跳进窝里,也可以从窝里一跃而出,蹦到很远的地方,这样做可以阻断气味,隐藏行踪。这种行为是野兔所具有的一个虽简单却效果显著的习惯。它们可以从所在之处一下子跳到12英尺开外的地方,因此田地里很少会留下野兔的气味。

崔格森先生是《野兔的故事》一书的作者。这本书记录了很多有趣的故事。书中写到,从每年4月开始,雌兔会不停地想办法消除自己与幼崽的气味和踪迹。更奇特的是,雌兔如果产下五六只幼崽,就会把孩子们藏到两三个不同的窝里,每个窝藏一两只。这种行为在动物里罕见。如果某个窝存在危险,例如被一只寻找食物的雌狐发现,雌兔就会把幼崽转移到安全地带。它会把幼崽叼在嘴里,一路飞奔,就像母猫叼小猫似的。当然,转移行动通常在夜间实施。此外,野兔本身也更喜欢在傍晚和清晨外出活动,而不太会在白天或明亮的地方行动。

"动若脱兔"这个词通常指的是野兔的行为。然而,每到3月中旬,迎来交配期的野兔会把自我保护置于脑后,开始执行繁衍生息的任务。平时无比谨慎的野兔变得大胆了,夜以继日地追逐着。雄兔全速奔跑着,到处寻找雌兔,找到后便围着雌兔转圈,或不断追赶雌兔。为了争夺雌兔,雄兔们会大打出手,最常用的招数是用后腿猛踢,或用前肢猛打以及跳到对方头上,用脚攻击,失败的一方有可能会伤得很重。拼尽全力飞奔与打斗的雄兔会忽然安静下来,双方对视良久之后,一方猛然跳出阵地,窜向草场,往日的悠闲顿时消失,一路蹦跳,急匆匆地逃走了。"我们看了看彼此，笑了起来，说了句：'这就是3月的野兔呀！'"

在一年之中的其他月份里，野兔尽管也会表现出奔跑、追逐、玩闹及打斗的行为，不过大多数时候都待在僻静的角落里，踪迹难觅。只是在3月（有时候会是8月）的时候，雄兔会急于求偶，从而变得狂躁不安，不顾危险。另外，据我们所知，野兔是一种不专一的动物，因此无法圈养。在和某只雌兔生活了一阵子之后，雄兔就会离开并寻找新的配偶。

在感到恐惧的时候，野兔会心跳加速、呼吸短促，并把双耳立起来。不过，我们并不太清楚，到底有多少表现是因为害怕所致。它们非常敏感，深知躲藏对自己有利，鲜少冒险行事，除了在3月的时候。总的来说，它们不怎么怕死，除非身陷困境无法挣脱，否则绝不会高声尖叫。

我们可以从很多方面来对比野兔与家兔，当然，它们都很惹人爱。显然，野兔更能适应风险的存在，同时，由于其营穴行为的退化（与此有关的很多趣闻曾风靡一时），野兔幼崽在出生时全身覆毛，当天就可以睁眼，所以急不可耐地想要离开窝，而家兔却并非如此，家兔幼崽生下来时是没有毛的。

很多国家将机敏的野兔视为榜样，敏捷确实是这种动物的重要特性之一。它们常常闭眼假寐，不过鲜少被识破。它们好像随时都在锻炼，因此皮下某些本该长脂肪的地方却从不长脂肪。

家　兔

相较于优秀的同胞，譬如野兔，家兔显得逊色了一些，不过它们也有自己的不寻常之处。它们的体质很好，能在不同气候、各种环境中生存，例如苏格兰、澳大利亚等。虽然在斯堪的纳维亚这种极端严寒的地方见不到家兔，但在爱尔兰却很容易看到。毫无疑问，在冰河期过去后的若干世纪里，英国还见不到家兔。它们和"征服者"①一样，是从欧洲大陆渡海而来。直到冰河期过去，地中海地区以及伊比利亚半岛才出现了家兔，并逐渐多了起来。

家兔能够繁衍至今主要有赖于其疯狂的繁衍速度。它们的生育频率很高，尽管这一点谈不上是多大的优点，但的确至关重要，就像那些低等的鱼类，产下的卵都是以百万计的。这意味着强大的生命力，甚至有人觉得这些鱼卵就像是蠕动在奶酪上的几百万只蛆。一只雌兔每年的生育次数可达到 4～8 次，妊娠期只有短短一个月，每次可产下 3～8 只幼崽，而雌性幼崽在仅仅 6 个月之后就可以生产了。繁衍能力毫不逊于鱼类，同时幼崽的死亡率还很低，最终形成的局面是：生育频繁导致数量大幅增加。

家兔算不上聪明，尽管贝尔兔略有不同，但它并非家兔。很多国家将它们视为机智敏感且懂得随机应变的野兔，在北美洲地区，它们或许被称为美洲兔。不过，家兔也是有优点的，它们拥有敏锐的嗅觉，行动敏捷，喜欢玩耍，而且好相处。在面对狐、白鼬、雕、枭等敌人的时候，它们显得有些懦弱，不过有时候，为了保护幼崽，愤怒的雌兔会挺身而出参加战斗，还有的时候，犬类会受到家兔的攻击。家兔的弱点很突出，常因害怕而动弹不得，例如在察觉到有白鼬紧随其后时，它们会忽然停下来，虽然能发出警告，却无法跑开。如果在黄昏时候发现危险，它们会摇晃尾巴，以示幼崽马上找个洞躲起来。交配成功的家兔有时候会在一起生活上一年，不过大部分时候并非如此。家兔很放纵，饱受其苦的澳大利亚不得不实施了清除计划，而制定者波迪尔只是对雌兔赶尽杀绝，却放过了雄兔。我们在局部地区看到，毫无反抗能力的家兔幼崽被雄兔悉数杀掉，然后雌雄比例大幅失调，最后只剩下雄兔。不过，澳大利亚大陆幅员辽阔，如果想一

---

① 这里指的是诺曼底大公威廉。——译者注

劳永逸，只能想办法促增农业人口。

再来看看家兔的优点，例如可驯养性。这种动物不仅可以人工饲养，还可以衍生出变种。变种家兔的种类颇多，比如常见的比国兔（一些人认为它是野兔和家兔的杂交品种，但这种说法不可轻信）、小型荷兰兔、大型弗兰德兔、漂亮的安哥拉兔、耳朵长至地面的令人称奇的垂耳兔、喜马拉雅兔、巴塔丹尼亚兔、西伯利亚兔、黑褐兔等。野生家兔的皮毛是杂色的，十分漂亮，这与很多要素及基因有关。在缺少某种基因的时候，它们的毛色会出现变化；如果缺少某两种基因，毛色又会不同。基于此，我们得以看到具有黑、白、黄、蓝等各种颜色毛发的家兔变种。这种情况与龟壳的变异相似，在变种数量上也不相上下。变种杂交的后代会表现出野生家兔的形态与颜色，这并非神奇的"返祖现象"，而是之前从野生家兔身上遗传下来的基因在分离之后又重新聚合到了一起，从而再现了野生家兔的特征。

通过对比家兔和野兔，我们可以了解到博物学上所说的"异种"到底是什么。家兔的四肢相对短一些，有自己的跑跳方式，耳朵更短，耳尖没有黑色。家兔是群居动物，住在地穴里，而野兔是独居动物，生活在野外。初生的家兔浑身无毛，要到11天之后才会睁眼，而初生的野兔不仅有毛，还可以马上睁眼。在发现危险时，家兔会用后足蹬地，野兔则会磨牙。家兔是杂食动物，生育频繁。家兔的声音、毛色、习性以及肉的味道等，都和野兔不一样。有人认为这两种动物是没有可比性的，这并不令人费解。要知道，野兔是无法进行杂交繁殖的，而且很爱干净，从不在有家兔的杂乱草场中生活。综上所述，野兔更像是绅士般的存在。

在很多地方，人类影响着家兔的生活。虽然它们会破坏庄稼和树苗，但人们也很需要它们的皮毛和肉；它们常常把良田变成荒漠，可也能为高尔夫球运动提供不错的草场。它们是医学解剖的对象，是射击练习的工具，也是儿童喜爱的宠物。

獾

在英国，獾是一种本土山麓动物，其族谱冗长至极，尽管历经磨难，却坚强地繁衍至今。它们主要分布于新福里斯特、德文郡等地区，不过仅仅只是栖息在那里而已，至于发展却谈不上。曾有一段时间，它们在英国境内繁殖迅速，数量惊人，以至于我们现在依旧能看到很多诸如獾林之类的地名。

虽然如此，但是我们有一个问题，在英国，随着农业的不断发展，森林面积日益缩小，再加上英国人向来有杀死奇怪和有趣动物的嗜好，那么，獾这种大型动物又是如何长期屹立不倒的呢？它们的生活到底是什么样的呢？首先需要知道的是，如今的獾已演变为夜行动物——行走在黑暗中，而这是一种出于本能的强烈的自保行为。夕阳西下，獾游荡在干涸的河沟里，或者栅栏边上，绝不涉足空旷之处。它们的皮毛大体呈灰色，间或夹杂些其他颜色，不易被发现，虽然头顶有白毛，但在夜里几乎看不见。

在生理上，獾还有些其他特质。它们的肌肉很发达，心脏、血液循环系统以及呼吸系统也都很发达。下颌关节深深嵌入下颚，因此它们几乎不会遇到脱颚之类的问题，而且可以死死咬住其他动物。它们还有厚厚的皮毛及皮下脂肪，可以在严寒中悠然自得。它们的感觉器官很敏锐，颇为聪明，整天四处游荡，似乎没什么烦恼。它们的行动看上去有些缓慢，可事实上，它们是十分矫健的动物，同时还十分精神，懂得随机应变，更不会自寻烦恼。总的来说，獾有很多不同寻常之处，而且是一种富有怪癖的动物。

和水獭一样，獾的食物结构很丰富，这一优势令它们可以很好地生存下去。在缺乏某种食物的情况下，它们还有很多其他选择，例如植物的根、果实、蠕虫、蛴螬、蛙、蛇、蛋、小兔、幼蜂、蜂蜜。它们会掘土，这是又一项生存技能，毕竟对于陆栖动物而言，离地居住，譬如栖息于树上或地下，是一种莫大的优势。我们在树林的偏僻角落或山脚下可以看到獾的巢穴，里面有迂回曲折的通道，直达地底深处，一般都会有好几个入口，而且巢穴之间往往是连通的。

通过仔细观察，我们可以发现獾是一种爱干净的动物，这是值得赞叹的。它们在进入巢穴之前一定会把脚蹭干净，免得把自己的家弄脏。它们还会在临睡前和起床后到水边盥洗一番。曾有幸运的博物学家观察到：獾会把一大簇蕨科植物和干草拖进巢穴里，以更换自己的"床铺"。可见，这种动物不仅爱干净，而且有礼有节。

通常情况下，獾会把巢穴筑在极具隐蔽性的长满石楠、遍地石块的山顶上，石块是不错的遮挡物，而且山顶上鲜有敌人出没，相对安全一些。和山兔、松鸡一样，獾是寂寞的动物，除了有些不方便，它们似乎很乐意住在山上。不过，山上的食物相对较少，它们需要走上很远来觅食。夜晚，獾能走上 6 英里之远。

在我们看来，獾的幼崽得到了母亲极具价值的教育。这种动物的繁殖季节在春天，每胎可以产下两三只幼崽，妊娠期在 22 周左右（这一观点颇有争议）。从出生开始算起，幼崽在 10 天之后才能睁眼。在哺乳期，母亲会把幼崽带出家门，幼崽从母亲那里得到了很好的喂养，并学会了生存技能。母亲很严格，在幼崽不够专注，或者不听话的时候总会教训它们。母亲通常会教授幼崽适应森林环境的生存技能。

獾的肌肉十分厚实，背部浑圆，看上去有点像熊。它们是食肉动物，身体长达两英尺左右，尾巴的长度则在 7 英寸左右；嘴巴较长，适合用来探索洞穴和角落；耳朵较小，呈圆形，不会对行动造成阻碍；眼睛是黑蓝色的，视力很好。它们的身体很壮硕，行动时贴近地面；鼻子朝下，用脚跖行。尽管如此，它们行动起来却很悠然且隐蔽，而且总是不知疲倦。它们的尾巴下面有腺体，分泌物带有奇怪的味道，应该是用来求偶的。在恼怒的时候，它们会大声号叫；在开心的时候，则会咯咯直笑。雄獾和雌獾的交流时间会比较长，这一点和白鼬无异。研究过獾的人都知道，雄獾和雌獾经常在一起玩闹。雄獾要是发现雌獾在自己辛苦工作的时候倒头大睡，就会表现出不满，当然，雌獾也同样如此。这种动物的冬眠时间不长，不过偶尔会因为缺乏食物而假装睡觉。大雪覆盖大地之时，是它们生活最艰难的时刻，毕竟脚印会暴露行踪。

　　在人类的神话中，那些擅长躲避、个性十足的动物常能当上主角。匪夷所思的是，獾身体两侧的手足竟是不一样长的，这与它们总在山坡上行走不无关系。这种适应性颇为奇特，然而仔细想来，它们如果转身往回走的话，会不会走得更吃力？或许，"不协调的獾"喜欢绕着走，或者不爱原路返回。我们不会为獾编织美丽的谎言，不过它们身上依然有值得一提的地方。这种来自遥远过去、偏好黑暗的动物是不容忽视、弥足珍贵的活化石。曾几何时，它们是人类祖先的猎物，如今，它们已得到了人类的欣赏。

鸡　貂

　　有很多哺乳动物的数量正在减少，其中鸡貂备受关注。鸡貂是食肉动物，与熊、獾、獭、鼬族等同为一类，而和家猫、野猫等并不是亲戚。它们不是猫科动物，而是熊科动物，关于这一点，看看它们的体形就能知道：雄鸡貂体长为 7～9 英寸，尾巴为两英尺左右，雌性的尾巴比雄性的要短 1/3 左右。它们的毛又黑又粗，能方便地甩掉雨水；内层绒毛则呈黄色。

　　在欧洲北部地区，鸡貂随处可见。从出土的化石来看，古代大不列颠曾生活着这种哺乳动物，但在冰河时期，鸡貂灭绝了。后来，在大不列颠漂离欧洲大陆之前，这种动物又从大陆来到了大不列颠。如今，它们再一次进入了衰败期，已鲜见于喀里多尼亚运河以南地区。这种活化石正在走向消亡，究其原因，第一，耕地面积增加；第二，鸡场和猎场的看守视之为敌人；第三，它们总是袭击鸡场，而且认准一个死磕到底（獭通常不会犯下这种错误）。鸡貂之所以能够繁衍至今，是因为它们总在晚上狩猎，而且食物结构丰富。白天，它们休憩的场所有很多：树丛、其他兽类的巢穴、小石缝、大树洞、破茅屋等。到了晚上，它们便开始悄无声息地行动，既勇猛又灵活。

它们不挑食，只要是肉就可以。水里的鳗鱼是它们的食物，因为它们个个都是游泳高手；蛙类是它们的食物，因为它们不怕到沼泽地；蛇是它们的食物，因为它们足够聪明，不但捕猎技术好，而且听说它们对蝰蛇的毒免疫；对于把巢筑在地面上的鸟类而言，它们的蛋也是鸡貂的美食。此外，鸡貂还会吃家兔，甚至一路追到家。鸡貂虽然会破坏鸡场，但同时也是捕鼠能手，不管是老鼠还是鼹鼠。在遇到体形较大的兽类时，它们会咬住对方的喉咙或耳朵，吸食冒出来的静脉血；在遇到体形较小的兽类时，它们会直接咬住脑袋，吃下脑容物。大部分案例表明，它们会把食物带回家，然后轻松悠闲地慢慢吃，当然，有的时候也将猎物就地吃掉。这种动物最残忍的一面是其嗜杀性，就像杀红眼的士兵，丝毫不考虑别的事。我们给出的解释是，这种杀戮行为是一种本能，一旦开始就无法停止，直到所有猎物都死掉。这就解释了它们为什么会竭尽全力地摧毁整座鸡场，因为鸡场这种存在是自然界中没有的，这样的机会也是自然界中少之又少的。因为人类的反击，鸡貂的数量越来越少，这种情况并不难理解。不过，一方面，它们是鼠、鼹、兔等动物的天敌，可以有效抑制这些动物的繁殖，另一方面，它们的猎物主要还是松鸡一类的小动物。所以，人类或许可以想办法对它们进行一些改良。

如果说弱肉强食是与生俱来的本能，那么鸡貂的身体柔韧性、耐力及勇猛就是它们的品质。和鼬一样，它们的组织很坚韧，虽然敏感却不懦弱，一点也不怕成年野兔、吐绶鸡、鹅等动物，即使在人类面前，也会视死如归、主动出击。它们的脖子和肢体都十分硬朗，头部（特别是雌性）堪称大自然的神来之笔。它们的生命力颇为强大，然而，虽然优势不少，可仍然抵不过人类世界的扩张，令人惋惜。

冬天快要过去的时候，鸡貂便迎来了交配期。产期在五六月份，每胎生产 4～6 只幼崽。幼崽在刚生下来的时候无法睁眼，而且软弱无力，毛则是黄白色的。它们的巢穴通常分为前后两部分，一个是储藏食物的地方，一个是卧室。母亲会好好照顾幼崽，并在 6 周后开始对幼崽进行户外训练。在接下来的一个月里，母亲将不再哺乳，而让幼崽外出觅食，当然，这时的幼崽已经可以自主捕食了。在哺乳期结束后，雌性鸡貂的毛囊会彻底换掉。雄性鸡貂换毛的时间更晚一些，过程也更慢一些。换完毛后，鸡貂的毛变成了黑色。对于它们来说，"臭貂"这个绰号事出有因，当然，其臭气是用来保护自己的，在遇到危险，例如被追赶的时候，它们会放出臭气。这种臭气实际上是一种腺体的分泌液，腺体位于消化管末端，一共有两个。它们的臭气和臭鼬相似，令人作呕。

人们普遍认为，雪貂演化自鸡貂，具有可驯养性，不过事实或许并非如此。动物学家 C.S. 米勒先生提出，雪貂更类似于生活在亚洲西北部的一种貂。大多数雪貂洁白无杂色，这意味着其遗传因子里的色素基因已消失。所以，我们看到的雪貂大多通体雪白，只有眼睛呈红色，而那是因为它们的虹膜没有颜色，从而透出了血液的红色。不过，我们也看到过黑色的雪貂，就像雏貂那样，不过其头部和身上的颜色并不一致。相较于鸡貂，雪貂更加沉着，很少贸然行动。皮特女士曾写道："就那些不太直观的特性，譬如倾向、性情等而言，鸡貂和雪貂差异巨大。雪貂具有可驯养性，哪怕不是从小开始驯养。但是成年鸡貂却很难驯养，而杂交品种的话，就算是从小驯养，想要有所成效，也必须花费大量的精力。雪貂很温和，适合驯养，除了遭遇严重危机，它们不会放出臭气。

然而，杂交品种会经常放臭气。至于免疫能力，雪貂和雏貂也大不相同。对于那些容易因狩猎而感染的疾病，都不会对雪貂造成困扰。"（《发生学报》1921 年 9 月刊）皮特女士所提供的例证，或许可以证明可驯服的雪貂并非英国鸡貂的变种。雪貂和鸡貂杂交所生的后代不仅会种群内交配，还会和雪貂、鸡貂等继续杂交。就外部特征而言，雪貂和鸡貂首次杂交所诞下的后代遗传了鸡貂的大部分甚至全部显性性状，而头部性状则遗传了雪貂。

　　人们常常误以为演化是已经完成的变化，但实际上，演化从未停下过脚步。最能说明这一点的莫过于：近来，人们在卡迪根郡发现了一种红色的鸡貂。最开始，这种"红貂"出现在雪貂当中，后来又出现在了鸡貂当中，这或许是因为与体色有关的某个基因忽然消失了。"红貂"和"白貂"首次杂交所生的后代会表现为红色，就像孟德尔所说的那样，白色隐藏在了红色之中。不过，"红貂"和"黑褐貂"首次杂交所生的后代则是黑褐色的，因为红色隐藏在了黑褐色之中。雪貂和鸡貂杂交所生下的"红貂"体形不小，而雪貂和云貂的杂交变种则更灵活、更活跃。上述变种如今主要分布在威尔士，而且已小具规模。由此可见，演化是持续且恒久的。

　　据我们所知，养兔场是雪貂和鸡貂杂交的主要场所，特别是在年轻雌貂躁动不安的时候。变种"黑貂"在户外犹如野兽，常常被认作野生纯种鸡貂。最后，我们不禁想到米莱爵士口中的一个故事：一个大人物得了重病，医生准备采用吸血疗法，而工具则是蛭。患者的夫人忽然喊道："就用这些小虫子吗？我可以在他身上放根细丝。"①

---

　　① 在英语中，细丝为 ferret，还有雪貂之意。——译者注

睡　鼠

在啮齿目里，睡鼠是最受人关注的一种动物，其蛰伏与冬眠时间十分漫长。通常情况下，从当年 10 月中旬到次年 4 月中旬，它们一直在冬眠。用来冬眠的巢穴一般位于长满苔藓的树洞或土堤里，而且铺垫得十分舒适。刚开始冬眠的时候，它们还很肥硕，但当冬眠结束时，它们会变得瘦削。在舒适的巢穴内，它们用尾巴裹住头部和背部，4 只脚贴着脸，然后酣睡 6 个月。它们偶尔会在不太冷的时候吃点食物（巢穴里储藏了食物），不过大多数时候处于蛰伏状态。对它们来说，被强行叫醒是有性命之忧的。因为它们真的很能睡，所以人们才会叫它们睡鼠。

睡鼠有些像松鼠，又有些像鼷鼠，从头到尾伸展开来有 3 英寸左右。它们有着毛茸茸、可以蜷起来的尾巴，长度在两英尺左右；毛是淡淡的黄色，既松软又厚实；眼睛外突，嗅觉不太灵敏；大拇指略小，第一趾特别短；爪子不大但很有力，有利于爬树。睡鼠主要分布于英国，而苏格兰、爱尔兰等地则没有。这种动物古已有之，而且只生存于旧大陆上，其种群形成于日本与中国，或者非洲大陆漂离欧洲大陆之前。

睡鼠被誉为"丛林松鼠"，虽然胆小，但很温和。它们擅长在繁茂的低矮丛林间穿梭。在白天，它们大多数时候都在睡觉，其巢穴筑在离地面不远的地方，草、树叶和苔藓就是它们的被褥。太阳下山之后，它们走出家门开启了晚间模式，除了捡拾干果、浆果、榛果、谷粒等之外，有时候还会捕食一些小型动物。它们在吃东西时会坐在地上，让腰和腿都贴着地面，然后捧起食物送进嘴里，有时候也会倒挂在半空，用脚趾抓着吃。它们住在静谧的角落里，行动迅捷，再加上白天一般不活动，因此遇到的危险较少。这种动物向来很安静，从不轻易发出声响，除非遇到危险，才会发出轻微的"吁吁"声。它们的亲戚不太多，例如生活在大陆的园圃睡鼠，在被抓住时，它们会断尾自救，就像蜥蜴一样，而断掉的尾巴会再长出来，对于哺乳动物而言，这种特性罕见。断尾自救这种痛苦的行为是极有用的，不过普通睡鼠并不具备这种特质。这种动物尤爱榛果，当然，英国的睡鼠还喜欢吃花楸和山榛的果实，虽然味道偏酸。

睡鼠是一妻一夫制的忠实拥趸。夏天的时候，它们所建造的巢穴相对集中，尽管如此，它们依然安守本分，不会乱来。在交配期，雌性睡鼠会在旧居旁边再造一个新窝。新巢穴相对大一些，直径在6英寸左右，雌鼠将在新居住上3周，然后诞下幼崽。它们通常一胎生产4～6只幼崽，偶尔还会再多一些。初生幼崽不能睁眼，身上无毛，没有听觉，所以只能待在巢穴里。3周过去，幼崽已有了一定的生存能力，可以独自外出了。不过，人们发现了一个有意思的事情：所有出生得太晚的睡鼠，都没有生育能力。由于要冬眠，母亲没有办法继续照顾幼崽，再加上冬眠需要足够的脂肪，而这又关乎冬眠的成功与失败。生活在良好环境下的睡鼠通常能存活三四年。对它们而言，最重要的是空气要足够湿润，即使是在冬天，另外，它们还会喝很多水。尽管不太聪明，不过它们着实讨人喜欢。

是时候提出问题了：作为一种善良、胆小、不具攻击性的动物，睡鼠如何在大自然中保护自己？如前文所述，它们擅长"遁形"、栖息在稀疏的丛林里、是夜行动物、感官敏锐、行动敏捷、食谱丰富、善于育儿，而且还会冬眠。实际上，它们的敌人屈指可数，例如枭，可枭的威胁并不大，它们在猎食的时候总是呆头呆脑、粗枝大叶。包括人类在内，所有动物种群都是自然选择的结果，所谓适者生存便是如此。正如乔治·梅瑞迪斯所言："凝望闲适的生活，它正在漂泊。"

鼹 鼠

如果不论鼹鼠的破坏性，不得不承认它们是值得关注的。鼹鼠拥有矫健的身体，漂亮的毛色，行动敏捷，感官敏锐，颇为聪明。但是，站在经济学的角度来看，它们绝对是一个祸害：什么都吃，尤其是植物的叶子；破坏东西，比如我们的书本和衣物；啃咬地板、隔板；臭气熏天；要是让它们一手遮天，恐怕还会引发瘟疫。

普通鼹鼠，或者说家鼹如今遍及各处。大概在新石器时代，它们自东方不远万里来到了欧洲，当时的人类才刚学会制造优良的石器。它们已和人类共存了许久，任何已知种群与品种，譬如分布于圣基尔达与法罗群岛的鼹鼠皆是如此。鼹鼠的毛会变色，习性也会改变，例如，乡村和城镇中的鼹鼠尽管看上去不一样，但实际上属于同一种类。它们对所有可以啃食的东西都兴趣盎然，奶酪饼、铅笔、蜂蜜、冲上岸的海藻，甚至烟草等。如果只是一只鼹鼠，人们还可以容忍，哪怕它会在夜里唱个不停，两三只也无妨，或许还能逗人开心，可要是多来几只，那可就令人头疼了。它们会啃食各种各样的东西，拿人们喜欢的报纸杂志做窝，污染食物不说，还是旋毛虫、病菌等可怕寄生物的传播者。它们的繁殖能力非常强，一岁就可以生育，孕期为 3 周，每年可以生育 5 次，每次 5～6 只。几年下来，一只鼹鼠就能繁衍出上千只后代。在遭遇鼠疫之前，为了防止它们搞破坏，人们会关好橱柜、把面包放到安全的地方、养猫，或者放置捕鼠器。但不要忘了，在老鼠日益减少的同时，鼹鼠却会越来越多，因此我们不得不对二者一视同仁。

在欧洲的哺乳动物里，分布最广且数量最多的当数田鼹及林鼹，不管是沿海地区还是高海拔山区，它们的身影无处不在。相较于家鼷，它们的后腿、后足和耳朵都更大一些，眼睛又大又突出。它们灵活、安静、机敏，而且有很多特长："跳跃、攀爬、掘土、游泳都是它们的拿手好戏"。看看那双外突的眼睛就可以知道，它们总在夜里寻找食物。它们的跳跃方式很奇特，就像汉密尔顿先生和辛顿先生所说的那样："不管在什么时候，只要走在路上，它们那长长的后足就会做出奇怪的动作，从而让它们的姿态看上去独树一帜。"据说，曾有一只田鼷从高达15英尺的地方往下跳，然后继续前行，没有受一点伤，可见它们的弹跳性相当好。

这种动物不怎么吃肉，不过食谱丰富：谷类、果实、根、茎、花、叶等都是它们的食物。令人惋惜的是，它们特别爱吃风信子的鳞茎，还有番红花的球茎。它们偶尔会捕食昆虫，或者偷吃蜂蜜。田鼷不常光顾人类的居所，哪怕是在冬天，最多也只是在院子里打转。维吉尔之前提到过，鼷鼠会储藏食物，尤其是谷类，以备寒冬腊月时食用。可见，它们并非真正意义上的冬眠动物。

众所周知，啮齿目动物的繁殖能力都很强，而我们要注意的是，田鼷的繁殖率是啮齿目动物当中最高的。出生满5个月后，雌性田鼷就可以繁育后代了。从3月初开始，直至7月中旬，一只雌性田鼷可以生育5次，每次生产四五只幼崽。包括怀特在内，一些研究者指出，人们应该关注田鼷幼崽抓紧母亲乳头和皮毛的方式，这可以帮助它在巢穴遇袭的时候跟着母亲一起逃亡一段距离。田鼷母亲会将哺乳贯彻到底，当几组家庭同处一室时，它们不仅会喂养自己的孩子，也会喂养同类的幼崽。当然，农人们可接受不了这种母性。好在田鼷的天敌也不少：除了食肉动物，还有凶猛的飞禽。在枭与伶鼬的威胁下，野生田鼷的数量尚未超标。

田鼯是另一属不同亚科的动物。前文所提及的家鼷和田鼷则同属一个亚科。在赫布里底群岛、圣基尔达岛、费尔岛以及德温顿，还栖息着四种不同的黄颈田鼷。这些田鼷种群的存在足以说明地域隔离可以影响种群发展。

巢鼠十分可爱，栖息在谷类和高高的草丛里。它们体形特别小，只比鼩鼱① 大一点，体长为两英寸半，尾巴的长度是两英寸，体重是田鼠的1/6。怀特对它的描述很到位："用天平给两只巢鼠称重的话，它们和一枚半便士的硬币一样重。"它们甚至可以在一根麦穗上停留片刻。有意思的是，这种微小的啮齿目动物会寄居在带壳的动物身上。另外，它们还是英国境内独一无二的卷尾哺乳动物，能在半空中倒挂约一秒钟。它们拥有利于攀爬的较大爪足。不同于田鼠，它们的活动主要集中在白天进行。为了住得舒服一点，也为了更好地哺育幼崽，它们会用草叶筑巢。它们的巢呈球状，通常筑在成熟的谷物中间，或者高高的植物上。有时候，它们甚至会用上百张草叶。除此之外，它们还会专门筑冬巢，要么在地下，要么在芦苇丛里，不过，假如能有机会钻进草堆，就无须筑造冬巢了。它们其实不会真的冬眠，但会准备好过冬的食物。它们的日常食物大多是各种植物的种子与小虫子。在吃麦粒的时候，它们的捧食动作跟松鼠很像，会转动麦粒以咬开麦壳，然后吃掉里面的部分。巢鼠真的长得很漂亮！在我们看来，它们可以成为可爱的宠物，更重要的是，与田鼠不同，它们没有那不属于英国的外国鼠所独具的气息。

田鼠

田鼠虽小，却对农业生产有害无益。小的动物相较于大的动物都更有害，原因在于这类动物的繁殖速度很快，而且不容易被猎捕到，例如田鼠。

---

① 英国境内体形最小的哺乳动物。——译者注

成年雄性田鼱从头到尾长约 4 英寸（雌性田鼱会短 1/3 左右），尾巴的长度在 1.5 英寸以内，十分小巧。尽管体形很小，不过它们的繁殖能力却很突出，每年可生育三四次，每次通常可生产 5 只幼崽。随着田鼱数量的猛增，稻草遭到了很大的破坏。它们喜欢吃稻草，所以人们又称其为"稻草鼠"。

在很多生物学家看来，田鼱的种类可以分为两大类：高原田鼱与普通田鼱。高原田鼱是十分古老的品种，而普通田鼱则主要分布在英格兰和苏格兰低地。这两种田鼱颇为类似，可以放到一起讨论。当然，这是现在的分类，至于以后会进行怎样的细分，我们也不得而知。

田鼱的背毛要么是赤褐色，要么是灰褐色，而腹毛呈灰白色，不过毛色会改变。很多地方的田鼱都习惯隐藏在土里，好似身着"隐身衣"。田鼱的嗅觉不太灵敏，脑袋比较宽，耳朵藏在毛里（这与鼹鼠的耳朵明显不同，不是高高直直的），尾巴短小，毛茸茸的。通过认真观察不难发现，它们的足部带有稀松的毛，拇指带有尖利的指甲，门牙有两颗，臼齿有三颗，都锋利有力。臼齿上部会不断生长，所以不怕磨损。蚂蚁吃剩下的田鼱头骨也是值得研究的，在放大镜下，我们可以观察到牙齿的结构以及臼齿齿冠上那微小的三角形珐琅质。

田鼱喜欢群居生活，喜欢呼朋唤友，不过它们尚未实现真正意义上的合作，或者说社会性生活。这种动物常常出没于草场、耕地、草地、荒地和篱笆附近。在欧洲，主要栖息地是康沃尔郡至凯思内斯郡之间的地区，它们不会出现在爱尔兰等地。田鼱的主要食物为草本植物的根，因为富含水分，当然，它们也吃很多其他东西，例如新鲜的嫩芽、散落的谷粒、落叶等，在缺少食物的时候还会吃树皮。它们利用锋利的门牙撕咬，利用后齿咀嚼植物的根茎。

无论是在白天还是在晚上，田鼱都会活动，日复一日，年复一年，皆是如此。在霜冻严重的时候，它们会睡上好几天，不过并不是在冬眠。它们有时候会为冬季的到来准备粮食，但英国的田鼱似乎不太会，或者说不需要这么做。这种啮齿目动物都会随时随地摄入大量食物，还会喝大量的水。它们会在地上或地下开辟通道，这些通道相互交错，犹如一条条城市街巷。一部分通道会从地上延伸至地下，看上去像是它们的公共活动场所。另外，它们有时候还会开凿深洞，目的是挖食植物的根，或者在寒冬季节养育幼崽，不过它们的挖掘能力比不上鼹鼠，攀爬能力也比不上巢鼠。田鼠动作敏捷，但不会跳跃，被抓住后也不会撕咬。它们擅长游泳，进食完毕后会睡上许久，但只是浅睡而已。它们会像猫一样理顺自己的皮毛，并对排泄物进行处理，以保持卫生。在遇到危险，或者食不果腹的时候，它们会发出声响，"既像是号叫，又像是悲鸣"。

田鼠一般会雌雄一起生活，不过有时候也会出现"阳盛阴衰"的局面。我们还不能断定它们是一夫一妻制的执行者。从4月到严冬是田鼠的繁殖期，通常情况下，它们一年能繁殖3～4次，每次生产3～6只幼崽，在食物充足、气候温润的情况下，一胎甚至可以诞下10只幼崽。雌性田鼠长有8个乳房，妊娠期在24天左右，而且在哺乳期还能再度怀孕。上述一系列现象足以说明它们具有超强的繁殖能力，尽管频率和速度还比不上鼠和鼩鼱。《英国哺乳动物史》是汉密尔顿的经典著作，书中提到，雄性田鼠被抓住后，尽管会与雌性田鼠生活在一起，但会吃与它无关的幼崽，这似乎证明了，田鼠是一夫一妻制的实施者。

在人类历史上，田鼠带来的灾难并不鲜见，例如，当年辛纳赫里布的大军之所以会功亏一篑，主要就是因为田鼠在晚上咬坏了他们的箭矢、箭筒、弓弦等。从1891年到1893年，英国暴发了一场大瘟疫，而这场瘟疫就是田鼠带来的，这还导致了苏格兰南方大部地区沦为荒漠。由于天气温暖，而且有足够的草可以吃，因此它们一胎总能生产很多幼崽，所以活动时总是成群结队。尽管食肉动物和飞禽走兽在食物充足的情况下也会表现出较强的繁殖能力，不过始终无法压制住"气焰嚣张"的田鼠。后来，它们找不到可以吃的草了，于是开始吃树根及树皮。再后来，食物更少了，它们的繁殖大打折扣。瘟疫暴发之后，田鼯的数量锐减，植物得以重生，直到疫情结束。当然，在生态获得平衡之前，人类的农业生产受到了巨大影响。

人们常说"鼠的熟年"，究其原因，主要是气候温润、天敌太少。毫无疑问，这两个因素有利于鼯的繁殖。当然，或许有某种我们尚未了解到的因素，引发了某种自然循环。在那些瘟疫肆虐的地方，飞禽走兽的数量并未因人类的猎捕而骤减，即使天敌数量减少了，田鼯的数量也未必会增加。鼬、白鼬、狐枭、鸦、白嘴鸦等都是它们的敌人。

我们现在还不能肯定，对鼯疫的防控是有效的。人们想方设法地对付田鼯，投放毒药、利用微生物、用火烧、用犬猎捕、用水淹、用机器抓捕以及制造上窄下宽的陷阱，以使田鼯掉下去后再也爬不上来，等等。最有效的办法就是把燕麦粉和红海葱粉混合起来做成"毒药"。

规模较小的鼯疫并不鲜见，所以对鼯疫的防控应该成为常态。鼯疫具有很强的破坏性，在有迹象时就需要积极防控。除了要利用它们的天敌之外，还应该把草场围栏附近、庄稼和荒地里的野草除去。这样一来，田鼯就少了许多可以隐藏的地方，也就更容易被天敌发现。田鼯少了，农业生产自然就会进步。

田鼯的害处至少有三条：第一，它们破坏了草梗底部，以致草场被毁，有时候还会毁坏麦田，还经常以苜蓿等植物的叶为食物。第二，它们的地下通道纵横交错，极大地破坏了植物的根和苗，根和苗被吃掉后，植物当然无法继续生长。另外，在夏天，它们还会用干草筑巢，这对收割机的工作也造成了影响。第三，它们经常啃食小树底部的树皮以及地下树根。对此，我们可以这样做：把铁丝网卷成长筒，在树基附近围上一圈，而且要深入到地下，这样可以保护树根；将马钱霜的硫酸盐、淀粉、甘油混合在一起制成毒液，借助工具抹在树基处。

田鼯大多生活在有草、鼬、隼以及人类的地方。达尔文曾写过一个与田鼯有关的故事，虽然名为"田鼹"。在达尔文看来，"田鼹"会袭击土蜂的蜂巢，这直接影响到土蜂为红苜蓿所做的授粉，而土蜂授粉的行为没有坏处。此外，落在叶松上的锯蝇会受到田鼷的攻击。

在农业上，堤鼷并不太受关注。它们没有田鼷那么大，身体上半部分呈浅红色，下半部分为白色，耳朵和尾巴都比较长。成长中的堤鼷的臼齿是以根附着的，这和田鼷大不相同。它们喜欢干燥，常常跑到庄园里破坏植物球茎和刚播种的豆类，比如豌豆，还总是践踏种农田。好在这种动物的繁殖能力并没有田鼷那么强。

水鼷被人们叫作水鼠，对于动物学家来说，这却是一件非常遗憾的事情。不得不承认，想把一个已经用惯了的名称改过来是一件有些迂腐的事情。需要强调的是，水鼠并非鼠类。通过观察可以知道，水鼠和鼠类差异很大。它们拥有强健的身体，圆圆的脑袋，扁平的吻部，藏在毛里的耳朵，小小的眼睛，毛茸茸的短尾巴。如果更细致一点，我们还能看到更多差别。因此，毫无疑问，水鼠绝非鼠类。鼠类的头部与吻部更为窄小，耳朵和眼睛更大，尾巴更长，而且没有毛。此外，二者还存在很多动物学上的差异。

不可否认，我们必须说明：水鼠是鼷，若非如此，我们就无法全面了解这种动物。这种鼷体形较大，大多时候都生活在水里，因为这样可以避开竞争激烈的地上环境。除了体形较大之外，它们的肉还很美味，因此只能躲在水里。当然，虽然生活环境改变了，但它们也要面对包括鹭、梭鱼等新敌人以及洪水、霜冻等新危机。不过，总的来说，它们的生存模式是成功的，因此我们才能在很多地方看到它们的身影，例如从苏格兰高地到阿尔泰山，从法国南部到北冰洋海域附近。但是，在英国，它们只分布于不列颠，而不会出现在爱尔兰。在英国南部地区，能够经常看到一种褐色变种；而在北部地区，则会看见一种皮毛黝黑且光滑的变种，出没于夜间，以多汁的植物为食，由于晚间所见到的事物会被放大，因此它们被人们叫作地猩。有传言说，水鼷经常在晚上闯入坟地，这个言论实在不可信，它们应该只是路过罢了。在苏格兰，一些水鼷会住在海拔两千英尺高的山上。

准确地说，水鼩并不是夜行性动物。

我们无法断定水鼩是否真的适合生活在水里，但其耳中的瓣膜的确相当发达，皮毛厚实且不易湿，足上无蹼但有边，尾巴很长，具有舵的功能。无论是泅水还是潜水，它们的身体都能保持干爽，不过在泅水的时候，它们通常会像其他非水生哺乳动物一样同时使用前足和后足，但并不是一成不变的。另外，它们在水里的时候，头和背也都浮出水面，这说明它们的游泳技能是演化而来的，而非自始至终都拥有。它们的幼崽在睁眼之前就能下水了，更重要的是，它们既会生活在陆地上，也会探索池塘、溪流等水生环境，所以所受到的威胁较少。

相较于生理结构上的微小适应性，田鼩筑在河堤里的洞穴所具备的特性则更为关键。尽管有些洞穴颇为简陋，不过基本上都有至少两个入口，一个在水下或水面上，一个在河堤上；有的洞穴还会有好几个水下入口，并有许多通往洞穴的通道。堤鼩通常会在洞穴外部用芦苇或草筑巢以哺乳幼崽，不过偶尔也会在洞穴里。

田鼩每胎可生产3～8只幼崽，每年可以生产两次。初生的幼崽闭着眼睛，但这并不意味着它们看不到任何东西。很多例子告诉我们，田鼩母亲在发现巢穴变得不安全时会以渡河的方式把幼崽转移到别处。它用嘴咬住幼崽的咽喉部，然后游过河，或者潜水过河，一切都十分顺利。要知道，这种护崽行为是它们繁衍至今的一个重要原因。

除此之外，和许多其他动物一样，田鼩的食物结构也十分丰富。这一点至关重要，毕竟不挑食的动物具备更大的生存优势。对于水鼩来说，当然也是如此。尽管它们的主食是草，可它们其实是杂食性动物，看到什么就吃什么，例如根、芽、叶、树皮、芜菁、马铃薯、莲、笔头菜、坚果、山楂、蚯蚓、死鳟鱼、蛤、蝲蛄以及一些奇奇怪怪的食物。尽管水鼩有时候会破坏柳树和河堤，但对于农民和渔民而言害处并不大。英国的水鼩从不储备食物，因为它们不冬眠，对此，在这里我们就不赘言了。它们掌握了挖土掘根、在冰下潜游等技能，因此可以安稳度过英国的冬天。提到它们吃东西的样子，不得不说，我们有时候会看到它们在洞穴里、漂浮于水面的芦苇上、水草间，大快朵颐，那样子有趣极了。它们的坐姿类似于松鼠，捧着嫩芽或草根细嚼慢咽。

水䶄的视力不太好，人们或许会觉得这不利于它们在陆地上的生活。然而，一般来说，这并不是什么太大的弊病。尽管视力不佳，但它们有一对腺体，每个长度在 1.5 英寸左右，位于髀骨和尾根之间。和鼩鼱身上的腺体一样，它们的腺体也会分泌出一种带有气味的油性物质，以阻止觅食者靠近。就其各方面的生活状态而言，水䶄勇敢且活跃，幼崽十分活泼，成年的则易于驯养。它们没有鼠类那么狡黠，不过一点也不蠢笨。人类早在半个多世纪之前就发现了它们，却从未认真观察过它们，是我们熟视无睹，而非它们默不作声。它们拥有令人捉摸不透的特性，一部分博物学家认为，它们安静且沉郁。可是，作为一种野生动物，它们真的沉郁吗？有合理的解释吗？水䶄一般都很温和，除非受到了侵扰，于它们而言，生活在河边就是一种权利。谢泼德·沃尔文先生所写的《野兽的精神》是本有趣的读物，在他看来，水䶄是知足常乐的典范，这一定义与我们当下所知的事实大致吻合，不过还要多说一句，它们应该是一夫一妻制的遵从者。

鼩　鼱

鼩鼱不仅擅长"隐身"，还擅长逃跑。虽然有礼有节、活泼开朗、活灵活现，但它们好像不太招人喜欢，因此背负上了污名①。因为对它们不

---

① 鼩鼱的英文名 shrew 还有泼妇的意思。——译者注

够了解，人们将其归为鼹鼠、田鼱一类，甚至有人迷信它们的存在对于牛羊牲畜不利。怀特曾谈到过一个名为"憨髓树"的恶俗：在树干（通常是椿木的树干）上钻一个孔，把一只活鼩鼱塞进去，再用木栓将洞口封住，在牛羊患病的时候，就用这棵树的树枝敲击患处，便能治愈疾病。尽管这样的迷信思想已不复存在，但对鼩鼱的偏见却从未消失。人们不再寄希望于"鼩鼱树"，不过仍然没有放过鼩鼱。事实上，鼩鼱对农业生产有利无害，是蛞蝓、蛴螬等多种害虫的天敌。

当我们站在一道长长的河堤或一片干草地上，时常会瞥见一团"褐红色"的东西从草丛或落叶堆里一跃而起，腾空半刻后平稳落地，然后飞快地跑进了洞里。不得不承认，这一切都发生在一瞬间，除此之外，我们几乎没有机会看到鼩鼱，不过也有人曾看到蹦跳玩闹的鼩鼱，或者打得你死我活的两只雄性鼩鼱以及用草叶修筑巢穴顶部的鼩鼱妈妈（它们的巢都筑在枯叶里）。

鼩鼱行动优雅，这得益于它们的身体结构。它们体形娇小，看上去很漂亮，毛很顺滑、嘴巴尖（它们和人类一样有 32 颗牙齿），视力欠佳，听觉和触觉很灵敏。它们可能有些神经过敏，因为打雷下雨也会将它们置于死地。

在旧世界以及新世界的北部地区，鼩鼱四处可见，除了设得兰群岛、斯凯岛、爱奥那岛及爱尔兰之外。它们不冬眠，所以也不储藏食物。它们很弱小，就算被它们咬到也无甚大碍。枭、隼、白鼬、鼬、鼹鼠等许多动物都是它们的天敌。那么，鼩鼱是如何生存的呢？它们有一对腺体，长在胁腹两侧，被两道粗糙的毛掩盖，能分泌出奇臭无比的液体以驱赶敌人，保全性命。不过，这种用来对付敌人的液体作用不大，不能保证它们能逃过一劫，只能保证不被对手吃进肚里。此外，它们在被猎捕的时候也会装死，一动不动，然后伺机而逃。据我们所知，它们的听觉和触觉都相当敏锐——鼩鼱天生矫捷，而且十分活跃，跳跃动作很不寻常，对于自我保护而言，这很有用。

　　鼩鼱的繁殖能力很强，频繁且数量巨大，每年可生产数次，每次可以产下 5～7 只幼崽。然而，只考虑上述生存要素是不够的，更重要的是，这种动物长得很小，因此不易抓捕。

　　鼩鼱过着艰苦的生活，原因在于它们的胃口很大。和鼹鼠一样，它们的消化速度十分惊人，好像吃得越多就饿得越快，每次进食只间隔数个小时。所以，它们一般会选择在阴暗或夜晚觅食、捕猎、打斗。不管做什么事，它们都很认真。它们的境遇和食虫动物鼹鼠差不多，总生活在强烈的饥饿感中，这多半是因为它们比较好动。鼹鼠在饥饿难耐时会变得暴躁，但鼩鼱却易于相处，而鼩鼱母亲更是优秀的育儿大师。

　　在翻看鼩鼱的生活史时，我们会看到这样一个谜团：每到秋天，鼩鼱就会大量死亡，无论是路边还是草场上，都能看到很多死去的鼩鼱。对此，人们给出了多种解释，有博物学家认为，食肉动物一到秋季便会大肆捕杀鼩鼱，但又杀而不吃。还有观点说，鼩鼱在那个时节会因为缺少食物而自相残杀，最有力的证明来自科学的观察：在陷入争斗、受伤、饥饿难耐的时候，它们总会结伴逃往别处。最主要的原因或许是它们的生命周期本就不长，而其中一部分会在一年内死亡。在寒冬到来之前，年老体衰者就已经命丧黄泉。

　　上述与普通鼩鼱有关的描述，同样适用于与其源自一脉的么鼩鼱。这种鼩鼱是英国哺乳动物中体形最小的一种，从嘴到尾仅有 3 英寸长，骸骨也非常小。它们有 32 颗牙齿，个个都小如麦粒，只有拿放大镜才能观察清楚。与别的食虫动物一样，其后齿齿冠也带尖——呈山形的尖突物，很适合咬食昆虫。与普通鼩鼱相比，么鼩鼱分布得更为广泛，也更加惹人喜爱。

　　再来看看水鼩鼱，身长在 5 英寸左右，超过普通鼩鼱的 2/5，分布范围很广，从阿伯丁郡到阿尔泰山脉均能发现它们的踪迹。和水鼱一样，因为陆地上的危险太多，它们开启了水生模式。它们很漂亮，背毛又黑又软，腹毛雪白。游泳的时候显得很优雅，身体半露于水面之上，几乎看不到任何水花。这是因为它们脚趾长有硬实的毛，尾巴两侧的毛也很硬，所以尾巴能像舵一样工作。它们主要吃昆虫幼虫、体形小的甲壳动物以及清水蜗牛等。它们擅长潜水，机警且敏感，经常潜到水底拨弄小石子以觅食。它们的巢穴一般都在河堤里，窝里铺着草，里面住着可爱的水鼩鼱幼崽。

THE
OUTLINE
OF
NATURAL
HISTORY

第三章

英国与美洲的几种哺乳动物

动物们的自我保护

相较于俄罗斯和北美洲，英国的哺乳动物要少很多，这是为什么呢？在上新世，英国所在之处只是欧亚大陆上的一个小角落，不过却生活着当时欧洲北部地区所拥有的全部种类的哺乳动物，其中包括巨大的生物，如毛犀牛、穴狮、穴熊等庞然大物。这些巨大的兽类早已灭绝，只留下少量遗骨可以证明它们曾经来过。

后来，欧洲北部的气候变冷，冰河期随即到来，英国所在之处被冰雪覆盖。时至今日，仍然可以从现在的山地和水域中看到当时冰山活动留下的痕迹。我们在岩石上看到了绵长呈带状的侵蚀痕迹，还有漂石积成的黏土，而这些都是古代冰河留下的细碎泥沙铸就而成的。在那个极其艰苦的时代，英国所在之处的动物大多都灭绝了，只有鸟类等一部分能够迁徙的动物来到了欧洲南部。由于当时尚未出现英吉利海峡，因此迁徙者们得以沿着如今的英国南部海岸一路南下，来到温暖的地中海地区。冰河期一共出现过四次，而其中三次相对柔和的间冰期就已造成了巨大的灾难：英国所在之处的绝大部分动物都灭绝了。每当间冰期到来，那些乐观的动物便会回到低地，可不久之后，随着气温陡降，它们不得不再次逃亡，而没能逃走的动物都死了。在后来的冰河期中，欧洲北部出现了人类，从最古老的智人骸骨来看，它们应该生活于冰河后期。

气温渐渐升高，冰原面积逐渐缩小并最终消失。在英国所在之处，活下来的动植物少之又少。不久之后，很多动物从欧洲大陆迁徙而来，这里又恢复了生机。在新迁徙来的哺乳动物中，不乏体形庞大者，例如"爱尔兰麋"、驯鹿、野牛、野猪、水獭、旅鼠、狼、熊。那个时代一定生

图7　野猪

野猪是中型哺乳动物，全身整体呈深褐色或黑色，毛发的顶层是较硬的刚毛，底层是柔软的细毛。野猪是杂食动物，喜欢集体活动。野猪视力很差，鼻子长而直，有敏锐的嗅觉。雄性野猪有两对不断生长且外露的犬齿，向上翻转，呈獠牙状，可以作为武器。雌性野猪的犬齿不外露，但是也有一定的杀伤力。

机勃勃，并以"殖民"为主题。可如今，那些引人注目的动物都去了哪里？在那次大迁徙结束很久以后，那里的地层开始漂移，从而形成了如今的大不列颠群岛。爱尔兰的情况也差不多，不过它在成为一片孤地之前尚未迎来某些哺乳动物，虽然那些动物已经到达了大不列颠。因此，我们找不到任何依据可以证明爱尔兰曾经是鼹鼠及野兔的栖息地。在漂离欧洲大陆之后，除了蝙蝠、鸟类、部分昆虫等可飞行的动物以及海马、海豚、鱼类等能游泳的动物，剩下的动物都无法再次踏足大不列颠了。

在陆路通道被切断之后，那里的哺乳动物种群变得越来越少。当然，动物界的竞争一刻未停，狼的存在致使驯鹿种类锐减，这让我联想到现在加拿大北部地区所发生的一切。气候变暖威胁着许多动物的生命安全，而这一切又出现得那么快。于是，山兔只好移居至高地，就像鸟类中的雷鸟那般。另外，一部分动物快速地演化出了某些极端的特质，这或许是在自掘坟墓。例如，巨鹿（爱尔兰麋其实是错误的称呼）的鹿角由于过度生长而成了累赘，单是雄鹿每年新长出来的部分都能达到 10 英尺长，重达 36 千克。

然而，导致英国哺乳动物大量减少的罪魁祸首其实是人类。最开始，人类为了果腹和御寒而狩猎，导致野牛和驯鹿的种类日渐稀少。后来，人类为了保护自己而捕兽，为了获得充足的食物而圈养牛羊，导致熊和狼也越来越少。再后来，人类为了娱乐而狩猎，幸好没有给动物造成太大伤害。然而，此后的事情变得越发糟糕：乱砍滥伐导致森林面积骤减，鹿、海狸、松貂等诸多动物失去了家园；耕地越来越多，而且纵横交错，这让那些需要躲藏或游荡的动物不知所措。英国的哺乳动物之所以会这么少，其原因多达数十种，而人类的活动无疑是最主要的。

直到进入有记载的时代为止，驯鹿与狼都还在英国生活，然后又悄然消失了，其他一些哺乳动物也同样如此。在两百年前，那里还能见到许多松貂和野猫，如今却极为罕见。曾几何时，神奇的貛随处可见，甚至有很多地方以貛的名字命名，而现在这样的地方屈指可数。鸡貂的境遇也一样，它们是云貂的祖先，或者至少同出一脉，人们驯养云貂来捕兔。我们接下来将从英国哺乳动物中选出一些来进行探讨，看看其中一部分是如何繁衍至今，而另一部分同样有天赋的动物又为何会减少，甚至灭绝。

成功秘诀

让我们来了解下鼹鼠是怎样进行自我保护的。在很久之前，它们就开发了地下世界，并开始蛰居。它们偶尔会来到地面，只为求偶或饮水，剩下的时间都生活在暗无天日的地下，吃着蛴螬、蠕虫等生物，并且完全演化成为地下动物。

鼹鼠的食量很大，每天要吃下占体重一半左右的食物。对于被抓住的鼹鼠，如果不在晚上给它们喂食，或者只给它们吃一顿饱饭，那么第二天早上就只能看到它们的尸体，而此时它们的胃里什么都没有。因此，就算是在不怎么缺少食物的情况下，它们也会做到有备无患，这一点对它们来说是很正常的。有观点指出，鼹鼠会在冬天到来之前捕捉很多蠕虫，并把它们储藏在位于通道底部的巢穴内，咬掉蠕虫的头部，让这些虫子生不如死，无力爬出。人们经常在鼹鼠的巢穴内发现密密麻麻的蠕虫，要么半死不活，要么身负重伤。这些蠕虫自然是鼹鼠的存粮，可谁也没有真正看到过储藏过程。在很多博物学家看来，这些蠕虫应该是迫于寒冷而自己爬到鼹鼠巢穴里的。这种说法还需要得到进一步证实。我们在一份史料中看到，一只被人抓住的鼹鼠在吃饱喝足之后，常常向人讨要蠕虫，然后咬伤并掩埋，一只接着一只，不停地咬着、埋着。近来的新发现则称，鼹鼠的确会储备蠕虫，可这只是临时行为罢了，因为在人们所挖到的蠕虫堆中，数量最多的也不足一大铲，对于鼹鼠来说不过是两三天的食物而已。

前文提到的普通鼩鼱以及么鼩鼱又是怎样自我保护的呢？它们的优势是娇小、敏捷、安静、隐蔽。它们生活在接近地面的洞穴里，食物主要是昆虫等微小的生物，而且总在光线微弱，比如傍晚时觅食。

水鼩鼱的情况又是如何？同样，它们安静、隐蔽，是逃跑高手。很多小型动物都是它们的食物，例如昆虫幼虫等，更为关键的一点是，它们掌握了潜水技能。另外，众所周知，无论哪个种类的鼩鼱都是人类的朋友，因为它们可以抑制昆虫的扩散。

无论是鼹鼠还是鼩鼱都属于食虫目动物。同样属于食虫目的还有刺猬，一种在地球上生活了很久的动物。从大不列颠到乌拉尔山，我们可以在许多地方看到它们的身影。它们的体形并不小，因此无法如小巧的鼩鼱那般灵活脱逃。和鼹鼠不同，它们不了解地下世界，因此不是穴居动物。它们虽然会游泳却对水毫无好感，因此其生存之道和水鼩鼱有一定差异。

那么，刺猬是如何生存的呢？在哺乳动物备受折磨的英国，它们是如何繁衍至今的呢？它们是如何自我保护的呢？这里的耕地越来越多（高地地区同样如此），荒野越来越少，天敌多种多样，尤其是人类。

刺猬原本只有毛而没有刺，后来为了御敌，大量的毛变成了刺。它们经常攀爬，如果不小心跌落，便会展开锋利的刺以避免落地时受伤。它们能够蜷缩成球状，而且不易被拉开，就算是能轻易征服捻角山羊的狐狸也拿它们毫无办法。刺猬的身体很硬朗，哪怕遇到有毒的隼，被咬了也会没事。丰富的食谱是它们的另一个优势，蠕虫、蛞蝓、蜗牛、甲虫的蛴螬等都是它们的食物。它们于人无害，所以猎杀刺猬是愚昧无知的行为。在寒冷的季节，因为缺乏食物，它们只能改变生活状态——进入冬眠。它们蛰伏时，悄无声息，不吃不喝。它们的活动时间一般在晚上，相对来说是安全的。白天的时候，它们躲在篱笆边的角落里或者树洞中。入夜之后，它们开始觅食，因为夜里不易被发现。它们会为幽静的夜晚带来一些神奇的声响，而这证明，它们是安全的。

啮齿动物的崛起

讲完食虫目，让我们来看看啮齿目。二者的境况可谓千差万别。啮齿目动物的数量不是多，而是很多，尤其是鼠、鼹鼠和鼩，而且这三种动物还被人们视为有害的动物。它们危害性颇大，总在糟蹋谷类以及人类储藏的东西。在诺曼人来到英国之后，鼠类才接踵而来，因此我们将其与田鼠、堤鼠、家鼹以及林鼹相提并论，并提出了这样一个问题：为何数量庞大的啮齿目动物会是有害的？原因有三：第一，它们之所以能够繁衍至今，并非因为足够强大、足够聪明，而是因为繁殖速度和数量都十分惊人；第二，它们的食物来源多种多样，田间地头、储备粮食的仓库以及人们不小心留下的食物残渣等；第三，它们的天敌，比如鹰、鼬、白鼬等因为人类的干涉而越来越少，以至于它们无所忌惮。

家兔的成功自不待言，和田鼠一样，有赖于其群居生活以及随处可见的草本植物。尽管狐狸、飞禽等天敌依然存在，人类的陷阱与猎枪也不曾放过它们，不过它们仍旧安稳地生存于世。另外，它们的成功还有赖于其穴居生活以及入夜后猎食及活动的习性。它们会在危难时刻用后足猛击地面，向敌人发出警告，从而保证自己的安全。除此之外，还有一个小细节：其尾部末端呈白色，这并非毫无意义，而是为了在昏暗的环境下为毫无生存经验的幼崽提供指引，使得幼崽可以及时躲进洞穴里，要知道对于幼崽而言，躲藏速度关乎性命。

那么，野兔又为何能立足于自然界呢？它们常常遭到狐狸的猎食，其幼崽也常常成为白鼬的腹中餐，可这样一种不甚隐秘的动物却生存了下来，这又该如何解释呢？这种动物的视觉、听觉和嗅觉都相当敏锐，而且它们总是小心翼翼，非常机警。在外出活动的时候，它们会先跳向远处，回到巢穴时也是一跃而入。这是一种简单实用的隐藏行踪和身体气味的方式。它们的足迹通常错综复杂，就连狐狸也搞不清楚。另外，它们的皮毛利于躲藏，犹如隐身衣一般。野兔母亲很懂得如何保护幼崽，这也是它们成功的秘诀之一。

相较于普通野兔，栖息于山林中的变色野兔体格更好。它们已经适应了高海拔地区的生活以及粗糙的食物。寒冬将至，它们的毛渐渐变成白色，只有双耳耳尖仍为黑色。

松鼠是一种活泼的啮齿目动物，它们的成功秘诀是从地面来到树枝间生活。它们似乎总是无忧无虑，活蹦乱跳，由此可见，它们很少为食物和安全发愁。它们在树林里自由自在地上蹿下跳，在树枝间筑巢，和伙伴们生活在一起，安稳地繁衍生息，这一切都和鸟类别无二致。它们偶尔会来到地面，寻找可以食用的菌类，或者把坚果埋起来。尽管如此，它们很少遭遇危险，毕竟轻轻一跳就能蹿上身旁的树干。它们会储藏食物以备不时之需，例如搜集起来的橡实、榉实等，但对它们来说，这件事或许并不像人类所想的那么重要。我们常常在圣诞节假期看到它们在覆雪的树枝间跳跃，可见它们没有冬眠的习惯。

食肉动物的绝招

时至今日，英国的野生食肉哺乳动物主要来自以下四科：第一是猫科动物，也是四者中最高级的一科，代表动物为如今极为罕见的野猫，它们生活在丛林里，颇为凶猛，和外来的家猫大为不同；第二是犬科动物，代表动物只有狐狸这一种；第三是生活在海里的海豹，它们是优雅的泅泳者，然而它们的后足是无法站立的；第四是极具代表性的熊科动物，就等级而言比猫科动物和犬科动物低，另外也没有海豹那么与众不同。

熊科动物主要有獾、水獭、鸡貂、白鼬和伶鼬。我们要谈论的是栗色白鼬，它们是食肉动物，常遭到猎场看守的猎杀，尽管如此，它们仍旧得以立足于英国。到了冬天，除了尾巴末端呈黑色，它们周身雪白，因此被人们叫作银鼬。那么，白鼬是靠什么生存下来的呢？

白鼬的身体极具柔韧性，身上没有赘肉，柔软如蛇，能够从看似无法穿越的狭窄通道中穿过。它们看起来很漂亮，拥有敏锐的视觉、听觉和嗅觉，而且总是很警惕。人们很难抓到它们，只有在它们专心狩猎其他动物幼崽时才有可能得手。白鼬母亲是细致入微的育儿专家，常常带着一群幼崽在树林里学习生存技能。

不过，它们的成功秘诀主要还是机警和果断。人们曾经看到，一只白鼬爬上温室顶部的通气管道，然后穿过管道口的铅丝网，顺着锌管爬进室内，将两只被关在笼子里的松鼠杀死并吸光血，接着又顺着锌管爬出屋子——这项技能令人称奇，最后爬上屋顶，逃之夭夭。翌日，它卷土重来，杀死了其他松鼠，但令人惋惜的是，这次它没能逃过松鼠主人的捕杀。论短跑，白鼬敌不过家兔，不过它们的呼吸系统很发达，而且很有耐力，因此在长跑上总能赢过其他动物。家兔不善长跑，跑一阵子就会疲惫不堪，然后会因为恐慌而停止行动，直到被白鼬追上咬断颈部血管。

白鼬掌握了渡河的本领，虽然人们可以制造障碍，但无法逼迫它们返回。哪怕被人扔石头，也不会停止渡河，原因在于它们毫不畏惧。带队行动的白鼬母亲在遇到猎场看守及猎犬时会进行反抗。不可否认的是，白鼬之所以能保护自己，有赖于其机敏的特性和倔强的个性。

如前文所述，这种白鼬在夏天是栗色的，而在冬天却是白色的。它们的毛会变色，一部分单根的毛甚至变成了白色。白色的毛不仅有利于它们在冬天隐藏踪迹，不被猎食者发现，还有利于它们猎食松鸡，并逃过鹰的眼睛。然而，在我们看来，白毛最重要的作用在于保持体温，这一点类似于栖息在山林里的野兔。栗色等其他颜色的毛更容易散热，从而导致体温下降较多。在冬季气温稍高的地区，白鼬的毛依然会保持栗色。而值得一提的是，栖息在苏格兰高地的白鼬会在冬天变成"银色的鼬"。

伶 鼬

在英国的食肉动物中，伶鼬是最值得关注的动物，可以说无出其右。伶鼬是白鼬的近亲，二者特征相同，不过不应被视为同一种群。伶鼬的身体长度只有 8 英寸左右，而足部较长的雄性白鼬的身长是其两倍。伶鼬的尾巴长度只有两英寸多，而白鼬的则有五六英寸，而且尾巴末端为黑色。另外，如前文所述，栗色白鼬在冬天时会变成银色，唯有尾巴末端仍为黑色，而伶鼬的背毛却永远都为褐色。说伶鼬是缩小版的白鼬并没有什么错。它们同属却不同种。换句话说，它们是兄弟关系。事实上，将它们分开讨论是件重要的事，但就猎场看守的角度来看，白鼬需捕杀，而伶鼬则无须猎捕。伶鼬的主要食物是小型啮齿目动物，例如田鼠、林鼩之类，而这些啮齿目动物拥有惊人的繁殖能力。另外，较小的雉、鹧鸪等鸟类也是伶鼬的食物，甚至是经常吃的一类食物。当然，对于人类而言，伶鼬的食物特性应该是有益无害的，特别是在农业利益高于猎场利益时。对于鼩、鼹等小动物，伶鼬会一口咬碎其头部，而对于稍大一些的动物，它们会死死咬住其脖子，甚至让自己的身体挂在猎物脖子上，直到猎物不再动弹。

伶鼬、白鼬、雉貂、貂等动物同属一科，在人们的印象中，这类食肉动物最突出的特点就是机敏。伶鼬精瘦、柔软，且韧性十足，擅长打洞造巢穴以及在干河沟的石头堆里穿梭。它们可以如蛇那般扭曲身体，是技艺高超的泅泳者和攀登者，当然，它们的跑跳也很厉害。身体贴地并快速直行，是不同于连续跳跃的行进方式。伶鼬的身体很紧致，脂肪恰到好处，看不到任何松软下垂的部位；背毛颜色接近土色或者枯草色，牙齿不大但很锋利，就连体长仅 8 英寸的幼崽也拥有十分强大的撕咬能力。它们的视觉、听觉、嗅觉和触觉都很发达，在我们看来，想要抓住伶鼬绝非易事。它们时时刻刻谨小慎微，当然偶尔也会走神，比如在追逐及玩弄猎物的时候。伶鼬是一种十分"专注"的动物。另外不要忘了，它们只在夜晚觅食。米莱曾经说过，英国部分地区的居民一直认为，在幽暗的环境下，猎犬和仙犬会结伴捕食野兔。所谓仙犬便是伶鼬了。它们通常会以家庭为单位，或者结成小群体外出猎食。和它们的近亲种群一样，伶鼬幼崽会受到父母，至少是母亲的训练，群体猎食便是其中的一门功课。实际上，它们并非群居动物，也就是说它们更倾向各自为政。

这种动物十分勇敢，这样的特质多少会令人心生感慨。它们的勇敢是知己知彼的勇敢，而非企鹅、海牛等动物那种无知者无畏的勇敢。它们会猎食诸如家兔之类的比自己大好几倍的动物，会和狗打斗，会成群袭击人类。伶鼬母亲从小便教育它的孩子们要有一颗勇敢的心，因此勇敢成了每一只伶鼬身上的闪光点。这一特性还让它们异常机敏，也异常执着，而相关实例不胜枚举。一只饥饿且凶猛的飞禽抓住一只伶鼬，然后腾空而起，可令人意想不到的是，最后的胜者却是伶鼬，因为它在半空中咬死了敌人。伶鼬不仅执着，而且还十分冷静、聪明。在它们的生活史中绝没有"束手就擒"这一说法，因此它们的天敌少之又少。人们通常认为，对于动物而言，自卑与合作是有好处的，不过在演化过程中还存在另一种现象：勇敢的奋斗也能换来立足之地。伶鼬既是"所向披靡的战士"，也是"无所畏惧的绅士"。

伶鼬母亲很懂得如何保护幼崽，也会长时间地养育幼崽，教育也很细心。五六月的时候，雌性伶鼬会在石堆或树桩里生下 4～6 只幼崽，新生儿不能马上睁眼，而且无法自己生存下去，要过很久之后，幼崽才能具备一定的生存能力。伶鼬母亲在此期间十分繁忙，在危急关头，会将幼崽转移到安全地带，像猫一样，一次叼走一只。即使幼崽具备了一定的行动能力，它们也会在遭遇危险的时候把幼崽叼到安全的地方。人们曾经看到一只伶鼬拖着一只比自己大的家兔走进路边的树林里，可见它们的颈部肌肉以及上下颚肌肉都十分发达。它们可以又快又轻松地把幼崽叼到远处，而这种行动能力不能不说是令人吃惊的。除了哺育和保护之外，伶鼬母亲还会认真地教育幼崽。幼崽可以学到各种野外生存技能，并在玩耍中掌握其他有利于日后生存的本领。

伶鼬还会表现出其他几种奇特的行为。首先是疯狂的猎杀。它们会伺机大开杀戒，而且表现得很是狂躁。例如，它们会疯狂地攻击鸡群，就捕杀数量来看，绝不是单纯地为了觅食而开展的行动。有时候，它们会把猎捕到的动物埋起来，可见它们也有储存食物的习性。这种疯狂的猎杀行为或许是出于一种本能的不受控的嗜血性，之所以停不下来是因为它们看到猎物还没有死光。又或许，突然出现的许多猎物对它们造成了某种刺激。如前文所述，伶鼬有时候也会走神。在与同类打斗的时候，它们会忽视周围的一切；在玩闹，或者在鸟类面前展示自我的时候，也会放松警惕，尽管这种走神的时间并不会持续很久。这种显而易见的走神或许只是因为它们认为"眼下需要专注于某一件事"，也可能是因为它们平时生活得太安全了。

和白鼬一样，伶鼬有时候也会成群结队地发起攻击，或者进行迁徙。有时候会拖家带口远足，例如伶鼬母亲带着四五只幼崽；有时候二十几只伶鼬会聚集到一起，一同寻找新家园。对于猎人及猎犬来说，这种情况是不可多得的机会，不用花费大气力，只要动动脑子就可以抓到伶鼬。冬雪纷纷，大地雪白，伶鼬钻进雪地挖掘通道，并借助敏锐的嗅觉找到鼷、鼱等动物的巢穴。当寒冬降临欧洲北部（除英国以外）时，伶鼬常常会变成白色，而英国的"白色伶鼬"原本就是浅色品种，与气候变冷无关，大概是因为缺少色素。

我们在前文中已经对獾和水獭作过详述，它们在英国并不多见，只分布于少数地区。对于狐狸这种动物，我们也已经了解过了。

在苏格兰的西海岸地区，我们有时会见到几十只海豹同时成群出现，这种动物已经彻底适应了水中的生活，因而得以生存至今。海豹的祖先从陆地移居至相对更安全的海洋中，直到现在，它们依旧安稳地生活在海洋里。对于海豹而言，一生中最危险的阶段莫过于小时候，它们出生于海岸上的岩石堆里，初生时弱不禁风，而且不会泅泳，所以落水并不是一件乐事。在那些生活方式已改变的动物中，有很多都会回到原栖地诞下新生命。

特立独行者的成功

不同于海豹，鼠海豚和海豚属于鲸目动物，常见于英国海岸附近。人们通过观察发现，它们已经在水中生活了很长一段时间，相比海豹有过之而无不及。就外部形态而言，它们的后肢已退化，不过毛的痕迹依稀可见。相较于海豹，以海豚为代表的一部分鲸目动物具备一些更聪慧的习性，例如把幼崽带到水里哺乳。由此可见，海豚的祖先比海豹的祖先更早移居海洋。相较于海豚以及与海豚关系较近的一部分动物，海豹的水生能力稍逊一筹。

如前文所述，在英国境内的哺乳动物当中，蝙蝠可谓独树一帜。它们的成功秘诀主要有四点：第一是具备飞行能力，在空中王国里，再没有其他哺乳动物了，而且蝙蝠已经适应了空中环境，其生活能力毫不逊于鸟类；第二是昼伏夜出，它们从不在白天活动，只会在晚间外出觅食，时而凌空高飞，时而近地掠行，甚至会从人们眼前拂过，它们天赋异禀，绝不会和其他东西相撞；第三是冬眠，它们会在天冷时蛰伏，不过并不会如刺猬那般呼呼大睡，并在稍微温暖一些的时候，例如圣诞节期间醒来，在气候寒冷的地方，无论是仓库的房椽，还是古老堡垒的角落，抑或是枯木的空洞，都是它们群居过冬的好地方，它们会用脚趾勾住物体，倒挂在半空，再用双翼裹住身体，好不神奇；第四是护崽，蝙蝠母亲能给予幼崽极好的保护。

北美洲的几种哺乳动物

就哺乳动物而言，北美洲和欧洲北部及亚洲北部的种类大同小异。从地理分布来说，生活在上述地区的哺乳动物属于泛北极区种群。在旧世界及新世界北部，常见的哺乳动物有无尾野兔、土拨鼠、海狸、旅鼠、田鼱（除美洲外）、羊、野牛、驯鹿、麋、北极熊、狼獾、林狸等。不过，鼹鼠、水鼩、獾、骆驼、牦牛、岩羚羊、睡鼠等动物只见于旧世界，而囊鼠、麝牛、叉角羚、落基山羊、场拨鼠、麝鼠、臭鼬、浣熊等动物则只见于新世界。我们将以部分北美洲哺乳动物为例，探究其繁衍至今的秘密。这是一项很有意思的研究。令人惋惜的是，北美洲的动物保护工作和英国一样不尽如人意。尽管不乏满怀激情的动物保护人士和严格的保护措施，例如霍纳迪博士这样的专家以及纽约动物园之类的机构，不过叉角羚、落基山的大角羊、落基山羊、驯鹿、麋、麝牛、灰熊等哺乳动物却依然难觅踪迹。[①]人们应该重视这些一旦失去便不会再出现的珍稀动物，帮助它们逃离灭绝的危险。

在北美洲大陆茫茫草原上，存在着一种神奇的景象——场拨鼠的"堡垒"。乘坐火车横穿北美洲大陆的人们在途经某些地区的时候会看到，好

---

① 请参阅霍纳迪博士所著的《即将消失的野外生活》一书。——作者注

几百只看上去有些像松鼠、体长 1 英尺左右、肥肥胖胖的啮齿动物挺直腰杆坐在无数小土堆旁边，而这些小土堆就是其洞穴的入口和出口。据我们所知，场拨鼠已将得克萨斯州境内一片面积大约 9 万平方英里的土地据为己有了。在那里，生活着好几亿只场拨鼠，俨然一支大型部队。那么，它们的队伍为什么能如此壮大呢？一部分原因在于，无垠的大草原为它们提供了吃不完的草根和草干。它们偶尔会换换胃口，吃些蚱蜢、梨果仙人掌之类的食物，但总的来说，它们的主食是草，所以对当地的谷类种植而言是个不小的威胁。毫无疑问，想要发展农业，就得赶走场拨鼠。尽管在某些地方活不下去，但在其他地方，它们依然活得很好。这么说并非毫无依据，毕竟啮齿目动物都拥有很强的繁殖能力，数量增长得很迅猛。

　　除了不缺食物、繁殖迅猛之外，还有别的原因吗？由于数量众多，肉质鲜美，因此郊狼、狐狸、鹰、枭等猎手都对它们很感兴趣，不过它们的社会性防御能力极强，这又让它们免于被天敌捕杀殆尽。在遭遇危险的时候，它们会马上来到距离自己最近的小土堆边上直直地坐好，拼尽全力狂吠。正因如此，场拨鼠又被叫作草原犬。它们还会摇动尾巴，尽管持续时间不长。尼尔森曾描述道："城中满是四散飞奔的场拨鼠，它们急急忙忙地赶回巢穴，叫声回荡在天地之间。所有场拨鼠都害怕极了，纷纷躲藏起来，即使回到了巢穴里，也还在不停地叫喊。一个小时乃至更久之后，它们才重新回到地面上。"[1] 据我们所知，场拨鼠母亲会让幼崽学习如何又快又准地听懂警号，并通过天生的敏捷行动来化解危机。这种动物十分机敏，如前文所说，它们懂得自我保护，尽管会被捕食者盯上。除此之外，它们还具有另外两个特长：第一，无须额外饮水，食物中的水分就已足够；第二，在冬天或常有人来往之处，它们会

---

[1] 请参阅《北美洲的野生动物》，国家地理学会，华盛顿，1918 年出版。——作者注

睡上好几个月。在枭、响尾蛇等天敌的威胁下，它们并没有过上高枕无忧的日子。"现实情况是，那些被场拨鼠弃用的巢穴后来常常成为枭的住所，枭会在那里生儿育女。至于响尾蛇，则常常溜进场拨鼠的巢穴里大快朵颐，而且专挑肥硕的吃。"或许这些生动的描述只是人类编的故事而已，但不可否认的是，场拨鼠的生活一点也不枯燥，就像托普赛尔在其著作《谢罪词》中所写的一样："我珍惜所有的真理，不想以欺骗的方式让人们热爱上帝、赞美上帝，因为这不是上帝所需要的。"

我们可以认为生活在新世界的树豪猪就是生活在旧世界的地豪猪。与场拨鼠一样，它们也是啮齿目动物。人们有时候叫它们"狷"，这是不对的，毕竟狷是食虫兽下某一目的动物。在树豪猪中，人们听得最多却又最不了解的当数加拿大种群，这一种群分布于哈得逊湾至俄亥俄之间，是一种与众不同的哺乳动物，体形比欧洲种群大了20倍左右。它们有着黑色的毛，皮为灰色，而且很厚实，行动缓慢，眼神不好，独来独往。那么，这种动物是如何生存下来的呢？部分原因在于，它们以树皮等粗糙食物为生，喜欢幽暗的环境，而且栖息在树上。它们甚至能在一棵树的树冠上生活好几周，饿了就吃点树皮，不过它们通常会在地下准备一个洞窟。为了寻找可口的果实和盐，它们也会走上很远的路。它们的幼崽体形较大，而且很强壮，通常都能自保。这也是它们的成功秘诀之一。不过，仅凭这几点，还不足以完全说明它们的生存优势，毕竟许多聪明的飞禽走兽都是它们的天敌。事实上，它们身上有刺，而这是它们赖以生存的利器。

这种利器是由其皮毛深处的白色硬毛演变而成的，而上层的毛则为灰黑色，质地粗糙。在安全的时候，这些刺紧贴在身体上，在受到刺激的时候，这些刺则会立起来。它们的刺附着在皮上，当刺尖进入敌人身体后，刺就会脱落。豪猪会使用那又短又硬且带刺的尾巴御敌，敌人往往会被刺痛，甚至丧命，不过也有人认为，树豪猪并不会射出这些刺，就像旧世界的豪猪一样。

这些刺在立起来的时候会发出声响，而且豪猪在竖起刺毛的时候会向后退，它们的刺经常脱落，或许是由于这些刺是毛演变而来的，不过，这些刺是不可能被射出去的。布封也不认为这些刺能被射出，他之前谈道："人们很容易相信这类神奇的事情。口口相传之下，偏听偏信者越来越多。"旧世界的豪猪身上长着长达 1 英尺的毛管，而树豪猪的毛管大多在 0.5 ～ 3 英寸。但从"生存价值"的角度看，它们已经足够长了。

落基山羊是生活在北美洲的一种大型哺乳动物，它们成功地繁衍至今，凭借的又是什么本领呢？落基山羊栖息在陡峭的高山上，足跟稳健，食量小，以植物为生。体表覆有白毛，尽管毛质粗糙，却足以抵挡冬日的凛冽寒意。它们头上有角，呈黑色，又长又重；臀部像水牛一样高高凸起。它们身体强壮矫健，可以从阿拉斯加南部一路向东迁徙，穿越一座座高山，来到蒙大拿甚至华盛顿。落基山羊的敌人不多，它们行动不算迅捷，喜欢稳定的生活。在尼尔森看来"没有什么比安全更重要"，而他对这种生活在北美洲的野山羊是这样描述的："众所周知，它们有时候又笨又执拗，在遇到猎人的时候，甚至会与猎人争道。"因为人类的过度猎杀，那些易被捕捉的动物正变得越来越少，然而，或许是因为喜欢住在人迹罕至之处，落基山羊得以自保。它们占据着主导地位，而且冷静沉着，对此，霍纳迪博士不吝赞美："就性格而言，落基山羊沉着冷静、临危不惧、勇气可嘉，令其他有蹄有角的哺乳动物望其项背。"好在它们的肉并不鲜嫩，而且散发着麝香气味，算不得美食。由于它们的皮毛不具有太大的经济价值，头部也不具有艺术价值，因此它们得以安安稳稳地生存下来。

一般品种的美洲臭鼬是最不受人待见的一种哺乳动物。从大西洋到太平洋，从哈得逊湾到危地马拉，我们在森林和丛林中常常可以看到它们的身影。在自然界里，它们的地位不可撼动。那么，臭鼬有什么生存优势呢？它们属于鼬鼠科，同科动物还有白鼬、伶鼬、貂、水貂等。臭鼬的大脑、肌肉、感觉器官都十分发达。和很多同类一样，它们的食物结构相当丰富，无论是蚱蜢还是鼠类，无论是黄蜂还是蛙类，无论是鱼类还是生活在地面上的鸟类，它们都爱吃。尽管是鸟类的天敌，可它们对人类来说却是有益无害的，毕竟它们的存在可以抑制害虫的繁衍。除此之外，它们的优势还在于，臭鼬母亲能将幼崽保护得很好，它们一次能产下大概 6 只幼崽，并选择在巢穴的隐秘角落里养育子女。和水獭无异，臭鼬母亲也会喂养和教育幼崽。幼崽们排着队，一个接一个地跟着母亲学习各种生存技能，以应付日后的丛林生活。我们发现，在出生后大约一年的时间里，臭鼬幼崽的家庭生活是以母亲为核心的。

臭鼬的另一生存特性是，它们大多偏爱在夜间活动，而不是在白天。

图 8　水貂

水貂躯体细长，四肢短小，耳朵又短又圆，嗅觉和听觉都很灵敏。水貂的肛门附近有臭腺，遇到敌人时可以放出臭气驱敌自卫。水貂生活在近淡水的地区，一般离河岸或河堤 4 公里左右。水貂通常夜间活动，是食肉动物，常捕食小型哺乳动物、鱼、鸟、昆虫等。

当然，它们并不是仅靠这一点来自保的。众所周知，它们主要是靠一种臭气来保护自己，臭鼬的消化管道末端长有一对腺体，而这对腺体可以分泌出奇臭无比的气味。在白天，它们身上的黑毛以及背部的两道白色条纹很容易出卖它们，好在它们行踪隐秘，也足够小心。"长期研究发现，它们的行动总能畅通无阻。"在和其他动物狭路相逢、针锋相对的时候，它们会发射臭液，而且可以射到两三英尺远的地方，当然，这并不意味着有了臭液就万事大吉了。一方面，臭鼬有很多敌人，例如郊狼、美洲狮、美洲角雕、角鸮等食肉动物；另一方面，它们肉质鲜美，皮毛的用处也越来越多。事实告诉我们，人类开办了养殖臭鼬的农场，用简单的方法割掉了可分泌臭液的腺体。毫无疑问，臭鼬是一种温和的动物，是人类的朋友，理应受到人类的保护。臭鼬幼崽十分活泼可爱。

除了普通臭鼬，地球上还存在着一种白背臭鼬。顾名思义，这种臭鼬的背部长着一条白色纹路。它们主要分布于南美洲，比普通臭鼬的分布范围更广一些，其打洞、夜行和捕食昆虫的能力也更强。

生活在北美洲的斑点臭鼬体形相对较小，"不同于其他哺乳动物，它们身上长着成对的黑白斑点，很奇特也很美观"。它们的食谱很长，包括草本植物和水果等。和上述两种臭鼬不同的是，它们十分敏捷；相同的是，它们也会分泌臭液。赫尔南德斯曾在 1628 年说过："在遇到危险的时候，它们会发出那威力强大的臭气。那股恶臭由尾部发射而出，迅速弥漫开来。"正如一位不苟言笑的教士所言，那气味弥漫在空气中，像是触手可及。很多食肉动物都长有类似的腺体，不过在臭鼬身上，我们可以看到有机演化的痕迹，这种特质已演化出自救功能。

飞松鼠广泛生活于北美地区，是一种十分精致的动物，而且拥有一种可以救命的特殊身体构造——降落伞，而这种构造是英国境内所有动物都不具备的。它们的前后肢之间有一层可以膨胀的皮肤，能令它们在幽暗的环境中飞行于一棵棵树木之间。它们能够在空中控制身体的动作，例如在接近地面时转而向上腾起。不过，它们的这种行为和蝙蝠的飞行大不相同，准确地说，它们的那层皮肤无法在空气中灵活振动。

飞松鼠体形小巧，体长在 5 英寸左右，尾巴的长度超过 4 英寸，栖息在树洞里，有时候会和同伴生活在一起。它们是夜行动物，所以长着一对大眼睛。它们在傍晚活动，在白天睡觉，睡觉的时候蜷缩着身体，像个毛茸茸的球。它们不挑食，橡实、鸟卵、榉实、昆虫、嫩芽、谷粒等都是它们的食物，这自然有利于生存。飞松鼠的另一生存优势是雌性可以很好地保护幼崽，就像我们在前文中所说的那样。尼尔森曾说："有人看到一只柔弱无助的幼崽从位于树洞中的鼠巢落到了树下。没过多久，母亲回来了，发现幼崽不知去向，于是着急地四处寻找。它很快在地面上发现了幼崽，并把幼崽叼到了树冠上，然后又飞到 30 英尺开外的另一棵树上，把幼崽转移到了安全的树洞里。它不停地来来回回，直到所有幼崽都被叼进新树洞。"在我们看来，飞松鼠有生存的权利。

综上所述，生活在美洲的哺乳动物通过不同的方式保护着自己。相关事例无以计数，我们随时随地都能看到，动物们采用不同的方式、利用不同的时机、凭借不同的身体构造或演化出的新功能，通过竞争为自己夺得一席之地，从而成功地繁衍下去。负鼠装死以逃生，小栗鼠在地下生活，很多松鼠栖息在相对安全的树冠上。作为食肉动物，水貂和麝鼠生活在水里，吃鱼和水生植物。为了保护自己，美洲的很多哺乳动物都生活在暗处，一部分动物还会专门挑选和自身皮毛颜色相似的地方落脚。一些动物通过冬眠"取长补短"，一些动物聚集而居以通力合作，所有的行为都是为了同一个目标，那就是活下去。有诗写道："人类为何辛苦，为何呐喊？"因为"他们不想饿死，也不想绝后，他们要竭尽全力繁衍生息"。对人类而言尚是如此，更何况动物呢！

THE
OUTLINE
OF
NATURAL
HISTORY

第四章

哺乳动物在北方

在环绕北冰洋的陆地上，我们能见到的哺乳动物是很少的，而且只有两种体形较大的动物。然而实际上，北极地区是很多大型哺乳动物的发源地，其中包括当前世界上体形最大的哺乳动物。为什么会形成这样的局面呢？原因在于海洋中存在着许多小型有机体，其中既有植物也有动物，而这些是其他生物的生命之源。这层关系并非显而易见，然而不管食物链有多长，这种依赖性都是真实存在的。

让我们来看一个比较长的食物链：北极熊的主食为海豹，海豹主要吃鱼类，鱼类主要吃各种甲壳动物，甲壳动物主要吃漂浮于海面的各种微型生物。位于海洋食物链第一环的是微型植物，例如硅藻，而大大小小的绿色植物无不是依靠空气、水、盐等无机物生存。只有极少数微型动物像植物一样带有叶绿素，绝大多数动物都无法像植物一样依靠无机物生存。所以，能从无机物那里获得丰富营养的可以说只有植物。

一些富含海草的海域很适合用来养殖海胆等动物，随着腐物及植物碎片的沉积，海底淤泥会变得越来越肥沃。最为关键的是，在冰河入海口的冰山崩塌后，很多岩石碎块落入海中，从而增加了海泥的厚度。夏季的时候，很多物质随着冰河流淌至陆地平原，例如阿尔卑斯山脉，渐渐形成了冲积层，如果流入北冰洋则成了新一层的海泥。

那么，为什么北方海洋富含微生物，而赤道附近的海洋却并非如此呢？已经去世的默里爵士曾不止一次提到，在北方海洋中，只需一艘船及一张网，就永远不愁食物，可以又快又轻松地找到很多小型甲壳动物，填饱肚子是绝对没有问题的。这类小型动物可以说是虾的远房亲戚，营养价值很高，富含油脂，对于生活在极寒地带的人们来说是绝佳的选择。除此之外，还能打捞到各种自由漂浮的软体动物，比如露脊鲸常吃的海蝶。另外，还有很多其他微小漂流者及浮游生物，于人类而言，它们的作用一点也不小，它们的存在直接关乎北方渔业的兴衰。当然，这并不是说它们是海上草场的缔造者，毕竟微型绿色动植物的作用同样重要。在这类生物中，不得不提的是那些水生的绿色动物，例如双鞭藻，它们如同植物一般生活在海底世界。

与此同时，我们不禁想到了另一个问题：诸如硅藻、双鞭藻之类的一部分藻类，为什么盛产于寒冷的海域，而非温暖的海域？答案或许是这样的：在寒冷的海域中，生物的新陈代谢较慢，或者说生命的进程较慢，从而寿命被拉长了，甚至会出现几个世代的生物同时存在的情况；在温暖的海域中，生物的新陈代谢或生命的进程较快，寿命也就缩短了。实际上，南方海域内的藻类品种更多，而北方海域内的藻类尽管品种较少，但单品种的数量却更多。

北极熊

作为极寒地带的征服者，北极熊是不可忽视的一个典范。它们吃苦耐劳，从不在冰原南部落脚。在夏天，它们大多时候都待在北极的冰面上，或者在浩瀚的海洋里畅游个不停；在冬天乃至极夜，它们会穿梭于各个岛屿，或者岛屿与陆地之间的海面四处觅食。如果不是饿得晕了头，它们才不会踏足人类的势力范围寻找食物或攻击人类。

在熊科动物中，北极熊的体形是最庞大的，足有 9 英尺长。此外，它们也是最纯粹的食肉动物，食量很大，却一直生活在冰冷的北极海洋中。

想要解释这一切，就需要从海豹说起。在自然界中，生命环环相扣。北极熊的主食是海豹，但它们捕食时所依赖的并非视觉而是嗅觉。在海豹毫无防备时，北极熊会敏捷地发起攻击。有人曾看到，一只北极熊悄悄游到一块浮冰旁，那上面正躺着一只在晒太阳的海豹，北极熊轻轻探出身体，伸出熊掌当头一击，海豹的脑袋瞬间就裂开了。

这种动物还有另外一种特殊的本领，北极熊可以轻松地将一只海豹拎出水面。它们潜伏在冰原附近，安静且隐忍地等待海豹冒出头来吸气。"海豹刚把头伸出来就会被北极熊一把抓住，并被拎到冰面上，而那个时候海豹已经失去了意识。"这个行动不仅需要力量，还需要精确的判断和极好的耐心——在准确的时机下迅速做出反应。可见，北极熊是个经验老到的猎手。

北极熊可以不知疲惫地连续游上好几英里，因为它们那厚实的脂肪与皮毛具有极好的保温作用。它们的脚跟带毛，能让它们在冰面上站得很稳。

在苏格兰捕鲸人口中，北极熊又叫"棕仙"，因为它们的毛是乳黄色的，如同冰原上的黄色冰块。因为冰块里含有硅藻这种微小生物，所以呈现出这样的黄色。已经离世的布鲁斯博士曾前往北极进行科学考察，经验丰富的他表示，乳黄色的毛让北极熊在冰天雪地里格外醒目，不过当北极熊来到黄色冰块中间时，却又能很好地将它们隐藏起来。布鲁斯博士还指出："在 300 英尺开外的甲板上站着 20 个船员都没有发现北极熊，不过一个正在学习的大副却看到了，它近在咫尺，难以辨认，像是一块黄色冰块。"

北极熊的天敌大概只有人类了。我们无法断定那层黄色皮毛到底能不能保护它们，让它们免遭攻击；我们也不认为那种黄色真的是神奇的存在，能够在北极熊陷入危机时帮它们隐身。毕竟，在白茫茫的一片海洋里，黄色是那么醒目，要不然苏格兰人也不会叫它们"棕仙"。我们还需要再深入研究一下黄色皮毛的功能。实际上，在极寒环境下，最有利于恒温动物生存的皮毛颜色其实是白色，因为这种颜色能够降低动物身体的热能消耗，其次才是乳黄色。北极熊生来就是白色的，而且在冬去春来之时会变得更白。

令人称奇的是，刚出生的棕熊幼崽的后颈处长有白毛，而且呈带状；而亚洲马来熊，也就是领熊的脖子下面也长有白毛，而且是从小到大一直都有。通常情况下，动物幼崽会带有一些祖先的印记，但随着时间的推移，这些印记会慢慢消失。于是，我们不禁会想：棕熊幼崽脖子上的白毛是不是其祖先的特质呢？

长期以来，人们认为北极熊是要冬眠的，然而这种看法并不正确。在北极地区，并不存在真正意义上的冬眠，因为在漫长的黑暗中，无论是地下还是地上都冷得无以言表。尽管不会冬眠，但它们会在冰原上筑窝，以备在寒冬腊月躲避风雪，还可以让母熊能有地方生产。有了窝之后，北极熊也不会一直躲在里面，它们会不时外出活动，毕竟还得想办法填饱肚子。

北极熊母亲拥有十足的母性，会为了孩子不顾一切。人们有时候会看到两三只北极熊同时出现，那是幼崽与它们的母亲，在幼崽学会独自生存之前，母亲不会丢下孩子不管。母熊和公熊只会在交配期待在一起，其他时候都各自安好——它们是彻彻底底的独身主义者。

北极熊是值得尊敬的动物，是极地冰川的探险家与征服者；它们像狮子一样强大，像牛一样健硕，比猫敏捷，比狗隐忍；它们独善其身；它们大爱无疆。我们真心希望，北极熊能在北极地区好好地生存下去。了不起的北极熊！

海　象

北冰洋的特有动物除了北极熊之外还有海象。海象是生活在北极地区的一种奇特的哺乳动物。它们和海豹属于同一科，不过体形较之海豹更大。海象种群大致有二：格陵兰种群和太平洋种群，不过除了体重与体型上的差异外，二者没什么太大的不同。

来自纽约动物园的霍纳迪博士认为："太平洋海象十分奇特，成年雄性海象看上去像一座肉嘟嘟的山丘，身上布满褶皱，十分丑陋，像个怪物，而且它们的习性与其外表一样与众不同。"由此可见，这种动物确实不太好看。不过，它们的外表也不是一无是处，头小肩宽，长着很多须。因此，当它们成群冒出海面的时候，正面看上去很有一种庄重的风范。曾经有人把它们视为人鱼的原型，当然，现在看来那应该是海牛才对。

成年海象体长 12 英尺左右，体重能达到 1000 千克，皮很厚实且粗糙，整体看来像个瘤子。海象幼崽长着褐色的短毛，随着年纪的增长，短毛会逐渐掉光，因此成年海象的体表看上去很光滑。它们的嘴和鼻子都能活动，身上其实覆有又长又厚的刚毛，就连嘴边也有，由此可见，这种刚毛的作用是"筛子"。

海象的上颚长有长长的犬齿（又被称为长牙），一共两颗；不管身体是否健硕，它们的犬齿都是很长的，但不一定会很大。年龄越大，犬齿越长，甚至可以达到 3 英尺长。犬齿的功能可不少，对于海象而言，那是生活的必备工具及锋利的武器。它们会在极短时间内发挥犬齿的效力：从上下左右各个方位袭击唯一有可能战胜海象的动物——北极熊。所以，北极熊在看到海象的时候通常都十分谨慎。海象在成功挟持住北极熊之后，会把北极熊按到水里溺死。还有一种说法是，犬齿可以帮助它们在光滑的冰山上攀爬。

当然，犬齿最大的功用还是猎食。文蛤等软体动物是海象的主食，多见于近海浅水的海泥里。借助那长长的犬齿，海象可以在泥里寻找食物。它们能够长时间潜水，少数时候甚至可以超过一小时，它们体形庞大，所以骨架偏重，因为只有这样才能在海洋里保持平衡。前人多认为，海象只吃软体动物、蟹、小型甲壳动物等，不过现在我们通过解剖其胃部发现，它们还会吃多种鱼类。所以，它们或许跟白熊一样，不管看到什么动物都想吃上一口。

海象的足是带蹼的，前足长有小小的趾甲，足底上的肉趾粗糙且厚实，有利于在冰面上停留；前肢没有肘部，后肢至后足，乃至尾巴皆包裹在一层皮肤里。毫无疑问，它们无法在陆地上轻盈地行动，比如像海豹那样转身。不过，和海豹比起来，它们也是有优势的：能够依靠后足的力量前行，因此走起路来像模像样。海洋是它们的摇篮，所以它们无法离海而居。

海象之所以会在北冰洋里定居，并非由于它们特殊的生理构造，而是由于它们遇到了太多危险，所以逐渐迁移到了最北方。15 世纪的人们曾在苏格兰北部地区见到过它们的身影；稍后一段时间里，它们遍布北冰洋；而今，就算是在斯匹茨卑尔根岛北部地区也难觅其踪了。据我们所知，曾有一支狩猎队伍在 1852 年抵达斯匹茨卑尔根岛北部地区，并在几个小时里屠杀了好几百只海象，它们用船带走了一半，而其他的则被丢弃在海滩上。目前，大西洋海象生活在格陵兰北部地区的冰原中，而太平洋海象则分布在阿拉斯加沿海地区以及白令海上的各个岛屿附近。它们在那些人类无法触及的地方安稳地繁衍生息。据一位来自美国的研究者说，他在阿拉斯加沿海浮冰群一带认真观察了数小时之久，每到一处都能看到"成群结队的海象，大概有上万只"。

海象时常来到陆地上小憩，而且还是抱团睡觉，这样可以相互取暖，不过体温的维持主要还是有赖于其厚实的皮下脂肪。它们会在夏天储存脂肪，并且四处活动，那个时节不缺富含营养的食物。与其他恒温动物一样，它们在必要时会激发肌肉的热量。秋天的海象看上去略显疲惫，常常躺在一起睡上好几天，其间也不会吃东西。和其他群居哺乳动物不同，它们不会用放哨的方式来保护自己，而是选择了另一途径。在猛然惊醒后，它们会警惕地东张西望一番，一两分钟后把身边的同伴推醒，然后自己接着睡觉；被推醒的同伴又重复着这样的行为，一个接着一个，循环往复。聚在一起的海象通常会有好几百只，它们绝不会同时呼呼大睡。

　　海象的妊娠期为两三个月，那时候它们会来到陆地上栖居，或者在觅食区内选择近地海域。和海豹相比，雄性海象的配偶并不多，通常是一夫一妻制。包括稀少的太平洋海象在内，它们通常一胎只生一只幼崽。海象母亲没有把握保护比这更多的幼崽，毕竟它需要将幼崽哺育到两岁，而在此之前绝不会让孩子独自生活。它们的哺育时间之所以会这么长，或许是因为犬齿比身体其他部位发育得更慢，而在犬齿尚未发育完全之前，幼崽是没有办法自己捕食的。海象母亲很爱孩子，尽管平时胆小怕事，不过在危急关头却很勇敢。在潜水的时候，母亲会用两只前肢夹住幼崽，来到水里后，再把幼崽驮到背上。布鲁斯博士在资料中写到，他曾看到上百只海象母亲驮着幼崽向船只游来。那些被捕捉到的海象幼崽，看起来很活泼，只是要不了多久就会死去。即使捕捉到的是成年海象，也是很难人工养育的。

　　临海而居的因纽特人很重视海象。如我们所知，海豹的肉可以食用，鲜美程度超过其脂肪；皮很柔软，可以制衣。但是，这并不意味着海象的肉会被人嫌弃，实际上，在缺少食物的情况下，海象的肉也是一种重要的食物；那厚实的皮可以用来制作雪橇犬所需的挽具；脂肪适合烹饪，也能用来点燃照明；犬齿尽管不如象牙那么洁白且硬实，但也可以用来制作杯子；骨头和筋腱的用途也有很多。

一旦来到陆地附近，海象就很容易死于因纽特人之手。因纽特人坐在带有皮盖的独木舟里，在海面上猎捕海象。这么做其实很危险，原因在于：海象尽管不怎么好斗，却有一颗好奇心，会结伴游到独木舟附近；在看到同伴被猎杀后，其他海象会愤怒地发起攻击，而独木舟很容易被它们掀翻。海象拥有足够实力来战胜因纽特人以及他们的独木舟和鲸叉，一切都是为了生存。相较于它们庞大的种群数量而言，被因纽特人猎食的海象可谓少之又少。可惜，它们的敌人不仅仅是因纽特人，还有很多人对它们的脂肪、皮、犬齿等感兴趣。曾几何时，一些丧心病狂的商人疯狂地虐杀了大量海象，以至于海象一度濒临灭绝。当然，北冰洋是无人区，这样的情况几乎不会发生。

在北冰洋中

北冰洋里生活着大量的海豹。作为水生居民，它们的演化比海象来得更早一些，毕竟其后肢已呈现出后弯的姿态，和短短的尾巴连在一起，仿若一个动力十足的驱动器。因此，海豹无法在陆地上灵活行动，而迟缓笨拙会给它们带来灭顶之灾。我们在前文中已经了解过海豹的生活，所以在此不表。

和海豹一样，鱼的种类也有很多，独属于北冰洋的海洋生物中有体形巨大的格陵兰鲸。这是一种稀有的动物，体长在 50～70 英尺之间，主食为甲壳动物和软体动物。它们会将猎物吞入口中，将水由鲸须排出，然后把食物卷到舌头上。白鲸是一种神奇的动物，体长在 10 英尺左右，浑身呈乳白色，生活在北冰洋沿岸，还时常溜达到河流中猎食鲑鱼等鱼类。值得一提的是，白鲸幼崽并不是白色的，而是黑色的，随着年龄增长才会慢慢变成白色。

再来看看白鲸的亲戚一角鲸，它们的绰号是"一角兽"。这种生活在北极地区的鲸类可谓举世闻名，原因在于它们只有一颗牙齿——雄性一角鲸长着一颗呈螺旋状的长牙，长有两颗牙齿的一角鲸是极为罕见的。雌性一角鲸的牙齿不长，但雄性的牙齿可以长到七八英尺长。不过它们的牙齿是用来做什么的尚无定论。

海獭也是栖息在北冰洋里的一种哺乳动物。在獭科动物里，只有它们生活在海里，即使其远亲（也就是普通的獭）常常出没于小河小溪，或者河口。如今，我们已经很少见到海獭了，而在海栖动物的黄金时代——商业与火器尚未来到遥远的北方之前，它们随处可见。它们一来到陆地上就会变得笨手笨脚，而一进到水中就变得游刃有余。它们常常成群结队地游荡在距离陆地15英里处的海域内，总是面朝天空漂浮在海洋上，把后肢和那大大的带蹼的足伸得直直的，尤其是在捕食结束之后。据说，它们总是"躺"在水面上抛耍昆布球，用一只手向上抛，再用另一只手接住，玩得不亦乐乎。海獭母亲即使怀抱幼崽也不忘玩球，而且一玩就是好几个小时。

在北方森林里

从荒地及苔原向南走，人们会进入森林带，多是针叶林，其北部散布着桦木，不过二者之间界线模糊，能看见几片零星的苔原处于森林带上，以及许多分散成长于苔原附近的树木。肃穆的落叶松矗立在有河穿过的峡谷峭壁之上，而桦木则零零散散地立在各个角落。这种零星的存在意味着生存压力的巨大。在这座森林的南部，生长着花楸、稠李、赤杨等植物，散见于松树和桦木丛里，这里还有落叶树。从高山地区向外走，针叶林越来越少，最后呈现在眼前的是一片茫茫草原。

　　相较于赤道森林，这里的针叶林并不十分繁密，树间距较大，较为低矮，也较为稀疏。繁盛的藤蔓植物在这里是看不到的，尽管地上也有很多其他障碍物，例如倾倒的树。这里的森林并不难通过，因此动物们既没有赤道森林里那么丰富，也不带有太多森林动物的典型特质。很多动物都栖息在树上，不过并非一直待在树上，并且它们也不是树栖动物。生活在北方森林里的许多动物到了别处也能活下去，不过对于它们来说，这里有充足的食物，而且食物来源非常稳定。

　　草原上的植物不太多，这便避免了大量的植食动物在春夏两季迁徙到这里；当然也不算少，动物们在冬天也能找到吃的。

　　雷鸟、松鸡、山鸡等禽类很喜欢针叶林，尤其是在春天，鲜嫩的芽和蕊是它们的最爱。夏天的时候，它们会来到数英里开外的空地——这是野火的杰作，在那里，它们享用低矮的植物和各种浆果。到了深秋，它们除了能吃到浆果外，还能吃到杜松果、金松子一类的坚果，绝不会饿肚子。

　　在大雪纷飞的时节，耐寒的鸟类会在傍晚来到地面筑巢，然后一觉睡到第二天中午，这才拍拍翅膀飞走。在缺少食物的情况下，它们会吃些松针填饱肚子，因为寒风已经把落在小树枝和大树杈上的雪卷走了。这类鸟有不少天敌，除了会遭到小型食肉动物的猎食之外，大型食肉动物也不会嫌弃它们不够塞牙缝。森林里没有多少蛇，也没有多少食卵的哺乳动物，这些动物会不断改变猎食点以迷惑猎人。综上所述，这座森林对它们来说是绝佳的栖息地。

　　针叶林里有各种大型植食动物，也有数量恰到好处的植物。鹿科动物向来喜欢住在森林里，而我们在北方森林里可以看到驯鹿以及北美洲驯鹿的变种，这些新品种的体形稍大于在大草原上生活的驯鹿。栖居在旧世界森林里的是马拉鹿、马鹿、狍子，而生活在新世界森林里的则是弗吉尼亚鹿。不过，最有意思的一点是，鹿科动物中，最大的是亚洲麋、加拿大麋，与此类相同，但更大些。

麋的外表一点也不美丽，四肢很长，脖子很短；上唇外突，利于猎食；鹿角呈锹形。它们不喜欢被打搅，一旦被围住就会受惊。正因如此，它们才会在人们开垦土地之前日渐消亡。当然，我们在斯堪的纳维亚、西伯利亚，还有俄罗斯其他地区仍能看到它们的身影。"它们是地地道道的森林动物，在离开森林与丛林后，也能在湿地及沼泽地区生存下来。在湿地，它们有能力排除万难，就像在森林里一样。它们不缺食物，哪怕是在冬天。相较于其他野生动物，它们能更加轻松地逃离危险，或者逃脱猎捕。它们有很多天敌，例如狼、猞猁、熊、狼獾等，至于敌人的优势到底有多大，我们很难说清。毕竟，麋这种动物不仅健硕而且勇敢，无论是鹿蹄还是鹿角都是强大的武器，而且它们很懂得如何使用它们的武器。它们可能敌不过一只熊，却能踢翻一只狼，或许还能从一群饿狼的围捕中逃生。"

因为脖子太短，四肢太长，麋没有办法吃到贴近地面的草，只能吃高处的草、灌木顶部及低矮树枝上的嫩叶。在夏天的大部分时候，特别是在夜里，它们会走进沼泽，开开心心地啃食鲜嫩的湿地植物，还会把头伸到水里啃食根茎，然后把水或水汽从鼻孔里喷出去，而且从很远的地方便能听见它们擤鼻子的声响。在沼泽结冰后，它们会来到高地，选择一些干燥的食物来吃。据我们所知，加拿大麋每到一处就会开辟自己的领地，以领地内的灌木为食，因为有了坚实的阵地，它们一点也不怕狼群的偷袭。

无论在何处，植食动物越多，食肉动物也越多。在欧洲与亚洲的松林地区以及加拿大的森林里，狼的数量是惊人的。至于到底有多少，我们不得而知，只知道"这种动物随处可见，而且居无定所。前一天跑到某个村子里偷袭牲畜，后一天又跑到别的村子里攻击羊群。它们来无影去无踪，突然出现，向牧民们发起挑战，破坏各种捕狼装置"。它们通常不会成群结队地到松林地区觅食，可就算只来了一只，牲畜和羊群也会遭殃。

野猫常见于欧洲的很多地方，在苏格兰北部地区也有一些，不过西伯利亚应该是没有的。生活在西伯利亚的猫科动物只有猞猁，还有时不时从南方而来的老虎。在各类野猫中，猞猁是体形最大的，而且十分漂亮。它们的腿长约 4 英尺，不像普通猫的腿那么短；要是站起来的话，从头到脚能有 3 英尺高；耳朵较长，带尖，尖端长着一撮毛，面颊两侧也长着毛，看上去不同于其他猫科动物。它们是聪明、灵动且机警的动物，一般不会被猎捕器困住，还经常把机器弄坏。鸟类、松鼠、野兔、鼹鼠等小型动物都是它们的食物，而这些猎物在森林里随处可见，所以猞猁只需要待在森林里就能填饱肚子。"鸟类有多害怕猞猁？事实证明，只要一听到猞猁发出的声响，雷鸟和松鸡就会瞬间屏气凝神。"

在缺少食物以及小型动物迁徙至其他地区的情况下，猞猁就会来到森林边缘地带觅食，而对于一些体形稍大的动物来说，这可不是一件好事。"和猫一样，它们的嗅觉不够灵敏，行动不够迅猛，很难成功追捕到猎物，可是，它们耐性极好，脚下无声，所以猎食这件事倒也不难。它们没有狐狸那么狡黠，却比狐狸有耐性；没有狼那么隐忍，却比狼更擅长跳跃，更能忍饥挨饿；没有熊那么强悍，却比熊更懂得坚守，视力也更好。它们的牙齿、上下颚和颈部十分有力。它们不贪吃，不过偏好恒温动物……"因此，猞猁也是嗜杀者。人们曾经看到一只猞猁在几周之内屠杀了四十几只羊，而一只加拿大猞猁一下就跳到了羊背上，不停地啄咬羊眼，直到羊倒在地上。

棕　熊

棕熊看起来很"寂寞"，因为其身份很是特殊。它们既不是植食动物也不是食肉动物，原因在于草和肉都是它们的食物。它们只在交配期与同伴住在一起，其他时候都特立独行，独自游荡在森林里，从这一座森林到那一座森林。对于它们来说，人不犯我我不犯人，但要是饿了，也会时不时地猎食一些大型动物。它们通常都很温和，而且还有些好笑。在布雷姆看来，棕熊看上去很温和，但实际上却很冷漠，说它们好笑是因为它们走起路来会转圈，十分可爱。不过，这种"闲庭信步"的速度可不慢。它们的后肢很长，适合爬山，但是在下山的时候，却需要格外小心，一不留神就会失衡摔跤。熊掌很有力，上面的爪子也很锋利，这对爬树来说很管用。它们还很擅长泅水。棕熊是一种机警的动物，但论聪明程度却比不上狐狸和狼。它们总是躲着人类及其他劲敌，要是躲不开，它们也会坦然面对，奋力搏斗。

大体来说，夏天的棕熊于人无害。它们游荡在林间，去到常去的地方，总在每天的同一时间出现在同一地点。很多熟悉棕熊的猎人都说，从足迹可以探索出棕熊的每日行程，例如掏蚂蚁窝，然后开心地吃掉蚂蚁及肥肥胖胖的蛴螬；捣毁鸟巢，把鸟毛搞得满地都是；跑到河边抓鱼，如果不怎么饿，就只吃鱼头，丢掉鱼身。在春天，它们会花上几天工夫跟着逆流而上的鱼儿来到上游。春天一过，它们又回到了森林里，把初长成的七度灶树推倒在地，选择那些成熟的果实吃掉；或者掀开枯树皮，吃掉里面的蛴螬。有时候，它们也会另辟觅食区。它们来到某个地方，尽情享用那里的蔓越莓、越橘、覆盆子等。它们并不介意新的觅食区有人类出没，例如有妇孺儿童采摘浆果，只需站在那里吠上几声，来人就会迅速离开——正如它们所料，而它们也就把注意力转移到别处。人们惊慌失措，地上的果篮东倒西歪，棕熊倒是得了便宜，可以轻轻松松地填饱肚子。心满意足之后，返回森林悠闲地小憩。夕阳西下，它们醒了，肚子又开始咕咕叫。很快，它们爬上高高的大树，东张西望起来。它们没有发现猎人和猎犬，却看到了那诱人的黄灿灿的谷子。庄稼已经成熟了，它们跑向农田，跑进地里，蹲在地上，把身边的谷穗扒拉到眼前。吃完一束又吃另一束，不停地蹲下吃谷穗，所到之处庄稼全都遭了殃。

棕熊爱吃香甜的蜂蜜，因此常常到处掏蜂窝。农人向来对这种动物敬而远之，只能把蜂窝挂在高高的树枝上，把树皮扒掉以露出较为光滑的树干，让蜜蜂去边缘地带采蜜。然而，棕熊是沉稳的动物，而且爪子锋利无比，更重要的是它们真的很爱吃蜂蜜。它们会爬到树上，把蜂窝敲下来然后带走。这么做也是有风险的，毕竟蜂类受到刺激后会把它们团团围住，攻击一切可攻击之处。此时，它们会放下手中的蜂窝，用熊掌把身上的蜂赶走，可蜂很快又围了上来。它们飞奔进沼泽，把受伤的鼻子伸进清凉的淤泥里擦一擦，然后折返回来取走蜂蜜。

在冬天到来之前，它们已经把自己养得肥肥胖胖了。假如它们愿意走远一点，来到南方地区采食橡实的话，恐怕还会更加壮硕。到了降雪的时节，它们会在树洞或山洞里做窝，并把窝铺得厚厚实实，然后蛰伏其中，至于睡得好不好，取决于身上的脂肪多不多。不过，它们并非真正意义上的冬

图 9 棕熊

棕熊是哺乳动物，也被称为灰熊，多在白天活动，行走缓慢，喜欢单独行动，没有固定的栖息场所，冬眠。棕熊为杂食动物，食物包括植物根茎、谷物、果实等，还会吃蚂蚁、昆虫、鱼以及啮齿类动物。

眠动物。临产的母熊会睡得多一些，但在开始哺乳后，它们会饿得很快，只能外出觅食。

　　猎人常常在冬天猎捕蛰伏的棕熊，不过这绝非易事，毕竟受刺激的棕熊会变得歇斯底里，十分狂躁。这时的棕熊是绝对的猛兽。因为找不到足够的植物，它们会向身边一切大型动物发起攻击。有时候，因为很想吃上几口肉，它们会变成嗜血之徒，"纯粹的食肉动物"。麋、鹿、田地里的马、牛圈里的牛都成了猎物。人们曾经看到，一只熊在杀死一头牛后，用前掌拎着牛，直立着渡过了一条河，还有一只棕熊从土沟里拉出了一头麋，然后拖行了半英里，来到一片沼泽中。

欧洲犎牛

　　从宏观角度出发，也是出于同情，我们把美洲犎牛的表亲——欧洲犎牛划分为森林动物。宏观来看，欧洲犎牛是现存哺乳动物中非常值得关注的一种动物，从肩到足有 6 英尺左右，不仅强壮而且充满力量，令人心悸。它们之所以值得同情，原因在于作为大型动物之一，它们遭遇了灭绝的危险。世界大战 [1] 结束后，野生的欧洲犎牛已所剩无几，而即使是那最后的一群，也已死亡过半。

　　欧洲犎牛的学名是欧洲野牛，与欧洲犎牛相近的海洋原始牛，灭绝于 17 世纪初，准确地说应该是在 1637 年。

　　和美洲犎牛一样，欧洲犎牛的前半身较大，肩部高耸且带毛，从肩部向下逐渐变得低矮。它们的头部较短，没什么棱角，向下倾斜，角虽短却

---

　　[1]　即第一次世界大战。——译者注

锋利,蹄和角都是黑色的。在人类看来,那是一种毛茸茸的动物,因为它们全身长满了浅灰色的毛,其中夹杂着些许红褐色,又软又长。它们的尾巴像一把黑色的刷子,须同为黑色,从面颊下部往下垂。令人称奇的是,无论是母牛还是牛犊都长着这种长须。在第一场雪落下之后,它们开始换毛,以方便在冬日里御寒;随着春天的到来,雪慢慢融化,褪毛也开始了。对于公牛来说,夏天的毛比冬天的要红一些;而对于母牛而言,夏天的毛是赤褐色的,而冬天的毛却是暗灰色的。它们的皮和肉都会散发出麝香的味道。

曾几何时,犇牛在欧洲四处可见,包括英国在内,甚至在小亚细亚及土耳其都能见到。据莱德克说,无论是在加拿大还是在阿拉斯加,人们都曾挖掘出犇牛骨,并且是欧洲犇牛的,而非美洲犇牛的。随着森林面积的缩小,农业的发展以及人类文明的进步,犇牛在几百年来日益减少,到了19世纪初,它们的活动范围缩到立陶宛比亚沃维耶扎地区的森林以及高加索山脉的林地。比亚沃维耶扎当时所拥有的犇牛在300头左右,到了1914年有600多头。拿破仑战争结束后,人们尚能见到犇牛的影子,而在世界大战结束后,犇牛就销声匿迹了,有人认为还有7头存活于世,不过从来没有人看到过。高加索山脉的新森林里原本生活着几群,但如今也踪迹全无。

在所有森林动物中,犇牛属于第一等级。尽管它们有可能会为了寻找草场而出走。它们喜欢阴凉的地方和凉爽的气候,因而居住在高地的森林里,并时常来到水边或空旷地带乘凉。犇牛常常在沙地里滚来滚去。在高加索山脉的缓坡上,它们常常会四脚朝天地往下滑,每次可以滑上大概10英尺远。它们会攀登到5000英尺高的地方,却不会跑出森林。在浓妆素裹的冬天,它们会来到低地暂居。

母牛带着幼崽六七头成群,有时候也会多达20头。老迈的公牛独自栖息于林间,只会在交配期现身指导群体繁衍。这些公牛的脾气都不太好,与此有关的故事屡见不鲜：把农民的草垛当作食物；吃掉人们种植的马铃薯；在道路上躺一整天，一动不动，令"森林委员们"手足无措以及在受到刺激后，变得歇斯底里；等等。

在 900 英尺开外，它们便能嗅出人的气味。它们的视力很好，至于听觉，森林里的细碎声响层出不穷，因此好不好都没关系，只是不知道还有什么动物比它们的听觉更好。犁牛的声音洪亮极了，有人说像打雷，有人说像是火器发射，还有人说像猪叫。如果真的这样，那么它们的声音可谓多种多样。实际上，它们应该只是发出了比较洪亮的突突声，有时候会发出表示难过的哞哞声。母牛在失去小牛犊的时候，会变得像公牛一样暴躁凶狠。草是犁牛的主食，尤其是香甜可口的青草。它们的肉带有极具辨识度的茅草香，乳汁也是，而且很浓。它们偏爱带有香气的植物，譬如苦毛茛、立金花、天竺葵、凤仙花。它们在冬天会吃一些较硬的植物，例如蓟悬钩、子菱，或者树皮。

9 月初，它们迎来了交配期。公牛之间的竞争十分激烈，弱小者甚至会丢了性命。据说，曾有人遇到两头正在争斗的公牛，结果放了好几枪都没能让它们停下来；后来又来了一头，直接撞断了一棵直径 4 英寸的小树，然后用牛角绕起枝干，向对手宣战。"哪怕只是一堆土，动物们都会利用起来！"

只有年满五六岁的母牛才能怀孕生子，而繁殖期多在五六月，诞下幼崽后，犁牛母亲需要间隔两年才能再次产子。对此，最可靠的说法是，和美洲犁牛一样，欧洲犁牛母亲需要花费一年多的时间哺育幼崽，在小牛犊培养起自保能力之前，母亲是不会和其他同类待在一起的。但母牛与小牛区别很大，尤其是关于母牛的勇敢或怯弱和小牛的早慧或柔弱，这中间有极大的差异。对于欧洲犁牛而言，母牛的寿命大多长达三四十年，公牛则有 50 年左右。假如再不立法保护，这种动物恐怕就只能在历史书中看到了。

在欧洲，北方犁牛的最大敌人就是那些盗猎者。波兰法律规定，盗猎者将以死刑论处（只是一种形式），而俄国旧律规定，盗猎者将被流放至西伯利亚（后来改为了罚款）。高加索山区的官员们早就变得冷酷无情了，而布尔什维克党人在战后用霰弹枪射杀了仅存的一小群犛牛。要是没有人类，它们只需要对付狼与牛蝇。另外，它们有时候也会感染霉菌或肝寄生虫，并因此而患病。不过，疾病并非导致犛牛数量骤减的主因，显然，人类才是罪魁祸首。

于是，我们不禁要问，人类是不是应该感到羞愧？是不是应该弥补过失？裴德福公爵的沃本修道院里养有少量犛牛；1922 年时，蒲地伯息动物园里有 7 头犛牛；柏林动物园里则有 5 头；据斯托而门称，在其他类似的机构中还有 28 头，加在一起是 70 头左右，而我们希望能在更多的地方看到更多的犛牛。得益于纽约动物园霍纳迪博士的帮助，一度濒临灭绝的美洲犛牛日渐走出了阴影。霍纳迪博士可谓功勋卓著，在他的保护与倡导下，美洲犛牛的数量从 1889 年的 1000 头左右，增加到了 1923 年的 8000 头有余。如果人们能采取相同的措施，怀揣着同样的热情来对待欧洲犛牛，它们或许也能重整旗鼓。如今，幸存的欧洲犛牛在 30～70 头之间，少得可怜！不过，只要能帮助它们努力繁衍，它们一定会不负众望。欧洲犛牛在这个世界上已经生存了很长的时间，性情温和，从不与人为敌，而且浑身上下全是宝藏。原始牛灭绝了，它们就该随之而去吗？我们不愿看到这种事情发生，那是对文明的亵渎。

猛犸象

人们于 19 世纪初在西伯利亚的融冰沼泽里发现了猛犸象的骨骼，后被博物学家居维叶认定为北方象的一种。此前人们误认为那是巨人遗骸，或者某种大型穴居动物的骨骼，并迷信这种东西会带来死亡。后来，饥饿的犬类又挖出了猛犸象的骨骼、冻肉和皮毛，事情变得更加复杂了。勇猛无畏的探险家亚当斯于 1806 年在勒拿河边挖出了一具被冰封的猛犸象，尽管历经几千年，依然引来了无数狼和北极熊，它们从很远的地方赶来猎食。一些胆子较大的原住民取走了象牙，不过剩下的骨架并未受损。居维叶稍作判断便认出了那是某种大象的骨骼。在发现了猛犸象的骨骼之后，人们终于有机会深入了解这种古老且庞大的哺乳动物以及它们的五官、内脏和血液的情况。

相较于现代大象，猛犸象的头部更大，身体更短也更庞大，毛更多。雄性猛犸象的长牙又大又弯，看上去像缺了 1/4 的圆环。彼得堡动物博物馆里的猛犸象长牙是迄今为止所发现的最长的一枚，足有 13.65 英尺长。由此可见，长牙不仅是一件利器，更是精力旺盛的象征，就像爱尔兰麋的大角一般。在奥瑞纳人所留下的岩洞壁画中，我们可以看到与猛犸象有关的形象，其中一只的鼻尖被画成了指状，这或许是长牙。它们的鼻子虽然很长，却不如非洲象或印度象那么大、那么壮实；至于长鼻的作用，或许是卷食北极草原上的草，或者富含水分的牧草。

美国博物学院的郎先生近来对猛犸象进行了研究，其研究结果颇为有趣："它们的臼齿很大，上面的痕迹表明，它们的主要食物是北方草原上那些营养丰富的植物。"在他看来，这些植物不同于现代大象的食物，现代大象主要吃的是富含水分的大型热带植物。猛犸象的食量较小，因此消化系统也比较小。除了头部，它们的躯干十分短。猛犸象通常都吃些什么？对于这个问题不用过多猜测，毕竟"西伯利亚猛犸象"的牙齿和胃告诉了我们一部分答案，例如一些时至今日仍能在当地看到的植物：包括狐尾草、乌拉草在内的五种草，两种植物、野罂粟、毛茛籽，大巢菜的豆荚以及充当作料的野百合。曾几何时，猛犸象漫步于野茴香花盛开的河畔，那样的场景是多么神奇啊！

通过研究，郎先生还发现了很多猛犸象四处游走所留下的痕迹。和很多植食动物一样，为了寻找草场，猛犸象也在不断迁徙，这一过程大致可分为欧洲、亚洲、美洲三个阶段。在英国的很多地区以及意大利、西班牙、加利福尼亚、卡罗来纳等地，人们陆续发现了它们的遗骨。对于生活于旧石器时代的人类来说，在冬天猎到一头猛犸象无疑是神的恩赐。在很久之前，人类就开始狩猎猛犸象，并且不仅只是吃掉它，最好的证据莫过于摩拉维亚的普尔热德莫斯特所出土的一串项链：用猛犸象的长牙磨制成的儿童装饰物。

郎先生对大量猛犸象骨骼进行了研究，而且对那个古老的难题也很感兴趣。人们在普勒摩斯挖掘出来 800 具猛犸象骨骼，除此之外，还有很多拥挤的葬坑尚未进行发掘。出土的骨骼数量令人震惊，也让人疑惑，为什么会有这么多？据推测，曾有一大群猛犸象为了寻找草场而长途跋涉，却不幸丧生沼泽，或者被风雪围困致死，又或者遭遇洪水而亡，看上去和很多马的死因相似。"可能是遭遇了暴雪，它们被冻死了。它们被冰困住，最后被封在了冰块中。"另外，别列索夫卡出土的猛犸象遗骸让我们看到，其中一些骨头被压碎了，身体里还留有不少血液，对此，所发现的被压坏的部分碎骨，就像萨伦斯基所说，"面对突如其来的灾难，它们在劫难逃，甚至来不及吐掉或吞下嘴里的乌秣，那些乌秣就留在它们的臼齿之间。"

不管怎么说，我们现在已经看不到活着的猛犸象了，尽管与其象牙有关的交易从未停止过。这种动物十分特别，繁殖速度很慢，适合生活在北方。据我们推测，它们的灭绝与激素病变有关，事实或许就是这样。和其他体形庞大的动物一样，它们也曾经历过辉煌，如今，它们已走入了历史。

THE
OUTLINE
OF
NATURAL
HISTORY

第五章

来到树上的哺乳动物

红松鼠

在英国，红松鼠随处可见。在大概 100 年之前，栖居于苏格兰的红松鼠因森林被破坏而不得不全部离开了故土。然而，因为它们拥有漂亮的外表和动人的身姿，如今各地都开始养殖红松鼠。近年来，它们的数量已经远超以往，甚至给一部分森林造成了不良影响，以至于人们不得不想尽办法清除它们。当然，这并非我们现在要讨论的话题。在对野生动物的生活进行研究的时候，人们必须站在它们的角度来看问题，而不是一味地固执己见。

红松鼠是一种快乐的小动物，似乎也很有趣。试想一下，它们爬上树，躲到背面暗中观察人类，看到人类步步逼近，然后飞蹿到树梢，继而跳到别的树梢上，最后消失在模糊不清的松树树冠中。它们总是直直坐着，漂亮极了；尾巴在身后高高翘起。它们来到树下，用灵活的前爪捧起一个蘑菇，然后用牙一点点、一片片地吃掉。它们时常坐在一个树桩，或者一块平坦的石头上享用美食，明亮的双眼东瞧瞧西瞅瞅，身上没有一处不透着灵气；它们灵活地剥掉枞果上的鳞叶，然后吃掉果子。在发现危险时，它们会抛开美食，飞快地蹿到身边的树上，躲到树枝间。

图 10　松鼠

松鼠为啮齿类动物，分布广泛，除南极洲以外的各大洲均有其踪迹。红松鼠是松鼠的典型代表，也是人们熟知的松鼠形象原型。红松鼠的尾巴能够帮助它们保持平衡，尤其是在树间跳跃或快跑的时候，而且睡眠时用尾巴把身体包起来也会起到保温的作用。

最美丽的是红松鼠母亲，但它们从不轻易露面，总是机警地叼着幼崽从林间草地上掠过。显然，它们在搬家呢！母亲将幼崽们从初生的旧巢转移到更加安全的新窝，而新窝一般都筑在食物充足的地方。要来来回回好几次，红松鼠母亲才能完成这项任务。通常情况下，它们一胎会生产两三只幼崽，而到了来年春暖花开之时，"幼崽"便也能成为母亲了。毫无疑问，这便是森林里满是红松鼠的原因。值得一提的是，红松鼠母亲很懂得如何教育幼崽，除了身体训练之外，它们还会传授各种适用于森林生活的本领。红松鼠常吃松子、橡实、毛榉果实、榛子等；在春季，会吃落叶松新长出来的嫩芽，还会跑到树冠上，围着树干啃出一个圈，然后吸食甜美的树汁。不仅是树皮，它们有时候还会啃坏小树的树干，以至于树汁无法到达啃食部位以上的地方，从而导致上半部分日渐枯萎。要知道，树汁里所含的盐分与盐物质是植物的重要部分。

和其他啮齿类动物一样，它们会吃掉所看到的动物，比如林鸽的蛋和幼雏，另外，它们也会破坏鸟巢。

红松鼠会在秋天储存食物，例如坚果、橡实等。它们在所栖息的树下挖洞，然后把食物放在里面。在寒潮或霜降来临后，用这些食物填肚子。它们不是冬眠动物，但会在洞穴里连续待上两三天。有时候，它们也会睡个大觉，不过这不是真正意义上的冬眠。

至于其他可以保存的食物，它们会埋在土里，或者河堤上的各个地方，虽然这些地方距离巢穴较远，但它们会把东西掩埋得十分严实，以避免被同类或人类找到。肉类是无法用掩埋的方式储藏的，只能堆积到一起，要是掩埋的话，这些肉会在湿土里烂掉。松鼠把肉类运到树上，塞进树洞，或者藏在树枝间，直到这些肉被风干。由此可见，红松鼠的储食过程颇为复杂。

红松鼠的采食方式很不环保，为了采集到一些坚果，它们甚至不惜破坏整棵灌木。人们曾经看到，两只红松鼠在一棵榉树上忙碌，并慢慢来到树梢末端，用两只后足勾住树枝，倒挂着身体采集坚果，然而这样一来，会有很多坚果掉落并坏掉。红松鼠很乐意用这种充满娱乐性的方式来工作，甚至忙上好几个小时，乐此不疲。

一位美国研究者对红松鼠的亲戚灰松鼠进行了观察，发现在英国部分地区，红松鼠可能受到了灰松鼠的压制。灰松鼠用嘴摘到了坚果，会挖一些深度在两寸左右的地洞，把坚果藏起来，然后用泥土盖上，用前足压实，再用草伪装一番，以隐藏自己的行为。他还看到，松鼠会在冬季外出活动，在两寸厚的雪地里追逐，其中一只忽而急停，然后从土里"挖出一个果子，并显得有些不高兴"。因此，松鼠的生活并不总是快乐的。它们深知自己的嗅觉很灵敏，可以嗅出很多"储藏室"。这让我们不禁联想到与北方驯鹿有关的"用脚找食物"的奇闻逸事，尽管驯鹿会用足拨开食物上的积雪，不过它们一般是依靠嗅觉来寻找食物的。

我们在红松鼠身上可以看到十分动人的一面。它们体形不大，但又不是很小；尾巴像刷子一样，大小和躯干差不多，是漂亮的褐红色。它们常常小心翼翼地盯着你，样子乖巧极了。在吃东西的时候，它们会剥开坚果的果壳，动作一气呵成，就像麦吉利夫雷所说的那样："在吃之前，它们会剥去果核外面那层薄皮。"它们的动作令人称奇，既勇敢又优雅，值得赞美。在一个夏天，我们遇到一只正在吃坚果或蘑菇的红松鼠，它看到我们，吓得连跳数次，躲得远远的；它往树上跳，似乎不需要抓握任何东西；它躲在隐秘处，偷偷地窥视着我们；见我们走到近处，它再一次向上跳，来到树梢末端，蹦到了旁边的树上。如有必要，它会紧贴着树干一动不动。在睡觉的时候，会用尾巴覆盖身体。

红松鼠会咬坏树皮或鲜嫩的芽尖，除此之外，倒是没有其他令人痛恨的地方。它们没有太多天敌，就连白鼬和鹰隼都不常捕食红松鼠幼崽，这让它们活得很愉快。在人们的印象中，能这样愉快生活的动物似乎很少。正如惠特曼在其诗歌中所写："它们不劳累，它们不悲鸣，不为这境遇；它们快乐，它们端庄，这世上的每一只松鼠。"人工驯养的红松鼠幼崽是很好的宠物，特别是在被允许自由活动的情况下，毕竟它们是热爱自由的。给它们自由，是驯养它们的前提。红松鼠很贪玩，会在树枝间捉迷藏，不过，它们并不十分聪明——这取决于它们的大脑，尽管如此，它们依旧是快乐、可爱的动物。

树　懒

在南美洲的森林中，住着一种古已有之的树栖哺乳动物，那就是树懒。这种动物走起路来慢慢悠悠，而且经常背对地面，利用前后足上那带钩的长爪把自己挂在树枝上，就连小憩及睡觉的时候也是如此。来到地面上，它们就变得笨手笨脚，若无必要，它们是不会从树上下来的。它们比猴类还依赖树木。

树懒在地球上已经存在了许久，据我们所知，它们的祖先曾生活在远古时期。它们生活中的一切都很缓慢，例如走路、吃东西，甚至死亡。它们身上的毛又粗又密，呈现出某种无以言表的绿色，就像长在大树上的马骏草。究其缘由，它们的毛上有一种微小的绿藻，就像会长青苔的树干或岩石似的。众所周知，在湿度较大的时候，衣服如果碰到山毛榉，便会蹭上一些绿屑。

地面似乎对树懒不太友好，但它们好像并不太在意。奥斯瓦德的文章告诉我们，在墨西哥，任何动物都能"征服"树懒，"你可以随便抓起它们的爪子，直到你放手，它们才会放下。要是戳一戳它们的身体，它们会悲鸣几声，但这种声音并不是因为被你戳了几下，而是对世上所有痛苦的统一回应。假如被一只狗咬了，或者被饿了许久之后，刚得到一点食物却又被立刻抢走，它们会慢慢地转过头，仿佛是在说它们很清楚自己被羞辱了，继而高喊起来，声音越来越大，最后犹如电锯声或蜂群声。"我们在《河畔自然史》中看到，在森林中，树懒的声音是"长音与颤音的结合，充满悲伤的情绪，如某种奇怪鸥类的叫声，或者看家狗的哀号"。

有的树懒长有两趾，有的树懒长有三趾，而不同种类的树懒喜欢吃不同的植物的叶子。例如，在墨西哥，两趾树懒最爱吃含有乳白色汁液的瓠叶，而三趾树懒最爱吃桑科植物号角树的叶子。据说，在原住民里，一个好吃懒做的人会被人骂作"号角树上的畜生"，这种场面就像是木偶被泥人训斥一般。关键在于，一部分哺乳动物都很挑食，而另一部分，例如白鼬则什么都吃。这两种情况都有利有弊：前者能避免和饥饿斗兽争夺食物；后者则不用担心食物匮乏，这种找不到就找另一种。

布封是法国伟大的博物学家，逝世于 1788 年（次年便爆发了法国大革命）。他很喜欢研究树懒，却对这种动物有误解。在他看来，树懒是自然界中的一个反面教材，"要是再多一个缺陷，它们就无法生存在这个世界上了。"的确，它们反应迟钝、行为怪异、有特殊癖好，又不够聪明，然而，它们却是树栖动物的典范，例如，它们拥有近乎完美的踝关节，不仅能转动还能缠绕。它们抱着一只幼崽背对地面在树上活动，生活在安全与平和中。

贝茨既是博物学家又是旅行家，他在其著作《亚马孙河上的博物学家》中写过这样一段话："那种不太好看且喜欢待在幽静树荫里的动物，慢悠悠地从一根树枝挪到另一根树枝上，那场面奇妙极了。举手投足之间透露着极致的警醒，而非慵懒作态，在牢牢抓住其他树枝前，它们绝不会放开原来的树枝，假如抓不到，它们会抬高身体，把重心放在后腿上，用爪子四处摸索一阵，以找到新的支撑。"

眼镜猴

作为一种引人注目、体态娇小的树栖哺乳动物，眼镜猴主要分布于婆罗洲、爪哇以及菲律宾的森林里。这种动物的身体构造和行为举止都很特别，但最值得一提的是它们和猴类的关系以及日后的发展。它们特立独行，不仅自成一属，而且还是所属动物科里仅存的硕果。它们所属的那一科应该说是猴类中最低级又最正宗的一科。不过和所属目中的其他动物比起来，它们有许多不同寻常之处。

只一个手掌便能托起一只眼镜猴和它的幼崽。这种动物体长 6 英尺左右，尾巴有两三英寸长，毛很厚实，就像羊毛一样，上部为灰褐色，下部淡一些；两根踝骨很长，有点像蛙类的足，所以其后腿看上去长度惊人，这有利于它们在树枝间或竹林里跳来跳去。它们体形小巧，犹如两足跳鼠。

两足跳鼠的后腿也很长（但解剖学特征不尽相同），而且拥有一条长舵尾，尾尖带毛，松松软软。我们还能在眼镜猴身上看到一种特别的器官：无论是手指还是足趾，其末端都长着一个圆垫，这种构造有利于抓握。这种垫和雨蛙趾上的吸盘颇为类似，由此可见，完全不同的生物有可能会出现类似的或同质的适应性。

最神奇的是，眼镜猴的眼球出奇的大，看起来像是巨大的圆盘；眼睛朝向前方，在夜里会呈现出黄色微光；头部很灵活，颈部粗短；那双眼睛好似两个长在脖子上的镜灯，能够四面转动。和其他树栖动物一样，它们的嘴巴也不大。它们的双手可以自由活动，正因如此，它们的眼睛才会长在面部前侧，不过，据动物学家说，它们尽管可以同时用两只眼睛看世界，但镜像却不是立体的。在史密斯教授看来，眼镜猴只能看到事物的大概样子，还不能看清事物的细节；如果想要看清细节，它们的眼睛必须要能朝各个方向灵活转动，且达到高水平的协作。它们或许明白其中道理，只是无法做到，但它们的头部可以在脊柱上大幅转动，它们在背靠树枝时能够把头转向后方，角度甚至能达到180度。"它们深知双眼联动的重要性，但其眼部的转动幅度以及联动的精确性达不到要求，所以它们会像猫那样转头，以便让物体同时进入两只眼睛的视线范围内。"它们的视力很好，能准确地捕捉到猎物，对它们而言，这一优势至关重要，毕竟它们总在幽暗的环境中，例如夜间活动。在捕食的时候，它们会一跃而起，然后用嘴叼起猎物，只需微弱的光，它们便能做出精准的行动。

在白天，眼镜猴会在树洞里睡大觉，睡醒了先发一通脾气，入夜之后便开始四处猎食昆虫、蜥蜴等小动物，而它们走起路来悄无声息。眼镜猴同类之间沟通甚少，只会在必要的时候尖叫一声。在大多数情况下，它们是成对生活的，家庭里有时会多出一只幼崽。幼崽行走时通常会扶着母亲的腿脚，不过据霍斯博士说，他曾见到一只眼镜猴母亲把幼崽叼在嘴里，就像猫妈妈所做的那样。眼镜猴幼崽似乎一出生就懂得如何爬树，不过它们更偏爱被母亲带着，而母亲也不会拒绝。

我们认为眼镜猴是一种令人着迷的动物，不过原住民却觉得它们很恐怖。这恐怕与它们特殊的生理构造，例如硕大的眼睛以及奇怪的行为方式有关。据史密斯教授说："在爪哇和婆罗洲，人们发自内心地害怕这种带有远古灵长类特征的动物！"这件事很耐人寻味，虽然动物学家认为眼镜猴和狐猴是亲戚，准确地说，眼镜猴可能是狐猴的祖先，可这并不能消除原住民的烦恼。

史密斯教授近来出版了著作《人类的演化》，并在里面附上了一个引人注目的表格，对比了跳跃鼩鼱、树肋鼱、眼镜猴、狨这几种动物的脑部。在现存的猴类中，狨最为原始。跳跃鼩鼱生活在陆地上，大脑不太发达，但它的嗅觉极为灵敏，可见其大脑中的嗅觉区相对更大一些，而视觉、听觉、味觉、触觉以及小动作区却很小。树嗣鼱与狨虽一脉相承，却演变为了树栖动物，这样的改变十分重要。在整个演化过程中，"到树上生活"是一

图 11　狐猴

狐猴眼睛大，尾毛浓密，像把扫帚，后肢比前肢长。狐猴多栖息在热带雨林、干燥的森林及灌木丛，主要以树叶、昆虫、果实等为食。

个跨越式的转变，意味着手将得到解放，嘴将变小，眼睛将长在面部前侧，脑部将变大以及头顶、视觉、听觉、触觉、运动等的复杂变化。这种说法颇具争议，反对者认为，树栖有袋目并不聪明，支持者指出，这类动物们的大脑与普通哺乳动物的大脑一样，也有一个统一管理适应性的分区，不过其构造是与众不同的。反对者还认为，很多聪明的哺乳动物都不会生活在树上，而支持者又指出，猴类的大脑潜能比犬、马、大象之类的动物大得多。

在眼镜猴身上，我们还发现了另一个神奇的表现：其大脑的视觉区在变大，而位于前脑的嗅觉区却在变小。类似的表现在狨的身上也能清楚地看到，它们的视觉区、听觉区、触觉区和运动区都在变大，除此之外，其位于前脑的与手部动作、立体镜像、情绪、视觉有关的区域也在变大。就视力而言，跳跃鼩鼱比不上树鼩鼱，树鼩鼱比不上眼镜猴，眼镜猴比不上狨，狨比不上猴，猴比不上人。史密斯教授总结道：对于人类而言，视觉发展是智力演化的关键因素。这也就是说，好的视力有利于启蒙思想，追求成功。总而言之，眼镜猴眼大身小，像松鼠、鼩鼱，又像猴。它们绝佳的视力，还为我们提供了与思想发展有关的参考材料。

负 鼠

栖息在美洲森林里的负鼠同样十分有趣。这种动物和小巧的树袋鼠同属一科。和陆栖动物大袋鼠一样，树袋鼠也有一个育儿袋。和圆脑袋、短尾巴的树懒大为不同，负鼠看上去有点像老鼠，长着一条可以缠绕树枝的长尾巴。它们的足爪很适合用来抓握东西，由于其大趾和其他足趾是相对而生，因此它们可以牢牢抓住树枝。它们爬行于树上，四处寻找食物（主要是昆虫），有时候还会把幼崽驮在背上。幼崽们通常都很安全，母亲会把长长的尾巴甩到背上，使幼崽们得以将自己的尾巴末端勾在上面，就像用一条皮带把孩子们拴了起来。博物学家哈得逊曾描述过一种体形较大的负鼠："我看到，一只年纪较大的负鼠母亲背着十一只像老鼠那么大的幼崽，而母亲自己并不比猫大。幼崽们紧紧地靠在母亲背上，而母亲依然能够迅捷地爬到高高的树枝上……负鼠通常都生活在树上，长着像手一样的足，弯弯的爪子、弯弯的牙齿以及又长又卷的尾巴。"它们也常常来到地面，然后沿着蚂蚁走过的"路"前行，甚至走出森林。

很多动物都明白，栖息于树上是个不错的选择，可以缓解生存压力。这种生活方式意味着全新的居住条件、食物资源以及行动模式。对不同动物的树栖生活适应性进行研究是一件很有意思的事情。以哺乳动物负鼠和爬行动物变色龙为例，它们身上的相似之处显而易见：适合缠绕树枝的长尾巴以及利于抓握的分作两部分的足趾。

在我们看来，树懒适合生活在树间距较小的环境中，以方便借助手臂力量在树木间行动。然而，很多森林里的树木都很稀疏，这意味着树懒必须先来到地面，然后再爬上其他树，或者采用其他方式跨越这段距离。出于同样的原因，一些不同种类的动物都在尝试"飞行"。鸟类从高空往下飞时只会偶尔扇动一下翅膀，整个过程看上去犹如飞机降落。一些身上带有"降落伞"的树栖动物也会有类似的表现，那或许是它们成为飞行专家的第一步。如我们所知，飞松鼠的飞行工具就是其前肢与后肢之间的那层隐藏于毛下的薄膜。有好几种松鼠都会"飞"，最小的一种体长仅为 3 英寸左右，一种褐色飞松鼠堪称此中的飞行家，除了自带"降落伞"之外，与普通松鼠并无二致。它们的尾巴不仅很长而且松软，是保持身体平衡的好工具；薄膜沿着身体两侧向下延伸，连接着腕部和足部，当它们展开四肢时，这层薄膜就会变成一个"降落伞"。那层薄膜是无法鼓动的，不过飞松鼠的身体和尾巴可以自由活动，以帮助它们飞得稍远一些。当然，飞松鼠的薄膜只能说是一个降落伞，而不具备翅膀的功能，因此它们没有办法向上飞行，只能从高处跳下，或在树林里飞行，最终降落在低处。

有人对美洲飞松鼠做出如下描述："我们偶尔会看见，一只站在高大橡木顶端的飞松鼠向下飞来，伸展着薄膜与尾巴，在空中飞行，然后落在树下 150 英尺开外的地方。我们原以为它想到地面上溜达一下，没想到它又很快奔向另一棵树，爬到树顶，再一次飞下来，然后跑向前方，爬到树上。很多飞松鼠都在玩这种游戏，大概有两百多只。"

通过观察，飞狐猴的薄膜一直延伸到了尾巴尖，所以它们可以飞上好十几英尺的距离，尽管无法飞到更高的地方，不过它们可以在半空中水平或向上飞行。很多哺乳动物都自带"降落伞"，有的是食虫目，有的是啮齿目，还有的是有袋目。

THE
OUTLINE
OF
NATURAL
HISTORY

第六章

与天空为伴的哺乳动物

蝙蝠曾经是食虫动物，它们爬到高处，向下飞行并捕食昆虫。这种动物的演化过程无疑得到了大自然的加持，而它们的起源毋庸置疑。蝙蝠利用足趾倒挂着身体，然后用膜翼围住自己，是不是很奇特？它们已经学会了飞行，不过其学习过程不似鸟类，而更接近已经灭绝的翼龙。作为一种哺乳动物，它们不仅有毛，而且会育儿，并能像大部分鸟类那样在空中自由飞翔。这让我们联想到，漫游在大海里的鲸尽管需要冒出水面呼吸，却早已适应了水中的生活。哺乳动物本是胎生，可鸭嘴兽产下的却是卵。蝙蝠学会了飞行，不得不说，自然界成功造就了一种矛盾体。

蝙蝠利用自身结构发展出了适应于空中活动的行为（很难说清这种适应性是如何产生的），堪称成功的冒险家。这是一个耐人寻味的现象，这种变异蕴含着某种神奇的连锁反应。轻薄的皮层发展为富有弹性的软膜，从颈侧延伸至前肢前侧，避开了拇指，但覆盖了其他四指，这四指当中唯有第一个指有可能带爪，而且就连这种情况也不多见。软膜由前肢下侧沿着躯干两侧延伸至后肢，并与踝部相连。它们身上还有另一种膜，由软骨或帆桁骨支撑，从两足踝部延伸至两个后肢，如果有尾巴，还会包裹住尾巴。在膜翼展开的情况下，它们的后股大张，膝关节向后弯折，而非如普通哺乳动物一样向前弯折。解剖学认为，这是蝙蝠身上的又一个奇特构造。它们的长骨很轻，骨髓孔较大，肩部壮硕，胸骨外突以支持强健的胸部肌肉，从而为飞行提供支持。位于背部的椎骨可以小幅交错，而且年龄越大，连接得越紧密，这种情况在鸟类身上可以见到，好处很明显，这种构造可以很好地鼓动膜翼。

蝙蝠的后肢比前肢脆弱许多，自不待言，它们无法长时间站立。尽管经常昂首挺胸地飞回巢穴，以拇指为支点稍稍立定，不过它们最常采用的休息方式是用一只或两只足上的爪钩住物体，头朝下倒挂在半空中。如果需要行走于树枝之间，它们便会利用后肢——可以向前、向内转动以及腕部带爪的拇指慢慢前行。先迈开一只足，再挪动同侧拇指，然后是另一只足，另一个拇指，就像《摩西律法》所说的"禽之爬行，有赖四肢"。它们时常会安静地趴在自己的四肢上，此时，它们的膝关节是向前弯折的，触碰着两手的肘部，看上去很奇怪。值得一提的是，蝙蝠有时候会躺着睡觉，而并非总是倒挂着身体入眠。

蝙蝠能够从低处飞向高处，拥有高超的飞行技术。如果在室内，它们能够十分灵巧地躲开所有障碍物，不管是装饰物还是沙发，在屋子里飞来飞去。在野外，它们甚至比鸟类还厉害，能够飞快地回旋，矫捷地翻腾，迅猛且准确地抓住飞蛾、蚊蚋等飞虫，而所有动作都不会发出任何声响。

我们可以想象诗人口中的"莹莹之翼"。有的蝙蝠会一边飞在河面上一边喝水，不过个体间的差异很明显，例如相较于欧洲独有的褐色大蝙蝠，小蝙蝠更悠闲自在；和菊头蝠比起来，油蝙蝠更飘忽不定。蝙蝠"哨兵"在开始绕圈的时候会发出轻声尖叫，尤其是长耳蝠的声音，有时候甚至轻到正常人难以察觉。据我们所知，欧洲大蝙蝠在生气的时候会发出明显的尖叫声，东方狐蝠的声音则更响亮，就像猴类在喊叫。长尾食虫蝠两股之间的膜（也就是股间膜）十分发达，所以它们可以在猎食飞蛾的时候飞快地盘旋，此外，这种膜还具有"口袋"的作用，可以把猎物放在里面。以膜为袋的情况并不多见，有些蝙蝠在抓到一只虫子后，会埋下头把虫子放到股间膜里，以防止在咬食或吞食的时候把食物掉落到地上。在做这件事的时候，它们会选择低飞。食果蝠的尾巴相当小，甚至隐而不见。大部分蝙蝠身材小巧，胸部宽大、心脏发达、肺部也很大——这些全都有利于飞行。就进化方向而言，它们和鸟类大不相同，关于这一点无须赘言。不过，需要强调的是，二者有很多"相通之处"，例如以同一种适应方式来应对同一种难题：长骨中空且呈横梁式，椎骨交错，胸骨外突——很有意思不是吗？

实验证明，失去眼睛的蝙蝠依然可以在室内自由飞行，并且不会撞到任何物体，哪怕是一根绳子。而且还可以在弯弯曲曲的窄巷中飞行而不会撞到墙壁，并能在一定范围内感知到有人正试图伸手抓住自己。如此敏锐的知觉有赖于其遍布全身的无数触点以及敏感的毛。它们的每根毛里都带有神经纤维，而那看起来光溜溜的膜、口部两侧以及带有耳屏的小耳朵上都有毛。假如在蝙蝠身边发出声音，它们的耳翼会震动——人类则不会这样，而且两只耳朵上的翼可以朝向不同方位。普通长耳蝠的耳朵可以说是蝙蝠里最大的，差不多和躯干一样长，对此，贝尔曾表示，假如这种蝙蝠的身体像驴一样大，那它们的耳朵岂不是堪称奇迹了！它们的鼻子上长有鼻叶，我们可以将其视为鼻孔的装饰物，或者是为了表明鼻孔的位置。这种鼻叶是生而有之的，除此之外，我们对它毫无了解，它看上去就像马掌、假面具、猁犬的脸及鸢尾一样，或许是因为发育过度的缘故，但我们还不能确定鼻叶存在的价值。有人说这种构造能增加触觉的灵敏程度，不过就我们现在所知道的来讲，并没有研究可以证明鼻叶能刺激神经。

大型食果蝠的尾巴发育不全，甚至没有尾巴，但它们的齿冠很平滑，臼齿带有纵向凹槽。它们只生活在东半球的温暖区域内。体形最大的蝙蝠是栖息在爪哇岛上的狐蝠，翼展为5英尺，相当于信天翁翅膀的1/2。大部分小型蝙蝠是纯粹的食虫动物，不过负鼠蝠那一科的蝙蝠还会吃些别的，例如水果、蛙类以及吸食哺乳动物的血。一些生活在海边的蝙蝠还会吃鱼、蟹等。所有食虫蝙蝠的臼齿都长有锋利的齿尖，就像山峰一样，类似于鼩鼱等食虫动物的臼齿，很适合用来撕咬。通常情况下，蝙蝠是一边飞行一边猎食的，不过有时候也会飞到树枝里抓一些蛾子等小虫子，还有的时候，它们会在树枝上行走觅食，每当这个时候，它们就会把尾巴放在股间膜的中间，撑起下部和前部以形成一个口袋；它们会把猎物装进口袋里以备稍后享用。用尾巴"编织"口袋是蝙蝠的又一个特殊技能。

在北方，小型蝙蝠在昆虫稀缺的时候会选择冬眠，而只有少数哺乳动物才会选择以冬眠的方式来克服难题。随着体温的下降，它们渐渐昏睡过去，呼吸频率骤降，心跳为每分钟 28 次左右。就算是到了夏天，它们的体温在没有明显变化的时候也比鸟类的正常体温低一些。冬天的时候，因为体温下降到与环境温度无异，它们常常聚集到一处倒挂着睡觉，数量可以达到 100 多只。此时的它们一动不动，认真蛰伏，而在几个月之前，在夏天的晨昏时刻，它们还在和褐雨燕等鸟儿比赛飞行。北方蝙蝠在冬天会躲在树洞里、教堂钟楼的角落里、仓库的茅草中，或者山洞的石缝里睡觉。褐雨燕、燕子以及英国大部分的鸟类都会采用与之大不相同的方式过冬，例如飞到"阳光灿烂的沿海地区"，但不管何种方式，只要管用就是好的。没有鸟儿会冬眠，却有蝙蝠会迁徙。栖息于纽芬兰的灰蝙蝠会飞过漫漫 600 英里海峡，来到百慕大过冬。人们在苏格兰捕到过一位落单者。在英国，蝙蝠的冬眠质量取决于冬眠地点与蝙蝠种类；在暖和一些的地区，每个月都能见到蝙蝠的身影。

普通蝙蝠一胎只产一只幼崽，偶尔会生产两只，但分布于北美洲的少数品种一胎可产下三四只幼崽。这样的情况还算正常，毕竟作为一种会飞的哺乳动物，蝙蝠母亲的任务如果太过繁重，一定会影响其飞行。在胎前期（就欧洲北部而言，大概自 3 月末 4 月初伊始，直至 6 月结束）和哺乳期（6月到8月），蝙蝠幼崽会用拇指和足趾钩住母亲的毛，躺在母亲胸前吸食乳汁，另外还会在空中练习盘旋、绕圈及斜飞等技能。母亲在休息时会用膜盖住幼崽。在秋天来临前，雌性蝙蝠会生活在一起，在秋天到来后，便会和雄性蝙蝠一起居住。秋天是蝙蝠的交配期，所以雌性蝙蝠会分散开来。不过令人疑惑的是，尽管交配行为发生在秋天，但卵子与精子的结合却是在春天。显然，在饥饿的冬天产子将十分不利于幼崽的存活，因此，蝙蝠的孕期是很短的。大自然的智慧是多么令人惊讶啊！

吉尔伯特·怀特驯养的蝙蝠可以在手心里起飞，"它的翼因为不常用而难以伸展开来，但是功能引人入胜，让我兴奋不已。"贝尔曾书写过一只长耳蝠的游戏：它飞了过去，轻柔地将一片生肉从主人嘴边叼走。当然，能和蝙蝠朝夕相处的博物学家为数甚少。实际上，大部分蝙蝠都很胆小，而且很容易受到刺激。它们的大脑不太发达，无法驯养。此外，很多蝙蝠都很臭；毛质粗糙，如环形的鳞片，里面藏污纳垢，甚至还有很多虫子。如果不这样的话，我们倒还能接受好相处的长耳蝠，不过总的来说，蝙蝠不易接近。或许，我们还应该对这种"在英吉利的微弱光芒下愉快的、忙碌的，却又不太美丽的动物"——鲁滨孙在《诗人之兽》一书中的描述——做些补充说明。它们是神奇的存在，有别具一格的生存法则，通过完善自我巧妙地获得了成功，却遭到有偏见的人或固执己见者的中伤。大部分蝙蝠的眼睛虽然很小却视力极好，可人们为什么偏要把"像蝙蝠一样没头没脑"之类的话挂在嘴边呢？它们勤劳、敏捷，为填饱肚子而奋斗，可人们为什么说它们"懒惰""愚蠢"呢？它们是哺乳动物，却会以独特的方式在空中飞翔，触觉也敏锐至极，可人们为什么要称其为"凶鸟""黑暗中的魔鬼"呢？诸如此类的问题，只能留给诗人们来回答了。

蝙蝠绝非地面生活的强者，不过，包括食果蝠在内的大部分蝙蝠都能迅捷地爬到树上。食果蝠的足趾带爪，而且十分锋利，利于攀爬，它们用拇指上的爪拨开树皮，或者刺破果实。对于它们来说，带爪的拇指是手部的唯一象征，要知道另外四指都被翼包裹着。来看看那些自带降落伞的动物，它们的降落伞其实是身体两侧向外扩张的皮肤，然而，蝙蝠的翼却得到了骨骼的支持，能够自由开合。除了指以外，它们的臀部骨骼也很长，可以支撑翼的伸展。

THE
OUTLINE
OF
NATURAL
HISTORY

第七章

走进山林的哺乳动物

　　山有两大类：原始形成的山与侵蚀作用所形成的山。原始山是因火山爆发、物质堆叠、地壳褶皱而形成的。说到火山，最著名的莫过于日本的富士山、厄瓜多尔的科多帕希火山、墨西哥的波波卡特佩特火山与特内里费峰。蚀成山，或者说遗存山的成因是高处经风霜雨雪的侵蚀而消失，只留下了低处的部分，因此这种山可以说是"侵蚀作用的见证者"，是高原或高大岩石堆的遗物。在英国湖区和苏格兰高地，很多山都是蚀成山。当然，不管是什么山，都是动物的栖身之地。另外，值得一提的是，岩石的类型会影响植物的种类，从而影响动物的兴衰。

　　所有真正意义上的山都可以被分为三个区：低处是森林带，随着时间的推移会变成针叶林或低原森林。中间是草原带，那里没有树木，但长着各种草，山坡则是不错的草场。在夏季的瑞士，勤劳的农人会把牛羊赶到山里，让它们在狭长的山冈上吃草，山冈上的草十分茂盛。最后是贫瘠的高山带，长着结实的高山植物；岩石裸露在外，除了苔藓，别无他物，最高的地方大概覆满了积雪。在对山居动物进行研究时，我们可以分区观察：熊生活在森林带，山羊生活在草原带，土拨鼠生活在高山带，因为那里依然长有少量的山巅草。还有一种分类方法也需要了解，这种方法关乎哺乳动物和鸟类的情况[1]，具体来说分为：遗存者、冒险迁移者和避难者。

先来看看遗存者。冰河时期，生活在欧洲北部及北极地区的动物经过长途跋涉，来到了欧洲南部与中部。关于这一点，那些从谷底挖掘出的动物骨骼便可以证明。气温回升，冰山消融，北方动物难以生存。部分驯鹿迁徙到了更北的地区，有些动物来到了高山之上，例如雪鼬。它们体形较小，鲜少来到4000尺以下区域活动。土拨鼠爬上了阿尔卑斯山，以前它们住在低地草原带。野兔躲进了山里，它们的毛色一到冬天就会变得雪白。另外，雷鸟在冬季也会变成白色。对于北方动物来说，高山环境与祖先所在的北方及冰原十分接近，所以它们就此栖息于山林。

冒险迁徙者也来到了山里。它们发现自己在高地也能生活下去。动物们是坚强的，总在不断探索新世界。究其原因，一方面或许是因为它们的繁殖能力实在太强，在低地找不到足够的食物。另一方面，很多实例告诉我们，这一行为带有冒险色彩。尽管饿着肚子很难受，不过很多较为高级的动物更容易受到好奇心的驱使，或者说勇于冒险。

岩羚羊是冒险迁徙者的代表。它们最初的模样应该和亚洲草原羚羊大同小异。同为冒险迁徙者的还有印第安高山斑羚、落基山羊、西藏牦牛（它们会猎鸣）、阿尔卑斯山北山羊以及喜马拉雅山捻角山羊。这些动物来到高高的山坡上，并在那里发现了草场，这让它们觉得生活有了着落。然而，安稳的生活并没有持续太久，一批同样具有冒险精神的食肉动物紧随其后来到了山里，例如雪豹、山狮，等等。我们说鹫是迁移者，原因就在于在它们之前，松鸡和山兔迁徙到了山里。

---

[1]　请参阅托马斯所著的《新旧科学》，1924年出版，第11页。——作者注

至于避难者，它们是因备受压迫而来到山里的。这些动物原本生活在低地，或许是受到了排挤，或者无法适应过于激烈的生存竞争，它们不得不另辟蹊径。我们本不应该给它们贴上这样的标签，可它们和其他迁徙者大为不同，不是在探索，而是在避难。栖息于非洲、巴勒斯坦和叙利亚的兔子，准确地说是蹄兔便是这样的失败者。避难者都是哺乳动物，而且体形较小，是所谓的"弱者"，不聪明也不灵活，虽然颇为机警，但绝称不上聪明，没有铠甲也没有利器，而且不会挖土筑巢。

为了保护自己，有些动物住到了树上，有些动物住进了山里，有些动物则来到海拔 1 万英尺高的地方栖居。它们身上的毛都很厚实，足以御寒；腿脚的构造也很利于它们在岩石堆中追逐。麝香鼠是生活在比利牛斯山的一种体形娇小的食虫动物，曾经在英国比比皆是，如今也成为避难者中的一员。出于安全方面的考虑，它们后来适应了水环境，开始穴居生活。这种动物体形很小，体长在 5 英寸左右，尾巴很短，看起来与众不同。它们的鼻子不仅长而且灵活，像是大象鼻子的缩小版。在搞清楚蹄兔、麝香鼠的避难过程之后，我们也能明白阿尔卑斯山鼩鼱、西藏鼩鼱、喜马拉雅山鼩鼱（它们会泅泳）等动物为什么会成为避难者。还有一些鸟类，例如鹡鸰、河鸟，它们常常出没于山谷间。

接下来我们要简述避难者是如何适应艰苦的森林环境的，毕竟那里缺少植被，气候寒冷，食物稀少，地势陡峭。这类动物都长着厚厚的皮毛，并不惧怕严寒，比如岩羚羊。诸如雷鸟之类的避难者则身覆又浓又密的羽毛。无论是山兔的毛还是雷鸟的羽毛，在冬季的时候都会变成白色，这既有利于保持体温，又有利于隐藏自己。

相较于不喜欢攀爬到高处的柳鸡，其表亲雷鸟拥有一颗十分强大的心脏，从而可以在高山上长途跋涉。在光秃秃的高山上，警备信号至为关键，例如土拨鼠的尖叫。对于岩羚羊和蹄兔之类的动物来说，岩石堆里的坚硬地带弥足珍贵。我们还在其他方面看到了动物们的适应性，例如食谱越来越丰富，例如熊开始吃粗糙的谷类，山兔开始吃岩石上的苔藓。[①]

山　狸

人们于大约 100 年前在美洲地区西部发现了堪称活化石的山狸。在一部分动物学专家看来，现存所有啮齿兽 [②] 都是进化而来，而山狸则是那些啮齿类动物祖先中的唯一代表。无论从哪个方面来看，山狸都是一种古生物——远古遗存者。我们只能在英属哥伦比亚与加利福尼亚之间的北美太平洋沿岸地区看到它们的身影：短短的尾巴、扁平的鼻子、矮矮胖胖、身长一尺左右、灰黑色的毛、小小的耳朵、小小的眼睛、耳朵根部长着一枚白点。山狸常常能成功逃脱追捕，是名副其实的夜行动物，也是穴居动物，因此并不太受人关注。它们生活在植被茂盛、土质坚实的地方，偏爱山涧、岸边以及低地中的潮湿山坡。加利福尼亚的山狸主要栖息在长有凤尾草、覆盆子等低地植物的地方，因为这类植物可以将其巢穴的出入口及浅层通道隐藏起来。它们的地下通道纵横交错，犹如蜘蛛网一般，连接着各个球状巢穴。它们会在巢里铺上凤尾草以及土当归花的叶片，还会在一部分巢的下方不远处筑造方形地穴，从它们在里面所留下的痕迹来看，这种方形地穴是比较常用的。除此之外，里面还有很多用泥丸封口的袋子，装有植物的根、茎、叶等。

来自加利福尼亚大学的卡尔斯·坎普之前对美洲山狸的习性进行过研究，通过他的记录，我们得以了解这种神秘生物的生活。它们是植食动物，主食是各种草，例如凤尾草的根和茎以及其他植物富含水分且稍大一些的

---

① 请参阅托马斯所著的《高山与荒原》，1921 年版。——作者注

② 即啮齿目哺乳动物，例如海狸、松鼠、豪猪、鼯鼠、兔以及野兔等。——译者注

根、芽、茎。它们昼伏夜出、动作迟缓、呆头呆脑、胆小怕事。据我们所知，它们晚上收集食物，白天在巢穴里休息，它们自然有这么做的理由。通过观察可见，它们痴迷于"割草"，无论是植物的哪一部分都会被它们折成小段后晾干。不过，这些小段并非食物，而是用来当被褥的。

当然，山狸也会储藏一些富含水分的茎以防患于未然。它们吃东西时的模样像松鼠，用两只前爪，或者一只前足把食物捧到嘴边。对于一种原始的、在大洪水暴发之前就已存在的、堪称活化石的动物来说，能如此优雅地吃东西，不能不说是个奇迹。更令人惊讶的是，它们对短小拇指的运用与人类如出一辙。与松鼠不同的是，在咀嚼食物的时候，它们会把自己的短尾巴当成坐垫。

山狸偶尔会爬到 6000～8000 英尺的地方。它们不会冬眠，这一点与其远亲——阿尔卑斯山上的土拨鼠大不相同。它们时常在雪地里跑来跑去，尽管跑得很慢。它们也时常爬到低矮的树上，吃几口富含水分的小树枝。就哺乳动物而言，如果在一年四季都不缺食物，而且会储藏食物以备不时之需的话，那么多半都不会冬眠。山狸很爱干净，而且能把连接巢穴的通道建造得很棒。至于排泄物，应该都被它们埋了起来。

那么，这种由来已久的动物是怎样繁衍至今的呢？它们没有灵敏的视觉和听觉，却有很敏锐的触觉，对于穴居动物而言这很重要。"哪怕是轻轻触碰它们的毛，都能让它们暴跳如雷"。它们还拥有不错的嗅觉，实际上，这种群居动物是靠气味来分辨彼此的。另外，它们的腺体功能强大，分泌物带有特殊气味。我们可以在选择群居生活的哺乳动物身上看到一个明显的特征：安静，不过，这类动物会通过磨上下门齿的方式发出警备信号。一些啮齿兽也是如此，譬如生活在北美洲的土拨鼠与长着外颊袋的衣囊鼠，另外，山兔也会发出这种声音。

对于它们的家庭情况，我们一概不知，只知道它们每年能产两胎，每胎生产五六只幼崽。如前文所述，它们的巢既安全又舒适。重要的是，探究这种特殊生活方式的意义。这种哺乳动物笨拙、迟钝、弱小、怯懦，群体也不够强大，就连儿童都能轻易地抓到它们。所以，除了躲到山里或地洞中，它们还有别的选择吗？山狸以巢穴为家，安然度日，无论前进还是后退，那小小的耳朵、小小的眼睛和短短的尾巴都不会成为累赘。凭借敏锐的触觉，它们得以在夜间找到食物。它们的眼泪是白色的，而且带有黏性，能很好地保护双眼，避免眼球被擦伤。因此，即使需要面对臭鼬、野猫、鹰隼、角鸮等敌人，山狸仍旧繁衍至今。

　　苏格兰高地很荒凉，大多地方都被雪覆盖着。在那里，同为白色的山兔和白鼬有时候会同时出现。山兔的耳朵尖是黑色的，而白鼬的尾巴末端是黑色的。它们之所以会同时出现，原因在于白鼬经常对山兔垂涎三尺。在此，需要再次做出说明，在冬天，山兔的"白外套"在雪地里犹如隐身衣，能够骗过饥饿难耐的敌人。夏天的白鼬为栗色，到了冬天变为白色，这种特性使它们更加隐蔽，更容易猎捕到山兔之类的美食。

山　兔

　　托马斯·彭南特在1769年秋天到苏格兰高地考察过，他在山区看到了一种兔子，也就是他口中的"白野兔"。他将此事以书信的方式告诉了吉尔伯特·怀特。怀特在塞尔伯恩给他回了信，信的内容很有趣，"我很高兴看到苏格兰的大山中还有这么多的白野兔，特别是你提到，它们是与众不同的新品种。英国没有太多四足动物，每一次新发现无疑都是重要的一步。"时至今日，我们依然能看到很多白野兔，尤其是在苏格兰高地的部分地区，可谓比比皆是，那些野货店的橱窗便可证明。另外，它们还在英格兰和威尔士安了家。

　　山兔的体形小于棕色野兔，接近家兔；头眼较大、耳朵较短、后足较长、皮毛柔软；奔跑速度较慢，不过比大部分哺乳动物矫健；不太戒备、胆子比较大，看来敌人不太多，或者不太聪明。此外，它们通常会躲在石缝里或石堆里，而非草丛中；偶尔会打地洞，而那些洞穴与穴居动物的巢穴颇为相似。相较于棕色野兔，它们的食谱更丰富，但不太精细，如果不是坏到不能吃的东西，它们都会吞进肚子里。冬天的时候，石楠尖和岩石上的苔藓都是它们的食物，因此它们的肉不太好吃，当然，这跟地域也有关系。不过，在各种野味中，它们是最不值钱的。

山兔从 9 月开始逐渐变色，深褐色的毛到了冬天就成了白色，但耳尖是黑色的。与很多其他啮齿兽一样，秋天的到来意味着褪毛的开始，新长出来的毛因不含色素而呈现出白色。白色的毛可以反射光线，特别是当白毛覆满全身，而且疏密程度恰到好处的时候。除此之外，亚伯丁的麦吉利夫雷教授早就说过，土棕色的毛也会变白。这是怎么回事呢？作为知名动物学家及生理学家，梅奇尼科夫为我们提供了重要线索：一种变形虫状的游离细胞在穿过毛的外层时带走了带有棕色色素的微粒。那些微粒随着细胞移动至毛根部位，然后潜入皮肤组织。要不了多久，那根毛就会"死掉"，至少体表外的部分是这样。梅奇尼科夫还认为，雷鸟羽毛在冬天变白，实际上与人类的毛发逐渐变白一样。他给那种游离细胞取名为"食色素"，意思是食色者。

我们倾向于原来的观点，不过选择保留意见，毕竟我们的研究范围有限。在我们看来，变白有可能是因为毛里有微小的气泡，而不一定全是因为缺少色素。

我们之前遇到过一只山兔，它一瘸一拐地走在空旷的雪地里，突然，它停了下来，用疑惑的眼神打量我们。我们追了过去，然而它很快就消失了。人们通常认为，这种动物在雪地里很难见到，仿佛悟出了巨吉斯环的秘密①，学会了隐身术。不过，我们可以提供一些信息来证明这一解释并不全面。白山兔并不总是待在雪地里，而在其他地方，它们就无法施展隐身术了。另外，需要强调的是，在山林或高地出现降雪后，它们通常会来到低处或更隐蔽的地方，而此时，它们会十分醒目。

在我们看来，还需要进一步探究毛色变白的意义。首先，不得不承认，和冬春夏三季相比，上半身的毛在秋天的生长情况较为独特，这并不意味着这种动物与当地的环境格格不入，事实上，这是与时节相呼应的，而且下半身的毛一般来说本就为白色；其次，这种生理节奏是自然选择的结果，而并非只是为了隐藏，尽管对于生活在北极地区的动物们来说这很重要，不过更多是因为白色能减少身体热量的散失。

雌雄山兔在冬季各有自己的居所，几乎没有联系，不过雄兔在初春时便能嗅出雌兔在哪里。它们的结合很自由，雄兔之间你争我夺，时而直立挑衅，时而重拳出击，时而用牙撕咬。

---

① 巨吉斯是小亚细亚的吕底亚王国国王，最初是牧羊人，后来得到了一个宝环，获得了隐身能力，并杀主夺其妻。——译者注

THE
OUTLINE
OF
NATURAL
HISTORY

第八章

行走在沙漠和平原中的哺乳动物

　　一提到沙漠，人们自然会想到骆驼，一种最为特别的沙漠动物。对于沙漠来说，骆驼无疑是一位征服者，方方面面都是为沙漠而生的。它们的足很长、腿部灵活、行走速度不凡，即使以每小时 10 英里、每天 150 英里的速度连续走上 4 天，它们也不会感到疲惫。骆驼的蹄已经退化了，如今长得更像指甲，与地面接触的是两只平滑的足趾（第二趾和第四趾），上面长着弹力十足的肉垫，很适合在沙漠中行进。胫骨下端（前肢两个掌骨和后肢两个跖骨在此连接）一分为二，皆为球形，和其他动物不同的是，那里没有限制足趾侧向运动的突起，所以它们的两个足趾能够侧向展开，变得又扁又大，从而避免在负重前行时陷入沙地。

　　除了单峰驼之外，其他骆驼背上皆有两个驼峰。驼峰内储藏着胶质脂肪，是它们行走在沙漠中的粮仓。在骆驼感到饥饿或口渴的时候，驼峰会轻轻地垂向一侧；而在驼峰变得干瘪时，说明骆驼已陷入困境。需要强调的是，它们胃壁里有 800 个左右的水囊，每个水囊口都是通过肌肉收缩来关闭。当它们喝到水，或者胃里有水的时候，水囊就会自动储水。就像勒尔教授所说的那样："在缺水的情况下，储存的水会流入胃里，以解决棘手的血液问题。"再来看看骆驼的咀嚼以及反刍现象。类似于麋鹿，它们的胃里只有三个结构，而不是四个结构，而那缺失的第四个结构就是牛羊身上的"重瓣胃"，而在骆驼身上，只能看得到一点点痕迹。是在演化还是在退化呢？它们的臼齿很适合用来咀嚼又粗又硬的草，而那也的确是它们的主食。

　　骆驼总是高昂着头，以免眼睛被地面反射光灼伤。它们的睫毛很长，可以阻挡风沙进入眼睛；耳朵里有很多毛孔，关闭后可以阻挡沙尘进入耳朵；视力和嗅觉都不错，可以闻出远处水源的位置。简单来说，骆驼能通过很多方式在沙漠中生活，胸部和膝部有厚实的皮毛，足上有胼胝，而且

图12　骆驼

骆驼生活在干燥的沙漠中，躯体高大，体毛为褐色，头较小，颈粗长，非常耐渴，能够在没有水的条件下生存两周，没有食物可生存一个月，被称为"沙漠之舟"。骆驼分为单峰驼和双峰驼，图中为双峰驼。

吃苦耐劳。正因如此，才会有人写出这样的故事：100只负重前行的骆驼在沙漠里走了13天而没有喝一口水。格里高莱教授曾提到，在澳大利亚的沙漠里，几只被驯养的骆驼在没有喝水的情况下，于34天内行走了537英里。这或许称不上奇迹，原因在于骆驼就算不喝水，也能从所吃的食物里获得水分。

因为这种适应性，骆驼成了人类的奴仆；对人类来说，不管是活骆驼还是死骆驼都是有价值的。叛逆、暴躁等性情已从骆驼身上消失，它们成了搬运重物的工具，整日忙碌，没有娱乐。当然，有的也会奋力反抗，挣脱控制，如同西班牙野骆驼那般。毫无疑问，反抗不会停止，此后还会出现吼叫、咬人、踢人的骆驼。但或许亨利先生说得没错，它们会变得乖张，并将这些视为享受。如果骆驼也有联邦政府的话，那么它们的宪法一定会规定：运输者的速度必须控制在每小时2.75英里以内；驭者必须了解骆驼的转运方式。有人说，骆驼的背是被重物压垮的。这并非没有道理，如果超出负荷，它们的背肯定会被压垮。令人惋惜且不可否认的是，骆驼的顽劣是人类所致。人类不善待它们，它们自然也不会善待人类。在艺术家眼中，骆驼并不是丑恶之徒，尽管它们的眼睛里常常流露出鄙夷的神色和"雕塑一般的高傲"，居高临下地看着周遭的一切。它们一边反刍，一边思考着什么。在哺乳动物中，只有骆驼科动物的红细胞是椭圆形的。

我们不太确定双峰驼和单峰驼是怎样成为人类奴仆的，需要解释的地方实在很多。它们从什么时候、什么地方开始臣服于人类，我们不得而知。我们只知道，这两种骆驼可以杂交，幼崽遗传了单峰驼一个驼峰的特征，而棕色粗毛则是双峰驼的特征。毫无疑问，这两种骆驼的起源是不同的。双峰驼的祖先主要生活在从北方戈壁到伊朗高原的中间地带；而单峰驼的起源地则在西阿拉伯和非洲北部之间。祖先都已成为历史，现在它们已演化为兽类，这当然比灭绝要好得多。研究发现，野生单峰驼已从地球上消失了，而野生双峰驼的情况还不甚明了。土耳其的骆驼举世闻名，不过那些骆驼应该是从人类手中逃出来的，然后重新开始了野外生活，确切地说是野化者。

在几百万年前，也就是上始新世的时候，北美洲大陆上出现了骆驼种群。一开始是一种小型动物，后人称之为原始驼。它们大小如美洲大兔，有四只足趾。后来，大自然动用了神奇的力量，"把它们变大，变很大"。在数百年后的渐新世，另一种骆驼先祖出现了。它们和羊差不多大，第二足趾和第五足趾都已退化。到了中新世，出现了两趾的原驼，比如今的拉马稍大，也就是美洲驼——骆驼家族中的一员。冰河时期，大量骆驼跨越白令海峡来到了欧洲，从此北美洲大陆上就没了骆驼，只有与其相似者的先祖在那里留下了足迹。然而，一部分美洲人依然倔强地认为，演化是子虚乌有的事。

相较于干燥的草原，丰润的草原拥有更多的动物，尽管如此，干燥地带也有一些独特的有蹄目动物。长相奇特的高鼻羚羊成群结队地漫游在中亚草原上，体型和黇鹿相差无几，它们的尾巴较短，微黄的毛在冬季会变得更淡，雄性头上长着琴一般的角。最引人注目的是其又长又大的鼻子，鼻孔也很大，而且间距很宽。它们的习性和其他羚羊、瞪羚没有什么不同，看起来像绵羊，主要是因为它们的毛很像羊毛。草原上无遮无挡，经常爆发饥荒和旱灾，因此它们像其他草原兽类一样，练就了快速行动的本领。不过，它们的耐力不够好，总是被吉尔吉斯骑手抓住。

双峰驼的毛更粗，足更坚实，四肢很短，是草原动物的代表。对于游牧民族而言，它们是很有用的牲畜。不过，与此有关的争论接踵而来：现实中的野驼群到底是不是野生的？还是像西班牙驼群一样，从牲畜野化而来？有人提出，飓风及沙尘暴摧毁了很多人类聚居点，而在那些地方出现的野驼群应该是家驼的后裔。不管怎么说，它们早已适应了草原生活，不同于阿拉伯骆驼，它们学会了走山路，也不再惧怕寒冷气候。

图13　绵羊

绵羊在世界各地均有饲养，身体丰满，体毛绵密。绵羊性情温顺，行动
缓慢，喜欢干燥清洁的环境，能够抵御寒冷，但是怕潮湿和炎热的气候。绵
羊嗅觉灵敏，喜欢干净的水，不愿饮用有异味的水或者污水。

它们在缺少食物的情况下会吃一些带有盐分的草；它们也不会拒绝浑浊
的黑水。两个驼峰里都是脂肪，在找不到食物的时候，可以帮助它们渡
过难关。

野马和野驴是亚洲草原动物中最有意思，也最令人侧目的有蹄目动
物。它们的种类大概分为三种：第一种是野马，第二种是和家马很像的
普氏野马，第三种是西藏高原野驴。这三种动物的习性大同小异。夏天
的时候，人们可以看到马群，由一匹公马和一些母马及小马组成，总数
为十几匹，带队的是强壮的公马。其他成年及快成年的公马被禁止加入，
只能自顾自地活动，直到变得足够强大。孤单的公马常常会来到山丘上

静待母马群经过，并会持续好几个小时。在看到有母马群出现时，它们会飞奔过去，挑战领队，而领队也会果断地接受挑战。公马的较量会很激烈，并会持续很长时间，而队伍的其他成员只会静静观望，看谁赢了，就跟谁走。新任领队会像之前的公马那样控制母马群。野马必然是健壮且灵敏的，也必然会跑得很快，要知道草原并不会为它们提供任何避难所，而饿狼可能正躲在灌木丛里对它们虎视眈眈。好在一匹强壮的公马有能力带着母马群逃出生天，不管对手是一只狼还是一群狼。只有弱小和落单的马会落入狼口，不过通常情况下，它们是不会被狼猎捕到的，因为它们足够敏锐，早已察觉出狼的潜伏。

野马最大的敌人是人类，很难对付，而且游牧民族早已将猎马视为游戏，并乐此不疲。野马拥有令人着迷的身姿，性情傲然、力量十足；它们时而严肃，时而活泼，有些还会略显羞涩，看上去魅力十足。在遭到追赶的时候，它们会先好奇地张望一番，然后飞驰而去。马群在撤离时十分有序，先是停下来环顾四周，然后扭过头听命于领队，齐齐奔逃。它们通常不会竭力奔跑，还时常为了照顾小马而驻足片刻，只有骑手能够有机会围捕到野马。

"在草原上，繁盛的日子总是来去匆匆，萧条的时光却总是迟迟不去。"春雨落下，积雪渐融，春季是草原一年中最繁盛的一季。不久之后，炎热干燥的夏季如期而至，一切都变得萎靡不振。在秋季到来后的一小段时光中，事态转好，野马可以找到充足的食物，例如植物的籽、水果、枯草，等等。霜降时节，湖水与河水开始结冰，野马遇到了饮水问题，开始成群结队地迁徙，然而，它们要去的不是温暖的南方，而是更加寒冷的北方，因为那里厚厚的积雪是一种水源。觅食的时候，它们会用马蹄把冰踢破。冬季带来了荒凉与艰苦，马群里的每一匹马都不得不忍饥挨饿，并渐渐消瘦。它们虽然不怎么怕冷，但在融雪成冰的日子里，只能破冰觅食，因此而死亡的情况屡有发生。当然，对于狼来说，这可是不可多得的好机会。好在它们是勇敢的、坚强的，幸存者也能很快恢复元气。在阳光明媚的春日里，它们会欢快地回归夏日草场，一如往日散作众多小群。

THE
OUTLINE
OF
NATURAL
HISTORY

第九章

遨游在水中的哺乳动物

　　毫无疑问，脊椎动物里的两栖类是最早适应陆地生活的物种，而这发生在遥远的泥盆纪和石炭纪。陆地上的爬行纲动物是从远古两栖纲演化而来，后来又演化出鸟纲和哺乳纲。显然，陆地上缺少庇护所，生活不易。于是，为了降低生存压力，很多动物开始寻找新出路，一部分来到树上生活，一部分成为穴居动物，一部分掌握了飞行技术，一部分回到了海洋的怀抱。海豚曾经在陆地上生活过一段时间，然后又重新回到了水里，像祖先那样生活。

　　桑德森教授是一位知名生理学家，他曾经指出，在看到一只漂亮的动物的时候，假如你觉得很开心，那么你一定也很认同它的习性及环境适应性。这句话充满了智慧，并适用于海豚和鼠海豚。它们拥有近乎完美的身姿和泳姿，相较于其他鲸目动物（诸如鲸类等哺乳动物），它们是自然界中规模庞大的生活家。

　　海豚的身体型态犹如快艇，很适合用来快速分流。无论其身体的哪个部位都具有减少摩擦的作用，皮肤光滑且突出；没有耳壳之类的身体构造；尾巴又扁又平，如推动器一般，可以将水拨向一侧，然后再拨向

图 14　海豚

海豚是水生哺乳动物，生活在各大洋中，在内海及江河入海口的淡水中也
有其踪迹，通常群居，以鱼类、乌贼等为食。

另一侧，不过它们的尾巴无法旋转绕圈；前肢已经演化为鳍，是用来保
持身体平衡的。在它们身上看不到任何毛，于是保持体温的重任被交给
了厚实且不导热的类似于鲸脂的组织。鲸脂可以帮助鲸浮出水面，那么，
鲸脂到底是什么东西呢？那是脂肪层中非常厚实的一部分。在哺乳动物
中，只有普通野兔没有脂肪层。我们可以看到，一些齿鲸的鼻孔已经从
两个变成了一个，处在头部顶端正中的位置。当它们浮出水面时，便是
用在头顶的鼻孔呼吸。另外，它们的鼻孔里长有可以开合的瓣，可以避
免水流进鼻子。

海豚的脖子很短，因此能在五六英尺深的水中潜游；血管呈网状，在
一些人看来，这有利于储存已被氧化的血液，从而帮助它们在水中停留较
长时间。它们有很多足以让幼崽吃饱喝足的绝技，要知道在海里哺乳绝非

易事。它们的喉头（位于气管上）可以向前移动，并连接着鼻孔下方的孔，从而在鼻孔和肺部之间开辟出了一条通道，以避免吞食时气管进水。

鼠海豚

在英国，鼠海豚是最常见的鲸目动物，很多人都看到过它们在水中嬉戏。当它们跃起时，姿势十分优雅；几只列队或并排前行时，背鳍露出水面，近乎等距，宛如一条长长的海蛇。在觅食的时候，它们每过半分钟左右便会冒出水面：先是吻和头，然后是背鳍与背的中部，最后是尾鳍。每隔 30 秒，就能看到它们伸出吻来。驱动力来自来回摆动的尾部，鳍只是用来保持平衡的，偶尔也能用来制动。通常情况下，鳍位于其身体两侧，并贴近身体。至于它们的行动能力，除了上述动作外，还有很多值得赞美的地方。它们总是聚在一起玩耍，欢快地跃出水面，腾空翻转，那可比普通的翻转要刺激得多。

从地中海到大西洋，鼠海豚并不鲜见，大体来看，它们喜欢住在海边。在峡湾和海沟里也总能看到它们的身影，例如克莱德河。人们不仅可以经常看到它们，还能经常听到它们的声音。那声音，好似悲泣，又好似叹息，在傍晚时分触动你的神经——那是鼠海豚在呼气。它们和大型鲸一样，呼气的时候不会产生水柱。

大部分鼠海豚的主食是鱼，尤其是鲱鱼和青花鱼。青花鱼聚集之处定然少不了成群结队的鼠海豚，有时候甚至能看到五十几只。有时候，它们会来到海边寻找食物，比如没长大的鳕鱼等。鼠海豚有时也会吃鲑鱼，偶尔还会跟着鲑鱼游进内河。它们常常出现在伦敦桥附近，甚至曾有一只鼠海豚游到了巴黎，然后被捕捞。鼠海豚的牙齿是捕鱼利器，不过不像海豚一样牙齿带锥，尖利无比；齿冠呈铲形，两排牙齿均为 26 颗。

图 15　鼠海豚

鼠海豚是一种齿鲸，背部为黑色，腹部为白色，以鱼、甲壳动物及乌贼为食。

　　一般来说，鼠海豚一胎只能生产一只幼崽，一是因为在水里哺育幼崽绝非易事，二是因为较低的繁殖率，就像人类家庭的独生子女，不过并不会影响其生存。和高等哺乳动物一样，它们的妊娠期非常漫长，在10个月左右，哺育幼崽的时间也很长，而且能很好地照料幼崽。《英国哺乳动物》的作者米莱写道："曾有两只鼠海豚游到一艘船边，其中一只被抓到船上。人们没有杀掉它，而是把它放在甲板上。另一只没有离去，在船边徘徊了数分钟之久，直到人们把抓到的那只放回海中。它们一起游走了。我们无法确定守候者与被捕者是不是母亲与幼崽的关系，只是看起来很像，但无从断定。如果不是，那么这便代表它们对同类富有强烈的同情心。"

　　鼠海豚母亲和其他鲸目动物一样，会在海里生产。海豹却不是这样的，它们会把幼崽生在陆地上。在鼠海豚幼崽自由泅水时，海豹幼崽还在陆地上等待入水学习，如果太早入水，它们会溺亡。由此可见，鼠海豚及其同宗动物成为水栖动物的时间比海豹要早得多。关于这一点，我们还找到了其他佐证，例如，鲸目动物后肢上已经见不到任何体外痕迹，但海豹后肢尽管不能支撑其在陆地上行走，不过依旧十分发达。二者的祖先都是生活在陆地上的哺乳动物，我们已知海豹祖先是食肉动物，但还不知道鼠海豚祖先的相关情况。当然，它们都向我们透露了这样一个趋势：探寻、征服与移居。

对于鼠海豚种群内部的生活，我们知之甚少，而就已知的部分而言，恐怕也无法给动物学家们提供太多参考。鼠海豚是群居动物，聪明伶俐，活泼可爱，相互关心，而这便是其繁衍至今的原因。有人说它们会发出声音，不过我们从未亲耳听到过。

普通的鲸

鲸的构造和习性很有意思，特别是它们发展完全的水生适应性。如果从演化角度来对它们进行研究，那将更加有趣：如我们所知，鲸是哺乳动物，曾经长期生活在陆地上，后来回到海洋生活。这让我们想到大蠵龟，它们是海栖动物，但其祖先却曾生活在陆地上。接下来，我们将从演化角度来思考一系列问题。

在鲸的身体内部，可以看到曾经存在的髋骨与后肢的细微痕迹。这些构造已经退化成一小块，没有任何用处。人们普遍认为那是雏形器官，不过需要强调的是，所谓雏形器官并非某个构造的最初状态，不会进化，也没有用处，只是退化作用的收尾工作，此后便会消失。例如，一头长达30英尺的鲸，其大腿骨的长度和人类的手差不多，是不是很奇特？已灭绝的爬行动物载域龙的大骨长约6英尺，相较而言，鲸的情况是不是令人吃惊？

那么，对于这个在水中毫无用处的构造，鲸是如何对待的呢？只能说，鲸是一种古老的生物，它们的后肢已经退化，但这个构造对于其陆生祖先而言极为重要。它们的尾巴不能旋转，却是强大的推动器，起到了类似于桨的作用。海豹不是鲸目动物，而是食肉目动物，其后足虽无法直立却算不上退化，因为同样具有强大推动作用。海豹的后肢长在尾巴两侧，和鲸尾不同的是，上面没有叶片。无论是海豹还是鲸，在海中漫游的时候，它们的尾巴都是先拍打一边，再拍打另一边，快速地轮换着。对于鲸而言，尾鳍上的叶片如同船桨，能够提供动力；在海豹身上，两个后肢的动作像是在摇橹。

鲸的体表很光滑，没有毛，所以它们在海里活动时阻力很小。显而易见，它们不同于别的哺乳动物，一般来讲，哺乳动物身上都有毛。鲸来自陆地，是不争的事实，同时也解释了为什么它们腹中的胎儿是有毛的，而且还不少。这便是演化过程遗留的标记！同样，这也是为什么很多鲸的嘴边会长着一些鲸须。事实证明，一部分鲸目动物的关键部位依然会长毛，尽管不太多，却是其触觉器官之一，就像猫的胡子一样。

鲸须长在鲸的嘴边，含有丰富的神经末梢（有的含有 400 多根神经纤维），因此，虽然是一种遗存，但是仍然有用。总而言之，只有站在演化角度，才能找到鲸须存在的价值。成年骨鲸与成年长须鲸没有牙齿，但嘴巴很大，还有始于上颚，向下伸入嘴里（有的长达 7 英尺）的角质板。无数海蝶和小鱼被卷进角质板的边缘。它们时时刻刻都在张嘴卷舌，将数不清的小生物吸进食管。它们有两组牙齿，但几乎用不到，因为都被裹在牙龈里，从未出生时便是如此。为什么会出现这样的情况呢？据我们所知，那也是它们祖先所留下的痕迹：在陆地上生活时需要用牙齿咀嚼食物。

在一个夏夜，我们来到某个静谧的海湾，风平浪静，鸟儿静息，我们的船也随之安静了下来。忽然之间，我看到身旁不远处出现了鲸的踪迹。它先喷气——犹如一团蒸汽弥漫开来，然后一股依稀可辨的飞沫冒了出来，升上天空，像一根水柱。如何用演化学来解释它们的喷气行为呢？鲸不是鱼类，而是哺乳动物，它们离不开干燥的空气，无法如鱼儿般在水里呼吸。对于有牙齿的鲸来说，由于需要到深海觅食，又需要到海面呼吸，因此减少呼吸次数是很有必要的。所谓喷气，实际上是用力呼出用过的空气，通常会在较短时间内重复进行几次；然后用力吸气，把大量空气储存在肺里（或许其血液也具有一定的储氧功能）。如此这般，鲸在水中可以坚持 10 到 20 分钟。喷气时，呼出的气体在遇到冷空气后瞬间凝结，从而形成水汽，同时还掺杂着一些被溅起的海水。鲸喷出的水柱能达到 15 英尺高。上述实例无不是站在演化角度来分析的，这便是新博物学方法。在现在鲜活之手的上面还有一只历史之手。

海　豹

海豚、鼠海豚、鲸等鲸目动物皆是海洋学校里的优等生，而海豹则生活在海边和海岛上，还无法完全撇开陆地。

海豹的祖先原本是陆地上的食肉动物，后来迁移到近海地区生活。它们在陆地上小憩、睡觉和生产，这显然是陆栖动物的本性。当然，与成为海栖动物这件事相比，这已经是很早之前的事了，毕竟它们已在诸多方面适应了水中的生活。例如，它们的身体近乎锥形，这有利于在海洋里快速行动；它们没有耳壳，毛紧贴着皮肤，后足长在短尾两侧等，无不是为了减少阻力。当它们来到海里时，鼻孔能够闭合；嘴边的须有助于它们在暗处潜行；眼睛也能适应黑暗环境；皮下脂肪能让它们浮在海面上，并具有保温作用，在遇到风暴且无法捕食的时候，还能在几天内维持生命。海豹的齿尖是向内的，适合用来咬住光溜溜的鱼；前肢和后肢皆带有蹼和爪。显而易见，它们从头到尾都已适应了海洋生活。在英国的沿海地区，普通海豹和灰海豹都很常见，而其他四种则会偶尔路过一下。普通海豹的游泳速度约为每小时 10 英里，是海豚的 1/2 左右，不过它们旋转的速度却快得惊人，就像是在耍杂技。只要它们"出手"，包括鲽鱼、鳝鱼、鲑鱼在内的各种猎物都只能束手就擒。狗在游泳的时候是前肢与后肢并用的，可海豹却大不相同：前肢紧贴在胸部，只在调整方向时伸展，如鱼一般用后肢和位于尾巴后半段两侧的后足拨水，左一下右一下，游得飞快。体形相对较大的灰海豹没办法游得太快，因此它们的食物都是比它们更慢的鱼类，例如鳒鱼等。在沙滩上，海豹的动作会显得颇为怪异。它们一瘸一拐地向前走，速度为每小时 3 英里左右，肩部高耸、脑袋低垂，前肢撑地，挪动着身体（偶尔会用后肢助力，比如跳跃的时候），先向前屈，然后拉伸，亦步亦趋。那一屈一伸的动作看起来很引人注目。据说，一只年纪不大的灰海豹曾经就这样走出了半英里，然后在一个茅草屋里被发现，人们把它送回了海里，没想到第二天它又出现在了茅草屋里。普通海豹一般都可以在陆地上行走，只是路程不会太长，而被驯养的海豹甚至会放弃回归海洋的机会。它们"有能力回家"却会"对某个地方产生依赖性"，这一点和猫科动物完全不同，可惜很多资料都只是将这种行为视为奇闻逸事。在岸上，普通海豹会选择偏爱的岩石栖息；在海里，灰海豹会选择自己喜欢的地方休息，甚至会在那里连续待上好几个小时乃至好几天，其间完全没有要换地方的打算。

　　普通海豹遍及各处，尤其是苏格兰。在苏格兰，人们有时候能看到百余只海豹同时出现。近来，威尔士也出现了大量海豹。夜里，它们会结伴来到西部沿海地区的湖里抓鱼，还用那大大的、湿漉漉的眼睛盯着周围的人们。它们拥有灵敏的听觉，一听到奇怪的动静就会一起靠过去。风琴和笛子的声音总能吸引它们，或许是因为好奇，但肯定不是因为喜欢听音乐。不过，听习惯了之后，它们就会失去兴趣，原因可能是它们更关注声音里

图 16　海豹

　　海豹的头接近圆形，没有外耳郭，身体粗圆，呈纺锤形。海豹有一层厚厚的皮下脂肪，可以保暖，也能提供食物储备。

的变化。不得不承认，它们的大脑颇为精密，对人类及地域的依赖性体现了它们的情感倾向。这种倾向还体现在海豹的玩闹、"跟随领导"的游戏、对母亲的依赖以及相互亲吻等行为中。

　　普通海豹家庭既可能是一夫多妻，也可能是一妻多夫，因此对于其"婚姻"情况，在此不宜多言。海豹的交配期在9月。在四五月到来之前，雄性与雌性一般不会生活在一起。幼崽在次年6月降生，母亲的妊娠期有9个月，哺乳期有8周左右。8月，雄性海豹们会展开激烈的竞争。

　　海豚等多数鲸目动物都会把幼崽产在水中，而刚投身于海洋不久的海豹也会在海面上生产。还是胎儿的时候，海豹就会褪毛，那时候它们的毛是白色的。在开始独立生活后，它们会长出新毛，颜色变深。海豹一生下来就可以入水，但必须由母亲带领，并常常回到陆地上休息很长一段时间，当然，这两个条件都可以达到。

对于普通海豹来说，敌人只有其表亲灰海豹以及人类。不同于海豚和鼠海豚，它们得常常回到陆地休养生息。它们跟随海浪的步伐，来到岸边，努力爬上岸；再以同样的方式，与波浪一起回到海里。海豹群体中也是有"哨兵"的，不过它们总爱睡觉。人类便是趁着海豹熟睡或繁殖期时放松警惕捕获它们的。人们一面关注海豹，为其倾倒，一面伺机捕杀海豹，毫不留情，为什么会如此分裂？在人类的笔下，它们是女人鱼，是男人鱼，是灵魂迷失的堕落天使，出现在各种各样的故事中，被赋予了迷信的色彩；在现实中，人类却在它们休憩、玩耍的时候下狠手，在海豹母亲上岸照顾孩子的时候将它们猎杀。听啊，海豹在哀号！

海 牛

海牛主要分布在非洲以及美洲的大西洋海岸，是一种古老且奇特的哺乳动物。海牛有着又黑又厚的皮肤，前肢像鳍，没有后肢，看起来很怪异；上嘴唇一分为二，且两部分都长有刚毛，在相互碰触的时候像是一把尖锐的钳子，而这种构造可以帮助它们咬紧海草。在吞食海草的时候，它们会把泥沙也吞进肚子里。海牛偶尔会出现在河流中，吃一些淡水植物（比如睡莲之类）。海牛有很多臼齿，能帮助它们咀嚼坚韧或带有泥沙的食物，磨损后会"以旧换新"。

儒艮是海牛目动物，生活在印度洋和澳大利亚海域，可以将其视为另一种海牛。它们或许是一些故事中美人鱼的原型，原因在于它们会用一只鳍将幼崽揽在怀里。当然，这并不代表欧洲美人鱼故事写的都是儒艮。它们主要以海草为生，所以没有太多臼齿，而且它们的臼齿很容易脱落，主要作用不是咀嚼，而是角质板的替代品。大海牛也是海牛目动物，生活在白令海峡。人类最后一次见到大海牛是在1854年，而它们的消失应归咎于水手们的猎杀。相较于现在能看到的其他海牛，大海牛的体形要大一些，体长二三十英尺，主食为海草。它们没有牙齿，只在上颚有两处遗存的小牙，不过它们的角质颚十分坚硬，可以把海草磨碎。上述三种海牛具有亲缘关系，却以不同方式进食，这很耐人寻味。

THE
OUTLINE
OF
NATURAL
HISTORY

第十章

哺乳动物的迁徙

很多动物都会成群结队地游走到别的区域，这便是我们所说的迁徙。就字面意思而言，这种行为是指地区或地域上的转移，不过现在也被用来描述一些特殊的集体行动，而这种定义能突出动物行为的意义。严格来说，迁徙是指动物根据气候的变化从夏季栖息地，也就是繁殖地转移到冬季栖息地。真正意义上的迁徙与多种因素有关，例如气候、食物资源以及繁殖等，其中繁殖是关键因素。关于这一点，最好的例子莫过于鸟纲动物，当然，其他很多动物也会在每年的特定时期表现出迁徙行为。

海　狗

海狗是生活在北太平洋的动物，一年中有 2/3 的时间都待在海洋里，雌性海狗带着幼崽独立活动，并不与雄性海狗在一起。它们主要吃海洋里的小动物，最爱乌贼和枪乌贼，并会跟在它们后面游走。海狗经常跃出海面，打闹嬉戏，就像海豚一样，不过并不会靠近岸边。春季，它们会结伴而行，回到繁殖地，"成群的海狗在北太平洋海面上奋力拼搏，它们需要跨越两千多英里的距离，连续几天与海上的疾风骤雨斗争，准确无误地找到阿留申群岛并跨越海峡，然后再游上 100 英里，穿过大雾，直抵达普里比洛夫群岛。"

雄性海狗在 5 月初抵达群岛海岸，个个身强力壮、神采奕奕。它们爬上海滩，各自寻找一个长宽数丈的小地方作为落脚点。安顿好后，对于贸然登门者，主人会奋起反抗。越是强壮的雄性海狗，其落脚点越靠近海洋。你争我夺这种事，当时在当地并不鲜见。它们几乎时时刻刻都守着自己的地盘，甚至好几个星期不吃不喝，也不怎么睡觉。

雌性海狗性情温和，大小为雄性的 1/5 左右，会迟到个把月。它们会受到雄性海狗无礼的迎接，毕竟所有雄性海狗都憧憬着过上"后宫三千"的日子。雄性海狗会一边讨好雌性海狗，一边和对手打斗。如此一来，雌性海狗的生活也被搅乱了。一只刚刚"入门"的雌性海狗会突然被身边的雄性海狗揪住脖子或背，并被带到另一处"私宅"，而它之前的伴侣却正在讨好别的雌性，以求将其带回落脚点。它们会在海岛上生活至少 4 个月，在一开始的数周内，雌性海狗会定时捕鱼。食物渐少后，它们会离开海边，到更远的地方觅食。海狗幼崽会结伴来到大海里玩耍，或是练习游泳和捕食。对于海狗母亲来说，它们可以在好几百只海狗幼崽中一眼认出自己的孩子，并拒绝养育其他海狗的幼崽。

随着秋季的到来，"殖民队伍"即将解散。健壮的雄性海狗会率先离去。在此之前的三四周内，它们才刚刚安静下来好好进食及休憩。所以，离开时的它们是瘦削的、疲惫的，失去了争斗的欲望。不过，要不了多久，它们就能在海洋里找到合适的住处，那里安静祥和、食物丰富。

据我们所知，如果天气不是特别寒冷，海狗在冬季也不会远离海岛，会在近海活动，毕竟对于动物而言，真正的故乡一定是生产的地方，也是家族的原始栖息地。如果气候实在恶劣，雌性海狗会带着幼崽奔赴南方，比如加利福尼亚沿海地区，而雄性海狗则会坚守在阿拉斯加海岸。

再来看看另一种远距离的群体行动。这种行动并非真正意义上的迁徙，因为无关繁殖。我们将这种行为称作"定期游走"，主要取决于气候、食物资源，或兼而有之，毕竟食物资源和节气也息息相关。无论是鲱鱼还是青花鱼，都会成群结队地从一个地方游到另一个地方，它们是在追随那些移动的食物；同样的道理，它们也会被更大的鱼类或其他动物追随，因为大家都需要食物。

吉卜林认为，在印度，当庙宇四周的无花果成熟以后，猴子便会一群群地从荒凉的树林里跑出来以此为食。不过，那些无花果树都是为它们而种的，印度人将猴类视作神灵，然而猴子们却不怎么懂事，除了吃掉无花果外，还会沿路糟蹋田地里的各种农作物。据说，在南美洲，"当果园的橘子由深变浅，透露出红色的时候，那些脑袋尖尖的猴子就会来到果园大快朵颐"。

在亚洲，无论是草原还是高原，都是野驴的自由天堂。有山的地方都有它们喜爱的草场，它们对各种绿色植物都很感兴趣。野驴通常会以小群体的方式生活，每一个群体都是由一只公驴、几只母驴和若干小驴组成，就像家驴一样。野驴不挑食，就连那些带有蛾子的干草在它们看来都是美食。冬天，由于找不到足够的干草，它们会结伴北行。它们显然不是为了躲避严寒，而是为了到雪地里用蹄子寻找食物。野驴拨开积雪，吃掉被雪覆盖的草。随着积雪的融化，最寒冷的时光就会到来，在积雪变成坚冰后，它们便无法觅食了，所以很多野驴会在这个时候因饥饿而死。

对于南半球的国家，例如南非等而言，旱季时间很长，气候也异常干燥，十分不利于植食动物的生存。每当这个时候，羚羊、瞪羚等植食动物便会集体逃亡到别处。

旅　鼠

旅鼠常年生活于亚洲、欧洲和美洲的北部地区。它们的种类不胜枚举，但只有北美洲的带纹旅鼠会在冬天变成白色，其他的则不会。旅鼠看上去和普通田鼹很类似，不过体形更大、更壮硕，更矮，尾巴更短，背毛更长。大部分旅鼠都是褐色的，不过个体之间也有很大的差别。它们栖身的洞穴有很多出入口，来去自由。生产是在巢穴中进行的，每次最多可以产下 8 只幼崽，而且在夏天会生产不止一次。

旅鼠很活跃，常常出门觅食，就算是在冬天，也不会如其他啮齿目动物似的待在巢穴里休息或睡觉，因此我们可以轻松地对它们进行观察。它们吃得很多，在食物资源丰富的时节，它们的繁殖速度会较平时更快，不过饿肚子的时候也很快就会来临。在缺少食物的情况下，它们会表现得颇为焦躁，纷纷跑出大山或苔原，聚集到一起，数量甚至可以达到好几百万只。觅食之旅终将开启，旅鼠漫无目的地一路向北而去。这是一种有组织有纪律的队伍，旅鼠们一边行走一边觅食，每到一处就会把地上的草吃个精光。在遇到河流时，它们会在沿岸寻找一处容易渡河的地方。然而，时间一长，它们会变得暴躁起来。要是有河流溪水阻挡了前路，那些会游泳的旅鼠就会直接跳进水里，游到彼岸，并将在此后的日子里做出更疯狂的举动。

在集体转移的过程中，死亡者众多。所以，我们在队伍四周总能看到许多生物学上的"送葬者"，例如枭、鹰、狐、伶鼬等动物。随着疾病的蔓延，旅鼠数量骤减，而部分强壮的幸存者后来却有可能死于意外。1923 年秋，一群旅鼠在挪威境内横穿公路时遭到车辆的碾压，死伤无数。另外，在横渡峡湾的时候，也会有很多旅鼠丧生。

当然，并非所有的旅鼠都如此不幸。有的克服了艰难险阻，开辟新天地；有的休整过后重启征途。所以，它们才得以在若干年后重新出现在北方的一个个平原上。这或许就是历史的轮回。作为个体，无数旅鼠正走上不归路，而作为种群，它们受到了大自然的庇护，繁衍至今。

THE
OUTLINE
OF
NATURAL
HISTORY

第十一章

特立独行的哺乳动物

　　时至今日，体形巨大的河马大概只存在于非洲内陆森林带的河流中。这种动物是《圣经·旧约》中的巨型怪兽，出现在《旧约·约伯记》里：

　　　　瞧啊，现在，
　　　　它的力量在腰上，也在腹部的肌肉中。
　　　　尾巴弯折，好似杉树一棵；
　　　　两股的肌肉如是紧密；
　　　　骨如铜管，四肢如钢条一般。

　　成年河马的体重在4吨左右，体长为14英尺，的确是巨大无比。它们的身体又大又圆，腿又粗又短，嘴大且多牙，脖子不是一般的粗大。有时候，它们会把脖子放到地上，看上去像是无力支撑。它们不长毛，皮肤的光滑程度甚至超过了犀牛。

水生植物和草类是河马的食物，它们的胃容量达到了五六蒲式耳①。作为一名博物学家，德国人布雷姆曾对河马吃东西时的样子做过描述："它们把粗壮的脖子伸到水里，开始拽动水底的植物，几分钟过去了，河水变得浑浊不堪，因为河底的淤泥被它们搅了起来。那巨大的动物嘴里衔着一大摞植物冒出水面，然后把植物放到地上悠然地享用。只见它们的嘴边挂着植物的梗和卷须；唇角不断渗出口水，还有植物的绿色汁液；嘴里嚼着一团团嫩草，然后吐出或吞下；眼睛直直地盯着食物；巨大的牙齿看起来令人心悸。"

河马力大无比，只用鼻子就能掀翻一只小船，还能拖着一头牛轻松地漫步于水中。种植区深受其害，它们大肆践踏着稻田，被损毁的谷类远超其自身所需。不过，总的来说，河马很怕人，因为人类手上有枪，它们根本对付不了。因此，在人类居住区，它们从不会在白天活动，只有夜里才出来。它们的鼻孔朝天，能方便地伸出水面。河马总待在水草丛中，令人难以觉察。它们在白天静如处子，只能听到其呼吸的声音，入夜之后，它们变得乖张跋扈，大喊大叫。

在远离人群的地方，河马便不再表现出明显的夜行性，白天的时候会爬到岸上晒太阳。偶尔能看到一只河马幼崽跟着母亲在太阳底下睡大觉。不过，更多的时候，河马母亲会把幼崽驮在背上，带到水里游泳。母亲能够独立潜游十分钟左右，不过和幼崽在一起的话就必须缩短时间，因为幼崽需要在短时间内换气。在危急关头，河马母亲会不顾一切地保护幼崽。

珀西瓦尔曾在非洲某河流中看到一座"泥堤"，走近一看原来是上百只聚集到一块儿的河马的背部。河马们镇定自若，甚至有两三只胆大地朝他游了过来，想看看他到底在干什么。他还提到过另一个故事，关于一群

---

① 英国常用计量单位，1 蒲式耳相当于 8 加仑。——译者注

河马在某个地方所展现出的"最好玩、最可笑的动物生活"：它们聚到一个地方休息，三三两两、老老少少、三五成群地趴着，似乎是把彼此当成了被褥；阳光照耀之下，它们一动不动，仿若没了生命——尤其是年迈者。一只幼崽闲不住，在成年河马中间打转，被责备后乖乖躺了下来。不承想，一只成年河马趴到了它身上，看样子是想依照"传统"枕着它的身体睡觉。被压的幼崽很可怜，高声呼喊起来，直到逃离那座沉重的大山，而那座大山对此毫无反应。释去重负后的幼崽跌跌撞撞地走开了，找了个舒服的地方躺下睡觉。突然，河里出现了两位斗士，然而岸边的河马却毫不在意。斗士们激烈地打斗着，又咬又叫，河岸上的同胞却依旧睡得很香。忽然之间，争斗结束，俨然一出转瞬即逝的插曲。

犀 牛

犀牛给人们的印象比较差，这和它们的暴脾气及恶习有关。犀牛是一种好奇心重、视力欠佳的动物。它们是夜行性动物，昼伏夜出。在遭到路人惊扰时，它们会奋起直追。生活在森林里的犀牛长着又长又尖的角，性情比生活在平原上的犀牛要暴躁许多，后者只是想独享时光、不被打搅而已，如果被打搅，便会凶狠地发动攻击。短角犀牛原本栖息在平原上，后来出于某种原因不得不辗转至缺少树木的草原，再后来又因为人类的到来而被迫迁入森林。在平原上，它们以低矮带刺的灌木以及各种草为食物；到了森林里，它们主要吃树叶和较小的树枝。

犀牛通常每胎只生产一只幼崽，幼崽在独立之前会跟着母亲生活。人们时常可以看到犀牛母亲与两只幼崽结伴而行，大一点的幼崽是哥哥，小一点的幼崽是弟弟。犀牛母亲通常会在生产之前赶走已成年的孩子，不让它们和自己待在一起。白天的时候，它们一般各自安睡在大树下、荆棘丛

图 17　犀牛

犀牛是第二大陆生动物，以草类为主，也会吃树叶、嫩枝、野果等食物，生活在水源附近。犀牛的皮肤很坚硬，但是褶缝里的娇嫩皮肤上常有寄生虫，为了赶走寄生虫常常在泥水中打滚。

的背阴处以及树丛里。

在岩石比较多的地方，犀牛会择其高处而栖之。虽然身形巨大，腿脚粗短，却像山羊一样善于攀登。休息的时候，它们常将身体伸展开来，看上去像一头身材巨大的猪，一连几个小时都不会动弹一下，甚至任由鸟类到身体上找壁虫吃。在森林里，它们一般住在距离水源较远的高地上。

下午 4 点，气温渐低，犀牛开始活动。它们依照自身喜好前往一处有水的地方，一边走一边觅食，慢悠悠地走过灌木丛，并会赶在日落前抵达目的地。假如发现天色已晚，它们会放弃觅食，加快脚步——尽管腿很短，以求按时赶到水源地。在穿越稀疏的树丛时，它们会在那里留下一个"隧道"，隧道高和犀牛身高相差无几。对于探险者而言，这种隧道并不安全，就如同不能在有犀牛脚印的地方安营扎寨一样，它们的生活循规蹈矩，一条隧道会走上千百遍。

河边是犀牛的集结地之一，它们会在吃饱喝足后玩耍一番，看上去就像一群过度发育的猪。在幽暗的林间，总是回荡着它们的叫声。要是玩累了，就到河里打个滚，或者找一棵喜欢的树蹭一蹭，擦拭那皱巴巴的皮肤。它们每天都会到河边走一走。在一年中的大多数时候，犀牛不出远门，但在气候最干燥的数月里，它们会应季地远足一次。常用的水源干涸之后，它们不得不四处寻找新的水源。这种动物能够敏锐地觉察出水源的位置，然后像犬类那样用前足挖开地面，把泥土堆在两只后足之间，最后挖出一个水坑来。其他动物也会来到水坑取水，有的还会继续挖两下，不过这水坑几乎不可能被挖成一口井。

霍加狓

霍加狓栖息于非洲中部地区的热带雨林里，是一种珍稀动物，同时又不太为人们所熟知。在传闻中，它们胆小、奇特，常在林间游走，有人说它们和羚羊很像，也有人说它们长着斑马式的斑纹。1900 年，约翰斯顿爵士解开了这一科学谜题，并给它们取名为霍加狓。然而，人们始终未能将一只活的霍加狓成功带离森林，尽管曾有一只在安特卫普动物园里短暂存活过。除了少数胆大的探险者之外，恐怕只有伊图里森林里的土著知道霍加狓的存在。那些土著拥有强大的洞察力，虽然身材矮小却行动矫健，善于追踪野兽，并懂得如何设置陷阱来捕捉机警的霍加狓。

霍加狓是长颈鹿的近亲，不过它们背部的棕色没有长颈鹿的那么明显。它们的肩部和臀部的高度相差不太多，脖子不算长，头部和长颈鹿相似，耳朵较大，像薄薄的贝壳一般。霍加狓和很多其他森林动物区别很大，它们拥有独树一帜的身体颜色——深酱色，或者说红中带紫，后半身长着白条纹，脸上和腿上为白色。成年霍加狓长有角，无论是形状还是发育程度都很接近长颈鹿的角。在成年后的几年里，它们的角会长到两三英寸长，紧紧地贴在额骨上，不过角外层没有皮，这一点和长颈鹿很不一样。它们的角带尖且暴露在外，我们甚至能在角的下部看到骨头，角上没有角质，

图 18　长颈鹿

　　长颈鹿是反刍偶蹄动物，现存世界上最高的陆生动物，站立时可达 6~8 米，主要分布在非洲热带、亚热带稀树草原以及树木稀少的半沙漠地带。长颈鹿是草食动物，主要以树叶及小树枝为食。长颈鹿是坦桑尼亚国兽。

因而缺少保护，可以说它们的角就是骨头。雌性霍加狓没有角，体形比雄性更大，这在有蹄目动物中绝无仅有。体形较大的雌性，从肩部到蹄能达到 5 英尺左右，身长从鼻尖到尾巴末端能达到 7 英尺有余。

霍加狓的足迹类似于驴的脚印，与林猪和水牛的不同，其足趾长得很紧密，我们在较软的地面上甚至看不出趾间的距离。在受到惊吓时，它们所发出的声音和长颈鹿类似，像是在闷哼，实则是在呼喊，而且它们只会在转身逃离时发出声音。霍加狓的进食时间应该是在早上或傍晚，它们会来到大树底下找小树的树叶吃。草不是它们的食物，据说它们偏好在无草处栖息。这种动物的舌头很长，而且舌部肌肉发达，能够成功地撸掉树叶吃进嘴里。说它们和长颈鹿是近亲是有依据的，例如进食的动作，都是尽可能低地伸长脖子，在树枝间卷动舌头。

大羚羊

以棕色为主且带有白色条纹的皮毛不仅看上去很奇特，而且对动物本身也极为有利。在森林里，这样的外表能帮助动物很好地隐藏自己，不被敌人察觉。在非洲森林里生活着一种和霍加狓毛色近似的动物，那就是大羚羊。在羚羊种群中，大羚羊尤为动人，它们的皮毛以深栗色为主，并带有白色条纹。这是一种典型的保护色。白条纹将它们的身体"分割"开来，因此当它们出没于森林中的栖息地时，可以很好地与环境融为一体，从而变得隐秘，特别是在阳光透过树枝并形成光束及阴影的时候。同样地，老虎的条纹也具有相同的功能，可以使它们在特定环境中"隐身"。对于沙漠动物而言，纯正的黄褐色是最好的隐身衣，而对于森林动物和丛林动物来说，条纹比纯色更安全。

大羚羊生活在森林里，不过也会远足至竹林或湿地。不同于霍加狓，它们偏爱临水而居，而且喜欢在沼泽里长时间地翻滚。这种动物很机警，不过却常常因为上述习惯而丢掉性命：它们总爱到自己喜欢的水域中打滚，而且不会改变路线，所以给了土著设置陷阱的机会。毕竟是兽类，所以它们力量很大，角也很大。为了让角变光滑，它们经常在树干上打磨自己的角。要是在林中遇到了障碍物，霍加狓通常会选择勇敢闯荡，可大羚羊却拒绝冒险，甚至不愿跳起来试一试，而选择攀爬、匍匐等方式，哪怕阻挡前路的只是一棵灌木，或者一个树桩。同为森林动物的赤水牛也是这样的。或许对于它们来说，在茂密的森林里跳跃并非易事，毕竟地面崎岖不平，藤蔓四处蔓延。

披甲的哺乳动物

在披甲的哺乳动物中，最典型的莫过于犰狳。这种动物的肩部和股部均长着鳞甲，实为骨质，肩股之间长有骨质腰带，可以按照一定次序收紧。当它们蜷缩身体、头尾相接的时候，看起来就像一个封闭的球体。在哺乳动物中，除了犰狳及其亲属之外，再没有其他动物皮中带甲了。它们的保护壳堪称完美，不但坚不可摧，而且能缩成一团。犰狳和树懒同属一目，树懒栖居在树上，行动缓慢，而犰狳因有甲壳会掘地，所以选择了地面生活。它们的爪威力无穷，能够以极快的速度掘土，只需很短的时间，它们就能把头伸进土里，只留下后半身在外面。它们的背部长有骨质板，这样一来，敌人就无法用手抓住它们了。最近的研究证明，犰狳在失去鳞甲后还能行走，而且还可以进行反击。

俗话说，"好事过犹不及"，拉丁谚语"莫要过度"充满了智慧。"过度"的动物并不鲜见，譬如曾经生活在南美洲的雕齿兽，它们与犰狳一脉相承，但已经灭绝，其甲壳厚达一英寸，已经远超其所需。这类事情如今也常常出现在人类身上，无论是人还是民族。

在对犰狳的甲壳做出总结前，我们需要再做出两点说明。首先来看看达尔文的观点。达尔文痴迷于研究犰狳及其亲属，不管是化石还是活着的动物。说到化石，是他乘坐贝格尔号舰探访南美洲时发现的。不光是贫齿目动物的化石，他还在那里发现了很多贫齿目动物，而这也令他陷入了深思。他的话仿佛是说给自己听的："这绝非偶然。多种已灭绝的犰狳、食蚁兽、树懒等，想必是当地繁衍至今的那几目动物的先祖。"现在，所有博物学家都认同这一观点，而达尔文正是这个理论的提出者与推广者。其次，需要说明的是，在南美洲，人们通常会用犰狳甲壳制作篮子，因为它实在太坚固耐用了。他们丢掉尸体，把甲壳翻过来，在头部和尾部装上篮把，便得到了一只很棒的篮子。皮上长甲骨的痕迹是显而易见的，因为我们在其尾巴上能看到骨质环，而这些环在当地人眼中是漂亮又实用的餐巾环。

作为犰狳的亲戚，穿山甲主要分布于非洲以及远东地区。它们的鳞甲很结实，角质鳞片一片扣着一片，像屋顶的瓦片般覆满全身，而且每一片都是可以活动的。虽然对它们了解得不少，但我们在看到这种古老且奇特的哺乳动物时依然会觉得疑惑："难道它们不属于爬行动物吗？"它们的鳞甲可能遗传自其生活于远古时代的爬行纲祖先，而哺乳动物演化自爬行动物的观点已得到公认。准确地说，事实上部分哺乳动物仍具有爬行动物那种生长鳞甲的能力，例如鼠、海狸等动物的尾巴上也有鳞，而东方鲑鱼鲤及非洲小鲑鱼鲤的鱼鳞里长有毛。此外，海豚这种神奇动物的皮肤里也长着鳞，而一部分已灭绝的鲸类也是如此。从某种角度来说，厚实的皮肤也是一种甲壳，尤其是犀牛的皮肤和大象的皮肤。

THE
OUTLINE
OF
NATURAL
HISTORY

第十二章

智慧与本能

　　很多众所周知的哺乳动物天生就具有某些神奇的能力，而不需要后天习得。我们应将这些天赋视为本能，而非智慧。本能最强烈的当数蜜蜂和蚂蚁，它们一被孵化出来就会表现出复杂的行为，尽管它们自己未必清楚这些行为是什么。对于哺乳纲动物和鸟纲动物而言，除了本能还有一定的智慧，因此在遇到困难时，能凭借智慧解决问题。这种现象在低等动物，例如蜜蜂和蚂蚁中罕见，对于它们来说，这类行为太高级了。

　　那么，就哺乳动物而言，哪些行为是"本能"呢？例如，海狸用尖利的牙齿在树干底部咬出圈，导致细细的树心暴露在外，甚至能被风吹断；为了越冬，松鼠会把坚果储存起来；鼹鼠会搜集蚯蚓，并咬掉那些蚯蚓的头部；巢鼠会选在麦秆丛中筑巢；为了保护巢穴里的幼崽，野兔母亲出门或回家的时候都会纵身一跃，以免在巢穴外留下气味而被野兽追踪，以上行为无不是动物本能。

后天的学习

埃夫伯里爵士养了一只名叫"范"的狗。这只狗通过学习能够将特定的诉求与写有字母的卡片关联起来。举例来说，当它想要出去溜达，或者发现有机会出去玩的时候，就会走到卡片盒里找出"出游"卡；同样地，它还能找出"茶点"卡。这种行为其实并不神奇，它只是掌握了一种技能：把特定的黑色记号和某件事，例如出游、茶点等联系到了一起。

有的狗可以听出不同口哨声所代表的含义，有的狗可以听出主人汽车的喇叭声，并将声音与主人回家这件事相联系起来。一只警犬在被问到名字时能说"先生"的声音，在被问到感受如何时会说"饿了"，在被问到想吃什么时会说"饼干"，它流利地回答着问题，以至于见者震惊不已。然而，一位科学家突然造访，一来就问它感觉如何，结果它说了句"先生"。显然，训练只让它掌握了狗主人的提问顺序，只知道要用"先生"这个声音来回应主人的第一句话，用"饿了"来回应第二句话，仅此而已。对它来说，回答并非基于问题本身，而是问话的顺序，这就是它所认为的联系。

很多实例告诉我们，狗的确可以分辨一些特定的词汇发音，并将其与某个动作联系起来。这在动物界里是一种十分重要的技能，一些动物幼崽需要花费很长时间来学习，但究其本质，不过是把某种声音和某种行为关联起来罢了。

沃森教授之前曾认真研究过一只公狗，它的名字是贾斯珀。狗主人泰勒站在屏风后淡定地说："贾斯珀，去隔壁房间帮我把地板上的报纸拿来。"贾斯珀马上跑了过去。然而地板上放着很多东西，它最后拿错了。当时，它没能分辨出主人需要的东西，而是把拖鞋叼了回来。在逛街的时候，泰勒又说："贾斯珀，到后面去，把脚放到自行车上。"自行车在泰勒身后50英尺开外的地方，贾斯珀跑了过去，停在自行车跟前，把脚放到了自行车上。如果要求它到身后300英尺处找到汽车并把脚抬到汽车上，它也能做到。对于这些事它已经掌握了，能分辨出有些词汇发音，并将其视为指示某种行为的暗号。

这并不意味着仅凭"联系""关联""制约反射"之类的专业词汇就能解释狗的所有奇怪行为，不过至少可以解释其中一部分。通过训练，动物可以将看到的、听到的信息转化为特定行为或事件。

很多哺乳动物都具有学习的敏感性，并会接受很多训练，而对此不甚了解的人会对它们刮目相看。我们可以赞美它们，但并不意味着它们的灵敏程度真如我们所看到的那么惊人。在曼彻斯特的美景园里，一只大象常常能够做出以下行为：把热情观众所给的一便士铜板放进自动投币机，以此获得一块饼干；假如观众给的是一个半便士，那么它会生气地把铜板扔回观众席。观众们经常赞叹道："它真聪明！"不过，表演的每个步骤背后都是认真的学习。在教练的指引下，大象把鼻子伸向投币机的孔，用两三个月的时间学会分辨哪些铜板能放进去，哪些放不进去。这种行为看上去很聪明，但实际上绝非如此。包括猪在内的一些哺乳动物看起来呆头呆脑，其实"大智若愚"；而另一些动物看起来聪明伶俐，其实是"假把式"。

老鼠等一部分哺乳动物可以在短时间内学会走迷宫：在迷宫中间放上食物，引导它们去取食，久而久之，它们就能自己走到迷宫中间了。学习速度最快的是饥饿的动物，个中缘由自不待言。日复一日，它们的正确率越来越高，因为它们舍弃了不必要的动作，直到最后不会再出错。

人们对鼠类中尤为奇特的日本舞鼠做过很多实验。这种动物喜欢以一种奇怪的姿势转圈，就像是在跳舞，但这种行为似乎有些没头没脑。人们总觉得它的体质在某些方面比较怪异，却又说不清到底哪里怪异。如果仅凭一己之力，它们几乎无法在自然环境下生存，换句话说，它们只能依靠人类而生存。而之所以能得到人类的关注，是因为它们可以迅速地掌握某些技能。耶基斯教授对这种鼠进行过训练，其中有一项是对两个以上有着不同光线及颜色的通道进行分辨：A 通道直接与巢穴相连，而 B 通道虽然也连接着巢穴，但路途遥远，且中途设置了低度电击装置。一只舞鼠只用了数小时就能完美通关，它毫不犹豫地选择 A 通道。当然，实验时，人们会及时消除它们的气味，并且会调整 A 通道的位置，时而在左，时而在右，要不然还得进一步考虑方位因素。实验证明，哺乳动物可以迅速学会辨认不同的光线与颜色，哪怕其间只有细微的差别。在自然界中，这种能力尤为重要，诸如狐狸之类的颇为聪明的哺乳动物可以洞察出四周的细微变化，无论是声音还是气味，不管阴影还是声音，它们都会保持警惕，也就是我们所说的谨慎。

智慧的动物

如前文所述，一些哺乳动物具有独特本能，或者说天赋异禀。很多实例告诉我们，它们能够将所见所闻与特定动作联系起来。现在，我们要提出一个更有意思的问题：哺乳动物到底有没有思想？是否有能力凭借智慧总结经验、吸取教训？是否真的懂得思考，并让人类认为，它们多多少少明白自己在做什么？

以参加比赛的牧羊犬为例，它们会在比赛中遇到各种难题，例如，把羊群赶回羊圈，但道路十分难走；把混在一起的两群羊重新分组。牧羊犬的种种行为都显示出其高强的本领。在人们看来，牧羊犬很清楚自己在做什么。再来看看参加马球比赛的赛马，它们看上去同样聪明。很多研究者都认同吉卜林的观点：一匹聪明的马在比赛时懂得如何帮助骑手。人们经常看到，马在靠近火车站时会特意避开铁道，选择绕行，即使这样的行为称不上智慧，那也能算得上是聪明的模仿。这句话还适用于在印度森林中搬运木头的大象，它们绝对算得上是伐木工的帮手。不得不承认，这种行为常见于大脑发达的哺乳动物，例如犬类、马和大象等。当然，不要忘了，它们不仅是学习者，还懂得如何和人类协作，所以它们的智慧才得以施展。那么，还有没有其他相关实例呢？

爱丁堡动物园将一些大型哺乳动物安置在以前的石场里，如此一来，观众们便能看到它们栖息于岩石堆里的样子，而非铁笼里的生活。人们在某天发现，一只北极熊安静地坐在一块石板上，石板有半截是在水里的。热情的观众中有人把香糕扔了进去，很多香糕都掉落到了水里。照理说，北极熊只需跳到水里就能轻松地拿到香糕，可它并没有那么做，而是坐到邻水的石板边上，用熊掌拨水，让水流动起来，在它不断拨动下，那些香糕都漂了过去。虽然不能因偶然所见而断然做出某种结论，但不可否认的是，北极熊颇为聪明。那只北极熊的确拥有一定的思考能力，并用老办法解决了新问题。

一只狗叼着一篮鸡蛋走在路上，后来遇到一道篱笆，于是，它放下篮子，把篮子从篱笆底下推到对面，然后后退几步，跳了过去，转身再次叼起篮子继续往前走。一只怕水的狗在渡河时跟着主人上了船，乘船到达彼岸。一个河畔草场被水淹了，一群母马便把小马带到山顶，并围成一圈保护小马。上述事例告诉我们，这些动物都拥有一定的智慧。

科勒教授对其所养的黑猩猩进行了仔细的观察，观察地点位于圣克鲁斯，且环境相当干净。结果显示，博物学家们之前没有意识到猿类是智慧生物。

高级动物想获得某种东西，例如食物的时候，通常会采用比较直接的方式。假如遇到障碍物，例如铁板之类的东西，便会想办法"曲线救国"。通过它们尝试的性质和次数，可以对其智力做出评估。在科勒所养的黑猩猩身上，我们可以看到如下现象：将一只装满东西的篮子设为目标物体，把它挂在远离地面、无法触及的屋顶。篮子摆动起来后最远能到达一旁的一个平台，也就是说，站在平台上是能抓住篮子的。"这种间接的办法是显而易见的，也是不难做到的，但它们只有几分钟的时间。"篮子被推动后，黑猩猩奇卡、格兰德和忒失拉走进了屋里。格兰德一跃而起想抓住篮子，但没能成功。奇卡认真看着摆动的篮子，几分钟后爬到平台上，伸出手臂，等待篮子摆过来，然后抓住了目标物体。

在第二次实验中，格兰德也学会这一招数，所有黑猩猩都学会了，看来这只需要最基本的判断力。

如果笼子里的绳索与目标物体相连，黑猩猩便会拉动绳索以获得目标物体；如果不相连，它们就不会去拉。当然，它们有时候也会拉绳子取乐。它们还懂得如何利用拐杖之类的工具把物体勾进笼子里。对于挂在半空中的香蕉，在伸手无法够到的情况下，它们会利用绳索以荡秋千的方式达成目的，要是箱子不够高，它们会用拐杖来解决难题。

黑猩猩们在圣克鲁斯学校学会了很多技能，例如"跳高竿"，爬上高高的竹竿，在倒地前纵身一跃平稳落地；用杠杆破坏笼子、箱子和门闩；用铲子挖土；用拐杖打架；等等。不过，人们并没有刻意训练它们，只是给它们制造一些机会，让它们自己去探索和发现。它们玩过这样一个游戏：把爱吃的面包伸到铁笼外面逗一只鸡，在鸡打算吃的时候又缩回手臂，或者故意让鸡吃，然后用另一只手拿着拐杖、铁丝之类的东西敲鸡的脑袋。也有例外的情况发生，有两只黑猩猩会饶有兴趣地看着鸡把面包吃完，不过这也是它们的娱乐项目之一，而不是"利他主义"的表现。

一只黑猩猩打算利用拐杖获取香蕉，但拐杖不够长。只见它取来了又一根短拐杖放到前一根拐杖的旁边，在它看来，这样就可以加长工具，然后拿到香蕉。毫无疑问，这么做是没有用的，不过看起来很有趣。没过多久，当它再次获得两根短竹竿的时候，它把两根竹竿接到了一起，成功做出了一根长竹竿，从而得到了他想要的东西。这是它的成就，因为它发明了一个东西。机会找到了它，就像时常找到人类一样，而它从机会中收获了利益。

为了拿到屋顶上的东西，一只黑猩猩会站在另一只黑猩猩的肩上，或者一个箱子上。当箱子不够高的时候，它们会很不开心，跳到地面再找来一只小箱子；它们一边拖着小箱子，一边骂骂咧咧或踢来踢去。"此时，它们并非想把两只箱子垒起来，而只是想发泄一下。"忽然之间，它们改变了自己的行为，停下来，嘴里叽叽咕咕，把小箱子拖到大箱子旁边，然后放上去。有时候，它们甚至会码上四只摇摇晃晃的箱子，这意味着它们具有随机应变的能力。

这些事例来自科勒教授的重要著作，而且只是其中的一小部分。不难看出，黑猩猩相当聪明，不过我们同时也看到，在很多情况下，黑猩猩会表现出某些局限性，而这些局限性与其惊人成就同样奇特。当黑猩猩对整个情况有视觉把握后，它们会很有创造力，不过它们常被眼睛欺骗。那些人类儿童能够看懂的事情，它们却看不懂，这主要是因为它们眼睛的影像塑造能力尚不及人类孩童。另外，毫无疑问，黑猩猩的语言能力也很糟糕。它们是与众不同的，毕竟与人类沾亲带故，当然，对于人类来说，这并不是什么令人羞耻的事情。

那些不接受"猴人相似"这一观点的人自然无法对猴类做出公正评判，他们拒绝了解达尔文的人类世系学说。不可否认的是，在哺乳动物中，猴类和猿类同属于一个规模很大的目（灵长目），它们有很多不同点，也就是说，普通的猴子和类人猿相去甚远。不过，类人猿尽管近似于人类，但这并不代表人类是现存猿类的后代。这个问题有些超纲。一百多万年前，在关键因素的作用下，它们拉开了演变为人的序幕。类人猿演化缓慢，仍旧住在树上，而"人"则来到地面上，持续演化着，并最终成为一种独一无二、叹为观止的生物。对于人类来说，其身世是无法影响其威严的。

第十三章

大象的故事

　　在所有动物里，和大象一样古老的动物已经不多见了。从其很多生理构造来看，它们和其他有蹄类动物是远亲。大象和有蹄类动物同根同源，但那已经是很早之前的事情了，现在的大象在很多方面都独树一帜，例如短短的脖子，大大的耳朵，又大又直的头部、柱状的四肢以及那长长的、能伸能屈、异常灵敏的鼻子。这些奇特的构造使它们看上去与当今时代格格不入，也表明它们是从远古时代一路走来的动物，事实的确如此。

　　时至今日，我们只能在亚洲某些气温较高的地方，例如印度丛林、锡兰、苏门答腊等岛屿以及中非草原上看到它们的身影。然而，在尚未出现人类的好几百万年之前，北半球大部分地区及北极圈内都栖息着类似于大象的动物，关于这一点，在那些地方所发现的化石便可以证明。

　　那些化石告诉我们，大象的祖先在和普通有蹄类动物分道扬镳、自谋生路后，以不同的种群于各个时期出现在了各个地方。"就出土的化石来看，它们最早生活在沼泽地区，体形较小，主要分布于非洲，喜欢吃富含水分的食物。后来，它们的体形变得越来越大，虽然身体和四肢没怎么变，不过腿变长了，脖子变短了。另外，它们的脸部和下颌也变长了，这样的变化有利于它们吃到地上的草。"在那个时候，象牙长在下颚部，有利于挖土；脖子和现在的大象一样，十分粗壮，但因为太短而不便吃草；为了克服这个困难，最新出现的变化是脸变长了，后来，自然选择为它们提供了更好的解决之道。

它们的脸颊变小了，象牙从上颚长出，下颚牙逐渐失去了作用，到了最后，只有幼崽会长下颚牙；它们的鼻子日益变长，最后彻底发育为长鼻。长鼻的发育过程可见于其不同时期的头骨构造，毕竟软骨一般不会变成化石。

历经漫长岁月——有观点认为其下颚牙的彻底消失至少需要两百万年，才有了现在的大象。以前的大象与现代大象一般大，或者更大，不过也存在一种大小如羊的特殊种群。人们在马耳他岛和塞浦路斯岛上发现了这种小型象的骨骼。据推测，它们或许是某种体形较大者的后代，由于地质变动，它们所生活的地方漂离大陆成为海岛。它们被困在那弹丸之地上，因为食物短缺而日益减少。和其他海岛动物一样，例如设得兰群岛的小型马，这种小型象也不得不面对物竞天择的自然规律。

众所周知，猛犸象是史前种群，如前文所述，它们曾与人类共存很长一段时间。在许多史前遗址中，它们和原始人"同在"，尤其是在原始人的洞穴岩画中。就体形和形态而言，猛犸象类似于印度大象，不过它们长着厚厚的短毛，大多为红毛，偶尔有个体为黑毛。人们在英国各地、欧洲北部、北美洲以及北冰洋中距离陆地最远的海岛上都曾挖掘出了猛犸象的牙齿及骨骼。显然，"在越靠北的地方，它们的生存规模越大"，牙齿与骨骼成堆出土。猛犸象长有两只又长又弯的牙，象牙化石贸易持续了两百余年之久。

除了象牙和骨骼，人们还曾挖掘出完整的直立着的大象。它们或许是深陷沼泽无法自拔，或者遇到了地震，又或许是不小心掉到了地洞中。它们被冰封在地下，历经数千年，它们的肉体、皮、毛依旧完整，胃里还残留着吃下不久的草和松树芽，至今新鲜如初。

猛犸象早已灭绝，但大象繁衍至今。大象这种动物为什么能存活如此长的时间？在对其生存环境进行研究后，我们找到了一部分原因。

大象是什么样的

大象的种类有两种，一是印度象，也叫亚洲象，二是非洲象。印度象体形相对较小，成年公象从肩至足底 9～11 英尺。大象的身体很庞大，皮肤皱且厚，毛较少。很多虫子都喜欢藏在它们的皮肤褶皱内，或者到那

图 19 大象

大象寿命很长，一般能达到 70 岁左右。大象很聪明，据史料记载，大象很早就成为人类的朋友，并帮助人类劳动。

里去找吃的，所以以虫子为食的鸟类总喜欢站在大象背上。鸟儿们在象背上生活得很愉快，大象也很乐意有它们为伴，毕竟鸟类会把寄生虫消灭掉，自己也能舒服许多。

前文曾提及，大象的脖子虽然力量十足却着实很短，因而那巨大的头部无法灵活转动。它们的头部需要足够强大才能支撑起沉重的象牙，并为大块肌肉提供足够的生长空间以及使长长的鼻子能够灵活运动。它们经常利用长鼻的上部，也就是头部骨质所在之处推动物体，就像使用攻城槌一样。同时，它们在这么做的时候并不会伤到自己，究其缘由，那里存在一个宽约 1 英尺的结构：位于坚硬头骨外层的后方，含有很多网状组织，网孔之间由薄薄的骨质板相隔；鼻骨与颚骨里也有很多这样的相互连通的空隙。这些空隙直达鼻孔，并不会阻挡空气的进入，头部虽然巨大，但也布满空隙，因此并不像看上去那么沉重，不过这并不意味着它们的脑袋不够坚硬，实际上，那些威力不太大的子弹在射入其额头后，只会进入空隙，而不会伤到大脑。相较于其他动物，大象的大脑——无论是现存的种群还是化石中的种群——都更大一些，比鲸的大脑都大。

大象幼崽的门齿脱落后会长出长牙，这些长牙会一直生长。公象的牙通常会长得非常大，母象的要小些，而且相对平直。长牙的主要构成物是细腻且富有弹性的牙质，少量的珐琅质很快就会被磨掉。所谓牙质就是极具经济价值的象牙。它们的长牙功能强大，既可用来挖掘植物根茎，又可用来御敌，例如戳穿敌人身体，还可以用来支撑鼻子卷东西。不过，大象在利用长牙的时候通常都十分小心，生怕长牙会断掉。

大象最突出的特征便是那长长的鼻子。那是个奇特的生理构造，实际上是鼻子的衍生物，并和上嘴唇相连。大象鼻子又直又长，中空且一分为二，富有弹性及灵活性，究其原因，它其实是一圈圈肌肉，触觉敏感，并带有细小的神经。长鼻末端上部的突起物呈指状，"其敏感程度相当于受过训练的盲人的手指"。长鼻集手部、臂膀以及嘴唇的作用于一体。大象鼻子可以用来采掘富含水分的植物并卷入嘴里，或者折断树枝、拉扯树叶、撕掉树皮等。白天的时候，它们把鼻子当作扇子，驱赶讨厌的蚊虫；喝水的时候，它们先用鼻子吸水，再把鼻子伸到嘴里喝水。

象腿上部较长，膝盖略低；足骨又短又粗；四肢各有五个足趾，都包裹着筋腱和纤维组织，无法灵活转动，其形状难以描述，但新月状的蹄及趾甲尖端是露在外面的。硕大的象足看上去像修路工用的棒槌，足趾相连且扁平，这让它们走起路来悄无声息，同时也是它们的强大武器。

亚洲象起源于喜马拉雅山脉的丛林、印度、马来半岛及其他几个较大的岛屿。通常情况下，其家族由20～40头大象组成，分散而居。不过，偶尔也会看到数个象群聚集到一起生活。象群多由牙齿很长的长者带领，其他成员无条件臣服，母象和小象走在前面，公象走在后面。除了交配期，成年公象大多独自生活，偶尔会为了加入象群与原有领导者争夺一番，除非遇上体弱或老迈的原有领导者，它们通常会大败而归，甚至被永久驱逐。在无法加入任何象群的情况下，它们只能离群索居，变为凶恶的猛兽，如果独自生活的时间太久，它们的性情就会越来越坏，成为危险因素。

象群成员之间一般会和睦相处，而且鲜少主动攻击其他动物，尤其是人类。吉卜林指出："大自然赋予它们韧性十足的长鼻子，同时也要求它们善待他物。"在出击的时候，它们会高卷起长鼻，并小心翼翼地保护鼻子，因为那是它们的生存基础。尽管有两颗长牙可以保护象鼻，但象鼻还是很容易受伤，如同园圃里的蝓蛞。没有哪种动物敢贸然挑战象群，除非它不怕被象牙戳穿，也不怕被象足踩死，毕竟一只大象足以打败一只老虎。它们是植食动物，草、树叶、鲜嫩的树枝都是它们的食物，尽管如此，它们也不会对农作物视而不见，在路过田地的时候，会将庄稼夷为平地。因此，在印度，稻田是必须要有人看护的。印度人在田地旁边建起牢固的高台，轮流值守，一看到大象的身影便大声呼喊、敲锣打鼓，用声音吓退大象。象群向来非常谨慎，不过对于一只独自生活的大象来说，这么做却未必奏效，它会连续几个晚上赶来，十分顽固。

象群总在转移驻地，吃完一处的食物后便换个地方接着吃。它们总在黄昏时候远行，哪怕是在寒冬腊月也会长途跋涉。它们小心翼翼又技巧十足地爬上高山，领导者用长长的鼻子试探着一块块岩石，其他大象排成一队紧随其后。对于大型动物而言，跌倒是很可怕的事情，因此大象才会如此小心。无论平地与山间，大象都需要大量的水，用来解渴和沐浴。在每天最燥热的时刻，它们会成群结队、一连好几个小时站在水里，并让水没过脖子。假如水不够深，它们便用鼻子吸水浇水，让背部与腰部都变得湿润。

大象不是灵活的动物，进食的时候动静也非同一般，然而在遇到危险的时候，它们却会安静地撤离。它们走得很慢很稳，一晚上能走很远。就长距离的行走而言，它们的速度大约为每小时 10 英里，如果是短距离，速度就要快些。它们还很擅长游泳，可以在一条宽敞的河流中连续游上好几个小时，而且只有鼻尖露在外面。

一般情况下，它们两年一胎，一胎一子。初生的幼崽身高 3 英尺左右，若无意外能活 25 年。和其他兽类一样，大象幼崽用嘴吸食母乳，同时把鼻子卷到脑袋后面。据我们所知，母象不会嫌弃非亲生的小象，而且象群中的每位成员都对小象关爱有加，并甘愿提供庇护。在出生几个小时后，大象幼崽便能和成年大象一起行动了，它们可以说是"早慧者"。一开始，母亲会让小象走在自己身前，把鼻子放在它们身上以进行指引。待小象的体力有所增加后，母亲会让它们在自己身体后方走，以便在遇到危险时把它们护在怀里，并保持一段时间。游泳的时候，母亲会用鼻子扶着小象，把它们驮到背上。

相较于亚洲象，非洲象的体形和耳朵都更大一些，长牙的弯曲程度与重量都更胜一筹，长鼻末端的上部与下部均有指状突起物。在恺撒时代，人们不仅利用非洲象作战，还利用它们制作装饰品。但自此之后，它们便被人类忽视了，所以没能像印度大象那样得到保护。随着"大象经济"的风生水起及人们的肆意妄为，它们的数量骤减。非洲象喜欢吃含羞草属的鲜嫩枝叶，不过这种植物通常长得都比较高，它们的鼻子虽长却够不到枝叶，于是，它们会掘地三尺把树拔起。有时候，我们会看到一些被连根拔起的粗壮树木，那自然不是一只大象所为，而是好几只大象的联合行动。

生存的秘诀

现在的问题是，诸如大象之类的古老动物是怎样繁衍至今的呢？前文已提及一部分原因，它们的生理构造及生存环境都颇具优势，关于这两点是很容易理解的。另外，它们是群居动物，这样很重要。组织稳定的象群对或大或小的动静都十分警惕，还有专门的"哨兵"。它们的敌人似乎只有人类及现代武器。即使遇到人类，它们也具有强大的自我保护能力，毕竟其生存环境是植被繁茂的森林，若想进入锡兰及非洲中部的密林之中，除了利用大象制造的路线外，没有其他办法。

大象的脑容量和处理信息的能力都是惊人的，这给它们带来了巨大的生存优势。它们的感觉器官也很敏锐，无论是听觉还是嗅觉都十分发达，尽管视野受限，但视力绝佳。不过，对于其聪明程度，准确地说是随机应变的能力，则众说纷纭。毫无疑问，象群在平时所表现出的智力比其他群居性植食动物，例如鹿等动物要高许多。尽管其他群居动物也听命于领导者，且洞察能力也很强，但无法像大象那样进行合作。当然，野生大象的生存智慧是不及大型食肉动物的。这是因为二者的生活方式大相径庭。植食动物虽然可以轻松获得食物，但由于食量较大而不得不花费较多时间觅食。因为不需要如大型食肉动物那样以四处猎食为生，所以它们的智力与判断力都尚未发展到较高程度。

在精神方面，大象具有可驯养的潜能，而且只有人类才能开发其聪明才智。不可否认的是，在被驯养的动物中，大象比很多动物都聪明，只是稍逊于犬类和部分猴类。不过，作为纽约动物园董事的霍纳迪博士在对野生大象与驯养大象进行观察后指出，大象的智力并不一定比犬类低。在他看来，人们会让犬类自由活动，无论是在室内还是室外，而大象却只能待在笼子里，或被绳子束缚，外出也需要有人牵引，因为它们着实太大了。除此之外，犬类的幼崽的确可驯养，但上了年纪的犬类却很难驯养，而对于大象来说，很多都是成年后被驯养的，但要不了几个月就能"听懂"很多命令，并记住一系列动作。大象还能记住人的模样，所以与主人关系很好，而对于那些伤害或虐待过自己的人，即使过了很长时间也能准确辨认并报仇雪恨。

并不是所有长着长鼻子的动物都是大象的亲戚，例如下图中的两种动物。它们的鼻子也很长，其主要功能是觅食和自卫。

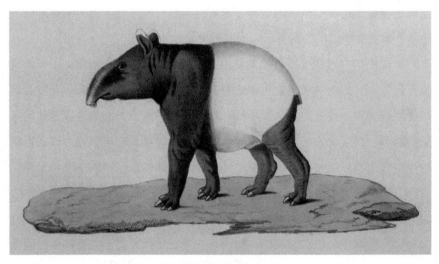

图20　马来貘

马来貘鼻子像大象，耳朵像马，后腿像犀牛，脚像老虎，身躯像熊，又叫五不像。

图 21 鼩鼱

鼩鼱的吻鼻延伸成灵活的吻突，以蚯蚓、昆虫等为食，是世界上
已知最小的哺乳动物，外形像老鼠，但两者没有任何关系。

霍纳迪博士曾看到一只非洲象幼崽利用 18 英寸长的长牙做出了一个奇怪的动作。它不情愿地走上了一个台秤，台秤的晃动令它不安。它往后退，还伴着嘶吼，不愿服从命令，但它的反抗在看守的坚持下失败了。然后"它跪了下来，把长牙深深地插到地里，直到人们看不见，就像是在抛锚"。从此之后，它获得了新技能，每当不想离开运动场回到屋里的时候，便会给自己抛个锚。

大象的演化过程

根据大象化石显示，它们一开始腿很短，后来随着时间的推移，体形变得越来越大，鼻子也越来越长，并因此而得以轻松采食鲜嫩的枝叶与新芽。

尽管对人类有帮助，但大象从未成为家畜。我们很少见到被捕捉的大象诞下幼崽，原因在于这种动物的生长周期很长，人们宁可再捕捉一只，也不想花工夫人工繁衍其后代。人们捕捉野生大象的方法是这样的：利用驯养的大象将野生大象引入围栏中，然后将其捕获。"在此过程中，被驯养的大象的确表现出了令人疑惑的行为。它们的每个举动都透露出某种安全感，无论是关乎目的或方式，只是对当下发生的事兴趣甚浓。它们可以洞察出障碍及危险，然后躲开，或者找出解决之道。一只野生大象被绳索套住了一只脚，猎人想再套住另一只脚，尝试多次始终没有成功，因为它一直在用未被束缚的脚灵活地拨弄着绳结。我曾目睹一只被驯养的大象瞅准机会，在野生大象抬脚的时候，把自己的脚伸过去不让野生大象的脚落地，直到绳索牢牢套住野生大象的脚后才慢悠悠地走开。"4个月后，被抓住的野生大象便会被带离驯养大象的身边，开始执行自己的任务。公象的性情稍微温和些，所以常常是政府工作的首选。被抓的公象会落入商人或酋长之手，成为这些人炫耀的资本供人观赏，也算是备受关注了。白象是稀有动物，它们体内缺少色素，所以毛色较其他大象浅很多，但绝非纯白。

在公路修好的地方，大象的运输职能就日益弱化，取而代之的是机动车。然而，想要把沉重的货物运出大山深处，机动车可是一点办法都没有，大象仍是不二之选。很多时候，人们还会让大象来堆放木材，而且经过训练后，它们能和码头工人一样把东西堆放得整整齐齐，又快又好。在开发林地的时候，它们还能用来清除灌木等低矮植物。在印度，人们还会让它们在茶园里担负重任。

THE
OUTLINE
OF
NATURAL
HISTORY

第十四章

水獭的故事

　　为了对哺乳动物的生活习性做出进一步的说明，在此，我们将讨论水獭的日常生活。这种动物主要分布于英国的萨默塞特郡、德文郡和湖区以及散落于威尔士、苏格兰、爱尔兰的一些地区。在美国和加拿大，生活着它们的近亲。耐人寻味的是，由于人类看上了它们的皮毛，因此它们遭到了屠杀，然而尽管如此，它们仍坚强地生存于世。水獭是英国境内现存的一种古老动物，人们曾在第三纪——冰河期之前的矿床中发现过其骨骼化石。

　　水獭是一种食肉动物，与鼬、白鼬、鸡貂、獾等动物一样属于"熊族"。不同于前述亲朋好友，它们可以在水中生存。当然，它们也不像海豹、海豚那样完完全全生活在水里，而是既能适应陆地生活，又能适应水中生活。在英国，它们经常出没于北方沿海地区的洞穴里，也常常游到远处的岛屿上。不过，它们和海獭这种珍稀动物是不同的。海獭只生活在北太平洋地区的一些小岛上，是陆獭的远亲，除了生产时，平时很少到陆地上活动，即使偶尔上岸也为时短暂。

　　陆獭有个特点，无论是在淡水还是海水里都能自由生活，但同时也能生活在陆地上。它们一个晚上能走 15 英里，经常为了捕鱼而长途跋涉。

水獭是如何在水里生活的呢？它们的足上有蹼，尾巴上的肌肉很发达，所以尾巴像舵一样强有力；呼吸器官也很发达，可以支持其长时间待在水下。它们入水轻盈没有水花，出水时则模样大变：看上去小了很多，外层的毛被打湿后紧贴在身体上，闪闪发亮；里层的毛还是干的，却被压得很实。这时候的水獭展示出了其发达的肌肉以及绝佳的身体曲线（水在身体上畅流无阻），犹如一艘灵活的快艇。它们极好地适应了水中生活。

水獭总是贴着水面平稳地泅水，动静很小。它们时不时地钻进水里，在身后留下一个漩涡，忽然又冒出头来，嘴里叼着一条鱼。假如抓到的鱼不算大，它们会直接在水里享用，要是比较大的话，它们会把食物带到岸上，或者拖到水中岩石上慢慢吃。在贴近水面活动的时候，它们四肢并用，其足上既带蹼又带爪；在深水中猎食，或者潜水时，它们只活动前肢，后足靠在尾巴两侧，和海豹的姿势差不多。如前文所述，它们的大尾巴具有舵的功能。崔格森先生一辈子都在研究水獭，并著有《水獭生活史》一书，他在书中详细描述了这种动物的各种行为，例如游泳、潜水、跳跃、嬉戏等。很多人都很喜欢这本书，毕竟人们并不常见到水獭。水獭行踪诡异，经常来无影去无踪。除此之外，它们通常只在晚上活动，无论是猎食还是游走。

水獭的主食是鱼类，尤其喜欢鳗鱼、鳟鱼、鲑鱼、梭鱼、比目鱼等。它们的食谱很丰富，这自然有利于其生存，找不到这种就吃那种。它们还会捕食沼泽里的蛙类、湖畔上的野鸭、沙地里的家兔等，只要能吃就行，根本不嫌弃。很多食肉动物都具有嗜杀性，会对猎物赶尽杀绝，无论需要多长时间，经历多少次，但水獭却很少这么做。这与其想法无关，或许只是本能地想规避风险。出于同样的原因，它们会抹去自己所留下的痕迹，至少会尽量让自己的行踪变得隐秘些。另外，在太阳升起后，它们的足迹会很快消失。

水獭的牙齿很发达，下颚颌关节长得很深，既牢固又坚硬，可以帮助它们死死咬住猎物，尤其是奋力挣扎的梭鱼和鳗鱼。大多数时候它们不会将猎物赶尽杀绝，但在必要时也会杀光猎物，但这只是一种无法克制的本能，与其贪婪无关，在吃饱之后，它们会以猎杀为消遣。

水獭的生活方式

作为一种哺乳动物，水獭体形较大，且能在恶劣的环境中生存。那么，它们的成功秘诀是什么呢？需要补充的是，在适应水中生活后，它们的天敌少了许多，生存危机也小了很多，再加上它们通常只在晚上活动，因此生活得更为安全。它们的食物多种多样，生存因此而得到了保证。另外，它们的大脑颇为发达，感官敏锐、肌肉有力，体质也很好。因此，就算极具经济价值，它们也能在欧洲及北美洲的大部分地区生活得不错。当然，其成功秘诀绝非仅此而已。它们繁衍至今的原因，还包括其身上的另外两种突出特质：一是居无定所，二是出于母性的优秀的自我保护能力。

在崔格森口中，水獭又叫作"流浪猎手"和"荒原恶徒"，这些绰号十分形象。它们不仅有"密室"，而且还不止一个。在幽暗的晚上，它们从一处来到另一处，距离可达 10～12 英里。它们不喜欢待在家里，常常出现在"山涧、小溪、河流、湖畔、深海的孤岩上、峭壁的洞穴中。它们走过布满石楠的山间小路，在山丘上溜达，白天的时候躲在羊齿类植物中间，或者石头堆里。它们不冬眠，因而无须储藏食物。它们总在四处游走，是食肉动物里的流浪汉。"①

对于水獭而言，尽管食品清单很长，但寒冷的冬天依然很难熬，因为湖水会结冰，鸟兽会散去。但是它们胆子很大，找到突破口就会果断地潜到冰下觅食。有资料显示，它们能够从入口再出来，可这么做极具风险，毕竟出入口很可能会被冻住，那样的话它们就只能待在冰下了。栖息于海边的水獭是饿不着的，在地面结冰之后，它们会从山洞来到河流的入海口。海水是不会被冻住的，尽管食物不够精细也不够美味，但至少数量很多。

水獭通常一年产一胎，不过生活在苏格兰北部地区的水獭一年产两胎。繁殖季节并不固定，但大多集中在冬天。它们不会在平时的藏身之处生产，而会在河堤下打洞，或者来到石头堆和树洞中，或者洞穴的角落里。水獭母亲一胎通常能诞下两三只幼崽，初生幼崽软弱无力、生长缓慢，要月余才能睁眼。水獭母亲爱子心切，总与孩子们待在一起，只在需要觅食，或者母乳不够的情况下才会暂时离开。在睡觉的时候，水獭母亲依旧会竖起耳朵探听周围的动静。在幼崽睁眼后，母亲把它们带出巢穴，晒晒太阳，并耐心地给予照顾。在幼崽长到两个月时，母亲会把它们带到水里，对于这种全新的体验，幼崽们当然开心得不得了。

幼崽们需要学习几种不同声音及其含义，老是学不会的和不认真学的都会被母亲责罚。它们需要学习、掌握及灵活运用各种生存技能，比如如何贴近水面仰浮并只露出鼻孔；如何觅食，例如捕食鳟鱼和蛙类。在母亲的严格要求下，幼崽们不得不遵照一些特定的模式来进食：对于鳗鱼和鲤鱼，要先吃尾巴；对于鳟鱼，要先吃头；对于蛙类，要先扒皮。母亲会花很长时间不厌其烦地教育孩子，这无疑是一个成功秘诀，母亲还常常带着它们做游戏。水獭幼崽精力旺盛，喜欢玩闹，母亲利用这一

---

① 请参阅汤姆森所著的《动物生活的神秘技能》。——作者注

点让它们适应激烈的生存竞争，并和它们打成一片，而孩子们自然很乐意接受这样的教育。不管过去多少年，水獭一直朝气蓬勃地生存在这个世界上，就像樵夫们常说的那样，"上帝创造了万物，水獭是其中最爱玩的一种。"

加拿大水獭与旧世界水獭关系密切。它们热爱滑雪，来到雪坡上，前足抱胸，后足蹬地，直直地滑下去，然后再吭哧吭哧地爬到坡顶。和欧洲水獭相比，加拿大水獭在地面上的行动不是很敏捷，它们只会往下滑，如此循环往复，直至没了力气。它们不会轻易改变游戏地点，除非那里被滑出了雪沟或明显的路径。令人惋惜的是，贪玩的加拿大水獭越来越少了，原因自然和不知满足的人类有关。一种生活在大不列颠群岛的欧洲水獭，相较于其他种群而言，其规模要大许多。

如前文所述，水獭是一种活泼且机灵的动物，在结束讨论之前，让我们来看一个与水獭幼崽有关的趣事：在第一次下水的时候，它们会表现得心惊胆战。它们一定觉得很不舒服，所以会哀号着找妈妈，而水獭母亲绝不会离开它们太久。有时候，为了鼓励孩子，母亲会背着它们下水游两圈。水獭幼崽一开始为什么会怕水呢？不要忘了，水獭的祖先生活在陆地上，退而求其次才到水中生活，如此想来，答案不言而喻。那么，水獭母亲为什么要强调吃鱼的顺序呢？原因在于其祖先是食肉动物。从这些例子中不难看出，动物身上总会带有这样或那样的原始痕迹。

再说白鼬

巴尔戈尼位于亚伯丁附近，我们在那里的一个高尔夫球场中，于同一地点先后三次发现白鼬。如前文所述，在英国，白鼬是一种常见的食肉动物。我们的发现或许可以证明那些脑部发达的哺乳动物会生活得更好，因为被我们捕捉到的场景具有普遍性，而非特例。

第一次，在一片名为"小糠草"的草场上，一只体长约 6 英尺的动物正挪动着身体，看上去像一只修长的褐色的蛇。我们定睛一看，才发现那是白鼬母亲带着至少 7 只幼崽在赶路，幼崽们一个接着一个，头尾相连。在母亲的带领下，它们正从近海草场赶往距海稍远的不太平整的地方，或者说正从出生地赶往新学校。它们穿过高尔夫球场，翻越山坡，来到了位于另一面的金雀花花丛，宛如一条褐色的长蛇，柔软至极。我们很清楚，要是追上去的话一定会激起白鼬母亲的反击，因为它心里只有自己的孩子。很快，它们就消失在了蜿蜒的山路上。

第二次，我们来到球场附近，看到有鸟在草地上站成一圈安静地盯着什么，当中有鹊，还有草地天鹨。我们感到很好奇，轻轻走上前一看，便见到了一个绝妙的场面。它们正围着两只正在玩闹的小白鼬。那两只小白鼬跳跃着、翻滚着，看起来如同两个东窜西窜的车轮。鸟儿们怔怔地看着白鼬的表演，呆若木鸡。或许不该用"玩闹"来形容小白鼬，因为那些鸟除了吃惊与好奇之外，恐怕还有几分害怕。我们继续向前走，刚一迈开步子，那奇妙的场景便消失了，白鼬和鸟都不知所终。当然，在我们看来，要是不做点什么，那两只白鼬很快就会对其中两只鸟下手。这是白鼬的猎食手段之一，它们可不是在单纯地表演杂耍。鸟儿没有觉察出有人走近，说明它们已经落入圈套。正所谓好奇害死猫，待到白鼬猛地扑将上去，便会有两只鸟瞬间殒命。这种事情总是瞬间发生的，但并不算太过残忍，因为死亡对所有生物都很公平。

第三次，我们在一天清晨于球场上见到了一个滚动的白球。我们凑上去，发现一只白鼬正在慢吞吞地走着。我们很疑惑它为什么走得这么慢，毕竟这种动物平时都跑得很快。我们快走几步，嘴里喊着"快走啊"，可它依旧走得很慢。我们无意伤害它们，但因为后面还有其他人，所以我们只能走向它们，然后终于看清，那是一只白鼬母亲带着一只幼崽在前行：

幼崽很小，走得很慢。在这种情况下，母亲要怎么做呢？它咬住幼崽的头皮，叼着它飞快地跑开了，在把幼崽藏到洞里之后，它又折回来向我们发起了反抗。

我们在同一地点三次遇见同一种动物，并进行了短暂的观察，尽管这种动物并不鲜见。我们还可以走进大自然进行更加深入、更加广泛的观察。这三次的观察尽管简单，但足以"刺激我们的神经"！我们生出了许多疑问，它们让我们瞥见生活的微妙之处。

THE
OUTLINE
OF
NATURAL
HISTORY

第十五章

聚众而居的哺乳动物

在自然界里，我们可以看到诸如水獭、野猫、狐狸一类的独居动物，也可以看到很多群居动物，而这些动物又分别处于不同的演化阶段。

处于第一阶段的动物虽然经常聚众而居，不过并无任何社会性活动，我们以兔巢为例。大部分兔类会聚众而居，在暗处玩耍和进食的时候不太容易受到惊扰。据研究，它们不会一起工作，群体中也没有"哨兵"。北美洲场拨鼠也是这样。之所以会有大量个体聚集到一起生活，一是因为某个地方适合栖息，二是因为繁殖能力太强。它们游离于群居生活与独居生活之间，仅此而已。

我们无法为此设定一条明确的界限，正如已离世的赫德森在其著作《拉普拉塔的博物学家》里所写的一样。生活在潘帕斯高原的毛丝鼠能以"某种语言"进行沟通，并会一起玩游戏。这种啮齿目动物有时候会破坏所在之处及其周边的农作物，例如谷类。出离愤怒的农民用泥土堵住了它们的洞穴出入口，想把它们困死在洞里。然而，夜幕降临之后，一大群从其他村庄风尘仆仆赶来的毛丝鼠又挖开了洞口，成功营救了自己的同胞！群居生活始于合作。前文所提及的生活在斯堪的纳维亚的旅鼠也会群居于宜居之处，不过它们尚未表现出太多社会性，只在饥不可耐的时候才会成群结队地觅食，不过这样的合作意味着社会性的萌芽。

处于第二阶段的动物有鹿、羚羊、野牛等，不一而足。这些动物时常合作，且行动一致，群体成员会齐心协力共同御敌。麝牛是一种栖息于加拿大极北地区的动物，身上长着很多黑褐色的毛。在和狼群狭路相逢时，它们会聚集到一起逃跑到高地上，或者一座悬崖下方，围成一个半圆或一个圈，由角长且强壮者出征应战。狼选择群攻，麝牛则选择群守，这让我们联想到了吉卜林所写的《丛林奇谈》，其中有对"合群法则"这一博物学理论的展示。群体目标即个体目标，群体成员协同一致，以群体形式更容易猎食及御敌。对于群居动物而言，群体中一般都有"哨兵"，并会使用信号。很多实例告诉我们，驯鹿等动物会定期迁徙或游走，在夏季栖息地与冬季栖息地之间往返，而鼹鼠、旅鼠之类的动物并不会定期集群迁徙，相较之下，前者自然要高级些。

图22　狼

狼通常以家庭为单位进行群体行动，多白天活动，嗅觉敏锐，听觉很发达，耐力强。

至于处于第三阶段的动物，最具代表性的莫过于海狸。它们的种群规模之大几乎可以与蜂类比肩，与其说是群落，不如说是村落。它们不仅懂得合作，甚至可以合作修筑河堤与运河。它们的生活堪称一绝，因此我们将另辟一节详加叙述。

海　狸

作为一种啮齿目动物，海狸是松鼠的近亲。我们并不认为这种动物智商超群，在我们看来，它们的行为虽然值得赞美，但大多都建立在其本能的基础上，而非后天习得。

英国是海狸的发源地，在英国境内的很多地方尚能得见相关遗迹。不过，这种动物早已从英国消失了，目前欧洲的海狸只存在于一些偏僻角落。北美洲有很多海狸，但是美洲海狸的境遇和欧洲海狸几乎没有区别，其栖息范围也正在变小，目前已经被迫迁往西部深处。究其原因，海狸皮毛在人类眼中具有极高的经济价值，所以，虽然它们聪明且群居，却仍然无法巩固其领地。它们和松鼠的关系很微妙，二者都已经放弃了原始栖居方式——陆地生活，转而另辟蹊径。松鼠如今生活在树上，而海狸则选择了海洋。

海狸的皮毛既厚实又不渗水，后足带蹼（在游泳的时候具有舵的功能）；尾巴带鳞，呈扁平状，力量十足，有利于在水中生活。前人对它们深有误解，以为它们是靠尾巴修筑堤坝的，实则不然。夏天，它们常会游到深海寻找食物，那圆圆的身体和短短的四肢并不适合用来在陆地上行走。

海狸的自保方式很多，它们的长毛下长有又浓又密的绒毛，能为人类所用，如果不是因为人类的捕杀，它们的规模可能还要大很多。曾几何时，人们常用它们的皮毛制作礼帽，直到蚕丝普及之后，它们才得以逐渐回到原来经常出没的地方。在美国，各州均出台有保护海狸的法令，猎人们不能过多设下陷阱捕杀海狸。海狸会游泳、会潜水、会储藏树枝和木片、会在晚上活动、会吃多种食物（各种各样的草），这些都是它们的生存优势，不过最关键的是，它们天生就懂得合作，而且效率很高。

海狸会表现出许多惊人的行为，其中一项是伐木。它们的目标一般都是直径约为 16 英尺的树木。它们用锋利的门齿在树干上啃出两道平行的横向凹槽，再啃掉两道凹槽之间的部分，然后再啃出一道平行于前二者的环状凹槽，这时，树干上就会出现一个凹陷的圈。它们不停地啃着，而这段树干被啃得越来越细，最后大树拦腰折断。曾有研究者观察到，一棵直径 30 英寸左右的白杨树就这样被咬断了。它们啃咬的速度是惊人的，大树折断后，树冠会刚好落在它们所"修建"的一个小池塘里，如此一来，它们就可以在家门口享用美食了。当然，这种情况或许是特例，并不能证明它们足智多谋，实际上困难总会不断出现。大树不一定会如它们所愿倒向某一边，不过倒下的树总归不会远离其巢穴，因此倒向哪边并不重要。另外，它们有时候会停止工作，原因在于累了倦了不想干了，这是本性使然，只是一旦停下来，就等于前功尽弃。对于编故事的人来说，海狸的行为极具可塑性：不仅能够控制树木倒下的方向，还会刻意保存实力，停工以待大风把树吹倒。但是故事只是故事而已，不过它们的行为的确令人震惊。它们所选择的树大多直径在 1 英尺以内，而伐木主要是为了觅食——那些富含水分的枝叶。

海狸还会建造池塘和修筑堤坝。它们的巢穴四周通常围绕着池水，深度接近一扇门的高度。冬天的时候，它们常到水下游泳，哪怕池水已结冰。这些池塘一般不会淤堵，原因在于它们还会筑造堤坝来保护池塘。它们找来木屑、树枝之类的杂物堆砌成堤坝，并用泥土和碎石子进行加固。它们用前肢将泥土和碎石子抱在怀里运到池塘边，又用嘴叼来树枝等。有时候，它们还会在一些并不狭窄的溪流中间筑坝，当然，它们很少这么做。据我们所知，它们会在水流缓慢的地方修筑平直的堤坝，而在水势湍急的地方修建向上游弯曲的堤坝。这种弯曲的堤坝是工程所需，而非智慧的产物。洪水退去后，狭窄的小溪中通常都会被杂物堵住，而这个时候正是修筑堤坝的好机会。因为原料不易被冲走，因此它们会抓紧时间先筑造一道临时堤坝，然后再在此基础上修建耐用的堤坝。不得不说，动物们虽然缺乏创造力，却很懂得利用天时地利。

在它们的堤坝上，我们还看到了其他一些有意思的线索。例如，作为建材的树枝有的会生根发芽并长出低矮灌木，这不但巩固了堤坝，还为它们提供了纳凉的地方。最令人震惊的是，它们通常都是群策群力，一同建造堤坝，因为一道堤坝所保护的不仅仅是一个巢穴，而是很多巢穴。

海狸的巢穴大致可以分为两种，不过大部分都兼具两种模式。对于部分河流，例如科罗拉多河来说，沿岸的水位高度总是起伏不定，于是海狸会从河底修建一条直达岸边的通道，并在通道尽头修建巢穴，这是第一种。第二种巢穴相对简单一些，用木条和泥土筑成，呈圆锥形，高达几英尺，地面宽度为 8 ～ 10 英尺，出入口在水下。有时候，它们也会在地面和水中各修建一个出入口。巢穴里既有卧室又有活动室，还有储藏室，这是为了越冬储藏树叶的地方。

它们有时候也会把大量树枝储藏在出入口附近的池塘底部，并用石头压好。如果真的这样，那它们还是很聪明的。另外，它们会在秋天用泥土盖住巢穴外部，就像是在砌一道墙，到了冬天，这道墙既能阻挡外部寒气进入室内，又能阻挡饥饿的捕食者擅自闯入，俨然一座坚实的城堡。不过，总的来说，人们对海狸巢穴的认识恐怕都不太准确，那只是一种简单的环境改造工程，完全比不上黄蜂、白蚁的巢穴。

海狸不仅喜欢聚众而居，还很善于结交朋友，也懂得互助合作。它们一起开河筑坝、修池护巢，我们可以将一个海狸池塘视为一个海狸村落。村落建成后，周边的树木一定会越来越少，树木从靠近池塘的地方开始一圈圈消失，就像离港之船在慢慢驶向远方。它们会把树枝横着叼在嘴里，两端在外，然后轻松地游泳。不过，在森林的矮树丛里，这么做就会遇到困难。但它们会另辟出一条路来。相较于开路，更令人称奇的是修建运河。修得最棒的一条运河足有好几百英尺长，堪称奇迹。它们会在蜿蜒的河道上修建捷径——位于两个迂回的河道中间。它们还会穿过小岛。不可否认，穿越小岛是件神奇的事情。除此之外，阿盖尔公爵曾拍摄下它们工作时的场景，从中不难看出，它们的合作是有目标的，尽管不太明确，但显然它们希望最后落成的河道是畅通无阻的。另外，如我们所知，河道两旁的低矮树丛一般都隐藏着一些通道，一旦遇上暴雨天气，那些通道就成了天然支流。对于海狸来说，这无疑是修筑池塘的绝佳场所，只需物尽其用，完善加工就好。如前文所述，动物不擅长创造，但善于利用。

海狸是一夫一妻制的践行者，配偶是固定的。它们会度过一个漫长的青年时期，而且家庭和睦。在群体规模超出村落规模的时候，它们会开发新住处。有观点认为，这项工程的执行者都是祖父母一辈中的勇敢海狸，不过这一说法不足为信。在我们看来，海狸算不上聪明，但也不比狐狸、白鼬、大象、马之类的动物蠢笨。它们天赋异禀，拥有互助协作的能力。在漫长的时光里，它们勇敢且机敏地尝试着，如果效果显著，则保持下去。我们不能就此断定所有海狸都是为了集体利益而选择筑坝的，或许因为河水泛滥，筑坝只是一种实验，假如对它们有好处，它们就会长期坚持，最后就成了一种传统。

THE
OUTLINE
OF
NATURAL
HISTORY

第十六章

母性的光辉

哺乳动物普遍具有母性，这是值得研究的。在这一章中，我们将用哺乳动物的名字指代其雌性哺育幼崽的过程。

产卵的哺乳动物

澳大利亚原住民早就发现鸭獭，即鸭嘴兽是卵生的。不过，动物学家普遍认为世上没有卵生的哺乳动物。原住民们所言非虚，在澳大利亚，的确有两种像鸟类及爬行动物一样卵生的哺乳动物。或许可以说，它们是最原始、最古老的哺乳动物。鸭嘴兽全身覆毛，矮矮胖胖，身长 1 英尺左右，口部类似鸭子的嘴，足上带蹼和爪，栖息于江河支流附近及池塘里，以淤泥中的软体动物和水中小鱼为食物。它们会把食物存放在口腔中，没事儿的时候再慢慢享用。初生者会长牙，但牙齿将在一年内脱落，取而代之的是角质齿盘，可以把食物磨碎。它们是不完全的恒温动物，身上带有很多爬行动物的痕迹。它们一般把卵产在池塘旁边，一次两枚；卵外包裹着膜和壳，均为白色；卵长 0.5 英寸，而哺乳动物的卵细胞一般来说只有 0.008 英寸长。显然，它们的卵很大，这主要是因为卵中带有卵黄，而哺乳动物的卵细胞里并没有卵黄。换句话说，它们的卵更接近爬行动物的卵。幼崽出生之后，会在母亲腹部的某个地方吸食乳汁，那个地方有很多乳孔。雌性鸭嘴兽身上并没有乳头。这似乎与其哺乳动物的归属不相吻合，但因此而将它们除名又显得太过狭隘。

针鼹为陆栖动物，身长 1 英尺左右，身体坚硬，由毛演变而来的刺相当锋利。它们能在极短时间内挖土打洞，钻到地下的速度就像跳进水里一样快，并且只有背脊会露出来。它们有着又细又长的嘴，黏黏的舌头伸在外面，对于没有牙齿的它们来说，舌头就是武器。和鸭嘴兽一样，它们也是不完全的恒温动物，体温能在几分钟内上升或下降好几度。另外，它们也是冬眠动物。

针鼹的卵类似于鸭嘴兽的卵，但它们在产卵后会把卵放在腹囊里。这个囊就是其幼崽的出生地，侧面即乳腺。动物学家指出，它们的乳腺实际上是增大且凹陷的乳头。在孩子出生后，囊会自动消失。值得一提的是，它们的乳汁不同于其他动物的乳汁，而是富含蛋白质，极少乃至不含糖分，也不含盐分和磷。幼崽躺在囊中便能吸取乳汁，因为乳汁会渗入囊中。

有袋的哺乳动物

有袋目动物处于哺乳动物的第二梯队。雌性的身体外会有一个皮囊，用途是哺育和保护幼崽。在这一目下的动物主要有袋鼠、袋狸、袋貂、袋熊、袋獾等。曾几何时，它们遍布各地，就连英国也曾出土过它们的化石。后来，大脑更发达的动物挤占了它们的生存空间。时至今日，除了负鼠生活在美洲地区之外，其他有袋目动物都生活在澳大利亚。澳大

图 23 袋鼠

　　袋鼠是有袋动物，主要分布在澳大利亚大陆和巴布亚新几内亚部分地区。袋鼠
是跳得最高最远的哺乳动物。它们用下肢跳动，奔跑速度非常快，可达 50 千米 / 小时。
袋鼠的尾巴有非常重要的作用，在休息时可以支撑在地上，与下肢一起起到平衡身
体的作用，还是重要的进攻和防卫武器。雌性袋鼠身体前长有育儿袋，雄性则没有。
袋鼠幼崽出生后只有 1 粒花生米大，进入育儿袋中吮吸乳汁，直到能够适应外部世界。

利亚大陆曾经是有袋目动物的天堂，直到高等哺乳动物来到那里，而高
等哺乳动物是在澳大利亚板块漂离亚洲大陆很久之后才来的。澳大利亚
原有的有袋目动物沿着不同方向演化为高等哺乳动物，于是今天的我们
看到了植食动物袋鼠、食肉动物袋狼、近似啮齿兽的袋熊以及酷似鼹鼠
的穴居动物袋鼹，还有多种自带"降落伞"的动物，其膜翼类似于啮齿
目动物鼯鼠。

　　就牛、羊、猫、犬、鼠、兔一类的普通哺乳动物而言，胎儿是通过母
亲子宫孕育的，因此，在出生前，孩子与母亲长期共存，并且胎儿与母体

通过胎盘相连。在有袋目动物中，大概只有袋狸鼠等极少数动物是有胎盘的，而其他动物的胎儿则与母亲关系"疏远"。比如我们知道的母马，孕期长达 11 个月，而大袋鼠则完全不同，孕期只有短短 39 天。初生的袋鼠幼崽视力不好，身上无毛，体长仅为 1 英尺左右，不过能在母亲的协助下沿着母亲的身体爬进育儿袋。

袋鼠幼崽把嘴巴凑近母亲的乳头，此时母亲的乳头已微微膨胀，幼崽能轻松含入口中。不过，初生的袋鼠幼崽尚不会自主吮吸，只能靠母亲通过肌肉收缩将乳汁喷到嘴里。如果幼崽的气管没有处于鼻管后侧开口的上方，那么乳汁就会被喷入其他器官并令幼崽窒息。这样的生理构造得以让空气直接来到肺部，同时让乳汁直接进入胃部。奇特的是，鲸骨鲸也是这样的，它们在游泳时张着嘴巴，将气管移动至鼻管后侧开口处，另外，它们鼻管前侧开口处也有可以开合的瓣。基于这两个构造，水无法进入其肺部。

在育儿袋中发育一段时间后，幼崽便可以把头伸出来了。它们东张西望的样子甚是可爱。在具有一定自我保护能力之后，它们便可以从育儿袋中跳出来，有危险的时候又钻进去。那进进出出的画面十分奇特。

极少数有袋目动物没有育儿袋。为了不被甩下来，幼崽会紧紧抓住母亲的毛，或者用尾巴钩住母亲的尾巴。对于一部分长有育儿袋的动物来说，其幼崽在离开育儿袋后也会时常挂在母亲身上。阿扎拉负鼠没有育儿袋，看上去像猫，曾有人见到一只母鼠背着 11 只幼崽飞快地爬上树，而孩子们则用尾巴勾着母亲的尾巴。由此可见，部分有袋目动物的母子关系其实很微妙，在幼崽出生前，母与子不像普通哺乳动物那般亲密无间，不过在此后的日子里，它们也会因长期生活在一起而变得情深意厚。当然，只有雌性动物会有那个皮囊，这个自不待言。

有一种体形极小的有袋目动物栖息于昆士兰和新南威尔士，它们的名字是小飞行者，体形甚至小于鼠类。它们身体两侧长有连接着前后肢的膜翼，这有助于它们在树枝间掠行，雌性有皮囊且内有乳头4个。不过，麻烦的是，它们的幼崽通常都非常多。初生的幼崽极其小，体长不超过人类小指的指甲。它们可以爬到母亲身上并挂在毛上，但只有在第一时间进入育儿袋才有可能活下去。假如育儿袋只能装4只幼崽，那就意味着只有最先进入的4只幼崽能活下来，其他的很快（大约在几分钟之内）就会死亡。

对于小型有袋目动物来说，幼崽存活率很小并不是什么怪事，甚至可以说很多幼崽向死而生。有人提出，其实可以让幼崽轮流进入育儿袋吸食乳汁，就像一部分大型动物一样。一些大型动物也会面临幼崽多乳头少的问题，例如疣猪，它们每胎能产下6～8只幼崽，但母亲的乳头只有4个。然而，小型有袋目动物还需要面对其他难以克服的困难：一只幼崽会一直"霸占"一个乳头，甚至好几周都不会吐出来。一些实例告诉我们，部分动物幼崽在具备独立生存能力之前是不能离开育儿袋的。

飞行者的困境似乎是一个不该出现在自然界中的问题，那么，我们该如何解释这一现象呢？我们需要从两个方面来解释：第一，动物界中常有例外发生，一些动物的某些适应性正处于调试阶段；第二，体弱及发育不全的幼崽即使没有育儿袋的庇护，也有一些能以其他方式存活下去。就幼崽数量来说，存活率是没有问题的。

有胎盘的哺乳动物

众所周知，普通哺乳动物中的雌性通常都长有胎盘这种颇为复杂的器官，无论是猿类还是猴类，抑或是食肉目中的狮子、食虫目中的刺猬、啮齿目中的野兔、有蹄目中的马和牛以及稍显特殊的树懒、食蚁兽、蝙蝠、海牛等。胎儿通过胎盘与母体内的子宫相连，关系极为亲密，这也是人们

图 24　狮子

　　狮子是大型猫科动物，是现存体重最大的猫科动物，也是世界上唯一的雌雄两态的猫科动物，雄狮有鬃毛，雌狮没有。狮子生活在热带稀树草原和草地上。狮子体形很大，视觉、听觉和嗅觉都很发达，有"草原之王"的美称。狮子是肉食性动物，以捕猎其他动物为食。

常说的"连带关系"。细小的固体物质是无法由母体进入胎儿体内的。一方面，消化所得到的营养物质会融入母亲血液，然后通过母体血液循环进入胎儿血管；另一方面，胎儿体内的物质也会被传入母体。为了适应环境，母亲身体会出现变化，而母子关系也会越来越牢固。

　　除此之外，其他条件也很重要。在充满危机的环境中，如果有必要，初生的幼崽一落地便能行走。例如，刚出壳的雏鸠，当天就可以跑来跑去；马、羊等动物的幼崽也很早熟，通常一生下来就可以走路。草原野驴也是这样，幼崽很快就能陪母亲散步。这也解释了为什么母马的孕期会长达 11 个月，这种情况其实不足为奇。值得一提的是，母马的哺乳期也很短，因为小马天生就喜爱奔跑。牛则大不相同，母亲把幼崽带到隐秘的角落，每次哺乳都能让它们吃饱喝足。

　　鲸的幼崽出生在海洋里，稍作比较便可知为什么海豹比鲸更敏感谨慎。海豹幼崽出生在岸上，太早入水的话会溺亡。母鲸的孕期长达一年，而雌性家兔只用在安全的洞穴里待上一个月。

　　在非洲中部的几个土著部落里，母亲会把婴儿及幼儿背在背上，或者固定在腰部一整天，不管是在耕地、挤牛奶，还是在屋子四周溜达，都会一直带着孩子，幼小的孩子紧贴着母亲的身体，一点儿也不想离开。类似的情况还可以在猴群中看到，猴类母亲总与幼崽形影不离，在树枝间跳跃着，好在父亲偶尔也会帮忙照顾一下，以便让母亲恢复元气。如前文所述，一些有袋目动物也会把幼崽驮在背上，或者放在育儿袋里，然后爬上爬下毫无影响。蝙蝠母亲就更大胆了，即使是在飞行时也会带着幼崽，这个时候幼崽会用拇指紧握母亲胸部，或者用小门牙死死咬住母亲身上的毛。蝙蝠不会生下太多幼崽，这说明它们生活得颇为安全。

　　河马母亲会让幼崽跨坐在自己的脖子上，而它的脖子是浸在水里的。南美洲水豚是我们所能见到的体形最大的啮齿兽，身高和羊差不多，上岸之后，母亲也会让幼崽跨坐在自己脖子上。海牛或儒艮也许是美人鱼的原型，原因可能是海牛母亲和儒艮母亲会用鳍抱着幼崽，样子好似人类母亲怀抱着婴儿。

　　海象拥有巨大的身体，它们的行为也很奇特。海象幼崽出生并成长于海边，而且常常在饱餐一顿后挪动着身体走进海里，然而它们对水还不甚熟悉，所以母亲总会陪它们一起走，然后在危险的时候一把将它们拽出水面，赶回岸上。当然，这种吃饱之后玩水的习惯或许有利于幼崽的身体健康。

　　再来看看鹿的幼崽。在出生几天后，仍然有很多幼崽无法行走。对于这些幼崽，母亲会把它们带到丛林的角落里，距离它们的巢大约有一半的路。不是只有鸟类会筑巢，一些哺乳动物也会表现出这样的行为。巢鼠会利用树叶和麦秆为幼崽制作一个摇篮，不过这个巢有些摇摇晃晃；在洞穴深处，家兔用毛给幼崽做一床褥子；在树枝间或树杈上，松鼠的天敌屈指可数，它们会利用小树枝和青苔为幼崽制造一个足够大且不太隐蔽的巢。松鼠的巢不同于鸟类的巢，不过差异不大，松鼠母亲无须进行孵化工作，但会长期在巢里养育幼崽。如果洞察到危险，例如有樵夫走近，松鼠母亲就会把两三只幼崽转移到安全之处，一次叼走一只。

　　我们可以看到，很多哺乳动物母亲都会不顾一切地保护孩子，哪怕付出生命的代价。如我们所知，熊类母亲会因痛失爱子而发疯发狂。最具母性的当数水獭母亲，它不厌其烦地教育着孩子，让它们学习各种生存的本领，而这个过程是艰辛且漫长的。

负鼠的故事

　　我们已经了解到，有袋目动物曾经遍布美洲和欧洲，如今的美洲只剩下负鼠，厄瓜多尔与哥伦比亚尚能见到少量似鼠非鼠的塞尔瓦负鼠，而只有澳大利亚还栖息着有袋目动物。塞尔瓦负鼠颇为原始，而该科动物原本种类繁多，不过当下只能见到这一种了，可以说它们是活化石。因为适应了在隐秘处生活，所以它们得以逃过同科其他动物所遭遇的厄运。除了生活在树上的负鼠之外，有袋目动物因高等哺乳动物的到来而日渐稀少，如今唯有在澳大利亚还有一席之地，原因在于在澳大利亚漂离大陆板块之前，高等哺乳动物尚未到达那里。在遥远的过去，澳大利亚和亚洲通过爪哇海陆桥相连，后来彼此分离，而澳大利亚的有袋目动物却因此而逃过一劫，那里没有强大的敌人，它们得以繁衍至今，并沿着不同方向演化出了植食动物、食肉动物、啮齿兽、食虫兽等。

　　生活在南美洲的负鼠有二十几种之多，而北美洲只有一种，且只栖息于弗吉尼亚，准确地说是从纽约到佛罗里达，尽管它们一度遭遇捕杀，好在如今仍存活于世。有资料显示，伦敦的一家店铺仅在1911年就卖出了

100多万张负鼠皮；负鼠皮柔软且毛短，在当时需求量很大，而且供不应求。那么，负鼠为什么还能生存下来呢？要知道，它们的肉可是很美味的，美国南部很多州的居民都喜欢吃。

生活在弗吉尼亚的负鼠体形很小，从头到尾只有15英寸长，身上的毛是白色的，但长约1英尺的尾巴上并没有毛。尾巴是它们重要的生活工具，类似于猴类的卷尾，能在攀爬时发挥重要作用。为了保护自己，它们离开地面生活，不过这并不意味着它们放弃了地面生活。它们会凿穴，也会攀登，偶尔会藏到树底，因此很难把它们掘出来。它们还有一大特点是食谱丰富，因而能在激烈的竞争中占据优势。无论是水果、树根、坚果、谷粒，还是鸟卵、雏鸟、幼兽，它们照单全收。它们吃着各种食物，储存着皮下脂肪，在寒冷的冬天安然度日。

坊间有传闻，说负鼠会装死，其实它们也是迫不得已。很多动物都有这样的本能，在突如其来的变化面前动弹不得，就像癫痫发作一般。这种本能有时候能救它们一命，毕竟很多食肉动物不吃死物。"动物催眠状态"则较为高级，一部分动物能激发出这样的状态。在危急关头，例如被吓到、被悬吊、被倒挂的时候，它们会彻底僵住，纹丝不动。关于这种状态，可参见上岸后的蟹、沼泽里的蛙类、蛇、鸡等动物。它们并非刻意为之，而是无法克服这种生而有之的本能，而"催眠状态"可谓是它们的救命稻草。负鼠的假死是更高级别的行为，很多聪明伶俐的动物都有这样的技能，譬如狐狸。尽管如此，这种技能也绝非个体的发明创造，而是一代一代遗传下来的特质。出于本能，有的动物或许会真的晕厥过去，不过那些会装死的动物能一动不动很长时间，直到捕食者松开爪子，然后伺机逃亡，瞬间消失。

弗吉尼亚的负鼠并非珍稀动物，不过它们躲藏得很深，因为鲜有博物学家观察到它们的家庭生活。近来，得克萨斯大学的哈特曼先生通过仔细研究为我们解开了一些谜团。得克萨斯的负鼠会从1月开始进入繁殖期，

2月到来后，大部分雌性的皮囊都已有了小主人。它们的皮囊由表皮凹陷形成，位于乳腺附近。那个时候，幼崽已经在育儿袋中待了一段时间，由此可见，母亲的妊娠期相当短。事实上，它们的孕期短至11天，因此初生的幼崽柔弱不堪。初生的幼崽只有1英寸左右，可以说尚未发育完全。

那么，幼崽要如何进入位于母体外部的皮囊？对于这一问题的解答众说纷纭，但许多主流观点都很荒谬。普通的见解不在可笑的范围之内：母亲会把幼崽一只一只叼进育儿袋，并放在乳头上。曾见过弗吉尼亚负鼠的哈特曼否认了这一观点，并指出母亲会把初生的幼崽舔舐干净，然后幼崽会慢慢爬进皮囊，趴在乳头上。不需要母亲出手，它们就可以找到育儿袋。

育儿袋解决了幼崽们的温饱问题和安全问题，这样的日子大概会持续两个月。30天后，幼崽就可以来到母亲身体上自由活动了，在母亲行走时，它们会紧紧抓住母亲的毛，有时候也会用自己的尾巴钩住母亲的尾巴，遇到危险或者感到饥饿的时候，它们会钻进皮囊。要不了多久，母亲就会给它们断奶，并会在不久之后再次怀孕。通常情况下，雌性负鼠一年可以生产两次，乳头位于皮囊内，相对较大，约为13个，而幼崽数量一般不会这么多，多数时候为7～11只，很少超过13只，如果真遇到这种情况，那么就会有幼崽因为得不到乳汁而夭折。说到这里，我们也就明白了为什么负鼠在遭遇人类捕杀的情况下还能生存下来。除此之外，还有个关键因素不得不提，那就是负鼠母亲具有强大的母性。这与它们一年生产几次没有关系，而在于它们对幼崽的关爱可谓无微不至，而且将持续到幼崽能保护自己为止。

就哺乳动物而言，生儿育女最便捷的方式是产卵，准确地说是含有卵黄的卵，而卵黄富含营养。这是鸟纲和爬行纲动物的显著特征，也是原始的产卵哺乳动物所具有的特征，例如鸭嘴兽、针鼹以及原针鼹这种带刺的食蚁兽。这几种哺乳动物都生活在澳大利亚。鸭嘴兽一次产卵两枚，约有0.6英寸长，外面包裹着厚厚的壳，孵化工作在洞穴角落里进行。原针鼹一次产卵一枚，产出后置于身体外部的皮囊中孵化。早期的卵类似于爬行纲和鸟纲动物的卵，呈椭圆形，胚附着在卵黄上方，以吸收卵黄营养维持发育。卵也是需要"呼吸"的，这一点无异于鸡蛋和鳄鱼卵，外壳上有许多孔，紧贴在壳上的膜布满了血管，透过外壳，氧气慢慢渗入，呼出的气则渐渐渗出。和雏鸡一样，小生命在经过孵化后破壳而出。它们利用口部的锥形突起以及上唇内侧中间所长出的卵齿凿破外壳，然后挤出身体。多么神奇啊，作为哺乳动物的幼崽，居然以爬行纲祖先的方式降生。初生的幼崽睁不开眼，浑身无毛，鸭嘴兽幼崽有 0.6 英寸长，原针鼹幼崽有 0.5 英寸长。不过，刚出生的幼崽知道怎么吸食乳汁，并靠这样的方式成长。

我们知道，蛇在产下卵后会把卵埋到温热的沙地里，之后就不再关心了。相对来说，产卵哺乳动物至少在以下两方面是领先的：首先，它们会照顾卵；其次，它们会照顾幼崽。需要强调的是，并非所有爬行动物都不进行孵化工作。而且，最优秀的孵化者是鸟类，而不是产卵哺乳动物。

在哺乳动物中，有袋目动物处于演化过程的第二阶段。它们产卵，但卵中没有卵黄，好在母子在胎前期尚未分离。大量实例告诉我们，它们的卵构造简单：一个不带卵黄的卵囊通过血管与母体相连，同时流质食物和气体可渗入。袋狸母子在胎前期的关系较为紧密，因为雌性袋狸长有胎盘，就像普通哺乳动物那样。因为早产，有袋目动物的幼崽通常都十分虚弱，有的甚至还不知道怎么吸食乳汁。那么，它们是如何克服这个困难的呢？通常情况下，它们会在育儿袋中继续发育。

对于普通哺乳动物来说，它们的卵没有卵黄，发育过程在母亲子宫中进行。在尝试过各种方式后，大自然最终给胚胎送上了富含营养且构造复杂的胎盘。通过胎盘，母亲与胎儿间的连带关系得以建立。胎儿会在母体内发育很长一段时间，然后才会来到体外。此后，母亲的工作便拉开了序幕，哺育、保护、教育，一个都不会落下。众所周知，这就是哺乳动物身上的闪光点。

THE
OUTLINE
OF
NATURAL
HISTORY

第十七章

鸟类的故事

  哺乳纲和鸟纲是脊椎动物里最高级的两类。它们的演化方向不同，因此并无高低之分，不过考虑到人类是哺乳纲动物，所以哺乳纲一般都排在鸟类之前。说鸟纲动物是"无冕之王"，恐怕没有人会反对，无论是其骨骼还是肌肉，视觉还是听觉，血液系统还是呼吸系统，都与哺乳动物旗鼓相当。

  或许有人会误以为鲸和蝙蝠不是哺乳动物，但绝不会有人认不出鸟类来。羽毛、两足、恒温、产卵，无不是鸟类的精准标签。所谓恒温指的是，不管在什么时节，白天还是夜晚都维持相同的体温，而恒温动物除了哺乳动物之外就只有鸟类了。绝大部分鸟类都会飞，而非洲鸵鸟、美洲鸵鸟、鸸鹋、食火鸡、几维鸟以及南极企鹅等因为翅膀不够发达而只会行走和奔跑。

  鸟类的习性非常有趣，它们是真正意义上的智慧生物，并且拥有天生的本能。另外，值得一提的是，它们身上还具有另一种突出特征，即个体通过后天学习获得的行为习惯，要知道，很多鸟都具有很强的适应能力。

鸟类的感知

鸟所表现出来的聪明才智有赖于其超凡的视觉能力和听觉能力。人们欣赏海鸥的敏捷和精确，例如在船尾的水花中掠食饼干。鹰矗立在山巅环顾四周，搜寻着雏鸟和小型鸟，目光机警且锐利。它们居高临下，一见到猎物便会以迅雷不及掩耳之势从天而降。秃鹫总是成群地待在动物尸体旁，它们视觉发达，嗅觉欠佳。一只秃鹫发现了一只跟跟跄跄的哺乳动物，飞下来捕捉。看到有同伴向下飞去，另一只秃鹫也跟了过去。如此这般，第三只、第四只……空中的秃鹫陆续收到了消息，一只只接踵而至。朗费罗将这一景象描写为厄运连连：

> 空中的秃鹫，看到了沙漠中的猎物，毫不客气。
>
> 那头野牛生了病，还受了伤。
>
> 另一只秃鹫，看到了同伴的降落，紧随其后。
>
> 第三只秃鹫，不知从何而来，跟在第二只的后面。
>
> 黑点化作猛禽，空中满是翅膀，
>
> 灾祸降临了，一个跟着一个。

与视觉相比，听觉虽然稍逊一筹，但鸟类只要听到树枝间的轻微响动，例如树枝断裂的声音，便会赶紧飞走，或者发出信号提醒同伴。就像我们所听闻的那样，听觉发达的鹅在夜里听到了异响，纷纷发出信号并因此而拯救了罗马城。很多鸟类都会发出信号，因为它们的听觉十分敏锐。

鸡雉、鹧鸪、麦鸡、红脚鹬等生来就能走的高等鸟类拥有极为灵敏

图 25　秃鹫

秃鹫是大型猛禽，常单独活动，偶尔会组成小群体活动，以大型动物的尸体为食，有时也会攻击中小型兽类和鸟类，有时甚至会攻击家禽。

的听觉，而这对它们来说是至关重要的特征。它们一生下来就能识别出父母所发出的某种特殊声音，并立刻警觉地缩起身子，一动不动。出生仅两三个小时后，它们就能运用这种本领了。不过，那些由继母抚养的雏鸟则无法辨听出继母的信号，无论继母如何提醒都无动于衷。这说明鸟类有能力分辨不同声音，如我们所知，一些听觉发达的犬类可以听出主人汽车的喇叭声，哪怕相距甚远，也不会听错，除非有汽车能发出一模一样的喇叭声。在研究了鹧鸪的听觉之后，我们对"动物行为"有了进一步的认识。鹧鸪的雏鸟会无条件地听从父母的"命令"，但这并不代表它们就开始明白蜷缩不动的意义。它们的神经系统和肌肉组织从一开始（和遗传有关）就能针对某种特殊声响做出应激反应。显然，这与智慧、聪明之类的特质无关，要是这么想就大错特错了。这是它们的本能反应，而非后天习得的行为，说起来颇为神奇。

鸟类的其他感觉器官都不太发达。凡是身覆羽毛的动物都不可能拥有灵敏的触觉，甚至可以说，在成熟之后便失去了触觉。不过，某些鸟类会用喙敲打物体，或者在吃东西时先用喙试探一下，而不是用眼睛看一看，由此可见，这类鸟的喙颇为敏感。山鹬常在湿润泥土中捕食蚯蚓，其喙的尖端带有很多神经末梢；鹬鸟的喙也是这样的。对于目不可及的食物，例如藏在泥土里的蚯蚓，它们是通过触觉来捕捉的。

鸟类的味觉不太好，原因在于它们吃东西的时候不会咀嚼，而是一口吞下。不过，据资料显示，鸡雏很快就能发现哪些毛毛虫不好吃，从而弃之选择其他，雏鸭在经过一次尝试后便不会再碰那些皮肤有毒的蛙类。

我们不太清楚鸟类的嗅觉到底怎样，包括黑鸟、鹊和其他一些夜行鸟类。我们也不太了解鸟类是如何感知温度、气压以及保持平衡的。有动物学家提出，候鸟是因为受到"某各种磁力的吸引"，才会集体远飞且始终保持正确方向的，但这种说法有待考证，之前的实践论证都未能成功。如我们所知，候鸟会飞到温暖的地方过冬，然后还会飞回靠北的繁殖地，至于它们是如何做到的，我们不得而知，也不能断言它们"能感知方向"。总而言之，视觉和听觉是鸟类最重要的两个生存工具。

鸟类的行为

假如一个孩子第一次骑自行车就能成功的话，那么我们或许可以说他天赋异禀。然而，天赋异禀的人类并不多见，鸟类倒是更多一些。白骨顶雏鸟第一次下水便能自由游动，而大多数水鸟也是这样。它们拥有游泳的天赋，但这不代表它们一出生就亲水。这种情况在河鸟（鹪鹩的亲戚）身上表现得尤为突出。它们的游泳本领并非天生就有，雏鸟是在被推下水后才领悟到其中的奥妙。生活在悬崖峭壁上的海雀出生在高达300英尺的海中岩石上，在雏鸟首次入水时，父母不得不采取引诱或威胁的方式来引导它们，甚至还会把它们推下去，当然，有时候也会耐心指导一番。凤头䴙䴘母亲会把雏鸟托在背上，入水后再把它们放下来，并帮助它们浮起来。鸟和蜂的行为可谓天差地别，主要区别在于鸟类缺乏天赋（或者说本能），而学习能力相对更强。就像我们所说，它们天生就会游泳。鸟类的天赋还体现在飞行、潜水、啄食、抓挠、潜伏、隐藏等方面，至于其他的能力，雏鸟只能后天习得。通过实验室观察，摩根教授发现雏鸡在往外跑的时候丝毫不会理睬母亲的呼唤。它们在口渴的时候会从沾有水的指尖上取水喝，却不明白水是用来解渴的，并会忽略所经过的水盆。后来，出于偶然，它们啄了啄水盆里的足趾，这才反应过来这正是它们所需的东西，然后一顿猛喝，就像普通雏鸡那样。后来还发现，它们会用嘴啄食一些红色的毛发，大概以为那是蠕虫。由此可见，母亲的教育有多么重要。值得注意的是，它们尽管会犯错，但绝不会一直犯错，对于错误的食物，例如红色毛发、乏味的毛毛虫等，只需一两次尝试，它们就能明白问题所在了。

摩根教授将两只松鸡和其同类隔绝开来，并对它们进行了观察。它们生来就会游泳，也就是说，游泳是它们的一种本能行为，不过它们不会潜水，不管是在池塘中还是在溪流里，不管水域是大是小。诚然，潜水和游泳不是一回事。一天，他把一只9个月大的松鸡带到约克郡，让它在一个溪边池塘里游泳，此时来了一只小狗，在岸上不停地叫，后来还下水对松鸡紧追不舍。"没过多久，松鸡潜入水里，忽地消失不见。过了一会儿，它浮了上来，把头伸出水面四处张望。"在此之前，它从未潜水成功过，但这次的表现非常不错。两个月以来的游泳练习令它受益匪浅，但它的确不是天生就会潜水的。在听见犬吠及看到小狗后，它的神经系统发出了应激信号，它受到了惊吓，感觉到了身边的危险。在本能驱使和智慧的作用下，它终于钻进了水里。

从静谧的树林深处传来了画眉制造的声音：它正在石块上啄蜗牛壳。它们偶尔还会留下些进食的痕迹——一堆破碎的蜗牛壳。这让我们联想到对人类史前文明进行研究的学者们所说的"贝琢"，简单来说就是一堆贝壳。画眉常会表现出一种奇特的行为，类似于对工具的使用，那么，这种行为是出于本能，还是通过后天学习所掌握的呢？皮特女士在其著作《花园里与篱落间的野生动物》中为我们提供了答案。她在自己喂养的一只画眉雏鸟面前放了几只林蜗。雏鸟一开始并未在意，直到一只林蜗抬起了头，并缓慢爬行起来。它开始用喙啄那只林蜗的角，林蜗受了惊吓，缩进壳里。一天天过去了，在尝试多次之后，画眉的行为越来越大胆。它衔起林蜗，然后松开嘴，让林蜗掉到地上，不过这还不能被称为进步。第六天，它开始像啄蚯蚓一样啄林蜗，并不断叼起林蜗将其扔到石头上。它不停地尝试着，最后做出了决定，花了 15 分钟时间把林蜗的壳啄碎了。一次成功意味着以后更多次的成功。对于画眉而言，用喙啄东西是本能行为，但上述实例仍体现了其一定的聪明才智，它解决了难题。与脊椎动物一样，鸟类可以把所见所闻和特定行为关联起来。摩根教授常常给松鸡挖蚯蚓吃，而松鸡也很乐意吃。没过多久，只要他一拿起铲子，松鸡就会跑过来跟着他。如果松鸡会说话，那么它们一定会说："他拿着工具，是在准备给我们挖虫子吃了！"它们把铲子和愉快的经历联系了起来。这种联想能力可以为人所用，以训练鸟类进行一些简单的表演。如我们所知，雀、北椋鸟、鸡雏等鸟类可以识别出卡片上的记号，要是再给它们一些引导，它们还能从一堆卡片中挑出特定的某张。唐纳德曾见过印度织巢鸟，"它十分聪明，对看见的一切都充满了好奇，并且会把东西叼在嘴里。利用这些天赋，我让它学习了一些技能。它拥有极强的学习能力，只要谨慎、耐心地给予指导，不出一个月，它就可

图 26　画眉

　　画眉体长约 23 厘米，眼圈为白色，沿着上缘形成一条窄纹向后延伸，非常醒目。画眉机敏而胆怯，不善远距离飞翔。

图 27　织巢鸟

　　织巢鸟是群居鸟类，经常群体筑巢、觅食，用草和其他材料编织巢穴。织巢鸟的雌鸟羽毛颜色单一，雄鸟羽毛颜色艳丽。

以学会从一堆卡片里找出特定的一张。当我把一枚硬币扔到井里，它能在硬币沉下去之前把硬币叼回来。它的进步令人震惊，无论哪种技能，不出两天便可以掌握。训练的第一步十分关键：让它明白摊开手掌代表'食物'，握紧拳头代表'不是'。这是后续训练的基础，只要掌握了，后面就水到渠成。织巢鸟拥有发达的大脑，它们既聪明又矫捷。这种鸟不仅天赋异禀，而且能够将事物与大脑所收到的其他信号联系起来，因而能快速掌握各种技能。"

博物学家经常利用迷宫——类似于汉普顿宫的迷宫，但更简单，来对动物进行测试。结果显示，雀、椋鸟及鸽等鸟类有能力习得实验所涉及的技能。在掌握这些技能之后，成年鸽子的记忆时间不少于一个月。

我们应该如何看待鸟类的一系列行为，例如储存食物、处理食物、筑造巢穴、哺育幼崽等？如前文所述，很多实例证明，它们天赋异禀，或者说它们具有某种本能。"本能"一词所指不仅限于它们所采取的一系列行为，例如筑造巢穴所表现出的一连串行为，也包含那些并不负责的举动，例如不同的捕食方式等。除本能行为外，鸟类还会通过试错的方式来探究事物与技能之间的关系，并进行运用。在它们眼中，一只浑身无毛、肉质细腻多汁的蝎子代表着"快追呀"；而除了杜鹃之外，其他鸟类见了毛毛虫就会意识到"算了吧"。这些都是后天经验。当然，除了发掘事物间的联系之外，父母的引导和自身的模仿也很重要。总之，鸟类确实是一种聪明的动物，能分辨不同事物的不同状态，并做出简单的决策。

我们在鸟类身上可以看到混合了多种不同类别动物习性的生活状态，并能对这些类别做出区分。举例来看，啄木鸟的雏鸟天生就会啄开果壳取食果仁，这种行为令人称奇，乍看起来像本能行为，如同白骨顶雏鸟生来就会游泳。或许是为了能进一步解释这种行为，人们将其归为智慧行为。实际上，上述两种观点各有依据，但都是错误的。原因在于我们发现，啄木鸟母亲会把枞果叼到雏鸟跟前，先啄破一半，再让雏鸟继续啄。毫无疑问，教育和学习是一个循序渐进的过程。

白嘴鸦

人们普遍觉得白嘴鸦和鹦鹉是鸟类中最聪明的。它们喜欢聚在一起叽叽喳喳地交流。这两种动物的大脑都十分发达，或许是因为它们向来都很合群。不过，作为白嘴鸦的亲戚，乌鸦和渡鸦的大脑也很发达，但它们却总是独来独往。在白嘴鸦的欧洲亲戚里，只有寒鸦是独居动物。在我们看来，白嘴鸦的性情和鸦类迥然不同。

聚众而居和能说会道的动物多半都很聪明，也很机智，因为这些属性是互为基础的，更何况，自然界的信条之一便是"既已拥有，物尽其用"。那么，我们就来看看白嘴鸦的其他情况吧！

2月是白嘴鸦的交配期。雄性白嘴鸦会精神抖擞地走到雌性面前鞠躬作揖，并展示其羽翼和尾翼。如怀特所说，"在交配期里，白嘴鸦总是开心地唱着歌，但失败总是常有的事。"在其他时节，如果心情愉悦的话，它们也会精神抖擞地鞠躬，或者开开心心地歌唱，不过在交配期会表现得尤为明显。它们还会表现出另一种有意思的行为：雄性会给心仪的雌性送上礼物——美食或其他东西，雌性要是觉得对方还不错，就会欣然接受礼物并表示感谢。它们一生都在践行一夫一妻制，不过年年都会如此表达爱意。

3月初的时候，气温还比较低，但白嘴鸦却已经开始着手筑巢，有时候会将旧巢翻新，整理得干干净净。它们会争抢小树枝，在必要的时候还会偷窃。当一只白嘴鸦飞到枯树上采集树枝的时候，旁边通常会有一位同伴替它把风。不久之后，换成后者工作，前者放哨。除了细小柔软的树枝外，它们还会再找些泥土或黏土来加固爱巢。然后，它们会把草、树叶、羊毛等衔入巢内铺好，想来一定很舒服。我们能在同一棵树上看到十几个乃至三十几个白嘴鸦的巢。假如树枝断裂，或者即将断裂，它们会赶紧离开，另觅新址。在筑巢期间，它们夜里会住在栖息处，而栖息处通常远离其群落及出生地，不过到了3月末，当它们迎来产卵期后，就会在巢里安家。

白嘴鸦一次通常会产下3～5枚卵，孵化工作主要由母亲负责，父亲时不时地也会帮帮忙。不同巢内的卵颜色不同，这或许与父母的饮食有关。尽管颜色不一样，但这些卵都是完整的，所以颜色如何并不重要。无论里面有没有卵，它们的巢都很醒目。白嘴鸦的大部分敌人都无法窃取到它们的卵，除了乌鸦。乌鸦是偷盗能手。奇怪的是，白嘴鸦不会阻止乌鸦进入巢内。另外，它们的确不喜欢争斗。这是它们性格中的缺陷，正因这样，它们才会选择聚众而居。

在雏鸟破壳而出之后，父母的任务就繁重了许多，毕竟雏鸟的食量也不小。蛴螬、线虫以及其他小虫子都是雏鸟的食物，所以每到这个时候，白嘴鸦就成了农田里的劳动者。在一开始的几天里，父亲负责觅食，母亲则负责喂食，后来，父亲也会帮着喂食。不过雏鸟似乎更喜欢由母亲喂食，至于个中缘由，我们不得而知。

雏鸟终于可以离开鸟巢了。在首次尝试飞行的时候，它们会异常兴奋。雏鸟还喜欢各种游戏，例如跳跃、打斗、追逐。9月到来之后，一家人从鸟巢回到栖息处，并在那里过冬，有的也会飞到更温暖的地方。白嘴鸦能"说话"，准确地说它们能发出各种具有特殊意义的声音，人类能识别出的有三四十种。我们曾在一个白嘴鸦聚居点分辨出了十种不同的声音，有的代表"树下有动静"，有的代表"有其他鸟入侵鸟巢"，有的代表"我要降落在巢里"，有的代表"我要去田里待一会儿"。在度过了忙碌的夏天之后，它们在栖息处交流心得。埃德蒙·塞卢斯在其著作《鸟的观察》中写道："这声音很杂乱，既粗糙又神奇，代表不同的含义，如庆祝胜利、尽兴畅谈、心满意足、讥讽嘲弄、出离愤怒、悲悲戚戚、痛苦呻吟、气急败坏、各抒己见、尖锐刺耳、悠悠漫长、暗自落泪、捧腹大笑……奏出一首迷乱且聒噪的乐曲。这种聒噪是响亮的、热闹的、嘈杂的。渐渐地，聒噪声越来越小，最后轻柔得如同催眠曲一般。我从未听过如此富有旋律感的喧哗之音，如此精妙的交响乐。"

　　与白嘴鸦有关的研究并不少，且结论与我们的看法一样。它们显然是一种心有大爱的动物。在我们看来，首先，白嘴鸦很漂亮，黑色的羽毛丝滑闪亮，在阳光的照耀下能折射出蓝色、紫色、绿色以及堇菜色，像其他很多努力生活的动物一样，它们也拥有近乎完美的身体曲线，好似流线型的快艇一般。它们的喙是白色的，黑白对比之下，头部看上去尤为美丽。在年满一岁后，它们下颚及鼻孔周围的刚毛便会脱落。按照拉马克派的说法，这是因为它们常常在泥土里挖蛴螬之类的虫子。不过，我们认为这是体质问题，理由是其他一些不挖土的鸟类也会出现这种情况。这种特性是局部遗传的结果，也是成熟的象征。即使是在远处，人们也能通过白嘴鸦喙上的白色认出一只落单者，而不会误认为那是一只独来独往的乌鸦。

　　其次，白嘴鸦拥有强大的飞行能力，其平整的羽翼犹如平稳的船只，而且飞行速度超乎我们的想象。我们曾测算过它们的速度，它们飞向 3 英里之外的峭壁后消失不见，如果观测无误，它们每分钟可以飞行 1 英里左右。

　　除此之外，雄性白嘴鸦会在求偶的时候垂直飞行。另外，如果心情不错，它们会在半空中翻腾，不为别的，只为消遣。它们还能将翅膀半合起来，猛地落在栖息处附近，而这个本领是其他鸟类所不具备的。

　　毫无疑问，白嘴鸦是群居动物，偏爱和同伴在一起生活。它们和寒鸦的关系不错，也愿意生活在有人的地方，而且它们的大多数栖息处都和人类建筑离得不远。尽管它们是欧洲鸟类中最典型的群居动物，不过并未表现出太多的互动性，换句话说，尽管它们聚众而居，可在组织性上表现得不怎么样。对此，可以看看它们对其他鸦类以及入侵者的态度。假如它们的组织性再强一点，那么入侵者是很难得手的，但它们有时候却会选择任由入侵者胡作非为。我们尚不清楚它们中有没有真正的"哨兵",是不是会一起商量迁徙的事宜。有时候,它们也会奋起反抗,但这种情况并不多见。在我们看来,它们宛如教友会派的信徒——善良、温和、软弱,所以它们才会选择群居,认为这样才安全。而白嘴鸦的大多数近亲都独来独往,除了寒鸦。另外,它们特别喜欢三五成群地聊天。令我们感到惊奇的还有它们极富同情心,在同伴被猎杀或受伤的时候,会一起飞过去察看,徘徊良久;它们畏惧枪这种武器,但更关心自己的同伴怎么样了。我们似乎忽视了它们的另一个特性——爱洗澡。是的,它们尤爱洗澡,甚至会在没有水的时候用雪擦拭身体。白嘴鸦是了不起的动物!

在结束这一节讨论之前,再来看看它们的近亲乌鸦。白嘴鸦与乌鸦二者同属但不同类。相较于白嘴鸦,乌鸦的喙更宽,鼻孔上有硬实的羽毛,而成年白嘴鸦是没有的。白嘴鸦合群,但乌鸦不合群,对此,我们无须太过执拗,毕竟白嘴鸦有时候也会在栖息处以外筑巢,而乌鸦在冬天偶尔也会聚集到一起生活。它们拥有不同的噪音。我们还知道一种名为有帻鸦,或者灰鸦的动物,其羽毛呈灰色,被动物学家划分到了鸦类。除此之外,白嘴鸦的亲戚还有性格开朗的寒鸦以及体形相对较大、不太常见的渡鸦。

鹦　鹉

鹦形目动物全是群居爱好者,而且和白嘴鸦一样爱说话。这类动物主要分布于热带地区,特色鲜明,独树一帜,一看就知其类,不会被张冠李戴。很多人工饲养的鹦鹉小如麻雀,但金刚鹦鹉却很大,体长 3 英尺左右。在众多特征里,最值得先了解的是它们的喙:虽然短但很强大,连接着头骨,可以灵活转动,前部逐渐下弯,能啄破果壳取食果肉,也能在攀爬时提供助力。它们的舌头较大,肉很厚实,能够将食物卷进嘴里;第一足趾与第

图 28 鹦鹉

鹦鹉羽毛鲜艳，常被当作宠物饲养，以果实、种子、坚果、嫩芽等为食。

图 29 金刚鹦鹉

金刚鹦鹉是色彩最艳丽漂亮的鹦鹉，也是体形最大的鹦鹉，以果实和花朵为食，食量很大。

四足趾朝后，第二足趾和第三足趾朝前，能紧紧抓住树枝。它们的羽毛光滑又闪亮，而且大多都很艳丽、醒目。关于这一点，也有一些特例，比如折衷鹦鹉，雄鸟的羽毛呈绿色，而雌鸟呈红色，其实它们的色质是一样的，但因为羽毛表层的细小组织不甚相同，所以表现出了不同色彩。鹦鹉通常会把家安在草原上，或者森林里。它们只吃植物，例如花蕊、果实、种子以及富含水分的叶等。最为奇特的是生活在新西兰的奇鹦，它们能很快掌握剔羊腰部的羊毛，并啄食其肉的技术。

鹦鹉的嗓门很大，声音较粗，普遍拥有很强的模仿能力，但能力高低取决于种类、性情及智力。能说会道是不是代表智力超群？事实并非如此，究其原因，人们在训练鹦鹉时会根据需要来教授特定的词汇及语句，以应对特定的场景。著名的鸟类学家夏普先生，曾就职于英国博物馆。他曾经说过一个故事，那个故事是真实的，而且众人皆知。他听一位住在曼彻斯特的友人说，英国北部举办了一场鹦鹉赛事，比赛项目是说话，很多鹦鹉"踊跃参加"，纷纷进行展示，志在获得全场最佳。最后上场的选手是一只灰色鹦鹉，在笼布被揭开之后，它一见到这场面，惊讶地喊道："我的老天，好多的鹦鹉啊！"毫无疑问，它得了大奖。

一位生活在佛罗里达的英国老妇人养了一只灰色鹦鹉，据说十分滑稽，而且特别爱搞怪。这位老妇人的三户邻居各养了一条狗。日子久了，鹦鹉对各个狗主人的呼喊声便了然于胸，还会模仿他们的声音逗那三只狗。三只狗飞快地跑到鹦鹉所在的阳台上，却发现主人不在那里，于是掉头就走，而鹦鹉却趾高气扬地咯咯大笑。当然，恶作剧发生的频率并不高，一天也就一两次。有一天，有客人给了鹦鹉一支火柴，它用喙啄了啄，没想到火柴竟被点燃了。它没有原谅那个客人，并将此事一直记在心里。几个月之后，客人再次到访，它冲上前去，狠狠地咬了那人一口。

鹦鹉会表现出很多颇有意思的行为，我们将选择其中一部分来了解。毕比在其著作《鸟类》中提到，鹦鹉的足和足趾很灵活，类似于人类的手，可以用来攀爬、抓握、取食、戳东西、整理羽毛等，不过行走时不太方便。当它们来到地面，急迫地想要获得某个东西的时候，总是步履蹒跚，看上去很笨拙，而且还时常摔跤。为了更好地行走，它们会张开翅膀，像其爬行纲祖先那样"四足"爬行。

鹦鹉会把卵产在树洞里，就像啄木鸟、鹊等鸟类那样，这意味着这些鸟类是亲戚。它们的卵呈白色，体形较大的鹦鹉科动物通常一次可产出两三枚卵。树洞很安全，成年鹦鹉也懂得如何保护它们的卵，因此产卵数量较少。体形小于普通种类的长尾鹦有时候能产十几枚卵，原因在于它们的保护能力有限，因此必须多产卵。

鹦鹉这种鸟既活泼又感性。据金斯利教授说，动物园饲养的白鹦鹉没有固有的行为，"它们时而用喙和足安静地攀爬，时而紧张兮兮地竖起羽毛，快速地上下抖动头冠。前一秒还在轻声演绎着柔和的'郭恰托'，后一秒又大呼小叫，似乎是受到了惊吓。令它们一惊一乍的原因通常都很简单，例如不喜欢某些人的模样或所佩戴的饰物"。

鹦鹉是喜欢玩闹的动物，其中最具代表性的当数栖息于新西兰的鸮鹦鹉。它们生活在洞穴里，胸部没有龙骨，而龙骨本应是鸟类的必需品。赛斯指出："它们的游戏与众不同，从屋子的一个角落冲到我手上，用喙啄，用爪挠，还会翻跟斗，然后又冲回原来的地方，再来一次、两次，很多次，就像小猫似的。"它们喜欢逗乐，常常在猫狗面前假装愤怒，接着又笑个不停。

啄木鸟

为了进一步了解鸟类的习性，让我们再来看看啄木鸟的生活。啄木鸟种类繁多，在部分地区十分常见，例如北美洲森林和欧洲密林里。不过，就算人们能听到它们啄木的声响，也未必能看到它们的身影，哪怕站在树下认真寻找。它们是隐秘者，你来到这边，它们就躲到那边。

显而易见，啄木鸟是树栖动物。它们的足趾带爪，且十分有力；足趾很长，构造怪异，有两个足趾是朝前的（第二足趾和第三足趾），有两个是朝后的（第一足趾和第四足趾），这一点与杜鹃、鸮、鹦鹉等一样，想必它们已经经过若干次演化。最为关键的是，它们的足趾是可以伸展开来的，很适合用来紧握树枝，也有助于平稳地连跳、攀爬以及使劲啄木；它们可以轻松地把自己固定在树干上。当然，万事没有绝对，我们在欧洲和美洲常见到只有三个足趾的啄木鸟。

啄木鸟的环境适应性还体现在其强大、有力、不可或缺的尾羽上。大部分啄木鸟的尾羽都带有坚实的羽轴和坚硬的甲羽。在啄木的时候，它们会把尾羽末端支在凹凸不平的树皮上，让身体尽量贴近树干，以免掉落。尾羽上的犁头骨很宽，足以支撑其行动需求；喙很尖，呈锄形，坚硬无比，是啄木时不可或缺的工具；与之相连的头骨也很结实。如我们所知，鸟类的前肢已经演化为翅膀，所以它们选择用头部，而非足趾来替代消失的手。对于啄木鸟来说，头骨就是一种工具，能承担至少三四种工作。在树干里找虫子或蛹的时候，它们会用喙啄破树皮。它们最喜欢喝甘甜的树汁，在取食时会用喙在树干上啄个洞。它们把橡实放到石头缝里，然后用喙啄破吃掉。它们在树干里安家，巢也是用喙啄出来的，当然，这项工作由雄性负责。当它们开心或警觉的时候，都会在树干上啄个不停。总之，它们的很多工作都离不开坚实的头骨。

啄木鸟的舌头最令人称奇，又长又细，舌尖带钩，覆有黏稠的唾液，很利于捕食昆虫。它们的舌头很灵活，伸缩自如，速度极快，因为舌部肌肉很长，尤其是绿啄木鸟，其舌部肌肉与两根又弯又长的骨头（舌骨的两个角骨）相连，角骨在舌后上方，沿着器官两侧向上及向前延伸，在两个凹槽处伸向头顶，直达鼻腔。毕比在描述北美洲金翼啄木鸟（又被称为"突袭者"，且鸟如其名）时写道："当它们的舌头伸出来时，其后端会从鼻腔移开，迅速伸向头骨上部，直至无法延伸。"它们的舌头可以伸出喙尖外两三英寸，收缩速度比伸展速度快，因此蚁群在遭遇金翼啄木鸟后通常都会全军覆没。

演化从未停止过，就像我们从这些微小的生物学案例中所见到的那样。通过解剖可以看到，绿啄木鸟的舌骨骨角几乎和鱼类的第三对鳃弓一样长。这些生理构造均演化自远古时代，具有完全不同的功能，可谓变幻莫测啊！

一些种类的啄木鸟偏爱树汁，喜爱的程度甚至超过了昆虫，不过它们的舌头上没有倒钩，更像是一把刷子。生活在加利福尼亚的一种啄木鸟拥有十分奇特的饮食习惯，对此，里特教授等人曾认真研究过。它们会把成熟的橡实叼进树洞收集好，慢慢吃——先啄破再进食，或者储藏起来。人们有时候能看到某个树的树洞，或者啄出的穴里全是橡实，数量多达好几百颗。它们之所以总会把橡实带到树洞里啄破后再吃，是因为之前就在树上啄好了洞，并习惯储存食物，这是一种进步的表现。有时候，它们收集起好几百颗橡实却不享用，对于有储藏倾向的动物而言这是很正常的事。那些橡实一部分会被松鼠等其他动物"偷走"，一部分会慢慢烂掉。

在鸟类中，具有储藏倾向的鸟少之又少，不过啄木鸟的储藏行为自有其合理之处，是一种出于本能的尝试。人们总觉得，进化是一种历史，实际上，进化也属于当下。进化的迹象在啄木鸟身上尤为明显，我们可以看到它们如何将那又软又卷的舌头送入树枝，以便于附着食物。有的啄木鸟爱吃虫子，有的爱吃果实，有的爱喝树汁，有的什么都吃，有的正在选择，有的已拿定了主意，还有的口味善变，换来换去，但勇于尝试，比如生活在加利福尼亚的那种啄木鸟。生理构造的改变就像一张王牌，能带给动物们某种生存优势，从而推动其演化的脚步。

现在，我们终于可以解释为什么善于储藏的啄木鸟有时候会犯下不该犯的错。这些行为与智力、关注力等无关，只是一种无法克制的本能，所以在储藏食物的时候，它们并未意识到这种行为有多么重要。那么，它们犯了些什么错呢？它们不仅会收集橡实，也会收集其他坚硬的食物，譬如坚果、杏仁之类，这或许算不上"自欺欺人"，但要如何解释其收集石子的行为呢？如我们所知，本能行为往往是没有目的的。有时候，啄木鸟会把橡实扔进拿不出来的小洞。对于生活在英属洪都拉斯的一种啄木鸟，帕克的描述是这样的："我在一棵松树上发现了一个直径为 6 ~ 8 英寸的树洞，深达 20 英尺，里面满是橡实，而那个树洞距离地面大概 20 英尺。"这种情况很常见，那些橡实或许已经积攒了好几年。由此看来，啄木鸟的储藏行为还有待进一步进化啊！

英国啄木鸟的巢令人叹为观止。它们用喙敲打着树干以确认树是否中空，它们——通常是雄性——沿着树皮的横纹开凿，啄出一个小门，动作很快，越来越多的木屑落到地上。树干被啄去几英寸厚之后，一个呈圆柱形、约 1 英尺深的树洞便横空出世了。然后，它们在树洞底部铺上一层木片，雌性把卵产在上面。卵的数量通常是 5 枚，呈白色，光滑润泽，卵很白，巢很暗，很是好看。到了 5 月，雏鸟出壳，全身无毛，弱不禁风，只能在巢里蹦跶。后来，它们渐渐长出了稀疏的羽毛，看上去有点像小刺猬。要不了多久，它们就能爬到门口，等着父母来投食。对于有雏鸟的巢来说，或许腐烂的树是一种保护，但腐臭味会日益加重。再后来，它们会来到树枝上小憩，或者调整好状态准备飞行。

鸟类的飞行

对鸟类的日常飞行进行观察，可以看到它们的翅膀一开始是竖起来的，我们还能听到鸽子飞行时所发出的振翅声。接着，它们会向下、向前振翅，然后向后，再向上，直到两个翅膀碰到一起，或者大概碰到一起。几百年以来，人们总认为鸟类的飞行姿势像是在划船，这种看法总体来说是对的，鸟类的翅膀就像船桨一样在划动。不过，需要强调的有两点，第一，船在水面上是呈漂浮状态的，而鸟类必须通过不断振翅来避免下坠；第二，船桨的运动大多是向后的，而鸟类的翅膀却很少直接向后。船桨通过将水向后推动来支持船的前行，而鸟类的翅膀则通过将空气向下、向后推动来支持飞行。

鸟类的飞行或许更像游泳。向下划动能让游泳者上浮，向后划动则能前进。鸟类并不会如我们想象的那般经常向后挥动翅膀。在飞行过程中，最难的是张开翅膀向下推动空气，但它们不得不通过向身旁的空气施压来完成这一系列动作，换句话说，鸟类是通过与空气对抗来实现悬空和飞行的。对于翅膀较大的鸟类来说，振翅频率越低，翅膀较小则频率越高。就每分钟的振翅频率而言，鹳是 180 次，乌鸦是 180～240 次，野鸭是 540 次，雀是 780 次。当飞行达到一定速度后，它们会稍微轻松一些。

鸟类有时候会"漂洋过海"。有资料称，有些鸟能在船只的"帮助下"飞越大西洋，但这很难去验证，我们无法确定那是几只三趾鸥的英勇事迹，还是别的鸟。

滑翔是另一种层面上的飞行，而鸟类的滑翔姿态尤为优美。诸如海鸥等翅膀较大的鸟类在达到一定速度后便无须振翅而飞了。它们展开翅膀，开始滑翔，倾斜下降，不用振翅。在越过岩石山顶，朝大海飞去的时候，如果遇到逆风，它们就会顺势飞离悬崖，展开翅膀但不拍打，以滑翔方式攀升，就像风筝似的。如果没有风，滑翔便无法实现，因为高度和速度都不够。鸽子从高处向下飞时通常都是在滑翔，并在坠落地面时及时停下。更令人惊叹的是，鹰为了抓住小型鸟类会选择速降，要是没有成功，便会顺势滑翔飞升，果断又自如。我们常常可以看到，鹰在离开地面几英尺后仍然很少振翅。

信天翁

信天翁体形很大，甚至比鹅都大，翅膀展时的长度可以达到 11 英尺 4 英寸。它们是优秀的飞行者，只是在吃得太多的时候飞不了太高。飞行对于它们来说是一件既轻松又惬意的事情。在一年之中，它们有半年时间盘旋在洋面上，剩下的时间则多半用来孵化与保护雏鸟。

黑眉信天翁栖息于北方，最远可至英国及加利福尼亚，有的会出没于北方洋面之上，但这一属通常都来自南方。阿房鸟是《古舟子咏》里提到过的一种鸟，舟子曾用弩射杀了一只，并将其围在脖子上。它们主要生活在南方，与大多数南方海鸟一样，它们的翅膀很长。阿房鸟的字面意思是"被放逐的英雄"。作为特洛伊战争中的英雄人物，狄俄墨得亚被放逐后化身为鸟——或许是海鸥的亲戚管鼻䴙，其名意为"笨拙的鸥"。

众所周知，信天翁会"御风而行"，或者说翱翔，这是最奇怪的一种运动方式，信天翁也因此名扬四海。弗鲁德曾表示："（它们）在空中盘旋，围绕着某只船，时而远观，时而近飞，如同技艺娴熟的滑冰健将在一尘不染的冰面上滑行。它们表现得异常轻松，哪怕是盯着它们看，也很难看到它们大幅度的振翅。"在围绕船只翱翔的时候，它们的轨迹是椭圆形的，并且可以保持 30 分钟不用振翅，只需一阵阵微风拂过。在很多动物学家看来，它们的这种本领有赖于不同高度的气流所产生的不同风速，顺风低飞时加速，逆风侧飞时减速，将运动力转变为位置力，和人类近代的研究发明——"滑翔机"的原理类似。

在翱翔时，它们的振翅幅度很小，不易被人们的肉眼发觉，就像船员在用船桨末端飞快地点水。莫里斯教授是这种特殊理论的支持者，并在其著作《神奇的博物学家》中写道："我认为，信天翁的振翅速度超过了人们的想象。它们跟在船只后面，翱翔很久都不用拍一下翅膀，但通过认真观察可以发现，它们的翅膀总在快速且轻微的振动，如果不是平视，极难察觉。毫无疑问，这种高频的振动，尽管振幅很小，却能够带来很大的驱动力。"

信天翁主要捕食贴近水面游动的鱼类，因此，如果遇上暴风雨，它们便会陷入困境。严格来说，它们算不上潜水鸟，入水动作很不协调，而且再次起飞时需要在水面上扑腾十几英尺的距离。它们很乐意漂浮在海面上，并拥有足够的力量来游泳，因为它们的足上长着蹼。由于有时候可能找不到食物，因此它们在能找到食物的时候会疯狂进食，以免此后挨饿，然而要是吃得太多，它们就会飞不起来。

见过信天翁的人一般都不会认为它是一种漂亮的鸟。尽管这取决于生存环境，但我们还是认为，其身体的各个部分都不怎么好看：翅膀长度和身体长度很不协调。另外，据我们所知，在船只上方盘旋的信天翁大多未成年，因为它们的羽毛是褐色的，而且不太干净。它们是群居动物，也是岛屿动物，有的住在高地，有的住在低地。一种生活于特里斯坦—达库尼亚群岛的信天翁住在一个距离海面8000英尺高的火山口附近，还有人迹罕至的岛屿山顶上。它们的巢大多不够隐蔽，常常被发现。例如，我们在中太平洋莱桑岛上看到了很多白信天翁的巢，足以装满一辆空中吊运车。人们把它们的卵装进船里，运往制糖或制造蛋白的工厂。阿房鸟的卵重达0.34千克，被人们用来做可口的早餐。

信天翁的巢很奇特，距离地面1英尺左右，类似于鼹山，顶部略微下凹，底部由土块、草和青苔堆砌而成，周围有边，宛如托盘，直径为1.5英尺左右。黄嘴信天翁的绰号是"笨拙的鸥"，它们的巢筑得很高，边缘是翻卷着的，看上去犹如开口向上摆着的高帽，里面的凹槽很浅也很小，像个碟子。这种巢的造型或许是为了安放那对长长的翅膀，也有可能是为了防潮以保护里面的卵。

孵化工作由雌性信天翁完成，雄性会从旁协助。当发现有人靠近时，它们会龇牙咧嘴、大喊大叫。假如逼迫孵化中的雌鸟站起来，放在它们腿间皮肤褶皱中的卵便会滑出来。它们的卵通常有 5 英寸长，而那个褶皱就是孵化室。说巧不巧，企鹅也是这样进行孵化工作的。就信天翁而言，孵化时间长达两个月左右，不过这还是观测来的数据，不一定正确。10 月，它们会飞到海岛上，直到次年 3 月末才返回，或许是为了让雏鸟体验一下出海的乐趣吧！另有资料显示，在那几个月里，它们或许一直生活在海岛上。如果真的这样，那么可以看出雏鸟的发育是很慢的，而这主要是为了给以后的海洋生活做好准备。换句话说，信天翁在孵化期会减少活动，无论雌雄。它们在地面上蹒跚前行，完全暴露在外，很容易遭遇不测。水手们将其翅骨制为烟杆，蹼制为烟袋。雏鸟的羽毛偏灰偏暗，与父母完全不一样。成年信天翁的羽毛是白色的，有波浪一般的纹路，翅膀上带有一点黑褐色。这种动物浑身充满了高贵的气质（柯尔律治说这是"虔诚"，那是不准确的），但求爱时却会表现得令人捧腹。对此，莫里斯是这样写的："雌鸟在巢内休息，雄鸟来到它身边，竖起翅膀，伸出尾巴，抬起脑袋，或平伸着脖子高高摆动，嘴里稀奇古怪地叫着。雌鸟以相同的'语调'与之交谈，看上去颇为热情。诚然，它们认为这是一种迎合，而世间万物恐怕都会有感情上的弱点吧！"

综上所述，鸟类的飞行可以分作三类：第一种是正常的飞行，在空中振翅而飞；第二种是滑翔，类似于人类的滑翔机；第三种是翱翔，难以描述及理解的一种飞行。云雀在翱翔的时候，翅膀会飞快地上下振动，而不会向后击打，就像踩水直立一样，不存在前后运动。

鸟类的迁徙

很多动物都会迁徙，尤其是鸟类。它们经常背井离乡，去往别处觅食和休整，如同潮起潮落，春来北飞，秋来南下。

栖息于英国北温带地区的鸟类一到冬季便踪影难觅，麻雀、白嘴鸦、欧斑鸠等很多鸟类都飞到了温暖的南方。春暖花开之时，它们又纷纷北归，欢快地鸣叫起来。在北半球，这类迁徙并不鲜见。

迁徙可分为不同等级。入秋之后，麻鹬由蛮荒草原飞往临海低地；燕从英国飞到非洲最南端；麦鸡离开了苏格兰北部，去往爱尔兰北部，那里的冬日气温更高一些；弗吉尼亚的雎鸠飞到了美洲中部。生活在太平洋地区的黄金鸟大部分时候都住在夏威夷群岛上，那里距离其原住地有两千英里之远，在飞越太平洋时，它们还会特意向北飞去，来到阿拉斯加产子。

从迁徙角度出发，我们将生活在北温带地区的鸟划分为五种。第一种是夏季候鸟。春天一到，它们就会飞往夏季栖息地筑巢，而秋天再飞回南方。这类鸟大多爱吃虫子，喜欢鸣叫，包括燕、褐雨燕、杜鹃、夜莺等在内。第二种是冬季候鸟。这类鸟不太多，主要分布于极北地区，喜欢到英国等地过冬，例如欧洲小鸭和红翼燕，它们与鸫同族，不过从不在英国筑巢；雪鸦，有时候会把家安在苏格兰北部地区的高山上；还有多种北方野鸡；等等。第三种是时鸟，数量不多，包括大鹬、小鹬以及部分矶鹬等，在南去北归的过程中会在英国沿海地区暂栖。第四种是半徙者，数量众多，并非完全的迁徙者，只是有一部分会去往别处，另一部分则留守故地。例如英国的田凫和金翅雀，每个月都能见到许多，但有一部分的确会飞到别的地方。有时候，在某个地方的某种鸟类飞去南方之后，其北方同胞会南下暂居于它们的领地。第五种是长居鸟，从不迁徙，例如红松鸡、屋雀、河鸟、欧鸲，它们一直生活在英国。

一言以蔽之，就迁徙这件事来看，分布于北温带地区的鸟类可以被划分为：夏季候鸟、冬季候鸟、时鸟、半徙鸟和长居鸟。

无论是执行孵化任务的父母，还是尚无法出巢的雏鸟，都无法承受阳光暴晒和炎热的气候，因此很多鸟类会迁徙至它们能抵达的最凉快的地方，这不难理解。虽然很多鸟类都已适应了热带地区的气候，不过也有许多鸟类会在春天向北飞去，只为找个凉快的地方安营扎寨。漂鹬之类的鸟甚至会来到极北地区筑巢产子，所以人们很难了解到它们的卵是什么样的。

当春风拂过北半球时，很多鸟儿从南方或东南方一路向北。成年雄鸟最先抵达目的地，并会选择一棵舒适的树作为消夏的据点——假如其配偶不反对的话。成年雌鸟要么和雄鸟同行，要么稍后赶到。幼鸟是最后降落的，它们可能还需要一两年时间才能学会筑巢的本领。

秋季迁徙和春季迁徙的情况不太一样。在有的种群里，最先踏上漫漫长路的是幼鸟，其中还包括很多初出茅庐的小家伙。杜鹃则采用了截然不同的方式：父母先行南下，而且出发时间甚至会比幼鸟们早至少一个月。它们奋力地往前飞去，势不可当，毫不犹豫；它们将孩子托付给友人，例如草地鹨、麻雀等不是候鸟的朋友。对于幼鸟来说，独立完成迁徙是必要的尝试。那么，它们是如何实现这个目标的呢？时至今日，人类依然对此知之甚少。成年杜鹃之所以会提前出发，还因为它们喜欢吃的昆虫正在减少。一部分鸟类时常延迟迁徙，如同拖延症患者一般。它们聚到一起，飞了出去，但很快又落了下来，但在春季旅行中，它们通常都是一副紧赶慢赶的模样。奥特朋曾经提到："美洲禾雀喜欢在春天的月光下和秋日的阳光中飞行。"

迁徙现象已经持续了好几千年，可以说已经是自然界中的一种规律。据资料显示，印度人曾以某种鸟类的抵达时间来为相应月份命名。对于这种规律，古代文献中也有记载："鹈有其时间安排，雉鸠、鹤、燕等也都遵循着时令。"候鸟的迁徙犹如野生植物的花期一般固定不变。由此可见，生物的体质会每年定期出现变化，而这与四季变迁不无关系。犹如不同地方的花开花谢，动物们的迁徙行为会因年份、地点和气候的不同而不同，有的早，有的晚。

候鸟的行为的确是令人吃惊的，不仅仅因为它们会有规律地定期迁徙，还因为它们每年都会按时回归。除了前人所观察到的鹈之外，近来我们还发现很多其他鸟类也会如此，且证据确凿。如果想要验证我们的想法，就需要在鸟身上留下有序的记号，再等到来年看它们有没有返回。在它们的脚踝上套一个轻巧的铝环不失为一个好办法。铝环的接口可以开合，上面写着地址及编号。铝环不能太大也不能太小，鸟类的足骨已发育完好的情况下，在迁徙前给它们戴上。这些铝环不会妨碍它们的生活。1914年，人们在艾尔郡给一只褐雨燕戴上了铝环，并在1918年再次在当地看到了它，并通过脚环上的编号与地点进行了确认，毫无疑问，这四年来，它已经去了四次非洲。另外，1912年，人们在阿伯丁郡给一只燕戴上了脚环，第二年，它飞了回来，而且还回到了其出生地——阿伯丁郡某个教区的农场房屋上。有些鸟类也会在迁徙过程中迷失方向，特别是在暴风雨的干扰下，不过上述事例告诉我们，鸟类通常可以准确地找到目的地。候鸟的回归能力令人惊叹，这无疑类似于能找到家的信鸽。秋天，鸟类会飞到南方或东南方，而它们最终会在哪里落脚呢？又是沿着何种路线飞到那里的呢？有两个方法可以帮助我们找到答案。首先，可以从密切关注者，比如灯塔、船只、海岛、隘口等地的人们那里获取信息。它们可以提供许多见闻，例如在夏末秋初的某天，有一群鸟向南飞去。如今，我们可以看到很多与春季迁徙及秋季迁徙有关的资料。其次，如前文所述，给鸟类戴上铝制脚环，在环上写好地址与编号。如果有人在不经意间射杀或捕捉了戴环的鸟，那么它们一般都会依照地址来信说明情况，尤其是捕获的时间和地点。这样一来，每年的迁徙路线就会日渐明晰。

罗雪登地处波罗的海附近，位于德国和俄罗斯的交界处。那里有一个观鸟站，负责人是西奈曼博士。西奈曼在德国北部给很多鹳戴了脚环，并曾收到捕获者寄来的信件，里面除了有脚环之外，还写有捕获地点及时间的信件。例如，一只鹳在非洲中部的查德湖附近落难，于是他在那张巨大的地图上的相应位置上做了标记；然后是青尼罗河、巴苏陀兰等地，他依旧做了标记。日积月累之下，一份真实档案就问世了。通过这份档案，我们知道了鹳的秋季迁徙路线，从欧洲北部地区出发，途经埃及，沿尼罗河一路向南。人们为很多鸟类都设立了这样的档案，尽管方法简陋，不过的确让我们了解到了那些生活在北温带地区的鸟类春季及秋季的迁徙路线。

再来谈论几条与欧洲有关的迁徙路线。很多鸟类会在秋天飞抵波罗的海南岸，然后一部分向西飞去，另一部分飞向南方，沿莱茵流域行进，飞越地中海，最终在非洲北部降落。西行的队伍先是来到了黑尔戈兰岛，休整一晚之后飞往英国南部地区，然后沿着海岸线掠过法国、西班牙、葡萄牙，再飞越地中海，最终抵达非洲北部。也有直接从欧洲北部飞到南方的，譬如燕。

很多鸟类会选在现在欧洲东部或中部集结，然后一同飞越亚得里亚海，沿着海岸线来到意大利南部，再飞越地中海，借道西西里，抵达突尼斯。另有一些会先到匈牙利、奥地利或德国南部集结，然后经阿尔卑斯南部至意大利北部，再沿着波河流域及海岸线经法国、西班牙南下；或者途经科西嘉和撒丁岛，飞越地中海后南行；又或者借由巴利阿里群岛南飞，最终降落在非洲北部。

迁徙路线绝不是一成不变的。尽管我们目前对这种行为知之甚少，但可以肯定的是，鸟类的迁徙路线有很多。同一地区的同一种鸟会选择不同的越冬地，且路线都颇为复杂，百转千回，各不相同，其中一些鸟的目的地会比其亲戚及同宗更远一些。目的地的远近取决于鸟类的耐力。在秋季迁徙中，一些鸟会在地中海沿岸落脚，而其亲戚或同宗或许会接着南下，来到非洲中部。由此可见，鸟类的迁徙路线极其丰富。

当我们乘船渡海时偶尔会看见低空中掠过一大群鸟。它们铺天盖地地飞过，犹如滚滚波涛，令人叹为观止。云雀、椋鸟、画眉等鸟类常会这样低飞而过，不过大部分鸟类都飞得比较高。最典型的迁徙队伍来自大雁，它们的 V 字形队伍非常常见，也很美观。春季到来后，它们会飞向北方，其飞行速度堪比火车。

飞行员们为我们提供了许多详细的信息，真的很感激他们。通过分析这些信息，我们发现大多数候鸟的飞行高度都不会超过 1300 英尺，很少有鸟类飞行于 3000 英尺以上的高空。雁、鹤、鹳等鸟类已经算飞得很高了。有研究过鸟类的飞行员记录道：就飞行高度来看，有一只燕是 1000 英尺，另一只是 1400 英尺；白嘴鸦群是 1650 英尺；有两只鹳是 2800 英尺；有一只秃鹫同为 2800 英尺；鹤群是 4500 英尺；有一只云雀是 1000 英尺，另一只是 6000 英尺。有报告认为翱翔时的秃鹫飞得最高，不过那是个体行为，迁徙的时候或许不一样。普通鸟类在飞到一定高度时也会出现呼吸不畅的情况，但它们呼吸系统的敏感程度是高于哺乳动物的。

人们普遍高估了鸟类的飞行高度与速度。实际上，通过 4 小时的观测，我们发现信鸽的速度在每小时 55 英里左右。另外，大部分候鸟在迁徙时的飞行速度都约为每分钟半英里。如果以电话两站间的距离为基准，乌鸦的速度是每小时 30 英里，金翅雀是每小时 30 英里，隼是每小时 37 英里，椋鸟是每小时 46 英里。顺风飞行时，鹬的速度是每小时 1 英里，和很多其他鸟类一样，这个速度较平常要快得多。就飞行而言，越快越轻松，所以鸟类通常不会在飞越海峡时休息。不过，哪怕是飞行能力很强的鸟类，例如鹬，其实也不会想要长久飞行，它们秋季迁徙的速度为每天 125 英里，春季迁徙的速度一般不超过每天 250 英里，同时，每天飞行时长通常在 6 小时以内。一只白骨顶可以连续两天以每天 160 英里的速度飞行，一只山鹃一晚上可以飞 250～300 英里。一只雎鸠在 11 小时里能飞 550 英里，一只戴有脚环的欧鸲在 22 天里飞出了 700 英里远，日均飞行 32 英里左右。据说，在加克的故事中记载，一只乌鸦花了 3 小时飞越了北海，其间距离为 375 英里；一只蓝喉雀由埃及出发，一夜之间便飞到了黑尔戈兰岛，它花了 9 个小时，时速达到了两百多英里。这传言和上述事例看上去差别很大。根据近期的观察来看，传言只是传言而已。不过，大部分候鸟的确可以持续飞行好几个小时，且时速达到 30～40 英里。逆风飞行不仅更加困难，而且速度要慢得多。会骑自行车的人都有这样的体验，逆风骑行时的速度会很慢，并且很快就会精疲力竭。

那么，迁徙——在夏季栖居地与冬季栖息地之间来回，这种行为开始于什么时候呢？想要做出回答，需要先了解当地的气候变迁。如我们所知，欧洲北部气候一度比如今温暖一些，因为人们在当地发现了棕榈、木兰等植物的遗迹，而这些植物早就从那里消失了。在较为温暖的日子里，或许英国等地的鸟类要比当下多得多。

当时，对于鸟类而言，住在格陵兰还是格林尼治都一样。随着气候渐冷，冰川时期的到来，北方成了冰天雪地，山为冰山，河为冰河，天气日益寒冷，各处荒芜一片。无奈之下，大多数鸟类朝南方飞去。那些固执地留下，或来不及远飞的鸟纷纷死去，迁徙路上迷失方向的鸟也难逃一劫，唯有机敏者活了下来，并繁衍至今。

夏天到了，冰雪渐融，鸟儿们又回到了山谷中，吃着浆果和蚊虫。这让我们想起斯堪的纳维亚北部鸟类每年所做的事。尽管如此，局面并没有就此好转，整个英国基本上都被冰雪覆盖。所有原本栖息于那里的哺乳动物，无论是穴狮还是穴熊，猛犸象还是毛犀牛都消失了，一部分死在了那里，一部分迁徙到了南方。我们所知道的冰川时期共计四次，之间的三次间冰期相对暖和一些。在我们看来，部分候鸟的迁徙行为可追溯至远古时代，不过无法确定它们是不是会在冰天雪地里做着这样的思考。它们不会像新教徒一样，为了避难而绞尽脑汁，并缓慢地、下意识地开始转移，从而形成了这样的习惯。与其他大多数动物一样，鸟类也会勇于尝试，譬如那些因秋天的到来而痛苦万分的鸟鼓起勇气飞向了南方，并最终成功地活了下来。经年累月之下，尝试转变为一种习惯，伴随它们终身。这或许有些难以理解，不过不得不承认，它们也会为未来考虑。

冰川时期距今已过去了数十万年，而今我们更熟悉的应该是四季变迁。冬天通常是气温低，气候差，光照少，所以果实、种子、昆虫、黑蚱蠊等少之又少。如何与冬天对抗，或者如何逃避它，成了很多动物的心病，而要解决难题，迁徙无疑是最佳方案。这也是动物们选择迁徙的原因之一，看看那些半徙者——不必迁徙却选择迁徙的鸟类，便会豁然开朗。

还有一种观点是这样的：夏末秋初的迁徙行为或许关乎鸟类家庭的发展，无论成对生活的，还是非成对生活的。需要哺育的雏鸟很多，食物却很少，为了解决食物供不应求的问题，迁徙成了大势所趋。总之，鸟类的迁徙与气候变化、食物匮乏、繁殖过盛有关。

人类学家常常用"习俗"一词来形容那些世代传承的、非群体性的、通俗的习惯，例如只喝牛奶不喝别的，或者每年定期外出等。鸟类的迁徙就是"鸟类的习俗"，当然，这种行为与遗传有关，而非后约定俗成。换句话说，鸟类生来就有迁徙倾向和迁徙能力。诚然，它们可以从旁获得相关的暗示，也可以借助自身的敏感性与智力来掌握，但大体上来讲，它们那种"一夜之间改变季节"的能力是与生俱来的，而非从经验中获得。

对笼中鸟进行观察可以发现，尽管人类为它们提供了舒适的生活，但一到迁徙季节，它们就会变得烦躁不安。这说明它们受困于某种习惯，而它们一直生活在鸟笼中，不了解寒冬，也从未远飞。当然，毫无疑问的是，它们的躁动有时候与其近邻的表现有关。我们曾在实验室里借助孵化器成功孵化出了数只黑头鸥，实验目的是测试雏鸟在没有父母与同类协助的情况下会做何反应。作为养父母的我们认为，它们独自成长得不错，尤其是一出生就懂得什么于己有益。面对我们递过去的烟草、试吃纸等无益的东西，它们始终无动于衷。至于迁徙，我们发现，在迁徙季节到来后，它们变得更兴奋了，而且开始试着飞行。在实验室的草场上，它们看到了从阿伯丁飞往温暖南方的同类，并露出了关切的神色。在我们看来，同类的出现激发出了雏鸟的某种本能与动机，以至于它们在某天飞出了心爱的花园，加入了同类的队伍，开启了一段冒险时光。

阿诺德写过一首与鹳有关的诗，讲述了一只被人类捕获的鹳在秋日里得见鹳群一飞而过时的躁动不安：

> 仿佛，一只被孩子们捕到的鹳，
> 被拴在院子里，在秋日中看见
> 伙伴们一群群地从头顶飞过，
> 飞往阳光和煦，温暖如春的陆地或海岸，
> 它想挣脱束缚，随之而去，
> 且长鸣与之诉苦。

一只小野鸭离开了巢，不小心落入水中，可是它马上就游了起来，原因在于遇到水之后，它的游泳本能被开启了。那么，在候鸟的生活中，它们的本能是如何被激发的呢？我们在前文中提及了同类的影响，不过它们为什么会受其影响而变得躁动呢？不妨来看看夏末时节的各种情况，或许能找到一些线索。那时候，食物越来越少，特别是种子、果实、昆虫、蛞蝓等；太阳落下的时间也越来越早，这意味着捕食的时间也越来越少；气温越来越低，且很不稳定。此外，还有一个令人困惑的原因：鸟类身体里的变化让它们恢复了某种记忆——比个体记忆更久远的那种。身体里的变化与环境变化同步。不管怎么样，我们都不能认为"鸟类在寒冷的冬天来临后会产生'该走了'之类的想法"。那种解释说不通，因为迁徙的候鸟

从未真正体会过严冬的滋味。正如某位诗人所说："它们不知道一年里还有冬天。"甚至上下几千年来，其祖先也从未领略过冬天的气势。

秋季来到后，环境会给鸟类做出暗示，而那暗示是极为广泛的，毕竟生活逐渐困难起来。然而，到底是什么样的环境暗示会令鸟类选择到南方御寒，到北方避暑的呢？这个问题很难解释清楚，但无疑与气温高低、空气干湿，以及日照时长有关。

事实上，就像我们看到的，在迁徙的过程中，群体数量会逐渐减少。在飞越海洋的时候，风雨会令一些鸟失去方向，它们迷茫且长久地飞行着，最终坠入大海。春季时出现在康沃尔的鸟，从南方飞回来，看上去已经精疲力竭，就像丁尼生在诗中所说：

> 如一只疲惫不堪的候鸟，
> 在暗夜里不停飞着，
> 一落到地上，
> 便动弹不得。

有时候，鸟群会被极端气候打败，一只只被冻僵后坠落在城镇街道上，数量高达好几百只；有时候，灯塔发出的微光也令它们迷乱，很多鸟会撞到玻璃窗上；还有的时候，它们会成为老鹰等猛禽的腹中餐。事实便是如此，各种意外会频频发生，不过大多数鸟都能成功到达目的地。第二年春，它们又一次开启了征途，一路北归。那么，它们是如何保证正确路线的呢？人类是否已经找到一部分答案了呢？

海岸线、河流、山脉、海岛等无不是它们前进方向上的"指示牌"。有人曾观察到，一对候鸟离开了大陆，飞向最近的海岛，而这只是跨海行动的序幕；有时候，海岛会被大雾笼罩，无法确认其位置，那么鸟群就会沿着海岸线继续飞。我们在若干年前的一个秋日里曾前往黑尔戈兰岛度假，有幸得见无数鸟群在那里落脚，有些会暂栖一阵子，有些会在第二天继续远行。它们一群群地陆续抵达，仿佛海浪一层层袭来。不过，我们不能就此认为鸟类对路线的控制完全取决于对地标的掌握，这是不全面的，要知道很多鸟类会在晚上继续飞行，在飞越烟波浩渺的大洋时，无论白天还是晚上都不可能找到任何地标。

假设，当然仅仅只是猜想罢了，鸟类会向后代传授经验，那么，那些夜飞者、高飞者以及飞越海洋者的经验到底是什么呢？这的确是个难题。

对于一部分候鸟来说，将成功经验转化为习惯是件极其困难的事。那些年年成功的典范在一段时间以后或许能成为优秀的领队。这个观点值得深思，很有道理，但还算不上是真理，因为有些南飞的鸟群是由幼鸟开路的。更令人疑惑不解的是，这种传统的立足点到底是什么？如我们所知，那些能征服阿尔卑斯山的攀登者或许能将经验及技能传授给后代及学徒，例如告诉它们："在到达岩壁转角处后，必须再在岩壁表面爬行 50 英尺。"哪怕它们不说，习惯也可以养成，毕竟它们还可以通过实践来完成经验的传授，并世代相传下去。然而，那些夜飞者、高飞者以及飞越海洋者的经验是什么呢？又是如何成为习惯并世代相传的呢？

截至目前，我们还没有更好的答案，暂时只能以前人的观点来解释：鸟类具有很强的方向感。在人类当中，一部分人可以在一个陌生城市里用一个小时就从火车站来到市中心，又从市中心回到火车站，而其间要经过无数街巷，转过无数街角。这个情况实难解释，或许火车站及其周边的情况一开始就被他们的大脑牢牢地记住了，因此才能毫无偏差地返回。秘诀或许是运动记忆，这种记忆完全不同于对宏伟建筑、奇特街景以及特殊地名的记忆。猫、犬、马、牛等动物也有一定的"回归"能力，不过传闻中的记述大多不切实际。

托尔图加斯群岛位于墨西哥海湾，其中有一个岛屿叫鸟铃岛，那里栖息着两种南方燕鸥，一种是乌燕鸥，另一种是北极燕鸥，这个岛屿同时也是二者所能生活的地区中位置最靠北的。同为动物行为学家的沃森教授和拉什利博士打算认真研究一下燕鸥是如何"回归"的。他们在燕鸥筑巢的时候，抓捕了一些强壮的家伙，用油漆在它们身上做好标记，写上编号和日期，并在巢上也做了标记。然后，他们将燕鸥放入遮好的鸟笼并带到船上。在航行途中，燕鸥什么都看不见，不过所得到的食物是富含营养的，譬如存放在冰箱里的柳绿鱼。在来到合适的地点后，它们被放了出去。

研究结果令人称奇。一部分燕鸥跨越了 800 英里左右的距离，从得克萨斯的加尔维斯顿飞回了鸟铃岛，不过耗时各异，有的用了 6 天，有的用了 12 天。研究者又在岐卫斯特岛上放飞了 3 只乌燕鸥，那里距离它们的栖息地只有 65 英里远。时间过去了 3 小时 45 分钟，它们出现在了栖息地，或许还在回到鸟巢之前花了些时间进食。如果距离超过 500 英里，那么燕鸥通常要花上 3～5 天的时间才能回家，但我们并不能以这个时间来衡量它们的飞行速度。

研究者将两只乌燕鸥与两只北极燕鸥带上了船，养在一个卧室里。在来到哈瓦那之后，他们在港口放飞了那些鸟，时间是 7 月 1 日清晨。鸟儿在次日便抵达了鸟铃岛，此间距离约有 108 英里，而且它们中途还在古巴沿海地区磨蹭了一阵。另有 5 只燕鸥在被放飞后，从哈特拉斯角飞回了栖息地，此间距离大概是到纽约的 1/5。其中 3 只只花了几天时间就顺利回归，航程为 850 英里左右，"速度堪比乌鸦"。它们不是沿着海岸线飞行的，要不然航程会更远。需要强调的是，这些燕鸥从来没有见过北方海洋，平时最远只会飞到托尔图加斯群岛。

4 只乌燕鸥和 4 只北极燕鸥被放进遮好的笼子里，随船从加尔维斯顿来到距离鸟铃岛 461 英里远的某处，然后被放飞。眼前是一望无际的海洋，完全看不到海岸线的踪影。它们被放了出来，离开了向西航行的船；其中 1 只向西飞去，而其他 7 只则选择了东边。向西飞行者在飞出 600 英尺后忽然掉头，并追上了同伴，和它们一起行动。在第一天里，它们不得不逆风飞行，尽管风力较大，但其中两只依然成功回归。不是任何时候都能如此顺利。11 只燕鸥在 6 月 4 日被放飞，从加尔维斯顿港飞向 800 英里之外的栖息地；研究者之一在 6 月 9 日乘船巡视，在鸟铃岛附近发现其中 1 只（是 1 只乌燕鸥，头上有红色的标记）正站在一块漂浮于海面的浮板上休息，回家的路还剩一半——其栖息地在加尔维斯顿以东 400 英里处。暴风雨阻挡了它的脚步，使它无法顺利归家。

上述实验足以证明，筑巢的鸟拥有回归的倾向，且有能力从 800 英里外，甚至更远的地方飞回家，海洋是陌生的，海岸是陌生的，而且被放飞时完全不知自己身在何处。观察结果很圆满，但我们依然不清楚它们的方向感到底从何而来。

我们对候鸟的"寻路"能力知之甚少，还无法解释它们如何顺利抵达不知在何处的目的地。对于幼鸟而言，冬季栖息地就是不知在何处的目的地。我们无法解释，它们如何北归，或者说如何回到出生地。在解析这个难题的时候，我们也做过些类比，例如看看人类等哺乳动物是如何克服困难从异地回到故乡的，这是个不错的方法。认真观察信鸽的行为或许有助于我们进一步了解迁徙这一行为。当然，信鸽的能力主要取决于种类以及主人的训导。一开始，人们在训练信鸽的时候会选择较短的距离以及相同的方向。对于那些无法接受训练的大多数信鸽，主人会放弃训练。经过一年的努力，那些好学者便可以从 200 英里之外飞回家中。成年信鸽通常能持续飞行 500 英里，能力强的则飞得更远。有资料显示，一只信鸽用了 18 小时 25 分钟飞了 643 英里，还有一只（美洲信鸽）用了 35 小时 30 分钟飞了 1010 英里，包括其晚间休息时间。毫无疑问，路程越远，耗时越久，但路程与时长并无等比关系，所以有时候原本两天就能完成的任务却要耗时好几个星期。这说明寻找地标也是要花时间的，而视觉发达、对地形熟悉的信鸽会更顺利。入夜之后，信鸽便会停止飞行，另外大雾也会对它们造成阻碍，事实即如此，有上述事例为证。在被放飞后，它们会飞到很高的地方先绕一个圈，仿佛陷入困境，这时它们需要对环境进行侦察。

我们知道，有很多信鸽都能顺利返家，当然也有不少找不到家的。人们曾在罗马放飞过 106 只信鸽，它们的目的地是 1000 英里以外的英国德比郡，最后成功返家的只有两只，其中 1 只耗时 23 天。不难看出，为了找到熟悉的地标，它们会从各个方向做出尝试。

北极鸟类

在北冰洋地区，很多鸟类每年会定期返回海崖和海岛以繁衍后代。少数种类会一直生活在海边，哪怕是在冰冻期。它们要忍受数月的饥饿，以少量食物为生。海鸥和管鼻鹱分布广泛，四处为家。

到了 5 月，冰雪初融，而鸟群已经踏上北归的征途。绒鸭是最晚回归的，而那时海岛四周的冰已融化殆尽；如果不是这样的话，它们很可能成为北极狐的美食。围绕那些海岛，它们筑起了密集的巢，并将在那里待上很长一段时间以哺育雏鸟。海岸上不缺食物，潮落之后，很多软体动物都被留在了海滩上，足够它们好好享用。水平线上什么都没有，冰块已经磨去了岩石的棱角。

无以计数的岩栖鸟是北极地区的海滨胜景。这种鸟类会游泳也会潜水，食物来自海洋而非海岸。有些海崖及岩石岛并不适合鸟类居住，它们对环境的要求是食肉动物无法到达，同时不被风吹日晒。如果找到一处符合要求的地方，它们就会马上将其据为己有，例如刀嘴鸟、海鸥、小海雀等；要是有洞穴的话，善知鸟也会赶来。它们抓来小鱼喂养雏鸟，一刻也不停息，就算是在晚上，大多数鸟也不会闲着，因为鸟类通常都无须久眠。

由于不缺食物，雏鸟生长迅速，只是偶尔会突遭不测，例如被贼鸥捕食。8月的时候，它们便会和父母一起飞往温暖的南方越冬，然后在天气渐暖时飞回北方。一年之中，短暂的爱情与暂时的忙碌是它们生活的高潮。

小海雀是北极地区特有的鸟类，其近亲大海雀已经灭绝。这种鸟类十分有趣。一位博物学家发现了一块岩石，一端深入水中，朝南的那面十分隐蔽，坐在那里就能与岩石"融为一体"。我们在一个温暖的冬天来到那里，安静地坐在岩石南面，良久之后终于有所发现。一只小海雀出现在我们脚边，围绕着岩角游泳，如同一只在池塘里划水的水鸲鹛。它可爱极了，黑白色的羽毛十分干净，只有不到 6 英寸长，足上带蹼，尾巴较短，眼睛是淡淡的褐色。

这种"冰鸟"虽然体形不大，却十分勇敢。它们已经适应了北极地区的环境，以海洋中小型甲壳动物为食，雏鸟的羽毛是黑色的，出生地一般是斯匹茨卑尔根岛的山洞。它们由父母喂养，脸颊上总带着红色的黏稠物，也就是海藻的碎片。这种鸟类既活跃又聒噪，能在水面掠行，就像善知鸟那样。暴风雨过后，在 20 英里外的海上能看到不少死亡的小海雀，它们或许是因为慌不择路而死。

潜　鸟

12月的入海口难以见到鸟类的身影，因此少了很多乐趣，不过我们将有机会见到潜鸟，这是一件令人开心的事情。在冬天，我们最有希望见到的就是潜鸟。尽管不能天天看到，不过在数周时间里，它们可谓是入海口的常客。由于气候不佳，它们不常"出海"，因此我们总能与其不期而遇。

为了避开大风大浪，它们来到入海口休憩。入海口安静闲适，还有足够多的鱼，而在海洋上，频繁袭来的暴风雨将近海浅水鱼类都逼进了深海，哪怕是潜鸟也很难获得食物。对于海鸟而言，这种情况的确是很危险的，食物都躲进了深海，遍寻不着。要是没有食物，不出两三天，它们就会变得虚弱不堪，无力抵抗大风大雨。

潜鸟都有一颗勇敢的心。它们喜欢北方海洋，即使暴风雨频发，也愿意到入海口溜达，对此，我们深表欣慰。很多潜鸟还会飞到内陆，去享受湖光山色与冬日暖阳，对此，我们也十分开心。红喉潜鸟是最常出现在入海口的一种潜鸟，它们的体形较小，举止优雅——但比起其近亲来，还稍逊一筹。

潜鸟的族谱很长，是真正意义上的古代遗存，其祖先可追溯至已灭绝的黄昏鸟。大黄昏鸟有牙齿却没有翅膀，大脑很小，会潜水，体长 5 英尺左右，生活在几百万年前的白垩纪，是洋面上的捕鱼者，后足强大无比，虽然不适合在陆地上行走，却很适合在水中快速游动以及在深海中潜行。它们是潜鸟的远祖，所以潜鸟也是一种活化石。

值得关注的是潜鸟的强大本领——游泳与潜水，论这两样，恐怕其他所有动物都只能甘拜下风。它们无法在陆地上腾空而起，在洋面上掠行时也需要借助海浪的推动力，或者游泳所产生的动力，同时还得快速振翅。尽管如此，它们却可以飞行很久、很远、很高。它们的飞行姿态十分独特，伸着又粗又长的脖子，翅膀使劲儿向后运动着。这让我们不禁想到已灭绝的翼手龙和飞龙，不管怎么看都不是近代形成的。

在钻入水中时，它们会很快地翻个跟斗，快得大多数人都无法看清，准确地说，它们是从半空中急转直下，直冲入水中。对于游泳和潜水来说，足部的力量十分重要，当然，潜鸟的翅膀也能起到一定作用。它们的膝关节上长着独特的骨质突起，上面包裹着发达的肌肉；这块突起就像杠杆一样，能帮助它们游泳和潜水。这种构造在鸊鷉和黄昏鸟身上也能看见，作用也是一样的。

萨克斯比曾谈到过潜鸟的力量：将一根绳子的一头系在一只潜鸟的足上，另一头系在一只长度为 13 英尺的挪威制造的小舟上。事实证明，潜鸟能拉动小舟，虽然会受点轻伤。在暴风雨面前，潜鸟会表现出很有意思的行为，尤其是那优哉游哉没入水中的样子，完全不同于潜水时的急迫模样。潜水的时候，它们像是顷刻被颠覆的船一般迅速沉没，一眨眼的工夫就只能看见它们的头部了。不知道有没有人能解释这项技能是如何练就的。紧接着，它们开始正式潜水，还有一如往常地争斗。它们通常会在水里待上两三分钟，但我们无法确定它们是不是每隔几秒就会探出头来换气。

在所有海鸟里，潜鸟的美丽是数一数二的。它们的背部羽毛为黑色，带有方形白点，好似带花纹的棋盘；腹部是白色的；夏天的时候，喉部是黑色的，前面有两条白色横纹，其余为黑色，冬天的时候，前面是全白的。有时候，它们的羽毛还会表现出其他颜色，例如在繁殖期，黑色会闪耀出不可名状的光芒，好似金属一般，而喙为深蓝色，足为黛青色，虹膜为深红色。雄性与雌雄在外表上并无差别，都十分漂亮。

对于英国而言，潜鸟是冬季候鸟的代表，虽然它们的冬季栖息地并非英国，而是更遥远的南方，例如地中海地区等。春季到来后，它们会一路向北，不在英国停留，也不在冰岛附近驻足。它们要去的地方是遥远的格陵兰、亚洲北部沿海地区以及那些出产兽皮的地方。平时，可以听出它们的声音中透露着独属于北方的苍凉之感，可惜的是，我们从来没有听到过它们的欢歌及恋曲。它们会把巢筑在陆地上，一般位于淡水湖的四周，以弥补自身的笨拙。我们一般能在巢内看到两枚卵，是浅浅的褐色。孵化工作大概要持续一个月，由父母共同负责。初生的雏鸟在几个小时后便能下水游泳、潜水、捕鱼，这显然是本能的体现。它们走路的样子像极了蛙类，一蹦一跳，比它们的父母还笨拙。这并不难理解，动物幼崽一般都带有祖先的一些特征。

潜鸟会选择所到之处中最冷的地方筑巢，例如冰岛、格陵兰等地。在新地岛，可以看到小海雀和雪鹀的巢，而雪鹀还会把家安在法罗群岛、斯堪的纳维亚北部和俄罗斯北部。特殊情况下，雪鹀会来到凯恩戈姆等地的乱石堆里筑巢。相对于秋季南下的候鸟，上述三种鸟类（还有别的，例如会潜水的鸭等）都是秋季北飞的夏季回来的候鸟，冬天时会栖息在英国海滨。

白颊鸭

在英国北部的寒风中观察白颊鸭，虽然辛苦，但很值得。11 月时，这种鸟会飞到入海口，然后于来年 3 月离开。在稍暖和的日子里，这些潜水者便会飞到海边，在近海浅水区觅食，如果遇上暴风雨，就飞回入海口躲避。白颊鸭经常聚到一起游泳，不仅有成年雄性，也有体形稍小的成年雌性以及一岁左右的幼鸟，数量有时能达到 30 只。我们从来没有听到过它们的叫声，但它们肯定是会发出声音的，而且给人的印象也是极为活跃的。它们那黑褐色与白色相间的美丽羽毛令人痴迷，在很远的地方便可见到雄性喙根部的那块白色。黑与白的结合令它们得名白颊鸭；又因其虹膜为金色，人们又称为"金眼鸭"。

白颊鸭是来到英国越冬的典型候鸟，原因在于毫无证据显示英国是它们的产地之一。它们的繁殖地在斯堪的纳维亚、俄罗斯北部以及亚洲的部分地区。一到秋天，它们便会飞离北方，来到南方入海口、海边、淡水湖等附近生活。三四月时，它们又离我们而去，一路向北。因此，对于英国来说，它们是越冬者无疑。

白颊鸭是雁形目动物，同目的还有红头潜鸭、凤头潜鸭、小潜鸭等。它们不同于生活在近海浅水地区的绿头鸭、小野鸭、赤颈鸭、家鸭等禽类，它们更偏爱深水潜泳。无须怀疑，它们无时无刻不在潜水。按 30 分钟计，它们待在水下的时间长过待在水上的时间。考沃德对它们的潜水时长进行过观察，平均来说，它们会在水下待 23 秒，然后钻出水面待个三四秒钟；

一天当中，有 80% 的时间是在水下；不过，当它们聚到一起时，又经常在近海浅水中游来游去，而不会潜入深水中。在我们看来，这或许是饱餐后的消遣，不具有特殊的意义。

它们的潜水造诣还有进步的空间吗？它们总是瞬间冲入水中，再冒出来，有时候接近入水处，有时候则相去甚远。

在岸上就能观察到白颊鸭出入水中的表现，反反复复，一点也不怕冷，一点也不疲惫，真是令人肃然起敬。据我们所知，它们是恒温动物，体温通常是不会改变的。它们的羽毛能防水，里层绒毛厚实且隔温，皮下脂肪自不待言。或许是因为来自更北的地区，所以它们并不认为英国的冬天寒冷无比，除此之外，潜水能带给它们巨大的成就感。站在岸上的我们脚已经被冻僵，可它们那两只裸露在外的黄色的足为什么毫无异样？究其原因，它们的血液循环系统很高级，因此可以支撑它们长时间地待在水里，而无须频繁上岸休息。

白颊鸭会到入海口的滩涂里找寻小型甲壳动物和软骨动物；到近海浅水区找寻海虹和虾；到淡水湖里找寻淡水蜗牛、昆虫幼虫以及蛹。偶尔地，它们也会尝尝淡水植物、海草、海藻等，但最爱吃的还是小鱼，这也是它们始终精力充沛的原因。当然，它们的敌人也是极少的。

这位越冬者的家庭情况如何？那些跟随它们去到北方并对它们进行过观察的研究者为我们做出了解答。雄性白颊鸭会围绕雌性游泳，以炫耀自己的高超泳技，然后引吭高歌，但其歌声可以说嘹亮，也可以说刺耳，毫无节奏可言，接着转身敲击水面，竖起尾巴露出黄色的足。我们在英国北部进行观察的时候，从未听闻其叫声，不过鸟类的喉音想必大家都不陌生。

善知鸟

　　善知鸟属于海雀科，该科动物还有小海雀、海鸥、刀嘴鸟以及已消失的大海雀等。这些鸟类的形态和行为大同小异，它们都生活在海洋上，相较于飞行，更擅长游泳和潜水。它们虽然会飞行，但翅膀又短又窄，不过大海雀的确是不会飞的。它们中的大多数种类都身覆黑白羽毛，出生于悬崖峭壁或莽荒海岛，无须筑巢也能生存，主食为鱼。它们无不生活在北方，是我们观察和研究的重要对象。

　　善知鸟有其独特之处，尽管它们的性情不像外表那么可爱。汤森德博士为我们提供了与潜水鸟类有关的一手资料："善知鸟与众不同，既严肃又滑稽。它们的脖子又短又粗，系着黑领结，庄严的脸上长着大得出奇的喙，就像人们在假面舞会上戴的假鼻子；腿和足都是锃亮的橘红色，让人凑上去一看就想笑。"[1] 盛夏时节，它们会成群结队地出现在繁衍地，那场面让人倍感愉悦。

　　它们是幸运儿，有很多名字。因为喜欢鸣叫，它们被称为"海鹦鹉"；因为长得像犁，又被称为"犁头铁"，可谓鸟如其名。它们还有个名字是"汤密诺里"，意思是亲昵地嬉闹，而它们的学名意为"来自北方的兄弟"，出自林奈之口，我们深以为然。众所周知，善知鸟每到夏季，准确地说是四五月便会来到英国海滨，成群结队，数不胜数，而且它们很守时，总是在每年的固定时间抵达各处。在度过繁殖期后，它们会在 8 月末飞回家（或

---

[1]　请参阅《美国国立博物馆公报》，第 107 页，1919 年出版。——作者注

许在大海上）。牛顿教授通过观察发现，每年来到赫布里底群岛孕育后代的善知鸟有 300 万只左右。它们淳朴善良却屡遭不测，因此数量大幅减少，无论在全球哪个地区。在古代，它们因肥美而被人捕杀，而今，这个理由已经站不住脚了。

善知鸟在海崖上驻足凝望的模样会让人顿生错觉，以为它们站在自己的尾巴上。和其他鸟类一样，它们也会两足站立，只是走起路来会显得比较奇怪，不仅用足趾触地，还会用尾巴触地。在"直立行走"的时候，它们总是身体前倾，如同鸭子一般。它们飞上海崖的动作像是在跳跃，其足趾与胫部紧贴着崖壁。它们飞得很快，翅膀快速地振动着，发出呼呼的声响；它们经常盘旋着、迂回着飞行，下飞准备入水时，会将两只橘红色的足蹼分开，并在身体两侧。

我们乐于观察善知鸟群的行为，例如二三十只善知鸟从高高的海崖上飞下来，头朝下，翅膀朝上，掠过半空，愣愣地冲进海里，加入那些在海中扑腾的先到者。"它们在海面上扑腾着，如同短颈的鸭。我们可以清晰地看到那双橘红色的足以及稍稍竖起的尾巴。"在它们的行动中，最让我们感兴趣的是"水下飞行"：它们把足伸到身后，就像在飞。海雀科的其他一些鸟类也会这样潜水，不过另一些除了用足助力之外，还会用到翅膀。对于善知鸟而言，水下运动的方式和飞行如出一辙，这让我们很费解，不过某些生活在陆地上的哺乳动物，在落水时也总是以行走姿势来游动，不过人类不在其中。

值得一提的是，南半球的企鹅也会向善知鸟一样在水下"飞行"，可二者并不是亲戚。另外，河乌也会这种技能。然而，已经消失的黄昏鸟却没有这样的习惯，它们是水鸟，却长有牙齿，体长 5 英尺左右，游动时用强健的双足拍打水面；至于其翅膀，已经退化殆尽。善知鸟起飞时需要迎着风来的方向，如果没有风，则只能在水面上扑腾几下，自己制造动力起飞。飞起来之后，它们就能顺利地御风而行了。

　　汤森德博士发现了它们的一个特点，"善知鸟会像其他栖息于海岛的鸟类一样在空中盘旋及侧飞，一会儿晒晒背，一会儿晒晒肚子。"这是一个博物学上的显著证据，证明了解剖学家所说"海雀与鸽有亲属关系"的那句话。二者的群飞相似，这几乎是它们习惯中唯一的相同点。除此之外，它们别无共同之处，即使是叫声也大不相同，善知鸟不常鸣叫，只通过喉部发出叽叽咯咯的声音，以表示开心或痛苦。我们曾前往其栖息地观察，但它们鲜少鸣叫，以至于我们不敢再讨论它们的叫声，直到塞鲁斯对此做出了描述："善知鸟的叫声很特别，其中一种犹如墓地般沉重，仿佛蕴含着深深的情感；另一种相对普通一些，既悠长又深邃，渐起渐落，仿佛充满了敬畏之心，犹如从神坛上传来的郑重告诫。它们总是一个挨着一个地游泳，不怎么潜入深水，因为这不是觅食时刻。良久之后，它们一个接着一个冒出水面，拍打着翅膀，仿佛是在做提神醒脑的运动。两只雄鸟开始争斗，挥舞着翅膀，周围水花四溅。另外两只或许是夫妻，它们摇晃着头，扭动着脖子，好似鸽子在接吻。还有几只不断地抬着头，把喙伸向空中，反反复复。"他还说，尽管这些善知鸟张开了喙，却没有发出一点声音。它们的口腔内壁是亮黄色的，露出口腔，或许是求偶的行为之一。在繁殖期内，它们的喙会变成不同颜色，但都十分美丽：闪亮的深红色、铁青色、橙中带白等。眼睑为朱红色，眼睛则是蓝黑色的。有鸟类学家指出，喙的色彩深受求偶这一行为的影响，但奇怪的是，善知鸟的喙无论雌雄皆色彩纷呈。有意思的是，它们的喙每年都会蜕壳，换句话说，那层包裹着喙的色彩各异的壳每年都会换。不仅是善知鸟，它们的近亲与远亲，例如刀嘴鸟等也是如此。外壳脱落后，它们的喙小了近一半。另外，它们眼睛上部与下部的微小骨质突起也会每年更新。在繁殖期到来之前，它们又会变得格外美丽。相较于其他鸟类，它们喙上那层凹凸不平（利于捕鱼和叼鱼）的壳的更新周期要短很多，我们无法确定这是不是因为那层外壳容易因打斗而受损。不过，这的确是其与众不同之处，就像松鸡会换爪、爬行动物会蜕鳞一样。

鸟类的喙壳实为角质，通常包含众多小片（善知鸟有 9 片），显而易见，这是从爬行动物祖先身上沿袭下来的。善知鸟的蜕壳，让我们看到了其祖先的相关特征。

再来谈谈产卵这件事。大多数海鸟会把卵产在岩石上，但善知鸟却会产在洞穴里。它们有时候自己凿穴，有时候霸占兔子的窝。它们的洞穴大概和人类手臂差不多长，验证方法很简单，将手臂伸进洞穴，但必须戴好手套，否则很可能被它们啄伤。凿穴的工作主要由强壮的雄鸟承担，它们用趾和爪奋力挖掘，可谓吃苦耐劳。洞穴出入口可能会有两个，各个洞穴之间有时候是连通的，巢在洞穴的最深处，简单地用干草铺就而成，偶尔会用上一些羽毛。它们一次只产一枚卵，通常洁白无瑕，偶尔带有一些斑点。善知鸟在幽暗的环境中产下了洁白的卵，而海鸥、刀嘴鸟等在明亮的环境中产下了黯淡的卵，此间差异显而易见。我们总在想到底应该如何表述这一现象：生于暗处的卵通常都是白色的？还是，白色的卵需要藏在暗处？在我们看来，拉马克派和达尔文派的选择会不一样。

孵化工作是父母共同完成的，不过母亲更多一些。只需要 1 个月左右的时间，雏鸟便能破壳而出了。在此后的四五周内，父母会给它们喂食：一般是两三英寸长的小鱼，一次投喂几条，但最多只给 8 条。父母会把鱼横着叼在嘴里，一条挨着一条，令人难以置信的是，它们叼得很稳，一条也不会掉落。这或许是因为当它们张开两腭后，舌头和口中的刺能把鱼牢牢钩住。初生的雏鸟长着绵软且厚实的长绒毛，背部是黑色的，腹部是白色的；在未来的日子里，它们会慢慢长出羽毛，但黑白两色不变。夏去秋来，高高的岩石上变得空空荡荡，早先聚众而居的善知鸟飞向了大海，幼鸟们也一同飞走了。

针对其他种类的善知鸟，本特先生的记录十分生动。角海鹦的繁殖地在阿拉斯加和白令海附近。这种鸟类的眼睛上长着形似短刀的肉瓣。在部分地区，它们会在巢穴通道准备两个出入口，且功能完全相同。巢的位置通常距海崖 2～10 英尺。对于尚未学会飞行的雏鸟，父母会把它们叼到巢外。角海鹦的喙能帮助它们攀爬，所以角质片屡有破损。花魁鸟是它们的近亲，繁殖地在北太平洋上的阿留申群岛，它们是原住民挚爱的食物——整个冬天，人们的食物只有腌海豹，总得改换下口味。对于原住民来说，它们的皮可以做成轻巧暖和的风帽，然后用羽毛填充。它们的面颊是白色的，头上的羽毛也是白色的，且如白发般飘逸，因此人们给它们取了个绰号："海水渔翁"。它们游泳的时候会同时使用足和翅膀，但不常潜水。这种鸟争强好胜，生存能力非凡，食量很大，且攻击性很强。它们打斗起来像犬类般凶猛，能把人的肌肉咬穿，甚至伤到骨头。就这一点来看，实在不该称其为"兄弟"。

南极鸟类

在了解了北极地区的情况后，让我们再来看看与之大不相同的南极风貌。北极地区是大陆围绕着海洋，而南极地区则是海洋围绕着大陆，所以才叫南极洲。南极洲也是一个冰雪世界，没有高等植物，只有少量的地衣和青苔，里面栖息着一些罕见的昆虫与无脊椎动物，尽管它们都很瘦弱。昆虫很少，意味着鸟类也很少；没有花草意味着没有植食动物；没有植食动物意味着没有食肉动物，所以，"虽然它的面积有 550 万平方英里，几乎是欧洲与澳大利亚面积的总和，但见不到任何哺乳动物。"

两极地区的自然环境大相径庭，究其缘由，在于气候的大不相同。它们纬度相同，年均气温也相差无几。然而，南极地区的四季温差并不大，冬天气温不会骤降，夏天气温也不会骤升，一年到头都是差不多的温度，没有哪个时候是适合植物生长的。另外，那里总在刮风，而且很少出太阳，因此自古以来就是苦寒之地，被冰雪永久地禁锢着。

南极海洋却和北极海洋没什么不同，洋面上生活着很多有机物，例如小型动植物等。甲壳类和鱼类位于食物链的底层，是高等动物的生存基础。

南极海洋中生活着很多鲸，"从 1892 年到 1893 年，苏格兰探险队见到过好几千头逆戟鲸，在 1892 年 12 月 16 日，一群鲸出现在船边，不管从哪个方向看过去，都能看到它们流畅的背部曲线，还能听见它们喷水的声音。"人们曾大量捕鲸，好在它们可以钻进冰块堆里，尚有机会生存下来，不会马上灭绝。

海豹的数量也不少，特别是威德尔氏海豹，它们时常在南极的各个海岸附近出没。那里还生活着与众不同的豹海豹，它们的主食是企鹅，可以在游泳的同时把企鹅拽进水里。我们还能在冰原上看到体形庞大的海象，不过这种动物分布极广，严格来说，不是南极动物。

南极洲没有原栖鸟类。作为一种候鸟，鞘嘴鸥会飞到南极洲。每到夏天，它们就会成群地出现在冰雪尚未融化的海边及海崖上。斯克阿鸥是大贼鸥的一种，经常掠食其他鸟类，例如海鸥、燕鸥等的卵和雏鸟。那里还有一种鸬鹚，而且数量较多，不过企鹅和海燕是最多的。

海燕种类繁多，它们在海崖顶部筑巢。雪海燕在南极地区分布广泛，体形小巧，外表美观。早期探险家将它们的巢视为一种标志，代表它们已经离大冰锥很近了。船员们常常把巨海燕称为"臭鸟"，或者"耐丽"。与其同科鸟类一样，它们也是典型的海鸟。它们在海面上小憩、进食和睡觉，待到繁殖期，便飞到陆地上居住数周。这种鸟类拥有很强的飞行能力，经常跟在捕鲸船后面飞行很远的距离，喜欢吃鲸的脂肪及废弃物。土角鸽是一种海鸥，体形巨大，体态优美，生活在海崖上。苏格兰探险队的随行博物学家认为，将家安在南奥克尼群岛海崖上的土角鸽不下 5 万只。小型甲壳动物是它们的主要食物。如果有鲸被捕杀，它们就会来到捕鲸船上，享用"鲸食"——鲸在濒死时会把胃中的食物都吐出来。

布鲁斯博士指出，和同科别的鸟类一样，土角鸽"会从鼻管喷出一种奇臭无比的红色油状物，那是未完全消化的甲壳动物的残留物"。它们能将油状物喷到几英尺远的地方，而在苏格兰探险队成员准备拿走其巢中的白色大卵时，它们就曾把油状物喷到那些人的衣服上。那是第一次有人将土角鸽的卵从南极地区带回国。

企 鹅

企鹅生活在南极，是一种非常独特的鸟类，和其他地方的各种鸟类截然不同。它们的翅膀很短，羽毛黑白混合，光滑且紧致，直立而坐，这些特征在海鸥、刀嘴鸟等北方鸟类身上也能看到，然而尽管很相似，它们的生理构造却是完全不同的。企鹅不会飞，翅膀更像鳍，只有与肩相连的地方可以活动，羽毛小且密，犹如鳞片。在游泳和潜水的时候，它们的翅膀是旋转的，起到了桨的作用。

在路上行走的时候，它们的动作笨拙极了，因为腿部和足部的皮是一整块，上身重下身轻，所以无法平稳行走，跟跟跄跄的模样好似胖嘟嘟的孩童，"每分钟只能走出130步，一步只能跨出6英尺，也就是说，它们一个小时只能走0.66英里。"它们一边走，一边不停地伸展着短短的翅膀，抬着头挺着胸，如在水下般划动着翅膀，挪动着两足。"企鹅那'仓皇逃窜'的模样在动物中无出其右，头和脖子向前伸着，翅膀像风帆似的扇动着，身体左摇右晃，因为腿太短而总是摔跤，却又急迫地想要向前跑。整个身体都透着忧愁，无数次的跌倒，无数次的爬起，像是承受了巨大的压力。有时候，能成功逃脱不是因为它们走得快，而是因为追捕者乐极生悲。"

企鹅来到水中后会表现得很兴奋，不停地划动着翅膀，两只足像舵一样控制着方向，偶尔会露出水面。在吸足了气的情况下，它们可以下潜至

10 英尺深的地方去抓鱼，而且会直接在水中进食。然后，它们冒出头来，侧过身子，"以奇怪的方式玩闹：用露出水面的翅膀拍打水面，急急忙忙、歪歪扭扭地游走，不久后侧向另一边，换只翅膀再来一次。"

"帝企鹅"是企鹅中体形最大的一种，体重为 35 千克左右，身高 3.5 ～ 4 英尺。无论是数量还是栖息地都少于企鹅，不过它们会在某些地区建立繁殖区，并繁衍哺育大量后代。不同于其他企鹅，它们在夏天的时候会在繁殖地的冰原上产卵，然后把卵移入宽松的皮囊，也就是它们的育儿袋。育儿袋位于下身两足之间，没有毛，不太大。雏鸟在破壳后依然会待在育儿袋里，接受母亲的庇护。尽管如此，由于气候过于寒冷，雏鸟的死亡率一直居高不下。

虽然企鹅像笨驴一样（它的声音像驴叫），但它们会找敌人少的地方修筑巢穴以产卵。它们的巢穴很浅，只能容纳产下的卵，要么在草丛里，要么在悬空的岩石下。不过，人们在马尔维纳斯群岛发现的巢穴相对较深，有的甚至深达 10 英尺，由通道与外界相连。截至目前，好像还没有人看到过企鹅修筑巢穴的过程，想来是用嘴和足吧！在雏鸟破壳而出后，它们开始叫个不停，从早到晚，不知疲倦，直到从冬季繁殖地离开。

在参与特拉诺瓦探险的时候，利维克博士详细地记录下了企鹅的繁殖情况。我们在这份资料里看到阿德利企鹅的名字，那是一种小型企鹅，只生活在冰原上，分布不像其他企鹅那么广。利维克的工作地点在维多利亚的阿代尔角。10 月中旬，企鹅来到此处，先是两三只先锋，然后是一大群。月末的时候，陆续到达的企鹅已达到七八十万只。在安全上岸后，雌性企鹅要么回到故居，要么打造新家。虽然在远行之后倍感疲乏，但雄性企鹅很快就会开始求偶。或许是还没缓过劲儿来，雌性此时并不太在意雄性的举动，除非出现竞争者。这样的话，两只雄性企鹅就开始了较量，它们挺胸抬头，步步为营，用短小的翅膀飞快地相互攻击。雌性企鹅只管冷眼旁观，偶尔略作关注状。争斗通常点到为止，偶尔会升级为流血事件，但死亡情况是从未有过的。在此后的 3 天里，获胜一方不仅要努力护巢，还得接受其他竞争者的挑战。10 月末的时候，它们完成了配对，开始营建家庭。无论雌雄都不会离开巢穴，忍饥挨饿地等着产卵，直到生产结束，一方才会外出觅食几天，然后带着食物返回，让配偶饱餐一顿。雏鸟破壳后，父母会轮流值班，一只看着巢，一只找食物。阿德利企鹅不会把巢筑在平缓的海岸上，而会选 500 ～ 700 英尺高的岩石山坡，因此，把食物带回家是一件很困难的事。下坡倒是没什么问题，只要把翅膀展开往下滑就行，厚厚的皮下脂肪可以提供保护，哪怕撞到岩石上也不会有事。上坡可就麻烦了。"在哺乳期，这些住在山上的企鹅一天要上下数次，去海中觅食，再带回很多糠虾。对于体形较大、足却很短的它们来说着实很辛苦，往返一次得耗费两个小时。"事实的确如此。力不从心的时候总是有的，假如负重太甚，它们就会在中途累趴下，从而失去所有辛苦觅得的食物。在回到家时，它们会张开嘴把食物露出来，让雏鸟从中取食。它们带回来的大多是糠虾，这是一种常见的虾类，属于甲壳动物。

母亲会悄无声息地在巢里等待，可父亲却常常在外流连忘返，没事儿还会和其他雄性打一架。在聚居地，争斗的影响是很大的，所以休息中的雌性会纷纷发出告诫之声。不过大体而言，它们依然生活得很惬意，也很成功。

雏鸟初长成之后，父母就会到海中放松放松，而且在外的时间会越来越长。企鹅们很爱玩，无论是滑行还是潜水，抑或是在水面上翻腾，又或者聚到一起随着浮冰漂流到别的地方，然后再下水游回来，一而再再而三地做着它们喜欢的游戏。与此同时，小企鹅们待在"托儿所"里，由值得信任的长辈们看护着，因此也不用担心有斯克阿鸥等敌人赶来。在外玩耍的父母偶尔也会回来看看，并给孩子们带来各种食物。在离开繁殖地之前，小企鹅们需要到户外冰雪中接受训练，每天好几个小时，有序地练习着。过不了多久，秋天就会到来，它们也要和父母一起离开出生地，穿越风雪远赴北方的冬季住所，直到来年春季再回来。

企鹅自有其令人陶醉之处：不会飞，聚众而居，母性强大，喜欢玩耍，擅长游泳、潜水、攀爬和滑行；至南极洲繁衍后代；冬天在海洋各处安家，等等。最为重要的是，无论是夏天还是冬天，它们的栖息地都不在闲适的地方，但它们依然活得很好。尽管它们不会飞——对于鸟纲动物而言，这是个棘手的问题，大海雀就是这样灭绝的，企鹅却成功地繁衍至今，只要人类心怀怜悯，它们就不会迅速变少。大自然就是如此神奇，它的子民们在逆境中奋斗，努力地生存着。

海　燕

狂风过后，海滩上一片狼藉，时常可以看见撞死的海燕。曾有一次，我们还在当中发现了死去的叉尾海燕，这是海燕的亲戚。海燕通常会在苏格兰以北及西北的海岛上繁衍，秋天，又从海岛返回海洋越冬。在迁徙途中，如果遇上暴风雨，它们中的一些就会迷失方向，撞到岩石上，不幸身亡。除了需要把巢筑在陆地上之外，它们的生活和陆地再无别的牵连，对陆地的依赖性比其他鸟类小很多。不依赖陆地的它们往往会葬身大海。

海燕生活在海洋上，体形小巧，足上带蹼，外表可人，而且有很多绰号，例如我们时常听闻的"卡蕾母亲的鸡仔"，传说中的卡蕾母亲会在风雨中保护受难的弱者，对勇敢的海燕很照顾；还有"彼得尔"这个名字，或许和会在水面行走的圣彼得有关。

海燕的羽毛呈暗黑色，尾巴末端和翅膀下面夹杂着一些白色羽毛，体长只有 6 英尺左右，翅膀很长，看上去和褐雨燕很像，适合快速飞行，足也十分长，不过成因尚不明确。它们类似于信天翁、海鸥、管鼻鹱等鸟类，但是与海鸥不同（尽管外表看上去很像）。关于这一点，可以来看看它们的如下特质：喙是角质物，由若干小片构成（看起来像是爬行动物的鳞）；鼻孔是张开的，里面有鼻管；一次只生产一枚卵，带有少量红褐色斑点；绒毛非常长，呈灰黑色。除此之外，它们还有很多别的细微特征。

海燕是真正意义上的海鸟，它们的生活已离不开海洋，只有筑巢时才回到陆地上。它们会像燕一样在海岬上捕食昆虫，不过对它们而言，这并非必要之举。通常情况下，它们紧贴水面飞行，足蹼常常会碰到水，间或划水，像是在浮游。它们主要吃鱼类、甲壳动物、软体动物等海栖动物。在筑巢期内，其嗉囊中会分泌出大量油脂，要是食物有问题，它们就会呕吐出油脂。海燕父母常常让雏鸟吃这种油脂。据观察，一只被捕获的海燕依靠这种油脂生活了一个月。因为它们体内富含油脂，所以某些海岛的居民们会利用它们的尸体照明：在上面插上灯草，然后点燃，"（它们的）脂肪是可燃的，用尽之后，火才会熄灭。"

严格来说，它们的巢不是巢，只是一小块铺着干草的"草席"。海燕一次只生产一枚卵（在苏格兰，其产期在6月末），产卵的地方不限，岩石上、碎石中、兔子窝里、自己家等，皆有可能。它们的巢穴里透着一种类似于麝香的气味。孵化工作由父母共同承担，时间为5周左右。在此期间，它们不会随时随地到处飞，只在清早外出一会儿。雏鸟破壳之后，白天会独自待在巢内，而父母会飞到海上觅食，为雏鸟准备晚饭。在秋天来临之前，雏鸟是无法离开巢的，其自我保护能力尚不足。雏鸟的婴儿时期很是漫长，因此海燕的巢必定是相当隐秘的。

毫无疑问，这种鸟类古已有之，其祖先是生活在白垩纪、现已灭绝的阿比鸟。和它们的近亲一样，海燕早已适应了海洋环境，以在海面上捕食海栖动物为生。潜海燕是它们的亲属，外表很像小海雀，是潜水能手，它们一眨眼的工夫就钻进了水里，然后快速划动翅膀以潜游，出水时则一飞冲天。这是一个绝佳的例证，为了生存，动物们不会放过任何一种可能性。

生物的进化大体遵循着如下规律：各种尝试之后，择其优者为己用。

很多动物都会凭借其自身的聪明才智勇敢地做出各种尝试，并将经验转化成某种特质，以应对外界的各种问题。它们至少是有所收获的：通过"创造"生存了下来。

塘　鹅

　　塘鹅可被视为海鸟。它们夏天的时候住在巴斯岩、艾尔萨岩、布雷塞岛、立斯寇列等繁殖地，而非出生地。少数成年塘鹅会在冬季留守，但大部分会飞往北大西洋洋面，还有一部分会飞到地中海地区及墨西哥海湾。令人吃惊的是，它们目前的繁殖地有 15 个，其中 6 个在英国沿海地区。它们属于鲣鸟科，也是该科中仅有的在英国繁殖的鸟类，是热带鸟、军舰鸟、鸬鹚、鹈鹕的近亲，但和家鹅毫无关系。在身体构造方面，值得一提的是，它们的鼻子是由若干细小的鼻孔组成的，舌头发育不完整，四个足趾上皆带蹼，其中一个足趾长有梳子一样的锯齿，就像欧夜鹰、鹭、麻鳽一样，至于其用途尚有待考证。更有意思的是，它们肩部的鸟喙骨向侧面前倾，和胸骨的轴几乎在一条直线上，足以让它们在快速潜水时承受强大的水力撞击。对于它们的另一个特质，我们还需要进一步研究，即皮下长着很多气囊。这或许是鸟类专属的体内气囊，能将肺部气体转出或转入。这些气囊犹如空气软垫，将大部分身体包裹在里面，在剥去它们的皮之后便能清晰地看到。欧文爵士、麦吉利夫雷教授等人曾对这种鸟类进行过研究，但结果模棱两可。它们常常在风雨之中漂浮于海面之上，因为它们的气囊可以帮助它们调整浮力以及潜水时的震动。据猜测，气囊还能帮助它们在寒冬冰水中保持体温，减少散热。需要强调的是，这些气囊是普通气囊组织的衍生物，类似于人类的气肿病。这是一种与气体膨胀有关的现象，因空气进入了缔结组织所致。另外，这种气囊在犀鸟与惊叫鸟身上也能看到，

图 30　鹈鹕

鹈鹕全身长满密而短的羽毛，通常为白色、浅褐色或桃红色，嘴长30多厘米，下嘴壳与皮肤连接形成大皮囊，可以自由伸缩，主要以鱼类为食。

不过它们的用途不同于塘鹅。

所有生物都具有适应性。尽管我们无法对塘鹅的特质一一道来，但值得一提的是，它们的喙很长，末端带尖，强而有力，喙根部位长有一排细小的、后倾的锯齿，是捕鱼的绝佳工具。

塘鹅似乎很贪吃，但这么说并不全面，实际上，它们主要以枪乌贼为食，其他东西吃得较少，但最爱吃的是成年鲱鱼和青花鱼等。它们时常在鱼群附近打转，总能捕到鱼。如果吃到不可口的鱼，例如带刺的鲂鲱鱼等，它们会深受其害。奥杰尔维博士认为，与部分海鸟相同，它们饱受暴风雨之苦，因为鱼类都潜入了深海，令它们遍寻不着。"我认为，在舒适的状态下，它们是最活跃、最兴奋的鸟类，而在困境中，它们又是最可怜的鸟类，需要忍受凛冽的东北季风、饥饿和疲惫，在用尽心力之后，坠入到海面上随波逐流。"不过，塘鹅的敌人只有一个，那就是人类。 在它们的巢里，我们会看到一大堆鱼，臭气熏天，但这意味着它们的储藏本能已被开启。在暴风雨持续不断的情况下，要是没有任何储备，那么无论是雏鸟还是成鸟都只有死路一条。

再来看看塘鹅的家庭状况。求偶是由雄性向雌性发起的，对于这一过程，柯克曼的描述十分详尽。它们成对生活，夫妻大概会相伴一生，毕竟我们在其繁衍地所见到的画面就是那样的。它们的求偶仪式很正式：先是摇晃着脑袋，接着雌雄两只用喙互相击打，发出洪亮的撞击声；再用喙的尖端轻抚对方羽毛，躬下身子，发出高调的"乌拉"声。雌雄塘鹅在外表上相差无几，行为也别无二致。这种仪式不但可用于求偶，还会出现在孵化过程中：在飞离鸟巢之前，一只会跟另一只打个招呼，亲昵一番。在柯克曼的记录中，我们看到了一个有趣的场面，一只塘鹅在离开鸟巢及所住岩石的时候，先是安静地站起，然后把脖子和喙伸向天空，竖起翅膀，放下尾巴，忐忑中略带敬畏地走到岩石边，纵身飞起后还发出了一声怪叫——那种声音在其他时候可听不到。毫无疑问，它们如同绅士一般，尽管有时候夫妻之间也会打架，邻里之间也会斗殴，岩石上的吵闹声与争斗声层出不穷，但这与它们的绅士身份并不矛盾。

塘鹅一年只生产一次，一次只生产一枚卵，这是它们的繁衍特性，足见其生存地位是颇为牢固的。它们的卵有着淡蓝绿色的外壳，里面是白色的，质地较为粗糙。巢是用海草及海上漂流物筑造的。孵化工作由父母轮流完成，彼时它们会把两只带蹼的足放在卵上。孵化期在 6 周左右，相对较长。如果孵化工作受到惊扰，它们会用喙啄刺来者，但不会起身离开。人们认为塘鹅不够聪明，原因在于它们在看见人类的时候并不会做出太大反应。实际上，它们颇为聪敏。初生的雏鸟无法睁眼，也没有毛，皮肤是黑色的，但很快就能长出白色的绒毛，变得漂亮起来。父母会给雏鸟喂很多食物，所以雏鸟们个个都是胖乎乎的。它们不爱动，不过对它们来说这未必是件坏事，毕竟临海的高大岩石可不是尝试飞行的好地方。在 3 个月大的时候，雏鸟会迎来第一次入水的机会，尽管是被迫的。对于父母来说，漫长的哺育期尤为忙碌，好在可以轮换着看家和觅食。一开始，雏鸟们吃的是由父母半消化过的鱼肉，有时候父母会"吞吞吐吐"地喂食，雏鸟便把小脑袋伸进父母张开的喙中吃东西。长大一点后，雏鸟会把头颈都伸进父母的喙里，在嗉囊里找鲜鱼吃。对于雏鸟而言，首次捕到鱼的日子是值得纪念的。塘鹅的发育期要持续三四年之久，在此期间，羽毛会一层层地长出来，最后会变得很厚实。在其繁衍地，我们常会看到成鸟带着幼鸟活动，给予它们各种暗示，除了遗传及本能，这种指导也是很有用的。所以，笨鸟也会学习。

燕

众所周知，在夏季飞来英国的燕主要有三种，最先飞来的是崖沙燕，然后是燕，最后是屋燕。它们年年夏天都会来到这里。其中，崖沙燕体形最小、飞行速度最快，且最为活跃；其背部为褐色，腹部呈白色。它们常常出没于池塘和湖周围，以水面上的昆虫为食物。它们会挖穴筑巢，穴深可达 3 英尺，通常位于沙地及河岸上；由于其喙较短，不便于挖土，所以挖穴时还需用足趾抓和刨。鸟类当中，筑穴者其实很少。崖沙燕很活跃，喜欢群居，常常在地面凹陷处以及裂缝中聚集，也常常在天空中飞来飞去，特别是当巢穴失去了作用，它们离开巢穴后，经常一起出没于芦草丛和绢柳间，充满热情地聊着天。

屋燕很好识别，它们的臀部带有又白又亮的斑点，背部为深蓝色，腹部为白色。在柯克曼的妙笔下，它们飞在平静的河面及湖面上，"只能见到两个白点，一个从空中掠过，一个在水面上——它们的白肚子倒映在水里，就像两颗流星飞逝而过。"它们还有个特点，那就是白色的腿。

　　毋庸置疑，在遥远的过去，屋燕会把巢筑在悬崖的隐秘处，时至今日，依然有很多屋燕栖居在悬崖上，所以它们的巢不是燕巢的半盘状，而是半杯状，顶上开有小窗，而四周封闭没有缝隙。它们一点一点地衔来泥土筑"墙"，用唾液将草和羽毛混合起来，填充在其间，让"墙"的厚度达 0.5 英寸，这样才坚固耐用，然后在里面铺上干草和羽毛。在远东地区，金丝燕也有挖穴筑巢的习惯，而且主要原料是唾液。它们的巢是一种中国美食，所制成的汤十分珍贵，由于是唾液的缘故，因此很容易消化。巢的形状犹如半个糖碗。在连续两次失去巢后，金丝燕只能选择用海草替代唾液，因为它们已经没有那么多唾液了。金丝燕和燕是两种不同的动物，不过燕的唾液也很多，因此研究它们的巢也是件趣事。最初的时候，黏液或许是用来困住口中的虫子。屋燕每隔几分钟都会给雏鸟喂一次食——它们每年能产下两枚卵，喂食的时候，它们把喙伸进雏鸟嘴里，将混合食物吐出来。在漫长的夏季中，一只雏鸟所吃的虫子不下 1000 只。

　　燕这种鸟类很漂亮。它们的背部为铁青色，额头上长着栗色的羽毛，黑色尾巴展开后会露出椭圆形的白色斑点，喉部也是栗色，淡黄色的胸部上有黑色的条纹，尾部内侧也是栗色的。雌燕虽不如雄燕美丽，但依旧很漂亮。然而，与其飞行姿态相比，它们的外表只是小儿科——它们的飞行是一种艺术，近乎完美，难怪希腊神话中的雅典女神会变身为燕，尽管只有一次。长长的翅膀是它们的标志，它们一出生就带有很长的覆雨羽，正如拉斯金所说："每一根羽毛都像强有力的镰刀，能曲折到一定程度，边缘伸缩自如，附着在羽干上，整齐排列着，犹如一张风帆，羽毛底部深入皮肉，于边缘处相覆盖。"其尾部展开的力度超过了崖沙燕和屋燕，在飞行时只靠那对长长的翅膀。在拉斯金看来，"燕的喙如同一张捕虫网。"这听起来像是在说燕是张着嘴飞行的，但实际情况并非如此。和它们的近亲一样，燕可以猛地咬住飞虫，用唾液黏住，以防止飞虫逃脱。怀特曾提到，燕可以在水面上一边掠行一边喝水，不过它们的饮水方式不止这一种。

拉斯金虽然特别喜欢鸟，但对鸟的认识还很有限，不过他的观点有时候也很准确，例如他曾细微地描写过燕身上的各种矛盾之处，"相较于其他陆地鸟类，它们与陆地的关系最浅。它们会用一些看上去没有办法衔起来的东西筑巢，例如飞絮、游丝等。它们可以捕捉到苍蝇一类的飞虫，不过巢的主要材料还是硬土。"它们爱在开阔的地方自由活动，"或许有人会认为，它们会把巢筑在最开阔的地方，它们讨厌住在封闭空间内，一看到黑乎乎的洞穴就会被吓死，然而实际上，它们最常将巢筑在烟囱里。"

对于筑巢地点，它们并不太挑，只要是上方有东西遮挡就行。如果说屋燕会选择户外，那么燕则会选择室内，当然，在人类建筑横空出世之前，这两种鸟都已养成了筑巢的习惯，因此我们应该站在生物学角度来解释它们之间的不同：屋燕是岩栖动物，而燕是穴居动物。燕会把巢筑在横向的物体，比如屋檐下的横梁，或者岩棚下方，以遮阳避雨。巢的原料是"混凝土"，呈半盘状的，而筑巢的过程总是充满了欢声笑语，且不疾不徐。

一部分出生在英国的鸟类会向南飞往纳塔尔及开普殖民地，对于鸟类而言，这段距离不可谓不漫长。我们曾在秋天里看到，它们在一艘由开普敦出发北行的邮轮上休息，然后又继续飞向南方。据资料显示，它们有一部分会返回北方，甚至能找到旧巢所在的屋檐。需要强调的是，如果时节尚早，它们就会在水边多待上几天，而不会马上飞回家。这样一来，它们就可以慢慢地对周边环境进行巡视，然后找到之前居住的烟囱。通常情况下，燕每年能生产两次，每次产下5枚卵，大概是为了弥补远征的损失。它们拥有强大的生命力和乐观向上的精神，而这是亘古不变的自然选择的结果，只有明白了这一点，我们才能真正理解歌德的话："死亡，是促成丰富生活的途径之一。"

麦穗鸟

麦穗鸟一到春季便会来到英国。作为一种夏季候鸟，它们很受人们的欢迎。3月，它们自南而来，一群接着一群，直到6月将至时。最后到达的群体看上去像是杂牌军，里面混杂着格陵兰麦穗鸟，这种麦穗鸟不会在英国落脚，它们的目的地是法罗群岛以及格陵兰。对于英国来说，麦穗鸟是最早归来的候鸟，它们的回归意味着春天将近。

麦穗鸟很讨人喜欢，白色的臀部是它们的显著标志，因此又名为"白臀翁"。由于它们是鹰类等猛禽的食物，因此有博物学家提出，臀部演化为白色是为了转移敌人视线，以防身体的重要部位遭受到攻击。不过，这么明显的标记显然是把双刃剑，在我们看来，它们的自我保护能力更多体现在行为上：藏在矮树丛或洞穴里、急速起飞等。它们总是猛地从低地腾空飞起，在空中快速盘旋，究其原因，一是为了捕虫，二是在于这一举动能让敌人知难而退。不过，我们没有必要钻研它们臀部的白色到底有何意义，或许只是为了好看而生的吧！麦穗鸟的另一个讨人喜欢的地方是，我们总能发现它们身在何处：在岩石上点着头，翘着尾巴，或是飞出去又飞回来，并发出愉快的喳、喳声。它们的声音类似于野翁鸟，但又独具特色。这两种鸟往往会同时出现在长着金雀花、布满小石子的空地上。事实上，它们是同属鹟科，可谓一脉相承。在受到惊吓的时候，它们会喳、喳直叫，以提醒同类。它们的叫声听上去像是雨点滴在了石头上，有时候也会一展歌喉，歌声相当美妙，还透着其他鸟类的音调。它们很爱唱歌，但这经常会打搅到"他人"。事实证明，它们这么做没有错，因为歌唱者和倾听者都十分可爱。

在英国的很多地方，人们将麦穗鸟视为凶兆，特别是当它们站在岩石上（它们经常这么做）喈、喈叫嚷时。为什么会有这样的传言？这是个令人困惑的问题。原因难道是它们总待在荒郊野岭，而这些地方又令那些生性胆小的人倍感恐惧？一听到喈、喈声就联想到有人正在墓碑上刻着自己的名字？多么荒诞的想法啊！事实恰恰相反，它们总是保持着愉悦的心情。喈、喈声并不代表它们害怕。雄性麦穗鸟的求偶行为很美好，当然竞争也很激烈。它们不仅会边飞边唱，还会边打边唱，足可见其生性乐观。

麦穗鸟在被追赶至草原后会踩着一块石头猛地飞到另一块上，稍稍领先于追逐者，这足以说明它们是敏捷且勇敢的家伙。牛顿教授记录道："雄性麦穗鸟的背部是青灰色的，胸部是淡黄色的，耳盖和尾巴是黑色的，尾巴的一部分也是黑色的，相比之下，它们的白臀尤为突出。为了与追逐者保持一定距离，它们会短暂地飞跃起来，动作敏捷。它们的歌声很动人，羽毛既协调又漂亮，因此深受郊野人们的喜爱。"他说得没错，麦穗鸟的外表和性情都是惹人喜爱的。

雄性麦穗鸟会在心仪的对象面前歌唱以炫耀自身。它们在地上和空中无忧无虑地生活着，就像特纳女士所说的那样："它们沉醉于生命的欢歌。"雄性之间的竞争通常都很激烈，不过重伤者寥寥无几。

它们在兔子的洞穴里或类似的地方筑巢。它们的巢是用草搭成的，呈杯状，不太紧密，混杂着羊毛、兔皮等物；里面的卵通常有6枚左右，呈淡青色，雏鸟一般在5月破壳。雄性既会参与筑巢，也会参与孵化。它们的食物主要是昆虫，所以父母会给雏鸟喂食蜘蛛、飞蛾、幼虫等，还会认真地储藏食物。在喂食的时候，父母会先把食物弄碎，再拿给雏鸟吃。

杜　鹃

　　杜鹃身上有很多自相矛盾之处，令人困惑。在鸟类中，大概只有它们不筑巢。尽管一部分美洲椋鸟也是如此，但另一部分还是会筑巢。令人震惊的是，在椋鸟中，有一种甚至不会进行孵化工作，而是把卵放到近亲的巢里去孵化，这种行为或许是筑巢及孵化本能的缩影。营冢鸟会把卵产在已经发酵的植物暖床里，尚且还算是在承担着哺育责任。接着，大自然的安排是这样的：雏鸟一破壳就能爬出鸟巢，尽管还不会飞，但可以自由走动。

　　在英国可见的鸟类中，杜鹃有一项特殊本领。成年杜鹃会在雏鸟还不会飞之前，提前 6 个星期离开。要知道其他鸟类会等到雏鸟具备飞行能力后才会这么做。这种奇怪的举动无疑是因为成年杜鹃以毛毛虫为食物，一旦毛毛虫无处可寻，它们就得飞到别的地方。它们把雏鸟交给其他鸟类喂养，也就是那些上当受骗的鸟。雌性杜鹃的产卵间隔时间很长，卵也很小，和这种鸟的体形很不匹配。它们是一妻多夫者，原因在于雄多雌少。雏鸟也有其非凡之处：自一出生就拥有极其敏锐的触觉，当微倾的巢稍稍碰到它们的腰背处，它们就会痉挛、蹦跳、躁动不安，真是天生的利己主义者，而且它们还会把同胞赶出鸟巢，这是一种本能。杜鹃大概认为鸟巢太拥挤了，而它们对待同胞的态度显然是本性中领地意识的雏形。我们知道，有的雏鸟不喜欢被关爱，譬如出生于养父母家中的雏鸠，它们很害怕别的动物触碰自己。不过，听说这种过度敏感的情况在出生 11 天后就会消失。

　　时至今日，鸟类学家依然认为雌性杜鹃会把卵产在地面上，然后用喙衔着飞过草场或栅栏，寻找一个心仪的巢（篱雀、天鹞等鸟类的巢）；找到之后，把卵放进去，然后自顾自地飞走。我们知道，很多人都曾见过杜鹃把卵放进其他鸟类的巢里，而那个鸟巢或许是它们提前就选好的。特拉斯女士在其著作《杜鹃卵的故事》里写道："我见到有鸟自屋顶飞来，落在距离鸟巢两英尺左右的篱笆上，那是一只杜鹃……它东张西望，就像上次来的时候一样。我似乎听见它在担心地自言自语：'没看见我吧？没有！太好了，我成功了！'随后，它果断地钻进篱笆里，消失得无影无踪。大约一分钟之后，它又出现了，然后又飞走了。出于好奇，我走进花园，拨开篱笆，看了看那个巢，显而易见，杜鹃把卵放进篱雀的柔软小窝里。我妹妹也看见了，我们觉得杜鹃有一种荒谬的小聪明，整个过程看上去充满智慧，但又十分卑鄙。"这段话足以证明我们的观点是正确的：雌性杜鹃会在地上产卵，然后把卵衔到提前物色好的巢里。

当然，我们不能就此认为查恩斯先生的记录是不准确的。在他的记录中，我们也看到了类似的奇怪行为以及众多相关的影像资料。查恩斯指出，杜鹃会在天鹨的巢里产卵，而且还会把天鹨的卵拿走，甚至吃掉。本能行为的细节或许会有不同，特别是对于杜鹃这种鸟来说，它们会因为来不及而改变策略，所以我们并不认为查恩斯的描述是不真实的。另外，他也并非首位提出这一观点的学者，拉斯卡尔也曾提到，雌鸠霸占了其他鸟类的巢，并把里面原有的卵都挪走，或者破坏了。不过，虽然查恩斯观察得很仔细，但我们还不能就此做出结论，个中缘由，不止一个。很多值得信赖的研究者都曾观察到杜鹃衔卵的行为，而且它们的确有时候会出现在其他鸟类的巢里，但时间是非常短的——如此短暂的时间是无法满足产卵需求的。亚伯丁大学博物馆所收藏的"范顿藏品"举世闻名，集合了各式各样的卵，而杜鹃的卵有的采集自麻雀巢中，有的是莺巢、有的是旋木雀巢，不一而足。要知道，上述几种鸟巢都非常小，不可能支持杜鹃在里面产卵。波美拉尼亚的杜鹃常常选择欧鹟巢，可是我们实在不知道它们是怎么在欧鹟巢里产卵的。一定还有其他原因，在我们看来，詹纳之前做的记录——

杜鹃把卵产在地上，然后衔入其他鸟窝的巢里——可以说是真实的，毕竟大部分实例皆是如此。

雉

秋阳的照耀下，收割的谷地里，雉在吃着谷粒，那景象是令人难忘的。雉的羽毛十分绚丽，红、橙、灰、青、黄、紫等交相辉映，美丽极了。它们是鸡类的一种，带有某种贵族气质。人们喜欢它们，并不是因为它们有多么聪明，或者品格高尚，只是因为它们华丽得令人难忘。

普通的雉原产于小亚细亚及里海海岸。在当时当地，它们尚还属于野鸟，时至今日，它们遍及世界各地，尽管可以人工繁殖，但却不是家禽。人们能驯养雉，但这只能针对个体而言，和群体毫无关系。相较于家禽，它们不会衍生出大量杂交种，也不会不停地产卵。沃特顿曾指出：雉的本性完全不同于家鸡，它们野性十足，所以难以彻底成为家禽。我们无法确认这当中的难点到底是什么，或许是"可塑性不强"吧。很多动物都是这样的，例如鸵鸟无法驯养，无法成为家禽；大部分蜜蜂也无法人工养殖。在沃特顿看来，雉"生来就胆小"，只要是它们预想之外的事情，都会令它们胆战心惊。虽然它们可以人工繁殖，但我们却常常看到它们攻击贵妇人们，或许是因为被艳丽的装扮所激怒。罗马人把雉带到英国等欧洲国家，时至今日，它们已遍及各处，包括新西兰及北美洲。雉偏爱住在树木低矮且密集的森林中，那里既能遮风避雨，又有丰富的食物。它们不怎么挑食，所以在生存竞争中占有优势。找不到这种食物，还可以吃另一种。相比植食动物和食肉动物，杂食动物活得更容易一些。与家鸡一样，它们的食谱很丰富，其砂囊能容纳及消化各种东西，甚至是小石子，不过常吃的主要食物有谷类、种子、果实、芽、叶、根、花、昆虫、幼虫，可谓包罗万象。

的确，它们爱吃谷粒，但也会吃很多反跳甲虫（譬如叩头虫）的幼虫以及其他害虫。它们还会吃一些稀奇古怪的动植物，例如鼠、蛇、橡实、榛子、瓦苇以及羊齿类植物。不可否认，雉的食量很大，但吃羊齿类植物吃到撑恐怕未必是好的选择。当然，它们要是喜欢上了羊齿类植物的话，那么农夫们肯定会开心极了，要知道，对于高地草场来说，羊齿类植物可是有害无益的。

雉的翅膀相较于其身体来说是较小的，但较宽也较圆，肌肉发达，吃过的人应当明了。它们飞得很快，很多资料都显示，常有人看到它们急急忙忙地从商店里飞出来，有时候还会撞坏橱窗玻璃，由此可见它们的速度有多快。人工饲养的雉很懒散（为什么要飞出那个安乐窝呢？），不过却是英国猎鸟里飞行速度最快的。那些有经验的猎人告诉我们："它们在树冠上飞速盘旋时是最难捕获的。"它们不爱游泳，尽管游泳技术还不错。它们能在地上飞奔，速度超乎我们想象，有时候是在啄食种子，有时候是在追赶小动物，由此可见，它们的足部肌肉十分发达。

和大部分猎鸟（或者说家禽）类似，雉是尊重一夫多妻制的鸟类。雄性之间的竞争是常态，胜者会把败者赶走并霸占雌性，而败者是找不到配偶的，这样一来，它们的种群得以发展壮大。雄雉会先叫几声，然后张开翅膀，这和雄鸡刚好相反。雄鸡会先张开翅膀，然后才鸣叫。雄雉来到雌性面前鸣叫，以炫耀自己的长处。它们走近心仪的对象，翅膀略微展开，伸展着尾巴，背部微侧。其他细节可见泰格米尔所著的《雉》这本书，例如当中提到："眼睛周围有一大片会泛着红色，竖立的冠不大，是紫色的。"这种演化是初级的，较为高级的可以在求偶的雄性印度雉身上看到，它们翅膀上的次要羽毛比普通雉的大一些，带有漂亮的眼睛一样的斑驳花纹。雄性印度雉经常在雌性面前徘徊，时而停下张开翅膀，像是展开一柄扇子。它们把头埋在翅膀底下，竭尽全力地诱惑着雌性。它们的美丽羽毛常常被舞蹈者用作裙子上的装饰物。两支长长的尾羽不停地摆动着，沙沙作响，翅膀也慢慢地抖动着。在阳光的照耀下，那眼睛一样的花纹（两只翅膀上各有二十几个）好似关节般的饰品。不过，雌性是没有这种装饰物的，而且雄性的装饰物也只有在翅膀展开的时候才能看到。

雌性会在四五月筑巢，巢很简陋，但顶部会盖着一些东西。或许不能称之为巢，更像是地上的穴。它们一次通常能产下八九枚卵，要么是青褐色，要么是青灰色。孵化期在 24 天左右。筑巢也好，孵化也罢，雄性是不会伸出援手的，这是一夫多妻制动物的特点之一。作为家禽的鸡，雄性十分勇敢，而且在找到食物后会立刻叫来雌性享用，然后自己去做别的事，似乎与地上的美食有缘无分。雄雉绝不会如此，尽管有时候它们也会带着一群雏鸟及孵化中的雌鸟活动，不过这不具有普遍性，所以不重要。或许在演化之初，生物的雄性与雌性之间的界限并没有那么明晰。鸽类中常常有雌性的雄鸽及雄性的雌鸽。另一个与适应性有关的例子，就是生物的适应性永不停止，雌雉会把卵产在鸽子或松鼠的树巢里。天气寒冷的时候，

图 31　雀鹰

雀鹰，雌性比雄性略大，翅膀阔而圆，尾巴较长。雀鹰是小型猛禽，以昆虫、鼠类和小鸟为食，有时还会捕捉野兔、蛇及昆虫幼虫。

雉会住到树上。另外，乡村居民常常见到几只雌雉共用一个巢，有时候还能看到一个巢里装着 30 枚卵，或许来自 3 只雌雉。其他一些筑巢的鸟类也会有这样的行为，例如，多只雌鸟一同在一堆发酵的草上生活，于是那里就成了一个公共的巢。公共巢现象并不鲜见，而诸如鹧鸪占用雉巢，雉霸占鹧鸪巢之类的故事更是数不胜数。于是，我们得以认识到一个有趣的进化经验：一种动物变异的实验也许能够成为另一种动物的习惯，而且具有生存方面的价值，例如欧洲杜鹃借巢产卵的习性。雉的敌人可不少，其中一部分如白嘴鸦、乌鸦、雀鹰常常以它们的卵和雏鸟果腹，而狐狸、白鼬之类的敌人还会攻击成年雉。除此之外，值得一提的是，执行孵化工作的雉也会消除体味，就像鹧鸪一样。泰格米尔表示："即使是犬类等嗅觉异常灵敏的动物，在路过雉的孵化地，相距几英尺或更短时，并不能闻出雉的存在，除非真切地看到了。"那些生活在陆地上的鸟类总会这样做，其意义不言而喻，至于它们是如何做到的，我们还不得而知。

红松鸡

　　和栖息于圣基尔达的欧鹪一样，红松鸡是英国特有的动物，深受人们喜爱——特别是在 8 月的时候，有大群红松鸡可以捕捉。它们的很多奇特之处，都是演化留在身上的痕迹，以表明它们可以适应与世隔绝的生活。红松鸡的繁殖地无不位于奇怪之处，例如海滨、高原等；它们的要求只有一个，那就是长有石楠属植物。红松鸡的食谱很简单，只有石楠、岩高兰芽、浆果、青苔、灯芯草的果实等，如果可以找到稻田，它们也会吃谷粒。在大雪纷飞或小雪绵绵不止的日子里，它们的生活异常艰难，无奈之下，它们会来到山谷里觅食，或者结伴远足，去往别处安居。红松鸡的翅膀弧度较大，力量很强，所以它们可以疾飞，不过只能坚持一小段时间；羽毛会变色，身上通常为红黑白三色，而有的雌鸟身上带有淡黄色的斑点，此外，它们羽毛的颜色还会随着季节的变化而变化。

红松鸡是欧洲黑雄松鸡和欧洲雷鸡的近亲，但又与这两者大不相同，更接近另一种雷鸟，那是它们的远亲，冬季时居于山林，且羽毛会变白。红松鸡的家庭生活是一夫一妻制。春季来临后，雄鸡会站在荒原高地，发出尖锐的挑衅（"克克"之声）；雌鸡待在一旁，饶有兴趣地观望着。挑战者应声赶来，二雄争霸开场。它们飞了起来，用喙互啄，目标是对方的头部。其间，雌鸡会给丈夫加油助威。红松鸡的卵为红色，和毛色很像；巢筑在地面上，孵化工作由母亲负责。雏鸟很早熟，在母亲的带领下，它们能够学会觅食：找到蝇类或幼虫。父亲的职责是看家御敌，很是勇猛。我们之前看到过这样一个景象：一只雄性红松鸡扑到一棵矮树上掌掴了一只图谋不轨的乌鸦。长大之后的红松鸡并没有太多敌人，最主要的敌人大概是鹫。在鹫的威胁下，笨拙者和弱小者都被淘汰了，这对红松鸡而言并非坏事，它们的种群借此机会得到了发展。我们没有听说过松鸡会得病，不过它们身上的寄生虫的确很多，那些生活空间局促、食物质量欠佳的红松鸡身上一般都有十二指肠虫——这是一种极小的丝虫。十二指肠虫要是太多，松鸡就会毙命。希普利爵士曾对此进行过研究，最终结论是，松鸡身上有 25 种左右的寄生虫（无论是皮外还是毛根，都能看到很多虫子在活动。在皮下以及体内空隙处，例如消化管道内、细胞及其组织内、肠内壁上、血管内等能看到一群群的蠕虫和单细胞动物）。红松鸡的食物包括菜叶，那上面难免带有各种虫子，甚至是绦虫的卵——长大之后会是很厉害的寄生虫；地上的浆果或许带有十二指肠虫，就像人类的孩子要是吃了掉在地上后被弄脏的果子及蔬菜，就会被蛔虫盯上一样。红松鸡体内的十二指肠虫及丝虫不仅很细很薄，而且还是透明的，所以极难察觉。这种寄生虫一旦进到身体内部，其破坏性甚至大于绦虫，它们在食管处的两个盲管中（相当于人类的肠端状垂内）繁殖。

在 2 ~ 4 月间，荒原上食物缺乏，只能找到少量石楠植物的尖。于是，各种鸟都飞到了那片尚能寻觅到食物的一小块土地上。地上到处都是红松鸡排出的十二指肠虫，因此相互传染在所难免。红松鸡体内的丝虫越多，最后留在地上的也就越多。在冬去春来之前，要是石楠植物不发芽的话，松鸡们恐怕凶多吉少。

在刚出生的几周里，雏鸟会大量死亡，就如同人类儿童因感染而死，例如得了白喉、猩红热之类的致死性疾病。红松鸡雏鸟的死亡与地上的病菌有关，它们会因食道发炎而导致死亡，更糟糕的是，它们死前还会在土里留下好几百万枚胞子。

对于这种悲剧，我们就不在这里详细讨论了。需要强调的是，动物们身上的全身性疾病基本都是后天患得的，大多与微生物和寄生虫有关，另外，我们认为还和人类的介入有关。为了保护红松鸡，人类"自作主张"捕杀了鵟，然而这却影响了红松鸡的健康，原因在于那些弱小的、不适于生存（各个方面而言）的红松鸡也活了下来。很多动物都能在有寄生虫的情况下健康地生活，包括红松鸡，只要能和寄生虫和谐共生，寄生虫的危害就可以忽略不计；寄生虫只会对那些因为食物质量低劣而弱不禁风的个体，或者被自然淘汰（也是自然选择）的个体以及因为生存环境过于拥挤并携带有太多微生物的个体具有威胁。

在英国，有很多地方——视土质而异——都只适合没什么价值的石楠植物生长，而这正是红松鸡所喜欢的生存环境，对于那些以捕猎红松鸡为乐的人来说，也是不错的去处。捕猎红松鸡并非不合法，只要不是毫无底线地滥杀便无妨，它们的种群不会受到太大影响，即使是在 8 月繁殖期被猎捕并大幅减少也没关系。在红松鸡的栖息地，人们反而应该对鵟进行保护！

鹧鸪

鹧鸪和雉是两种鸟。鹧鸪原产于英国，但如今分布很广，甚至已经来到了乌拉尔山和西伯利亚。所以它们是优秀的生存者，而我们很想知道其成功秘诀。

鹧鸪成功的原因之一是它们的羽毛颜色比较暗淡，在农田及已经收割的稻谷堆里很不容易被发现。它们的羽毛漂亮而不明显，具有很好的保护作用。大多数鹧鸪的羽毛是灰褐色的，有的带有黑色条纹，或者混杂着栗色、淡黄色等；头部与喉部有一大片是栗色的，胸部有呈新月状的栗色羽毛。那精致的羽毛很值得人们去了解。在我们看来，个体之间的差异是很多的，由此可见，这种鸟类在自然界具有生存优势。要是生存得不到保障，那么无用的色彩就会逐渐消失。鹧鸪有一件隐身衣，而且那隐身衣还十分美观。

图 32　鹧鸪

鹧鸪头顶为黑褐色，四周为棕栗色。鹧鸪脚爪很矫健，擅长在地面上行走，主要以蚱蜢、蚂蚁等昆虫为食。

基于实用性，无论是雌性还是雄性都披覆着同样的羽毛。

在已经收割的稻田里，它们看起来就像是一块土。同时，它们还很懂得如何隐藏自己，这也使它们更加安全。它们藏在那里，当我们走近时才忽然尖叫一声快速飞走。这种疾飞的能力也是一种安全保障，尽管它们无法飞很长时间。鹧鸪拥有发达的胸部肌肉，尝过鹧鸪胸肉的人应该都知道。它们的尾巴很短且圆润，灵活程度不逊于任何飞行速度快的动物。在飞行的时候，尾巴是张开的，尾部羽毛有18根，外层为栗色。如果飞累了，它们就伸展着翅膀，在空中翱翔，慢慢下降，如同划船的人停止划桨，稍做休息，毕竟飞行动作和划船动作类似。

与其他很多生活稳定的动物一样，鹧鸪的食谱也很丰富，能以多种食物为生，这也是它们的生存诀窍之一。鹧鸪能吃的东西非常多，例如稻谷、草芽、翘摇尖、石楠嫩枝、浆果、某些种子、蜘蛛、部分昆虫以及所有可以吃的幼虫。雏鸟由父母喂养，主食是昆虫；在具备一定自我保护能力后，会自己捕食昆虫。鹧鸪喜欢生活在农业发达的地区，对农耕有利也有弊，但破坏性不大。2月到来后，它们会离开英国，然后在冬天回来。鹧鸪是一夫一妻制的推崇者，它们会拖家带口地生活。冬天的时候，很多鹧鸪家庭会生活在一起，群居生活是御敌的好办法，群策群力很有用。据我们所知，它们睡觉的时候是蜷缩成一圈的，头向外，因此突袭是很难成功的。交配期从2月末开始，各个家庭分散而居，生机勃勃。雄性之间开始竞争，竖着尾巴高声鸣叫；竞争很激烈，会用上足、喙和翅膀，不过互相伤害的程度并不大。雌性会跟着胜者离开，它们似乎是很忠实的观众。我们尚不能确定雌性会不会争斗。有时候，胜者还会被挑战，显然挑战者对雌性有想法，因此雌性也一定会关注"丈夫"的表现。由此可见，鹧鸪的"相亲活动"是持续进行的，或者退而求其次，它们有很长的"蜜月期"，因为雌性鹧鸪要到四五月才会产卵。配对成功后，配偶之间会忠诚以待。这也证明，它们遵守着一夫一妻制，可靠程度超过很多猎鸟。

　　它们常常在篱笆旁与树林边的草丛中筑巢，其巢如同一个铺着草叶的小坑，里面通常会有 12 枚左右的卵；卵多为棕黄色或黄褐色，能很好地融入环境。母亲在离开巢的时候，通常会用树叶把巢盖住，孵化的时候不怎么离开，而且能把自身气味隐藏得很好，哪怕是老到的犬类也不易察觉。只要不被犬类发现，它们就很安全。那么，它们是如何隐藏气味的呢？这个话题值得谈论。或许是因为它们尾巴根部的腺体（很多鸟类都有这样的腺体，其分泌物奇臭无比）在孵卵过程中，受到某种化学媒介物，或者激素的影响而暂停了分泌；又或许是因为雌鸟在这段时间不吃东西。当然，这些都是猜想而已，事实如何还有待考证。

　　雌鸟需要花上 22～24 天的时间来孵化，雄鸟虽然不参与孵化，但也不会离开，它们扮演起了守护者的角色，会在遇到危险的时候发出警告，并冲在前面。有研究者曾看见过这样的现象，在雏鸟破壳之后，雄鸟会帮助雌鸟把雏鸟的身体弄干，十分亲切。为了保护雏鸟，父母都会表现得异常勇猛，无论是对鹰、鸦、白鼬、犬类还是人类，皆是如此。它们懂得如何保护雏鸟，例如"假装受伤以转移敌人视线"。之前有研究者认为，它们会在其他鸟类的巢里产卵，或许是用喙一个个送去的。当父母发出某种怪叫时，那些黄褐色的小家伙们就会马上响应，分散开来，消失不见。综上所述，鹧鸪的成功秘诀是：大量产卵，认真孵化，父母勇猛，雏鸟听话。

田 凫

　　如果走出科学领域，我们可以将不同的鸟类比作不同的人类，海燕是游荡在海上的民族，燕鸥是哥伦布，秃鹫是横征暴敛的男爵，麻雀则是普通居民。在我们眼中，田凫是快乐的骑士，尽管很多人都认为它们的叫声如哀鸣或呼号。虽然如此，它们依然给人以快乐、勇敢、合群的印象，偶尔还有些好笑。

在苏格兰，我们能在很多地方看到田凫，它们似乎是长居者，可实际却是"半候鸟"，在苏格兰消夏，到爱尔兰越冬。冬天的时候，其他自北而来的动物会占据它们的夏日领地。当然，一部分田凫会离开英国海岸，到非洲去度过冬天。它们常常出没于冬日的北方地区，尤其是田间地头，在空中很容易得见，但在地面时却很隐秘，不过总的来说是很常见的。

田凫是鸟纲动物中受人类威胁最大的种群。对于人类来说，它们是一种珍奇的食材。然而，从爱尔兰到日本，从北极圈到印度，这种鸟都活得很不错。那么，它们是如何在困境中繁衍至今的呢？究其原因，其一是可塑性，不管在什么地方，它们都能适应：荒原上、入海口、田间地头以及沼泽地带；其二是食物丰富，能捕食各种昆虫：反跳虫、皮虫、蚯蚓、蛞蝓、小蜗牛等。总而言之，不要忘了，田凫是农人的好帮手。不过，除了不挑食也不挑住处之外，它们还有其他的生存秘诀，例如谨慎，所以想伺机攻击它们是很难的。田凫雏鸟身怀绝技，在危急关头会趴在地上不动。它们是群居动物，因此可以凭借集体的力量御敌。另外，它们聪明、勇敢、快乐，而且自信。即使是在气候恶劣的季节，它们也会表现得十分活跃，而且不知疲倦。

我们需要着重讨论田凫的羽毛颜色。它们的羽毛很漂亮，特别是在春天，冬天时略微不堪。就颜色而言，有绿色、紫色、灰色、铜色、黑色和白色；尾巴为栗色，或者淡黄色，带有金属光泽；因为某种特殊构造，能将暗黑色转化为蓝色及绿色。成年田凫无论雌雄，其羽毛的颜色都一样。它们的头冠很灵活，是由 6 ～ 8 根羽毛组成的。雄鸟比雌鸟长一些，翅膀更大更圆。田凫这个名字的字面意思就是它们一下下扑腾着翅膀，就像是在划船一般。它们振翅的频率很低，但飞行时却苍劲有力，大部分翅膀较大较圆的鸟类都具有这样的特性。在迁徙期和求偶期，它们的飞行速度更甚；在繁殖期，它们会发出"呼呼"的颤音，而这个声音来自翅膀。近距离观察时，我们经常可以听见那种呼呼声，但是它们不喜欢人类的出现，会猛地掠过我们的面颊。

至于其求偶过程，大致可分为几步。第一步，一心一意地守护看中的筑巢地点，这和其他很多鸟类是一样的，它们也有"领地"意识以及"提前选定"的习惯。在竞争者出现后，战斗随之而来——在空中。第二步，飞行告白。它们会飞出很远，叫声与振翅的呼呼声交相呼应，在空中尽情翻腾盘旋，在我们看来就像是一出欢快的春日舞蹈。第三步，雄鸟千方百计地炫耀着自己，在空中围绕"心上人"转圈，而在最初的半个月里，雌鸟并不会太过关注雄鸟的行为。雄鸟竭尽所能地刺激着雌鸟，袒露着那散发着金属光泽的淡黄色尾部。第四步，雄鸟来到地面上开始挖坑，并在挖掘处努力地展示着自我，雌鸟被吸引过来，也开始挖坑，而它们挖出的坑有可能成为以后的巢。雄鸟是主动的，雌鸟是矜持的，对于雌鸟来说，雄鸟的挖掘行为大概是筑巢行为的暗示。它们的巢很简陋，不过是在挖土的地方铺上一层干草罢了。在巢的四周，还可以看到其他几个坑，有观点认为那是用来迷惑敌人的假巢，当然，我们并不这么认为，事实上，那些坑是求偶行为的产物，而与后续的各种事情都无关。

田凫的产卵期通常在 4 月，一般来说，它们一次只会产下 4 枚卵。为了节约空间，它们会将卵的尖端朝向中心位置摆放。如我们所知，它们的卵类似于黑头鸥和海鸥的卵，可谓异彩纷呈，甚至多达 50 种色彩，不过大多数卵在泥土里并不突兀。父母会合作完成孵化工作，孵化期在 26 天左右。田凫雏鸟具备三个特点：第一，非常早熟，在一两天内便可离巢；第二，在自然环境中十分隐蔽；第三，天生就能"说话"，原因在于它们在破壳之前就听惯了父母的呼唤。当然，父母对雏鸟的教育也很到位。面对敌人的窥探，母亲会先把卵藏起来，然后压低身子、悄无声息地走到远处，与此同时，父亲一跃而起，居高临下地驱逐外敌。

雏鸟在破壳后很快便能离巢活动，父母会一起守护它们，在遇到乌鸦、海鸥等敌人时，会飞出去争斗一番。一般来说，田凫这种鸟颇为聪敏。有传闻说它们会用力踩踏泥土，以诱惑蚯蚓钻出地面，这或许并非谣言。在我们看来，它们还能做出很多其他有趣的行为。

让我们回到最初的讨论。很多人都觉得，田凫的叫声既真诚又哀怨，仿佛一曲悲歌，但这只是人类的感受罢了。对于田凫来说，这种音调并无深意。它们生性快乐、充满激情，喜欢群居；它们是热诚的恋爱者，也是骄傲的养育者。谁也不知道它们有没有真正地忧伤过、害怕过，无论是雄性还是雌性。

云　雀

云雀是人们熟知的一种鸟，生活在草地上。在英国的很多原野里，本身并不华丽的云雀却是春天的歌唱者，与那些花儿一起点缀着春景。从天光乍现，到夕阳西下，它们一直在歌唱。到了夏天，它们唱得更久，只在凌晨静息两三个钟头。它们从早到晚、夜以继日、日复一日地唱着，哪怕是寒冬腊月也不会停歇。

从云雀的歌声中，我们可以听出旺盛的精力和云淡风轻的个性，就像雪莱所说的那样，它们的歌声犹如"欢乐的激流""富有节奏感的落雨"。云雀不像斑鸠那般拥有多样化的音调，但总是持续不断，好似从来不会感到疲倦。毫无疑问，它们的歌声缺乏变化，且音域并不宽广。正如伯勒斯所言："它们的歌声好似周围的草，茁壮且茂盛，却略显单调；音调缺少变化，但节奏起伏不定，时而急切得犹如夏天的大雨。"毋庸置疑，它们没有太多的诉求，只是单纯地快乐着——简单的音调中透着满满的激情。有意思的是，它们的叫声在细微之处混杂着许多其他鸟类的声音，似乎是想通过这样的方式弥补自身音调的不足。很多人（包括著名学者在内）都认为它们的歌声极富变化，但我们并不这么认为。

伯勒斯的经历令我们对美国人抱有同情。他一边诵念着雪莱的诗歌，一边来到英国，在草原上寻找云雀。他在报告中写到，他没有找到那样的鸟。我们并不认为仅凭诗歌中的描述就能找到与花儿为伴的云雀，不过研究一下雪莱的诗歌，看看那描述是不是合理或许是有必要的。另外，梅雷迪思诗歌中的云雀的确言过其实：

> 它们飞了起来，盘旋于长空之中，
>
> 抛下声音的银链，
>
> 那银链环环相扣，未曾间断，
>
> 唧唧作响，呼啸而过，婉转中带着颤抖。
>
> 各种音调纠缠着四散传开，
>
> 仿若潮水落下时的漩涡，
>
> 一个个音符从天而降，
>
> 落在漩涡里掷地有声，
>
> 匆匆忙忙地合为一曲。
>
> 那声音如激流袭来，融为一体。

它们总在高空中歌唱。它们有时候能飞到很高的地方，甚至会超过100英尺，在地面上很难得见。难怪雪莱会说：

> 好似空中的星辰，
>
> 在阳光的照耀下淡去，
>
> 可我依旧能听到你那清脆悦耳的歌唱。

莎士比亚的短诗或许是最优美的：

听啊，

在天堂外，

有云雀在歌唱。

用科学的眼光去审视诗人的思想未免显得迂腐。约翰·利利曾写道：

眼下，

她（雌性云雀）在天堂门口扇着翅膀，

在一展歌喉之前，

太阳还未醒来。

　　这显然是在说，云雀是天生的歌者。我们知道，云雀确实爱唱歌，不过并非常态。在云雀的歌声中，"爱情"从不会少，尤其是在求偶期，不过也有很多其他因素，例如精神的愉悦和生活的快乐。有时候，我们能看到雄性云雀之间的争斗，一边打斗一边歌唱，也能听到它们在风雨之中，或在金雀花丛中欢歌。毋庸置疑，它们生活得无忧无虑。求偶的时候，除了歌唱，它们还会游戏。雄性会露出白色的尾羽，来到距离心爱的雌鸟几英尺远的地方，抖动着翅膀高飞而去，然后在空中盘旋，直到求偶成功。有资料表明，雄性云雀还会提前选择好筑巢地点，以备不时之需。云雀无论雌雄都长有冠羽，且羽毛均是适合隐藏于地面的黄褐色。在近水的草场上，它们会遭到鹰的追击，因为在那里它们太显眼了。

　　它们天生乐观，因此食欲也不错，不仅能吃植物，也能吃小动物，而这是其成功秘诀之一。无论是害虫、蜘蛛、蠕虫之类的昆虫，还是植物的种子与枝叶，抑或是草和谷类的芽都是它们的食物。尽管它们会破坏幼嫩的芜菁和谷类，不过总的来说其功大于过：它们可以帮助人类除草和灭害，因此，捕杀云雀并不是什么好事。遍地积雪对它们而言是莫大的威胁，假如大雪不停，它们就只能迁往爱尔兰等地，如果不这样做就只有死路一条。

4月来临，它们在洼地中筑巢。它们的巢很简单，是用草茎制成的，内壁齐整，铺着少许羽毛。雄鸟负责收集建筑材料，雌鸟负责搬运及筑造。孵化工作主要有赖于雌鸟，卵的数量在3～5只不等，为浅灰色或浅褐色，孵化时间为两周。初生的雏鸟无法睁眼，身覆少量绒毛，没有自我保护能力，需要由父母照顾好几周，主要以昆虫、蚯蚓等为食。当然，父母会共同哺育雏鸟。通常情况下，云雀一个季度会生产至少两次，并把巢筑在草丛里，十分隐蔽。人们也常常在高尔夫球场，或者崎岖山道旁见到它们的巢，这并不是好的选择。有人认为，雌性云雀一般不会直接飞进飞出鸟巢，而会在草丛里迂回一段，再飞入或飞出。

英国博物馆的知名鸟类学家毕克拉夫指出，云雀雏鸟口腔内部虽然和其他鸟类一样是鲜亮的黄色，但舌根部位长有两个黑色斑点，舌尖部位也长着三角形的斑点，在他看来，这些斑点如同其他鸟类雏鸟的类似生理构造，其用途是方便父母将食物准确地送入雏鸟口中，以节约时间及避免失误。它们每隔15分钟左右喂养雏鸟一次，可见巢的危险逐渐减少，而食肉动物们，不管是飞禽还是走兽都很难有机会对雏鸟下手。在学会飞行之前，雏鸟们便会离巢活动。云雀能在地面上快速行走，除了朝后的拇趾，其他足趾上没有爪子，而拇趾上的爪有何功能尚有待考证。这个爪子确实比其他趾的爪长，但在草地里好像没什么用。它们起飞时的速度很快，力量十足，尤其是在冬天的时候。如果悄然走近观察，能看到它们是俯身疾冲而起的。最令人叹为观止的是它们的高飞姿势，翅膀一上一下地扇动着，频率较快，并且不会像普通鸟类那样在振翅时向后扇动翅膀。在飞至几英尺高的空中后，它们便开始鸣叫，并持续向上飞去，"飞向高空，边唱边飞，边飞边唱"。它们不停地飞着，渐行渐远，若隐若现，直至消失在我们的视线中，唯有那歌声经久不息。不久之后，它们忽地向地面飞来——翅膀展开，层层下落，间或拍打几下，而那歌声却未曾停止过。直至来到距离地面几英尺高的地方，它们才会沉默下来，缓缓降落，或者快速地水平飞入草丛里躲起来。随着农业的日益发展，很多鸟类都变得越来越少，但云雀却没有。它们偏爱生活在空地上，在尚未收割的谷物中间筑巢，那里十分安全，不容易遭遇敌人的袭击。它们不挑食，外表也不怎么醒目，因此得以繁衍至今。在繁殖期，一个云雀家庭能产下好几窝雏鸟，正如牛顿教授所说的那样："平均来看，雏鸟们的繁殖比其父母至少高出了4倍。"尽管深受人类与气候的影响，并常常遭遇白鼬、伶鼬、猫、鼠、鹰、乌鸦等敌人的攻击，但云雀的数量依然很多，其种群发展仍旧很顺利。我们希望这一局面在未来能一直维持下去！

云雀通常会在英国长时间居住，尽管如此，我们还是应该称它们为"半迁徙者"。它们总在不停地游走，而其迁徙过程颇为复杂，最显著的特点是，它们在秋天从欧洲大陆飞来，接连数日，成群结队。至此，对于这种备受人们喜爱的鸟类的习性，我们已谈得够多了。

麻 鹬

麻鹬很迷人，一年四季都能见到。在漫长的冬天，它们群居在北方低地的田地中，或者海岸上。我们曾经做过测算，大概50只为一群。它们很活跃，但其叫声透着苍凉感——"居利、居利"。在湿润的海滩上或不深的池塘里，它们捕食着各种小动物，而且相当高效。它们的喙是弯曲的，长度为6英尺左右，喙尖很敏感，这是涉禽的特征，其捕食靠的不是视觉而是触觉。

从开始降雪直到次年4月初，麻鹬会一直待在海边。回暖之后，它们会很快飞回苏格兰北部。求偶期的欢声笑语为寂静的山岭平添了几分春意。至于夏天里的呼喊，彭斯是这样说的："在夏日里，麻鹬的叫声既响亮又突兀，好似呼啸之声，透着灵魂的高傲，就像是在虔诚地祈祷，或者认真地诵诗。"然而在春日里，它们的鸣叫一定不悲壮，而是充满了活力与欢愉，并带有好听的颤音，犹如水中涟漪。雄性高飞在天空中，如鹰般威武，无论是上升还是下降，不管是盘旋还是翱翔，都伴随着那"居利"声。

麻鹬的巢其实是一个地上的小坑，里面铺着一些干草。它们通常一次生产4枚卵，要么是褐色的，要么是淡青色的，上面的斑点则为肉桂色。真巢附近还有些掩人耳目的假巢，也可能是之前选好，后来放弃的筑巢地点。

雄性与雌性在外观上看起来差不多，但雌性的体形相对较大。孵化工作由父母双方共同承担，孵化时和卵紧贴，带有斑点的褐色羽毛隐藏在石楠植物及干枯的草丛里。一旦察觉到危险，它们会立刻躲到一旁，如果没地方躲，就会展翅飞走。刚破壳的雏鸟长着灰黄色的蓬松绒毛，而父母会无微不至地照顾它们。如果有人靠近，父母会发出嘶嘶的警告，父亲会马上飞出来，站在地上四下打探并表示抗议。据资料显示，麻鹬大概能发出10种声音。当来人远去后，它们便会停下呼喊，父亲也会飞回巢里，"发出得意的咯咯声——拉长的颤音，很是粗鄙。"

或许有人会感到疑惑，麻鹬的喙那么长，当初如何容身于小小的卵中？生物学家给出的回答很有意思。麻鹬雏鸟的喙其实又短又直，如同雎鸠的喙；在破壳后的几周内，雏鸟的喙并不会持续长长。麻鹬雏鸟十分乖巧，其斑驳的褐色羽毛是很好的保护色，能帮助它们躲过敌人的侦察。在父母发出警告后，它们会立刻分散开来，趴在地上。

夏天，麻鹬幼鸟在荒野中生活，无论是昆虫还是蠕虫，蜗牛还是蛞蝓以及浆果等都是它们的食物。在缺少食物的情况下，它们会聚到一起生活。在寒冷的冬季，麻鹬也会聚众而居，而在炎热的夏天，它们则选择独处。8月，人们常能看到它们以 V 字形的队伍又快又稳地飞向海滨，原因在于它们的翅膀很长，胸部肌肉也很发达。它们渐行渐近，我们得以看见那双灰色的腿以及略微上弯的长长的喙。

不同于弗吉尼亚雎鸠自拉布拉多来到巴西，也不同于太平洋黄金鸟自阿拉斯加前往夏威夷，麻鹬只是从旷野飞往海边罢了，路程并不太远。不过，严格来说，无论远近，这些迁徙都是随气候变化而产生的群体行为：离开繁衍地，去往食物更丰富、环境更宽松的居住地。不管来往于何处，鸟类的繁衍地都是在气温较低的地方，所以我们可以看到，一方面英国麻鹬是短距离迁徙者，另一方面，每年秋天，都会有很多来自欧洲大陆更北地区的麻鹬出现在英国海岸附近。

杓鹬是麻鹬的远亲，途经英国前往更北方繁衍后代，或者更南边越冬。相较于麻鹬，其体长要短 10 英寸左右（麻鹬体长 26 英寸左右），在海边

图 33 杓鹬

杓鹬体形居于中型到大型之间，生活在海岸边，喙长长的向下弯曲，有些像镰刀，羽毛呈灰色或褐色。

停留的时间也更短。它们也会发出"咯咯"声，一般是反复 7 次，因而又被称为"七啭鸟"以及"偷笑鸟"。梅斯菲尔德博士曾说："杓鹬在呵呵笑，好似手鼓被拍响。"

包括彭斯、斯蒂芬森在内，很多诗人都喜欢麻鹬，并不吝啬对它们的赞美。它们有着美丽的羽毛，栗色的双眸；喙与足都很长；飞行姿势美观大方；擅长游泳，行走也不赖。它们从不胆小怕事，在遭遇猛禽攻击时会果断地奋起反抗，为了保护卵，它们会假装受伤，它们的声音一点也不单调，充满了丰富的表达。从各方面来看，它们都可爱又迷人。

蛎鹬

为了了解鸟类觅食的情况，我们将以英国的长居鸟类蛎鹬为例，这种鸟在美洲也能见到。蛎鹬很漂亮，也很容易分辨：羽毛是醒目的黑白色，喙呈红色，脚为肉色。它们拥有惊人的飞行速度和响亮的叫声："夸克夸克"或"微克微克"。它们生活在海边，于春季迁徙至北方水域，其间一会儿高飞，一会儿低飞，看上去很着急，其实只是在游戏。4 月来临后，它们开始组建家庭，通常是一妻二夫为一组。求偶行为由雄鸟发起，雌鸟会犹豫很久，以择其优秀者而从之。雄鸟在海滩上踱步，冲雌鸟唱歌，时不时地发出一阵"克利克利"的颤音。它们时而躬下身，时而跳起舞，忙个不停，与此同时，它们的左邻右舍也正在上演同样的剧目。两雄相争时常发生，通常是因为"失恋"，但要不了多久，它们却开始出双入对地携手筑巢。它们的巢很简单，原料不过是几枚石子、贝壳以及一些被冲上岸的海上漂浮物。它们一般会选择在海岩间的沙地，或者沙岗，又或者河边的石堆里筑巢，当然，沙洲是它们最爱的聚居地。雌鸟一年可以产出 3 枚卵，是低调的淡黄色，带有些许黑斑。父母会共同承担孵化工作，一方孵化一方放哨，在出现危险时，放哨者会发出警告，孵化者便会马上离开。在走出一段距离后，它们会在某个地方静观其变。蛎鹬很勇猛，一点也不惧怕所谓的劲敌。

雏鸟长着灰黑色的绒毛，不易被发现；在听到父母的警告后，也会马上趴下，一动不动。夏天，河畔的蛎鹬大多会飞回海边与留守者重聚。小型的水栖动物、昆虫幼虫以及水蜗牛等都是它们爱吃的食物，所以它们常常出现在水草间或石堆下方。当然，它们也经常来到田地里，或许是为了挖掘蚯蚓。值得一提的是，作为蛎鹬的近亲，翻石鹬总会掀起石头，拔起海草以寻找沙里或泥里的蠕虫、跳虫等小动物。由此可见，动物们都有独属于自己的觅食方式。那么，蛎鹬采用的是哪种方式呢？

我们很好奇，为什么它们的名字是"蛎鹬"，难道它们是在吃牡蛎时被人发现的吗？它们最常吃的食物其实是海虹，在盛产海虹的地方，绝不会少了它们的身影。对于捕捉海虹，它们有三个独门绝技：第一个绝技是，在海水刚好没过海虹的时候走上前去，因为那时候海虹会打开甲壳，以吸食一些小型生物。蛎鹬在水中行走时几乎没有任何动静，当海虹张开时，它们便猛地将喙伸进去——好的开端是成功的一半。它们会咬断控制闭壳肌，以至甲壳无法再合拢，然后再把里面的肉拽出来，用锋利的喙啄断连在甲壳上的肌肉。它们的动作可谓一气呵成，要知道，假如海水再涨高一些，海虹就会被深深淹没，而它们的腿虽然很长，却无法稳稳地站在水中央，而假如海水退潮，那么海虹就会裸露在外，并且紧闭甲壳。当然，蛎鹬其实并不在乎海虹的甲壳是开还是闭，它们能够"见缝插针"地钻开甲壳，毕竟海虹的甲壳不可能严丝合缝，一点间隙都没有。第二个绝技是，它们会根据海虹所处的环境来选择不同的手段，毕竟很多海虹都不会附着在岩石上。这种看起来微不足道的适应性，实则透着智慧的光芒。第三个绝技是，直接吞食，当然，只针对小海虹而言。有时候，它们也会如此对待螃蟹、蠕虫以及玉黍螺——贫困人士的牡蛎——等海滨生物。

对于贝壳一类的食物，它们所采取的对策也很有意思。常到海边的人都会很熟悉那类软体动物：长着突兀的甲壳和黏糊糊的足，牢牢地吸附在岩石上。如果铁了心要把它们弄下来，那么结果要么是它们魂飞"壳"散，要么是工具被敲坏。唯一可行的办法是乘其不备猛地一拉，或者迅猛地敲一下，让其盾形外壳脱离身体。这也是蛎鹬所采用的办法。它们静静地等待着贝类慢慢挪动身体，到不远处去吃海藻。猎物动了起来，开始缓慢爬行，甲壳边缘微微离开了岩石表面，与此同时，蛎鹬瞅准时机，把喙伸了进去，将软体动物从岩石上撬落。它们的喙强大无比，甚至能起到杠杆的作用。

至于它们对付贝类的另一种方法则较为罕见，不过效果同样出色。它们悄然靠近，迅猛且敏捷地朝目标横向一击。这一动作可谓又快又准又狠，落点恰到好处。贝类从岩石上滚落，后续自不待言。蛎鹬会把食物带走，然后选择一个自己喜欢的地方大快朵颐，所以我们常常在海滩上看到一堆一堆的空甲壳，可见它们的胃口很好。这让我们联想到了史前人类所留下的贝冢——成堆的贝壳，这些可以证明史前人类曾大量食用贝壳肉。当然，我们在此只想讨论蛎鹬这种普通鸟类的觅食方式。仅此而已。

天　鹅

天鹅给人们的印象总是半张着翅膀，弯曲着脖颈，竖直着尾羽，两只黑色的足迅猛地划着水，快速地游动着，一副严肃且高贵的模样。除了之于生命的尊严感之外，似乎再没有其他与众不同之处。这是一种生活得像诗、像书、像音乐、像名门望族一般的动物。通俗地说，它们的外表令人着迷，它们的生活令人敬仰。尽管俗话说得有些夸张，人们并不一定会对它们心怀敬仰，但在它们面前，人们或许真能感受到自身的卑微。要知道，它们会为了打败一只狗而折断自己的一根肋骨。

相传是狮心王理查德把天鹅引入英国，这或许是真的。那很符合理查德的个性，毕竟天鹅是浪漫与英勇的化身。在欧洲，有些地方的天鹅的确是野生的，但英国无人区里的天鹅大多是野化的，也就是说它们是从人类手中逃走的。当然，这并不重要，至少我们在疣鼻天鹅身上已经看不到被驯养的痕迹。准确地说，人类为了保护而驯养，但对于它们来说，那是一种屈辱。

曾几何时，人们对天鹅给予了很多保护。依照惯例，人们每年都会在其喙上留下标记，并将其翅膀上的长毛拔掉。在诺福克等地，人们逐渐不再拔掉其长毛，结果是天鹅开始成群地出现。特纳女士在其著作《泽地之鸟》中生动地描绘了天鹅在入水时那引人注目的白色翅膀以及不绝于耳的振翅声。她写道："远眺那片沼泽，一道乳白色的'泡沫带'漂浮在芦苇丛中，那是一群天鹅。在一英里开外的地方，听觉灵敏的人就能听见那充满节奏感的振翅声——明明白白，清清楚楚，犹如陀螺在转动，嗡嗡作响。"这种振翅声还被考沃德比作平地上的马蹄声。大天鹅在飞行的时候会发出金属撞击般的响声，但疣鼻天鹅却不太一样，只会发出清浅的呼吸声。有观点认为，它们在飞行的时候会发出呼气声，不过就算如此，人们也很难听到。

需要说明的是，疣鼻天鹅是会鸣叫的。平时，它们也会叫上几声，例如在受到刺激的时候，它们会愤怒地叫，并散发出某种难闻的气味，颤动的呼号代表抗议。亚雷尔提到的"轻柔絮语"十分悦耳，但透着几分凄厉。不过，如果不是喜欢保持沉默，又怎会被叫作疣鼻天鹅呢！顺便说一下，用科学的标准去衡量诗人的思想是没有必要的，去讽刺"濒死的天鹅会唱歌，在此之前死去的人或许是幸运的"之类的话是愚蠢的行为。我们虽不批判，但也不认可米什莱的主张，他认为维吉尔时代的天鹅都生活在温暖的南方，而且歌声曼妙，而在前往寒冷的北方后，它们失去了歌喉。米什莱的话不足为信，只是一种与天鹅习性改变有关的假说，并非事实。

濒死的天鹅会引吭高歌，这是多么勇敢的举动，多么令人感动的场景啊！可我们该作何解释呢？

那白天鹅，向来不言不语，

濒死时却打破了沉默，

将胸靠在芦苇岸边

唱起最初也是最后的歌，从此之后再无机会，

再见，所有的快乐，

死神，将我的双眼合上，

活着的大多是鹅，而非天鹅，

大多是傻瓜，而非智者。

实际上，天鹅是绅士与名媛般的存在，就算它们真有思想，也不会像诗歌里所写的那样令人心悸。不过，为什么人们如此在意天鹅死前的歌唱呢？在哈默顿看来，为了进一步诠释大鹅的完美形象，人们想象出了那死前的诀别，"天鹅像鹰一样勇猛，像人一样长寿，其羽毛是万神的衣裳，可它们却从来没有炫耀过自身的音乐才华，或者做出某种暗示。天马行空的人类总希望理想世界中的象征是完美无缺的，所以才会塑造出这浪漫至极的故事：'天鹅之歌'。"

这样的解释充满了奥妙，比起纳瓦拉王后的解说也毫不逊色。在纳瓦拉王后看来，天鹅身体里的精灵会在肉身死前从脖子里飞出，同时奏响曼妙的音乐！这话或许没有错，但传递给人们的信息却是天鹅不会唱歌，而不是天鹅会唱歌。相较于聒噪的大天鹅，疣鼻天鹅的确少言寡语，究其原因，它们是用脖子发声（通过颈部运动来发出声音）的，所以其脖子的灵活程度远在野天鹅之上。

特纳女士笔下的一则故事足以验证我们的观点。需要说明一下，天鹅遵从一夫一妻制，且家庭关系紧密。想要让天鹅母亲离开雏鸟几乎是不可能的，天鹅父亲尽管经常外出活动，但从不会抛妻弃子，并总在危难时刻挺身而出，为妻儿排忧解难。有一次，一位天鹅父亲在家看门，但母亲没

能及时赶回来。一个小时过去了，两个小时过去了，天鹅父亲越来越焦躁，"坐立不安，不停地叫着"。它无视特纳女士的抚摸（特纳女士是它们的老友），也拒绝进食面包。几个小时之后，特纳女士划着小船到芦苇丛里寻找，最后终于看到了那位焦急的天鹅母亲，它正伸长脖子呼喊着。"天鹅父亲听到妻子的呼喊，立刻清醒过来。我默默地在一旁看着，发现天鹅父亲留下雏鸟，独自离开鸟巢，急急忙忙上前迎接妻子。它们终于凑到一起，彼此表达着爱意，两喙相啄，两颈相交，咯咯直叫，然后一起回巢，等待它们的是孩子们的欢呼。"天鹅母亲的晚归并非我们要重点关注的地方（其喙上有伤，或许曾和其他母亲斗嘴，大概是因为母亲们都认为自家宝宝最优秀吧），值得一提的是它们的颈部动作，尤其是在告白的时候，它们以颈部动作取代了歌唱，当然，警告等语言交流是无法取代的。

疣鼻天鹅是为人熟知的一种天鹅，与生活在英国的两种野天鹅大不相同，野天鹅和大天鹅一样，是来自苏格兰的冬季候鸟。疣鼻天鹅头顶为黑色，喙尖为黄色，喙根部为黑色；野天鹅恰好相反，喙根为黄色，喙尖为黑色。野天鹅的脖子不太灵活，在游泳的时候也并不会半张着翅膀，所以看上去没那么可爱。值得注意的是，它们的气管延伸至胸部龙骨中段位置，并由此开始变得弯曲，而疣鼻天鹅并没有这样的生理构造。

天鹅可谓是恋爱专家，同时也是爱憎分明的动物。就像人们所看到的那样，天鹅既华丽又安详，而且寿命很长。它们的华丽毫无突兀之感，既不会变形，也不会衰败。它们很聪明，这可以从一些简单的行为中得见，比如在水涨船高的时候，它们会根据水位的高低来修筑鸟巢，还会特意为雏鸟修筑小通道。天鹅父母十分优秀，从不会让雏鸟在羽毛未干时入睡（尽管有的时候，雏鸟们也会打瞌睡）。它们会把孩子们驮在背上，那样的场景令人动容；它们还会伸出一只脚给雏鸟们当梯子，这简直是天才之举。最后——尽管我们接下来还会讲到其他行为——要说的是，它们是植食动物。毫无疑问，天鹅近乎完美，除了行走在冰面上有些笨拙，毕竟它们是鹅。

野天鹅会用水生植物筑巢，巢高达两英尺左右，直径则可以达到 6 英尺。在涨水的时候，它们会将鸟巢加高。在巢的中部，或者说里面通常铺着绒毛。4 月是天鹅的产卵期，通常它会产下 5 ～ 12 枚卵，颜色是微微泛白的浅绿色，长度在 4.3 英寸左右，宽度在 2.9 英寸左右。天鹅父亲也会参与孵化工作，孵化时间大概为五六周。如前文所述，它们是一夫一妻制的忠实拥护者，天鹅父亲真诚且专一，在巢遭遇危机时，会勇敢地挺身而出。考沃德在其著作《大英群岛上的鸟类》中对此进行过生动的描述。那是一本图文并茂、通俗易懂的鸟类学书籍，其中所涉及的鸟纲动物十分丰富。书中记录道："在抵御外敌时，它们会高高竖起肩膀与翅膀，脖子向后弯曲，几乎全部没入了翅膀下方；两只脚在水面上整齐地划动着，奋力地向前冲去。"天鹅父亲不仅英勇无畏，而且颇具耐心，会始终如一地陪伴妻子完成孵化工作。

初生的天鹅雏鸟背部长有绒毛，呈灰黑色，随着时间的推移，绒毛会逐渐变成羽毛，颜色也会变成暗褐色。再过一段时间，暗褐色的羽毛又会变成白色。但对于未满一岁的雏鸟来说，它们的羽毛并不会完全变成白色。特殊情况下，一些雏鸟生来就覆有白色的毛。

在北美洲还生活着一些其他种类的大天鹅，就体形而言比欧洲大天鹅要大，例如喇叭鸟，翅膀长度可达 7 英尺 10 英寸。据我们所知，这种天鹅凶猛好斗，不过其规模也正在减少。它们的叫声类似于法国号角。小天鹅目前规模较大，其喙为赤色，根部为黄色，而喇叭鸟的喙是纯黑色的。艾略特曾对小天鹅的歌声进行过描述："那是充满韵律感，透着苍凉之意的歌声，好似在用第八度音程倾诉。"

南美洲栖息着一种名为"卡斯卡蕾"的小天鹅，不过有学者将其归为鹅的一种。它们翅膀上最长的那根羽毛的尖端是黑色的，喙和足为淡红色。"它们会来到陆地上寻找食物，歌声嘹亮，就像喇叭一样。飞行时的声音没有真天鹅那么大。"南美洲还生活有黑颈天鹅，其头部和颈部大部分都是黑色的。我们在澳大利亚南部和塔斯马尼亚还能看到一种华丽的黑色天鹅，也有的为黑褐色，如今存世稀少。尽管它们身上的羽毛是黑色的，但翅膀却洁白无瑕，"喙为珊瑚色，带有条纹，而条纹是象牙般的白色"，一部分羽毛——例如肩膀处的羽毛——带卷，十分漂亮。自从1697年发现了这种黑天鹅之后，人们便逐渐看到了澳大利亚天鹅的与众不同之处，一部分英国人还开始尝试饲养这种黑天鹅。它们那优雅的身姿与绚丽的羽毛形成了鲜明的对比，以至于人们对其赞不绝口。

综上所述，天鹅的原始种类虽然较少，但变种却一点也不少。

天鹅属于鸭科动物，同时和鹅也有一定的关系，因为鹅也是鸭科动物。在英国，以前只有坐拥大量不动产的人才被允许饲养天鹅，不过现在这种限制已经被打破。牛顿教授在其著作《鸟纲字典》中写道："在伊丽莎白时代，私人拥有的，和企业的天鹅养殖场多达900家，全部都是皇家天鹅养殖局批准并授权的，而且其管治权在全国范围内通用。"在七八月时观察重点天鹅群，并在天鹅雏鸟身上做好标记是一件很辛苦的事情。牛顿教授在1896年说："伊尔切斯特爵士拥有英国最大的正规天鹅养殖场，该养殖场位于弗利特，在多塞特郡海岸附近，有700～1400只天鹅，总面积比较小，天鹅数量比其他河畔的天鹅养殖场要少得多。"

截至目前，虽然天鹅的规模并没有增长，但我们依然憧憬着所有美丽的鸟儿都能永远地生存在这个世界上。

麻鳽

麻鳽是一种冬季候鸟，数量十分稀少。我们之所以会关注这种鸟，原因在于它们不但漂亮而且有趣，还是大不列颠群岛上的特有品种，主要分布于英国和苏格兰。毫无疑问，在一万年以前，新石器时代的原始人类——头颅较长，脸形略方，身高不高但充满力量的捕鱼者——便在英国北部地区开展了探索。它们时常听到沼泽里的麻鳽那尖锐的叫声。随着地质的变迁，例如海岸被抬升了50英尺高，它们所赖以生存的沼泽越来越少。农业发展得很顺利，可麻鳽的数量却因此而锐减。还曾有人以捕猎麻鳽为乐，因为它们的肉可以吃。进入19世纪60年代末之后，这种鸟便在英国绝迹了，换句话说，它们不再栖息于英国。时间来到1911年，特纳女士与文森特为我们带来了好消息，麻鳽的鸟巢在诺福克郡的湖区重现了。显然，在人类停止捕杀之后，它们选择了回归。据特纳女士称，1918年，他们在湖区方圆4英里范围内发现了7个巢，而到了1923年，增加至11个。"而今，在湖区的很多地方，每天清晨都能听见麻鳽们那低沉的'决斗声'划破寂静，回荡于林间。"没有比这更好的消息了，我们希望它们能永远与人类为伴。曾经的人类鼠目寸光，对许多美好的动物进行了捕杀，现在，人们终于明白了动物保护的意义，所谓"放下屠刀立地成佛"。我们之所以能了解麻鳽的生存价值，有赖于特纳女士的著作《湖畔之鸟》——集科学与美学为一体的研究报告。

麻鳽是一种鹭鸟，体形较大，身长在1英尺左右。认真观察可以发现，其褐色羽毛夹杂着很多黑色及金黄色的斑纹，喉部是白色的，腿和足为淡淡的蓝青色。无论雌雄都很漂亮，也很醒目，羽毛颜色为保护色，好像一件隐身衣。当它们安静地站在芦苇丛中，喙尖朝天的时候，能很好地与沼泽环境融为一体。毕克拉夫脱曾经提道："其脖子上的栗色条纹由前部向下延伸，好似芦苇投下的阴影，那浅淡的底色与浓厚的黑色条纹配合在一起犹如枯萎的芦苇。"美洲鳽与小鳽的不同之处在于，其脖子背面没有常见的大羽毛，只有松软的绒毛。这个部位的部分区域覆盖着长长的、竖立着的羽毛，那羽毛位于脖子两侧，延伸至头部后侧。它们和鹭一样，一些羽毛的末端有粉末，由角质片组成，梳理起来较为方便。如果用手指摩挲这些粉末，我们会觉得有些油腻。不过事实并非如我们所想象的那样，那些粉末其实是干的，不含油质。另外，它们的中趾上长着齿状物，就像很多其他鸟类一样。

麻鳽披着"隐身衣"，尽管如此，它们依然会低头潜伏，把头缩在肩膀上，脖子横向弯曲。它们展开脖子上的羽毛，并竖起冠毛。这个时候，我们需要打起精神来，因为它们会忽然飞出来，用喙快速且准确地攻击敌人，例如敌人的眼睛。麻鳽不喜欢疾飞，而会慢慢地、轻轻地飞行，动静很小。振翅的频率高于鹭；它们可以快速地行走并穿过沼泽。不过令人惋惜的是，它们在鸣叫的时候不会把喙伸进芦苇丛或水里，而会"引吭高歌"，另外，只有雄性麻鳽会鸣叫。考沃德表示，麻鳽的声音"很低沉，好似牛叫，音调单一，在几英里远的地方就能听见，我曾经在5月听见它们没日没夜地叫，或许是三四只麻鳽在聊天。每次鸣叫会反复三到四次，其间间隔一两秒左右，然后停上一小段时间"。

说它们的叫声像牛叫，这很有意思，他们的名字中也都带有"如牛一般"或"像牛叫"的含义。特纳女士曾经写到，有朋友不敢在晚上从沼泽的某个地方经过，原因在于有"牛在那里叫"，不过在她看来，麻鳽的叫声一点也不像牛叫那么粗劣。在5月的一个月明之夜，她在两英里开外的地方听见了麻鳽叫，"红颈鸟、鹤、田凫都在叫，芦苇丛里充满了各种鸟叫声，仿佛每一只鸟都急不可耐"，这让所有喜欢鸟的人都羡慕不已。"在这首交响曲中，穿插着一种低调的沉吟般的笛声，那是6只麻鳽在遥相竞声。"从2月初到6月中旬，雄性麻鳽会一直鸣叫，毫无疑问，它们在求偶，偶尔地，雌性麻鳽会发出低沉但尖锐的声音以示回应。这牛叫般的声响同时也代表着挑战，雄鸟们会勇敢地搏斗一番。不难理解，雄鸟的鸣叫有炫耀的成分，也有竞争的成分。除了这种牛叫声，雌雄之间还会发出低沉的"艾克艾克"声来呼唤对方；雏鸟在求助于父母的时候会发出"博博"声，就像通过管子往一杯水里吹气时所发出的声音。

麻鸦的巢也很简单——芦苇丛里的一个枯草堆。它们每次可以生产3～6枚卵，而卵是褐色的，孵化期为3周。初生的雏鸟在两三天后便能活动，并开始嬉戏玩闹。它们会表现出一种好玩的行为，将翅膀伸到巢外，或者用翅膀撑着站起来。雏鸟似乎无时无刻不在吃东西，母亲会给它们送来鳗鱼，而且无论何时都很匆忙。特纳女士生动地刻画了麻鸦雏鸟的模样：四五天后，雏鸟长到6英寸长了，绒毛又长又软，是黄褐色的，如波浪一般贴在身上，遮住了面颊，无毛的地方似乎有某种润滑的蓝色粉末。它们一会儿站着，一会儿趴着，一会儿后踢腿，一会儿用喙相互啄，好似灵活的黑面玩偶。

一周大的麻鸦雏鸟就已经不容易抓住了。稍微有一点儿风吹草动，它们就会躲进芦苇丛中，在那身黄褐色绒毛的帮助下，它们得以在暗褐色的苇鞘及嫩芦里躲过危险。它们之所以能躲过危险，在于它们总是很安静，即使是在吃东西的时候也悄然无声。雏鸟们需要经过十周的成长期才能自由飞行。麻鸦的食物主要有蛙类、水蜥、鱼等沼泽动物，所以对人无害。至于敌人，大概是泽鹞之类的动物，不过麻鸦分布甚广，无论是爱尔兰还是日本，甚至是非洲，沼泽地带都能见到它们的身影。我们希望它们能在这些地方安然地生存！叫声如牛的麻鸦，棒极了！

小鹛鹛

生活在河畔附近的人们总能看到嬉戏的小鹛鹛，真是幸运！虽然我们无法随时观察到这种鸟，不过相较于非专业的观察者，我们见得也不算少。小鹛鹛体形小巧，身体强健，体长在9英寸左右，基本上可以说没有尾巴。它们羽毛的颜色并不惊艳，背部是暗褐色的，腹部为灰白色，冬天的时候会变得更加黯淡。

对小鸊鷉进行观察是一项令人兴奋的工作。它们很活跃，而且隐身本领堪称一绝：通过连续翻腾及潜水等各种方式瞬间遁形。我们尚不清楚它们是如何做到的，其潜水动作十分迅猛，哪怕看上百余次，恐怕也看不懂其中奥妙。一个跟头之后，它们冒出水面，然后瞬间又钻进了水里。关于这种奇怪的技能，我们实在是词穷了。游泳的时候，它们快速地划动着那栗叶般的足，腿部动作看上去像是有了连锁反应一般。麦吉利夫雷曾对小鸊鷉进行过研究，其结论或许是正确的。在他看来，小鸊鷉在游泳时会使用翅膀，这和其他水鸟一样，它们在水中"飞行"；出水处常常远离入水处，可见其泳速定然不低。既使用翅膀又使用足，这意味着它们是爬行动物，要知道爬行动物可是鸟类的先祖。

小鸊鷉常常出现在湖泊、池塘、缓慢的河流、海岸以及高地荒原等处。在冬天，水面结冰会影响它们的捕食，因此它们会来到入海口附近，为那里带去勃勃生机。在英国，我们除了可以看到一些自北方而来的候鸟以及在境内迁徙越冬的鸟类之外，还能见到小鸊鷉等长居鸟类。它们不太喜欢到处飞，不过飞行速度不算慢，而且飞行路线往往是曲折迂回的。令人震惊的是，在紧急状态下，它们会加速飞行。

它们的主要食物是水里的昆虫幼虫、水蜗牛、鱼类以及水草等。由于食物种类不太多，因此它们需要潜到水中寻找食物。很多鸟类都是这样，为了解决食谱单一的问题，不得不花更多时间来觅食。

令人惋惜的是，鲜有人了解小鸊鷉的"爱情"，好在赫胥黎教授通过认真观察为我们提供了一些线索。处于交配期的小鸊鷉会兴奋地鸣叫，发出"怀特怀特"的声音。它们会一起筑巢。巢的体积较大，要么在水上，要么在灯芯草上，或者在水生植物的枝丫上，又或者在较浅的滩涂上。一言以蔽之，巢的安全系数很高。巢中间的凹槽绝不会被水淹没，只有这样，里面的卵、孵化中的父母以及刚破壳的雏鸟才不会有性命之忧。

巢的建筑原料通常是水生植物，这类植物败落后会逐渐腐烂并发酵，这为巢提供了一定的热量，从而为孵化工作提供了便利。发酵所产生的热量有助于卵的发育，所以父母可以抽出时间休息和玩耍，任凭卵在细菌的热力助攻下慢慢孵化——细菌的存在是发酵的必备条件之一。在此过程中，父母会收集来一些杂草将卵遮掩好。无论是筑巢还是孵化都是夫妻共同完成的。小䴙䴘一年可以生产两次，通常在 4 ~ 8 月之间。它们的卵和其他种类的䴙䴘一样，两端稍小略尖且大致相同。卵的外壳是白色的，不过因为被安放在湿草中，所以上面会有些污点。一周后，卵壳会被完全染成草的颜色，很难被发现。

小䴙䴘雏鸟十分可爱，绒毛一开始是黑色的，然后会慢慢变成褐色，红色的斑点以及玛瑙色的条纹也会慢慢变白。父母会一同哺育雏鸟，而且教育工作开展得比较早。雏鸟们常常被父母驮在背上外出游玩。父母下水游泳，它们也必须到水里去。如果有危险，母亲会用翅膀护住雏鸟，带着它们潜水。据说，在巢里的时候，雏鸟也是躲在母亲的翅膀下的；待到父亲觅食而归，它们便伸出小脑袋要东西吃，样子可爱极了。要是能在白天见到这样的场景，那该多好啊！对于雏鸟而言，游泳和潜水是本能行为，在掌握了相关技巧之后，它们需要开始学习识别食物和敌人以及和父母外出体验生活。在白天，如果遇到危险，家庭成员们会各自隐匿，而不会躲到一处。

那么，可爱的小䴙䴘——拉斯金口中的"池水中有生命的涟漪"是如何繁衍至今的呢？一部分原因在于其体形小巧。这种鸟很小，不容易被发现；羽毛的颜色也很低调，具有隐秘性。另外，它们很安静，就像牛顿教授所说的那样："它们总是一对一对地飞到附近的池塘里，在那里繁衍后代，隐秘地度过整个夏天而不被察觉。"它们的另一个成功诀窍是敏捷：想要伺机抓住它们，基本上没有可能。不过，鸟纲中也有机敏但笨拙者，比如鹅，但是小䴙䴘不但机智而且敏捷。它们的动作快如子弹，甚至比子弹还快。它们的第三个自我保护技能是：出现在别处。

图 34　翠鸟

翠鸟背部翠蓝色，腹部栗棕色，头顶带有浅色横斑，嘴和脚是赤红色。翠
鸟以鱼类为食，还吃甲壳类和水生昆虫。

小鹳鹉的家庭规模很大，雏鸟所接受的教育也很好，因此它们在未来
的日子里总能过得无忧无虑。总的来说，它们的生存优势在于其敏捷的行
动及遁逃。在我们看来，拉斯金在其著作《爱情眷属》中对小鹳鹉进行了
描述，虽然说了很多无用之词，不过他说"除了英国河流中的鱼狗（也就
是翠鸟）之外，再没有比小鹳鹉更美的鸟了"，的确没有错！

蜂　鸟

蜂鸟生活在花丛中（也有例外）。它们本身就如同会飞的花，甚至会
飞到安第斯山那样的高山上，生活在雪地里。不过，大部分蜂鸟还是更喜

欢花丛，所以会伴随着夏天纷至沓来。

我们似乎无法不赞美绚丽多姿的蜂鸟，它们的羽毛是奥杜莲口中"闪耀的彩虹"，是布封笔下"镶嵌着夺目的绿宝石、红宝石、黄宝石"。它们动作轻盈，振翅而飞，在花丛中穿梭，犹如蝴蝶般美丽。博尔德曾写过一本与蜂鸟有关的书，并称蜂鸟为"有生命的宝石"，准确地说，应该是会跳舞的宝石。蜂鸟种类繁多，据保守估计为500种左右，由此可见，它们生存得很成功。每种蜂鸟都规模庞大，毫不逊于昆虫。值得关注的还有，它们喜欢吃精细的食物，就像前人在1671年对金蜂鸟所做出的描述一样："它们相当小，似乎只在夏天现身，大多对花丛情有独钟，在花朵之间萦绕，吸食花蜜，就像蜜蜂一样。它们只是轻轻掠过花朵，而不会停在上面，同时用那又细又长的喙吸食甜美的汁液。"除了花蜜之外，昆虫也是它们的食物，而且是一部分蜂鸟的主食，不管怎么说，蜂鸟的食物都很精细。

它们是可爱的小精灵，最小的只有2.25英寸长，最大的是与普通褐雨燕一般大的安第斯大蜂鸟，而最小者比最大者的头还小。在看到一只蜂鸟的时候，很多人都会发出这样的疑问：它们是五脏俱全的吗？牙买加蜂鸟体长2.5英寸，巢的直径为0.75英寸，卵为0.28英寸长，0.2英寸宽，实在是太小了。

蜂鸟的栖息地都在新世界，从巴塔哥尼亚到阿拉斯加北纬61度。它们偏爱山区，所以主要集中在安第斯山的北部。一种被称为"隐居者"的蜂鸟是巴西特有的品种，而里奇韦博士曾在关于蜂鸟的回忆录中对它们进行过描述："这种蜂鸟十分明艳绚丽，有时候甚至会泛着微微的金属光泽。它们不喜欢在白天活动，也不喜欢采食花蜜，倒是偏爱幽暗的树林，爱吃树叶和昆虫。"

对于气候温润的地方来说，蜂鸟也属于候鸟。譬如，金蜂鸟的夏季驻地在北美洲东部，冬季栖息地则在南方的巴拿马地峡。它们与别的蜂鸟一样需要飞行2000多英里。里奇韦博士表示："除了几种生活在温暖的加利福尼亚山谷与南佛罗里达的蜂鸟之外，其他种类的蜂鸟都会在冬天离开美国。"他还对蜂鸟的飞行高度进行了观测。他曾看到，一只来自红河谷畜牧场的蜂鸟飞到了六七千英尺高的空中；同一天，另一只一样的蜂鸟飞到了 6000 英尺高的高空，并翻越了东洪堡山的巅峰。

　　普通鸟类通常依靠鼓动翅膀来飞行，然而蜂鸟却采用了昆虫的传统飞行方式：让翅膀飞快地颤动。这种飞行方式和翅膀的构造不无关系：手骨非常长，但前膊骨非常短，6 个腕骨也非常短。不过，这 6 个腕骨都长在前膊上。这种构造在普通鸵鸟身上也可以看到。所以，蜂鸟靠着快速振翅飞行。它们来到花丛中，身体直直悬停，把舌头伸进花蕊。它们在低矮的花丛中飞舞，发出嘤嘤声，就像蜜蜂一样。有时候，它们会忽然直直向上飞去，飞得比树冠还高。不同于鸟类在空中的鼓翅，蜂鸟必须尽可能快地扇动翅膀。就身体各部位比例而言，蜂鸟身上用来支持飞行的肌肉是相当发达的。至于翅膀上的龙骨，相较于其身体而言，简直比鹰隼的龙骨还厉害！

　　蜂鸟的飞行速度或许不如我们想象得快，但每分钟每只翅膀的振动频率是惊人的。卢卡斯博士给出的数据是每分钟 500 次左右，而振翅较慢但速度较快的塘鹅是 150 次左右。每分钟 500 次的振翅速度必然会消耗其大量体力，因此蜂鸟的心脏十分强大。说蜂鸟和褐雨燕是亲戚并非毫无道理。它们飞行时的动力并不大，常常被蜘蛛网困住。蜂鸟无法在地面上行走，只能在树上停留，或在空中飞行。

　　蜂鸟的喙又细又长，有的甚至长达 4.5 英寸，超过了整个身体。大部分蜂鸟的喙都很平直，少部分呈下弯状，而反嘴蜂鸟的喙则弯曲向上——这种与众不同的构造很适合用来拨开那些花冠弯曲的花朵。它们的下颚嵌入了上颚凹槽，因此喙在合拢时呈管状。除了有奇怪的喙之外，它们的舌头也很奇怪，不仅长，而且伸缩速度惊人；舌根部位呈圆管状，舌部中段一分为二，从而形成了两个舌尖，而且都能够自由活动；舌尖要么呈半管状，要么呈凹槽状，边缘带有膜并下弯，末端常见磨损痕迹。总的来说，它们的喙和舌的构造都有利于吸食花蜜以及捕食飞在花丛里的昆虫。由部分实例来看，它们对花的繁殖是有益的，不但能够传播成熟的花粉，还能帮助消灭害虫。

蜂鸟是成功者，关于这一点，可以从以下几种行为中窥见。它们爱冒险，常常飞到我们眼前，像是要认真地打量人类一番。它们"与人为善，很是可爱"，能在人类的指引下采食花蜜。雄性蜂鸟身小志大——喜欢打斗，不仅会在繁殖期内相互争风，还会痛击那些来到巢边意图不轨的其他鸟类，不管它们体形大小。蜂鸟喜欢聊天，不管是开心、害怕还是生气，不过我们无法确定它们是不是只会"啾啾"叫，也许还会发出曼妙的歌声。另外它们的翅膀在急速运动时会发出"嘤嘤"声。它们的聪明才智主要体现在筑巢上，至于其他方面，我们不甚了解，原因在于它们平时偶尔会做出超乎本能的行为。有资料显示，为了防止鸟巢倾覆，它们会找来一小片泥土或一小块石子压住悬着的巢的一侧。

不管它们如何看待筑巢这件事——我们都认为蜂鸟筑巢的行为既是出于本能，也是智力的体现，它们的巢确实很精美。很多蜂鸟巢都很小，好似小酒杯，有的则像皮手套的大拇指。我们在它们的巢里看到了精巧的毡式构造，宛如精灵们的住所；原料很精细，有植物的软绵绵的絮，也有一些游丝；外侧覆有树叶及地衣。有的巢像酒杯，有的巢像头巾，大部分都位于树枝上，一部分挂在长叶尖端——为了防止被猴类捣毁，还有的呈网状，挂在岩石之间，就像吊床一样。

蜂鸟很懂得如何隐藏自己的巢，一般很难被察觉，但有时候会因为一些偶然因素，或者在外出的时候被敌人骚扰。它们通常一次会产下两枚卵，卵是洁白的，呈椭圆形，犹如两颗豌豆，如我们所知，这与其体形有关。蜂鸟的孵化期为 12 ～ 18 天，通常一个季度产两窝卵。

由此可见，这种极小的鸟类——有的甚至和土蜂差不多大——在拥挤不堪的自然界中有着一席之地。它们没有太多敌人，喜欢的食物很丰富，巢也很安全。正因如此，它们才在激烈的竞争中突出重围，繁衍至今。自由总是相对的，但它们依然如所钟爱的繁花般努力生长着。

犀　鸟

　　在热带森林里，很多鸟类都是用喙来啄食坚果的，但鲜有鸟类会如犀鸟一样以喙为武器。犀鸟的喙很锋利，所以它们可以轻松地获得食物，例如植物的根、果实，甚至是小型龟。它们会在树上啄出一个洞，作为安居之处。它们喜欢一边飞一边鸣叫，在来到树冠上后，还会发出"咯咯"声，

图 35　犀鸟

　　犀鸟是一种珍贵的大型鸟类，鸟嘴占了身体的 1/3 到一半，犀鸟的头上长有一个铜盔状的突起，叫作盔突，像犀牛的鸟，所以被称为犀鸟。

听上去接近驴叫，还有接近汽笛的"呜呜"声。犀鸟是一种很奇特的鸟类。在进入巢中产卵并孵化之前，它们会衔来黏土封住出入口，但会留下一个孔来监视外部情况。它们之所以会用泥土等封住巢顶（虽然雄鸟会参与其中，但主要是由雌鸟完成的），主要是为了保护卵、雏鸟和自己，要知道猴类与蛇类总是对它们垂涎三尺。另有观点认为，其巢的出入口是由雄鸟在外面修建的，这两种说法各有各的道理。不管怎么样，雄鸟确实经常出现在巢附近。

巢里的雌鸟并不会挨饿，原因在于雄鸟会通过小孔给它们喂食。雄鸟飞回来后，会先制造出某种敲门声，然后雌鸟便把头伸到小孔边，取食果实、蛙类，甚至鼠类。部分实例告诉我们，那些食物被雄鸟储存在皮囊内，被一层膜包裹着，好似一根香肠。雄鸟勤劳地觅食，并带回家喂养妻子。不久之后，雏鸟破壳而出，瘦弱不堪的母亲终于可以离巢了。有时候，孵化中的雌鸟甚至会因为过度劳累而丢掉性命。

生活在美洲的热带巨嘴鸟以果实为食，羽毛艳丽多彩，其喙如其名。它们的喙为橙黄色，两侧扁平，看上去像龙虾的爪，喙堪称巨大，但重量并不会影响它们的飞行，同时也是采集果实的好工具。体态笨拙的巨嘴鸟可以在树枝上站定，并用喙采集细枝上的果实。

麝 雉

在热带地区，绚丽夺目的鸟类数不胜数，非洲的太阳鸟金光闪闪，南美洲的蜂鸟点缀着宝石，新几内亚岛丛林里的风鸟美不胜收。然而，博物学家却认为，在所有生活于丛林和湿地的鸟类当中，最值得关注的莫过于麝雉。它们是一种奇特的鸟类，繁衍地在英属几内亚，处于爬行纲转化为鸟纲的中间阶段。就其习性而言，更偏向爬行纲，而非鸟纲。彼得指出："相较于其他生物，昼夜变化对它们的影响要小很多。它们在各个方面——声音、动作、臂膀、足趾等——沿袭着古代爬行动物的特征，也从各个方面为我们展现了已经过去的演化阶段以及生而为鸟的初步阶段。"

麝雉常常把巢筑在水面上、荷塘边以及河畔的树上。那巢不过是一个堆满枯树枝的平台，中部略微凹陷，松松垮垮的样子。巢在水面上方，相距 6～15 英尺，有时候更近，有时候则相距 50 英尺远。它们的脾气很好，如果不是有敌人步步逼近鸟巢，它们一般不会离开自己的家。在同一棵树上，即使同类被袭击，它们也会淡然地梳理着羽毛，不在意同类的死活，直到巢开始晃动，才会发出奇怪的、低沉的咯咯声。相较于雄鸟，雌鸟的声音更低沉，而且发出咯咯声的时候也多一些，不过无论雌雄，其声调类似于蛙类的声音。彼得著有《丛林的和平》一书，而这本书深受人们赞誉，其中写道："最后，我们在雨中听见了那令人难忘的、低沉的咯咯声，并依稀看到了每四只为一群的麝雉。它们的羽毛都被雨淋湿了，其中一只伸展着棕色的翅膀，伸长着脑袋，仿佛是在迎接雨滴的落下。虽然大羽冠也被淋湿了，但它们依旧直立着身体，把雨水甩了出去。"

麝雉通常把巢筑在一种名为"品泼勒"的带刺的树木上。这种树一般生长在湿润的河口一带，上面的刺都比较大，花朵的颜色较为浅淡，但很漂亮，有点像紫藤，青色的树叶十分柔软，是麝雉的食物之一。它们在树上生活，把巢筑在树杈间，然后在巢里产卵。在炎热的日子里，雌鸟会来到巢边休息，同时为雏鸟送上一份阴凉。无论何年何月，它们总在同一地点栖息，由于麝雉身上散发出的麝香能驱散敌人，因此它们一般都生活得很安稳。

彼得在书上还刻画了一只出生才一个星期的雏鸟："它每天除了睡午觉，就是吃品泼勒的叶子。"当母亲因受到惊扰而暂时离开时，它是如何面对敌人的呢？从鸟巢边可以看到它的头部、圆润的黑眸、不怎么锋利的喙以及又细又长的脖子，好似已经灭绝的遥远时代的爬行动物。它的绒毛还很稀松，是煤炭一样的黑色；头上的绒毛较长，以后会发育为羽冠；翅膀上的羽毛不过 0.5 英寸长，因此它们还无法飞离危险地带。不过，它的拇指与食指都可以活动了，虽然无法飞行，但至少还能用拇指与食指攀爬，也就是说，在人们好不容易爬上这带刺的树时，它会因鸟巢的晃动而预知到危险，并想办法逃走。它跟跟跄跄地走了几步，来到此前从来没有涉足过的巢边，然后把只有两个指的手举起来。"那只麝雉雏鸟胆子很大，开始用两只足以及两只手的拇指及食指往上爬。它伸长着脖子，看上去犹如蠖龟。百转千回之后，它来到了树梢处。然而，它还没有逃离敌人的控制。后来，它使出了绝技，做了一件令现代鸟类望其项背的事情。它站在那里，片刻之后张开翅膀，将其竖立于身后，但又不像其他鸟类那样紧贴身体，而是与身体保持了一定的距离。它慢慢地向前走了几步，没有用力，也没有跳跃，就那么直直地坠落了，速度极快，就像一个坠落的铅球，不过姿势却很优美，如海豹一般。我定睛一看，水面平静如常，只能见到渐渐扩散的涟漪，显然是那个小家伙留下的唯一踪迹。"

几分钟之后，麝雉雏鸟从水里冒出头来，当人们走近时，它又一次钻了进去。后来，它出现在了草丛里。湿漉漉的雏鸟慢慢地往巢的方向爬去，它的家在距离水面 15 英尺远的地方。它一刻不停地赶着路，直到回到家中，才可怜巴巴地叫了一声。母亲已经扯着嗓子呼喊了好几分钟，一见雏鸟便给予安慰，把鲜嫩的树叶塞到了雏鸟的嗉囊里。

彼得为麝雉的生活做了一个总结："它们是手足并用的动物，攀爬时既要用足趾也要用手指，它们是游泳健将，本领毫不逊于旧时的黄昏鸟。我认为它们的存在就是一个奇迹，不管过多久，我都会这么认为。它们在几分钟内的变化完美地诠释了其他鸟类若干年来的演化过程，当它们展现出鸟类的模样时，我无法用语言表达出来。"

花亭鸟

很多鸟类的巢都十分精美，譬如金翅雀的巢。它们的巢既精美又实用，对于雏鸟来说，那里安全又舒服。然而，花亭鸟是个特例，它们只在乎外观而不在乎功能，仿佛它们的生活中只有"美丽"这个词。花亭鸟不但会修建亭子，还会把亭子装饰得美轮美奂。它们在亭子里交配，也可以说，它们为了交配才修建了亭子。亭子和巢是两种完全不同的东西，巢一般都在树上，结构简单。

这种鸟和风鸟是近亲，和乌鸦是远亲。它们的羽毛很漂亮，不过稍逊于雄性风鸟。它们的叫声很洪亮，仿佛是在合唱。然而，它们会建造美丽的亭子，所以其外表和声音上的缺陷便显得没那么重要了。花亭鸟种类繁多，不过都生活在澳大利亚的个别地方。

先来看看锯嘴花亭鸟。它们来到一棵大树旁，准备在那里开辟一个圆形空地：先是搬走里面的枝叶与石子；然后把棕榈卷须插在空地周围，并使卷须弯向内侧；接着找来一些背面呈银色的树叶，整齐地摆放在空地上，银色那面朝上。然后，它们来到树上休息，时不时地飞落地面，把被风吹散的树叶重新整理好，或者把被吹翻的树叶再翻过来。在那棵树上，无论是雄鸟还是雌鸟，都会建造独属于自己的乐园。雌鸟伏在树枝上，安静地等候着爱慕者。雄鸟的求偶礼仪看上去更像是东拼西凑的结果，要么在乐园里踱步，要么清理枯叶，要么从早唱到晚，倒是耗费了不少心力。

缎蓝亭鸟的乐园更精美。雄鸟的羽毛是闪亮的紫黑色，雌鸟为灰绿色。配偶双方会一同建造它们的亭子，还会用树枝在亭子顶部建造一个拱形的通道，可以打开也可以关闭。通道上方装饰有藤蔓，迂回别致。另外，它们会从近处找来蜗牛壳、小骨头、鲜亮的羽毛之类的东西搭建亭子的出入口。为了打造完美的拱形通道和出入口以求偶，它们煞费苦心、耗时良久。雄鸟踱着步、弯着腰，炫耀着自己的霓裳，而雌鸟和它们一样乐在其中。

最近，有研究者将它们的亭子比作拱门，门顶可自由开合，竖立在方寸之间，四周的羊齿类植物和灌木是天然的栅栏；门前可见一些骨头、贝壳、鹦鹉身上的蓝色羽毛、蓝色玻璃片以及二十几枚花瓣，大部分是堇菜花上的。"为了得到这些花瓣，它们会飞到两三英里开外的人类花园里。"

我们偶尔会看到，在红色九重葛花丛下的空地上，有领花亭鸟修筑的亭子。这种鸟比较质朴，是灰褐色的，颈部为晕染开来的红堇色，雄鸟较雌鸟鲜亮一些。或许是因为认为自己不够美艳，所以它们总爱收集耀眼的东西。我们在亭子前面的空地上看到了各种美丽的花、蓝胶树的红色果实、小动物的骨骼、其他鸟类的漂亮羽毛、耀眼夺目的贝壳等。假如它们生活在废弃的金属矿区附近，那么我们或许还会看到一些玻璃片、空铅罐之类的东西。毫无疑问，它们喜欢那些闪闪发光的东西。有资料显示，在某博物馆所收藏的与花亭鸟有关的标本中，有半数以上是装饰物，例如"白色的单壳类贝壳，共计 400 个左右，全都和蜗牛壳差不多大；火石、玛瑙一类的耀眼的小石头；鲜亮的种子壳；爬行动物的骨骼以及其他各种各样的奇怪事物"。雄鸟在众多战利品前踱步，昂首挺胸，得意扬扬，好像那些东西象征着光荣与荣耀，激动的心情溢于言表。最后，它们出于某种明确的目的，衔着那最美之物——可能是树叶，可能是花朵，也可能是羽毛——摇头晃脑地飞到雌鸟跟前，然后拍打着翅膀和雌鸟在亭子附近追逐。不久之后，它们开始一起筑巢。

再来看看有领花亭鸟。在建造亭子之前，它们会用小树枝编织一个平台，其高度在 4 英寸左右，亭子的高度是 16～20 英寸，装饰物都是常见的东西，但也有一些贝壳——来自几英里开外的海边。雄鸟似乎很自恋，总在乐不可支地跳舞。有人曾经看到，一只有领花亭鸟找到了一只干瘪的红蜈蚣，一连好几天都叼在嘴里，或许它是真的喜欢这东西。不仅如此，它还衔着蜈蚣跳舞，就像衔着一面红色的旗帜。我们不太清楚这种行为背后的深意，究竟是爱的表白，还是自娱自乐，或者只是想试试挥舞拐杖是什么感觉。另外，造访这间庭院的客人也不少，不过我们还没有参透其中蕴含的意义。每当有一只雄鸟莅临，雌雄都会配对成功，然后一起飞到树上开始营造爱巢。

巴雷特在其著作《在澳大利亚的荒原中》[1]记录了我们所说的那种亭子："在一丛枸杞下，有两个斑花亭鸟所建造的亭子，很干净也很牢固。亭子两侧有许多夺目的东西——骨头、蓝色及青色的玻璃片、蓝色羽毛、鲜亮的叶子、红色浆果、带孔的金属锌，以及其他各种来自附近或远处的食物。在那堆'宝藏'里，最令人吃惊的是 5 个玻璃瓶塞及一大片铅。它们在乐园里活蹦乱跳，玩着它们的战利品，忘乎所以。"

牛顿花亭鸟建造的亭子是规模最大的，位于两棵树之间，以树枝为建筑原料，覆有藤蔓，并以白苔、羊齿和花朵装饰。亭子的高度为 10 英尺，宽度为 8 英尺，主体类似于低矮农舍的模样，不过我们对其意义不甚了解。花亭鸟的行为实在令人困惑。

园丁鸟所建造的亭子是最美丽的。各地的园丁鸟会造出不同的亭子，不过都很神奇。贝卡利博士曾描述过新基尼园丁鸟的美好生活。那是一种素净的鸟，身上间或能看到一些红色，体形和画眉相当。它们先是找到一棵高 3 英尺左右的灌木，然后以其为中心基地，用苔藓编织一个圆锥形以从中间支撑起亭子；接着，它们采来树兰的平直细枝，像建造房屋的橼一样摆放整齐，一头置于地上，一头置于灌木顶部，从而搭出一个圆锥形的

---

[1] 该书出版于 1919 年。——作者注

图 36　园丁鸟

园丁鸟羽毛光亮，雌性和雄性颜色不同，以褐色、灰色和绿色为主。园丁鸟身材很结实，脚爪有力，喙粗厚，以果实、昆虫、其他鸟的幼鸟等为食。

亭子。地上圆周的直径在 3 英尺左右，四周围绕着常青的草叶，犹如亭子的椽。依托于灌木的亭子一般都是这样的构造。似乎是认为亭子还不够好，它们用更细小的树枝把椽系紧，覆上青苔，为亭子做了个漂亮的屋顶。位于正中的支撑柱和椽下空间共同形成了一个近乎圆形的廊道，当然，那实际上是马蹄形的。

更精彩的是，在亭子出入口前方可以看到覆有青苔的空地，地面光滑闪亮，干干净净，不见茅草、杂草、石头等杂物，看上去和亭子的风格十分吻合。在那令人侧目的绿茵中，散落着各色花朵与果实，宛如微型花园一般。它们收集了很多绚丽多彩的东西，甚至有昆虫和蘑菇。有的装饰物被放在亭子里，有的散落在它们的花园中。除此之外，它们还会不断以旧换新，因此在它们的乐园里不会看到任何衰败之物。通常情况下，亭子比花园小一些，不过殊途同归——这是它们对美丽事物的钟爱，而无关乎爱情。花亭鸟的巢并没有什么特别之处，也只是一种修在树枝上的简单建筑。

这意味着什么？修建亭子不仅需要时间，还需要体力，更需要谨慎，那些光鲜亮丽的事物或许来自遥远的地方，花亭鸟不会随意处置它们的宝贝，而会反复琢磨，好好安排。

或许，我们能够得出以下结论：寒鸦等乌鸦科的鸟类也喜欢光鲜的事物，但花亭鸟的喜欢最为纯粹。这些鸟类的嗜好是审美意识的初步体现，当然也是为了求偶，通过炫耀以获得爱情。在准备乐园的时候，雄鸟与雌鸟互生情谊，并自然而然地生活在了一起。

鸟类族谱

时至今日，人们对动植物的研究工作已轻松了许多，不再像达尔文等前辈那样需要克服很多困难，究其缘由，我们已经学会站在历史的角度去观察和分析。所有复杂生物都是历史的产物。除了退化中的寄生生物之外，其他生物无不是从它们构造简单的祖先进化而来，而那些构造简单的祖先则源自构造更为简单的生物。石炭纪时，很多煤炭层都下沉了，当时的动植物能控制自己的身体，并做出复杂的行为。随着时间的流逝，生物慢慢开始爬行，有的出现了变种，有的从进化阶梯上消失。几千万年以来，生命经历着无数变化、淘汰、探索以及尝试，始终未曾停下脚步。在我们看来，鸟类是从爬行动物演变而来的，就是那些活跃的、善于奔跑的、擅长在树上跳跃的有鳞动物。证据很确凿，但需要概述一下，毕竟生活在地面上的变温爬行动物和飞行在空中的恒温鸟类并没有多少相同之处。

（一）人们在一块岩石中发现了一具鸟类骨骼化石，大小如同乌鸦，据考证那是世界上最早的鸟类——始祖鸟。其骨骼构造有很多与众不同之处：两颚皆长有牙齿，现代鸟类是没有牙齿的；尾巴很长，如蜥蜴的尾巴，长有 26 节尾椎，现代鸟类的尾巴除去羽毛之后只有短短的一点；足趾中有三趾带爪；翅膀只演化出 1/2。不过，始祖鸟也长有羽毛，所以是鸟类。这种早已灭绝的远古鸟类，让我们看到了爬行纲与鸟纲的关系。

（二）尽管鸟纲和爬行纲相去甚远，但有意思的是，鸟类的很多生理构造都显示出了演化痕迹，例如它们都长有类似于爬行动物的鳞，特别是在足趾上。另外，诸如信天翁之类的很多鸟类都长着"杂合"的喙——由若干角质物拼合而成，我们有理由认为，那是爬行动物颚上的鳞演化而来的。鸟类身上还能看到一些细微的特征，例如善知鸟的喙壳每年都会脱落并更新，回溯历史可知，爬行动物的鳞也是会脱落并更新的。但鸟类羽毛的蜕换却不太一样，只会部分脱落及更新，而爬行动物体外的外层角质是会全部蜕换的。很多鸟类眼球的前部都长着一个骨环，或者说骨质圆环（也就是隔膜上的小骨头），其作用是固定眼球，与角膜相连，并保护中角膜。尽管骨环本身并非关键构造，但同时也出现在了部分已灭绝的爬行动物身上，由此可见，鸟类的骨环是其爬行动物祖先留在后代身上的印记。

（三）在发育方面，研究发现很多爬行动物的卵和鸟类的卵很相似，例如鳄鱼的卵和鹅的卵很像，龟的卵和鸽子的卵差不多。二者的卵均有石灰质外壳做保护，而卵内都分为卵黄和卵白两个部分，并可见微小的"活物"附着其上。在一周左右的时间里，鸟类胚胎的发育和爬行动物胚胎的发育尤为近似。这就如同在同行了一段路程之后，它们选择了不同的路径，一个化身为爬行动物，一个化身为鸟类。

它们的胚胎都覆有一层胞衣，而胞衣能起到保护作用，其内的液体环绕着最初的生命，从而形成了一个具有弹性的包裹物；尿膜上富含血管，用于呼吸，位于壳内侧，血管通过壳上微小气孔吸取氧气。要是用油漆涂满整个卵壳，那么气孔就会被堵住，里面的胚胎必死无疑。

另一个有趣之处与鳃孔，也就是小裂口有关，位于鸟胚与哺乳动物脖子的两侧。它们和鱼类的鳃孔如出一辙，是咽头（位于口腔后部食管中的肌肉组织）上的小裂口。对于鱼类而言，水从鳃孔流入，来到充血的羽状鳃。然而，对于所有比两栖动物高级的脊椎动物来说，出生前都是靠尿膜呼吸的，而不是鳃裂。在这些鳃孔中，除了第一个是欧氏管——从耳道至口腔后部——之外，其他的好像没有实际用途。这种构造是脊椎动物祖先，也就是古代鱼类所留下的生理痕迹，是古代与现代的碰撞，在鸟类的胚以及爬行动物的胚中显而易见。有研究者在一部分胚——鸟类与爬行动物——的鳃裂中看到了很多细小的碎屑和纤维，并认为那是消失已久的鳃的遗存。

刚出生的雏鸟的喙尖上通常都覆有一层白色物质，那是角质与石灰质的混合物，我们称其为"卵齿"，尽管它与牙齿毫无关系。雏鸟为了破壳而挣扎，在一种复杂状态下伸出头来，却撞到了卵壳内壁；它们耸动着肩膀，微微改变了一下自己的位置，又一次撞到了内壁。力大者通常能在首次尝试中变得胜利，而屡战屡败且疲惫不堪者或许稍后或第二天再做尝试。它们很好地利用了卵齿，而且一辈子只需要用这一次，在破壳而出后的几天内，那些卵齿就会掉落。有意思的是，一些爬行动物也拥有这样的生理构造，又细又小如鳃一般，这意味着，鸟类是从爬行动物身上获得这一特征的。如果说这是一棵草，那么我们从它的表现上可以看出进化的方向。

有趣的是，我们在部分爬行动物身上也能看到这种特征，尽管看上去微不足道，却是鸟纲与爬行纲的遗传纽带，这就如同我们在看到一棵弯曲的稻草时，必然会知道风来自何方。

能证明鸟纲与爬行纲之间关系的例子其实还有很多，不过在我们看来，上述实例足以说明一切。无论哪种动物，都拥有无法替代的历史价值。

THE
OUTLINE
OF
NATURAL
HISTORY

第十八章

爬行动物的故事

在几百万年之前，鸟类与哺乳动物尚未出现，而爬行动物却早已"统治"地球，成为当时最高级的生物。不过那时候的大部分爬行动物与如今我们所看到的爬行动物大不相同，有的十分庞大（例如载域龙，其股骨长达6英尺），有的生活在海洋里，有的可以飞行（例如翼手龙，小的如雀，大的如信天翁），有的还在用两只脚行走。这些远古时代的长有鳞的动物们后来走向了灭绝，其中大部分没能通过其他形态延续至今，少部分演化为鳄鱼、蜥蜴、蛇、龟等现代爬行动物。现存最古老的爬行动物是新西兰蜥蜴，也就是楔齿蜥，它们是已灭绝的古代爬行动物的唯一后裔，是真正意义上的"活化石"。最为关键的一点是，现代的鸟类与兽类的祖先也是已灭绝的远古爬行动物。关于这一点，我们在前文中已多有提及，所以接下来只选择一些具有代表性的爬行动物来讨论，看看它们的生活是什么样的。

爬行动物也好，两栖动物也罢，或者鱼类都不是恒温动物，它们的体温会随着环境温度的变化而变化。相较于鸟类，它们受到环境方面的限制更多，行动也更加不自由。另外，就身体比例而言，上述几类动物的大脑占比较小，所以没有鸟类和哺乳动物那么聪明。因此，我们不应认为它们的行为会如高等脊椎动物那般有趣。

爬行动物的感觉器官并无特别之处。蛇的行动有赖于其触觉，尤其是那分叉的舌头。它们的舌头很灵活，伸缩自如，而且速度极快，不管遇到什么东西，它们都会先用舌头去试探。爬行动物的视力大多不错，例如变色龙，能对距离做出准确的判断，这点让人类十分感兴趣。有时候，变色龙能在 1 英寸远的地方用那长长的舌头一举捕到昆虫。它们的舌尖长得像木棍一样粗，而且带有黏性。

很多爬行动物的听觉也颇为敏锐，譬如马达加斯加的鳄鱼。鳄鱼的卵看上去很像鹅的卵，它们会把卵埋入温暖的沙地，通常一次会埋入 20 ～ 30 枚。有的巢穴深达两英尺，而在这样的地方开展孵化工作看上去确实不太方便。12 周过后，小鳄鱼在即将来到世上时会在卵壳里发出好似打嗝一样的叫声，像是在通知母亲它们要出来了。鳄鱼母亲立刻开始松土，以便让破壳而出的小鳄鱼露出来。曾有博物学家在鳄鱼巢周围修筑了篱笆将鳄鱼母亲隔绝在外，但篱笆最后被鳄鱼母亲破坏了一部分。执着的博物学家又试了一次，这次的篱笆更加坚固，没想到鳄鱼母亲在篱笆底部挖出了一条沟。尽管它没有钻进篱笆，但还是把小鳄鱼救了出来并带进了水里。博物学家把几枚卵带回房间，放进木箱，并铺上了厚约两英尺的沙子。在鳄鱼母亲路过木箱，或者拍打木箱的时候，小鳄鱼们便会发出吆吆声。它们能听出母亲的到来，尽管尚不明白其中深意。小鳄鱼的上颚长着一颗"卵齿"，那是破壳的工具，并会在两周后脱落。另一个令人惊讶的事实是，初生的鳄鱼远大于卵。我们对此深感疑惑。鳄鱼卵的长度大概是 3 英寸多，但刚破壳的小鳄鱼却有 11 英寸长。虽然它们之前蜷缩着身体，但尽管如此，我们依然很难想象鳄鱼卵是如何装下小鳄鱼的。

如前文所述，小鳄鱼一生下来就会叫，这意味着发出信号是其与生俱来的能力，不用通过后天学习及反复练习来掌握，也无须针对行为做出思考。我们在爬行动物身上能看到许多本能行为，如美洲的软壳龟。这种动物擅长游泳，常到淡水藻丛里觅食，譬如蝌蚪以及昆虫幼虫。在来到陆地上之后，它们能四处爬行，其速度甚至比人类都快。它们喜欢趴在水面的木板上享受"日光浴"，或者向水卧着，这样一来，就算有危险也不怕。在冬天初到时，它们总会找一处柔软的泥潭，扭动着身体沉到霜冻线以下，然后静静蛰伏好几个月。

雌龟对产卵地的选择是十分谨慎的。它们会先在地上挖一个坑，然后将卵产在里面，覆上泥土，再产卵，再覆土，最后把坑踏平踩实。要是产卵的时候受到惊扰，它们会在离开前把坑填满并踏实。所有雌性软壳龟都会如此行事，因为那是一种本能行为。

不过，在学习某些简单技能的时候，爬行动物的表现就大不相同了。约克斯教授对细斑龟的行为进行过观察，其研究结论颇有意思。这种动物的本能行为之一是：蜷缩在幽暗的不容易被发现的地方。和诸多近亲一样，它们一直在找这样的地方躲藏，而且不达目的不罢休。基于此，约克斯教授采取了一种巧妙的观察法。因为细斑龟喜欢幽暗且潮湿的草堆，所以约克斯教授在一只细斑龟的住处外部设置了一个迷宫，它们必须通过迷宫才能到达巢穴。迷宫设置在一个箱子里，长度为3英尺左右，由木板分隔为4个区域，每个区域都有门，而且是相通的。细斑龟准备回家，但一走进迷宫就失去了方向。兜兜转转了半个小时，一直没有找到出路，最后在机缘巧合下成功走出来。两小时之后，教授又做了一次实验，在这次实验中，细斑龟只花了一刻钟就走了出去，顺利地回到家中。显然，它用在迷宫上的时间减少了。

实验的间隔时间是两小时，在第三次实验中，细斑龟耗费了5分钟；在第四次实验中，时间缩短至3分半钟。此后的路线出现了不规则性。在第十次实验中，它花了3分5秒，有两次转弯绕了路；在第二十次实验中，它花了45秒；在第三十次实验中，它花了40秒；在第五十次时，它只用了35秒。其中，第三十次和第五十次的路线是最便捷的。毫无疑问，细斑龟掌握了这项技能。我们不认为龟很聪明，不过它们确实懂得如何总结经验。既然它们能够从迷宫中走出来，或许也可以学会"巧妙游""加棒球筹"等游戏。反复数次之后，它们会减少不必要的行为。

刚破壳的小鳄鱼会咬住人类的手指，不过这不是智力的表现，而是"条件反射"，即一种本能行为。这就像人们在见到有石子飞向自己的时候，会下意识地闭上眼睛。刚破壳的龟可以行走在昏暗的水下，在头部被外力拨向错误方向时，它们会及时更正。然而，这些行为也都不是智力的表现，而是与生俱来的能力，如同飞蛾扑火那般。在难以辨别方向的海洋里，捕食鱼类的龟每年都会沿着同一路径回到同一海岛。我们不知道它们是如何做到的，但可以肯定，那和聪明才智无关。"回归"行为体现了其记忆能力，例如蛇可以在离开 6 个星期后识别出之前见过的人。

鬣蜥是一种体形较大的美洲蜥蜴，性情温和，但在保护妻儿的时候也具有攻击性。对于人类而言，这种行为是勇敢的。或许爬行动物是有情感的，只是我们无法想象。或许它们也是有一定智慧的，而我们将以蛇为例来探究一番。

蛇

很多人都认为蛇是一种聪明的动物，不过对此我们并没有确凿的证据。毋庸置疑，作为一种奇特的无足爬行动物，蛇在运动、捕食、攻击、潜逃等方面都很有能力，至于聪明与否，还需要进一步考证。它们的行为是基于遗传的与生俱来的能力，只能用来解决不太重要的一般问题。它们并未表现出丝毫创造力及执行力，这意味着它们并不具备高智商，不要忘了——对于动物而言，只要其本能行为足够应对日常生活以及解决普遍问题，那么它们就很难表现出智慧来。鲜有动物具备真正意义上的智慧，我们所看到的更多是其本能。

即使能参透蛇的心思，我们也无法将其定义为聪明的动物。不妨来看一个与锡兰眼镜蛇有关的例子，莱亚德曾经说过，为了捕食一只蟾蜍，一条锡兰眼镜蛇把头伸进一个洞里。它把蟾蜍吞进口中，然而想把头缩回来却未能成功，因为洞口太小了。最后，它只能把蟾蜍吐了出来。"这条蛇不愿就此放弃，又一次吞下蟾蜍，并尝试着把头缩回来，但还是没有成功。后来，它吸取了教训，咬住蟾蜍的腿，成功地把蟾蜍拖了出来，终于吃到了猎物。"我们用了"成功"这个词，可以将其视为一种拟人，一般来说，一条眼镜蛇的内心肯定会小小地激动一下。假如能有机会再尝试一次，它交出的答卷或许会更精彩。我们很想知道，当它又一次遇到树洞里的蟾蜍时，会不会一来就咬住蟾蜍的腿。如果真的这样，至少可以说明它在用脑力学习技能。第一次的成功大多与运气有关。

至于蛇的感觉器官，前文已提及了它们的触觉器官，即伸缩自如的舌头。它们拥有发育良好的眼睛，但眼部缺少收缩肌，而那是一种常见的肌肉组织，眼部的整个前侧被一层透明膜覆盖，因此当它们在杂乱的环境中爬行时，眼睛通常都不会受伤。这种动物是没有耳鼓的，可见听觉对它们来说并不重要。

为何有人会觉得蛇很聪明？这或许与人们的敬畏心理有关。很多人都害怕这种动物，因为其行动太独特，太令人困惑了，而且它们还具有置人死地的能力。不管怎么说，从一开始，人类就认为蛇是大地的象征。在原始人类看来，一种具有象征意义的动物必定具备所象征之物的力量、品质和才干。经过世代沿袭，蛇逐渐成为很多人心目中最狡猾的陆栖动物。我们口中的"平凡普通"到了其他人嘴里就成了"聪明才智"，这虽然宽容却很夸张。

人们普遍认为蛇具有多种多样的行为，实则不然。传闻说蛇能将身子盘起来并咬住自己的尾巴，这其实是不可能的，它们无法做出这样的动作。

还有人说，几条蛇会同时相互吞食，或者两条蛇一起分食同一猎物，从两边到中间并最终相遇，但是一条蛇是无法囫囵吞下猎物的。

与蛇有关的传闻很多，例如为了营救小蛇，母亲会暂时吞下它们。对此，我们没有找到相关记录。这或许是因为有人在捕杀到一条蛇后，在其体内发现了小蛇，便断定是母亲在危急关头吞下了小蛇，可不要忘了，并不是所有蛇都是卵生，有的其实是胎生。我们知道，在鱼类和蛙类中，有的雄性会将卵或雏含在嘴里以作保护。我们也不应该就此认为上述传闻就一定是假的，或者不足为信。只能说，那些事看上去令人难以置信。

人们通常认为，音乐会对蛇产生刺激，例如印度的耍蛇人会利用音乐来控制蛇，让蛇自己钻进篮子。这个观点值得怀疑。眼镜蛇在失去毒牙后，大多时候都只能受制于人，按照耍蛇人的要求来做。

相比上述故事，更神奇的传说是埃及法老曾看到巫师将蛇变成木棍，然后又将木棍变回蛇。这与"动物催眠"——动物所表现出的一种神奇状态——有关，所以有技巧的人能催眠很多动物，例如喇蛄与鸡。据我们推断，当动物的神经系统与肌肉系统同时表现出困倦反应时，"动物催眠"就会出现。蛇的七寸与尾巴被巫师紧握着，大脑发出"收缩肌肉"的指令，并照例借由脊髓传输至肌肉，然而因为受到了极端的束缚，肌肉无法接收到指令，自然也就无法收缩，此时便会出现一种特殊的状态——条件相互矛盾的状态。蛇因此变得僵直，即使巫师松开手，也只是直直地躺在那儿。相较于人类在被催眠后所出现的状态，动物催眠的反应大不相同，当然，二者之间也有一些类似之处。事实证明，蛇真的会变成"木棍"，而且这种状态能持续很长一段时间。在血液慢慢恢复流通后，困倦反应逐渐消失，各部分机能恢复如初，"木棍"又变回了蛇。毫无疑问，这件事与是否聪明毫无关系。

在突遭不测或无路可走的时候，一部分蛇会出现假死状态，在我们看来，这种状态与催眠状态大同小异。在遇到危险或身陷绝境时，它们会在条件反射的作用下僵直不动，但这种行为并非意识的产物。诸如狐狸、负鼠等真正狡黠的动物会有意识地装死，但蛇并非如此。不可否认，我们从经验丰富的博物学家那里了解到了很多蛇的行为。猪鼻蛇是新英格兰地区常见的一种蛇。在被人紧握住尾巴，倒悬在半空时，它们会直直下垂，犹如一根绳子。霍纳迪博士记录道："它们当然想逃走，显然，经验丰富的人是不会让它们得逞的。"毋庸置疑，假死状态是蛇的救命稻草，但并不代表蛇是聪明的。我们实在不能确定，包括猪鼻蛇在内的各种蛇会不会对危险产生恐惧，或者对安全产生渴望。

纽约动物园的董事霍纳迪博士很了解蛇等各种动物。在他看来，蛇并不是完全没有智慧的。不妨来看看他那些公正的描述。他在 1923 年出版的《野生动物的心理和态度》一书中提到，蛇"灵活敏捷，既有智慧又有推理能力""所有动物都具有环境适应性，都能在危急关头自保"。不过，蛇虽然有效率也有一定的智慧，但不可能具备推理能力，所谓推理，是需要经过研究和分析的。

霍纳迪博士的研究结论是这样的："我认为，在脊椎动物中，蛇是我们最不了解，也是最容易被误解的动物。人们认为它们好斗且聒噪，但事实并非如此。人们低估了它们的智力。"他用长着斜格纹的蟒蛇为例进行了说明：一条长达 32 英尺的蟒蛇被人们由新加坡运往纽约，在漫长的路途中，"它没有办法在需要蜕皮时蜕皮"；为了救助它，人们只好剥去了它的皮。最初，它蜷缩着身体不愿接受救助，不过 5 位工人并没有停止工作，一边对它说着安慰的话，一边动手开始剥皮，"一点的时候，人们开始剥除它眼部和唇部的死皮，而它一动不动。我目睹过很多生病的人因为惧怕比这更小的痛苦而强烈地排斥医生。然而，这条刚离开森林的野生蟒蛇却及时地看清了自身处境，接受并理解了人们所做的一切，实在令人震惊。在我看来，恐怕不会再有其他成年野生动物能在这种情况下做出如此明智的选择。"

提到智慧，自然有高下之分。不过我们无法确定，那条蟒蛇是不是真如霍纳迪博士所说的那般表现出了明智的行为——安静地趴在那里，就其处境而言，它受到了诸多难以突破的限制。我们相信，蛇具有很多本能的行为能力（或者说反应能力），足以应对平凡的生活；在突遭不测的时候，它们也有自保的能力。然而，要是没有这种效率，说不定它们还会更聪明一些。

很多人都认为，蛇能迷惑鸟类。对于这类事件，我们之前曾目睹过，尽管带着科学研究的心态，却也认为那场面太过残忍。在蛇的威胁下，鸟被吓得不知所措。很多动物都会在受到惊吓的时候失去行动能力。那种状态与迷惑无关，鸟因害怕而麻痹，身体僵硬，在挣扎了两三下之后，只能怔怔地站在原地。这让我们想到一些童年见闻：在看到有汽车驶来的时候，小马惊呆了，如同僵死一般，只能由人搬开。因此，我们不应该说蛇能迷惑鸟，而应该说蛇有效率，当然，这与智力也没什么关系。

蝰　蛇

史前人类对蛇有误解。从穴居时代，甚至更早的时候开始，人类就对蛇，特别是蝰蛇有偏见。在那些有很多蛇的地方，我们可以轻松地获得真相，并做出合理的判断。尽管身负成见，但蝰蛇仍值得称赞，这是它们应得的。它们的形态颇为可爱，头宽身窄，而且从头到尾越来越窄，尾巴非常短；无论是颜色还是斑纹都很奇特，譬如后脑勺上长着个"十字架"，正如彼特鲁乔所说："它们身上的斑纹令人叹为观止。"我们应该学会欣赏这种动物：它们行动敏捷，外表华丽；伸缩着身体快速前进，"肋骨像船桨一样划动"。拉斯金指出："在受到惊吓时，它们会把身体盘起来，如同一支被拧弯的箭，射出一股毒液，仿佛是在开枪射击。"

蝰蛇肋骨尖端连接着腹部两侧的大片蛇鳞，且一一对应；蛇鳞由肌肉支撑着，其后缘与地面紧贴。蛇鳞在肋骨的运动下来回移动，从而驱动着身体前行。就像在撑船的时候同时使用很多船篙，但绝非像划船时使用多个船桨。

蜷蛇身体能做出很多不同的形状，这些形状有利于它们在草堆或石头堆里行动。虽然没有手脚，但在肋骨的运动下，它们看上去就像多足动物马陆。如果察觉到有人靠近，它们会飞快地逃窜。依靠双关节与深陷的球窝节骨，它们的脊骨可以灵活地左右摆动，且毫无脱节的风险。其体内的所有构造都不会阻碍身体的伸缩，例如肝，它们的肝又细又长，不像其他动物的肝那么宽；它们的肾脏是一前一后排列的，而其他动物是一左一右的构造。由于体内空间狭窄，它们的左肺被压缩到了极致，而普通动物的肺通常都很均匀且较大；在受到惊吓时，右肺会快速收缩，并产生"嘶嘶"声。

另外，人们并不会认为蜷蛇吃的东西是卫生的。鼠、蛇蜥（无足蜥蜴）、雏鸟、水螈、幼蛙等都是它们捕食的对象。它们一般在晚上外出觅食，进食的时候，先用一个颚控制住猎物，再移动另一个颚将猎物咬住，然后不断松开和咬住，直到把猎物吞进肚子。对于它们来说，把猎物吞进嘴里好像是件很费劲的事，所以它们经常用石头抵住猎物后部，然后把食物顶入口中。当食物抵达食管后，要继续咽下就必须依靠肋骨的动作——类似于痉挛。人们有时候会觉得，蜷蛇在咽下满嘴食物的时候，大概会有窒息的危险。实际上，它们的气管前端在那时会向前移动至口腔内，以便让空气进入肺部，所以它们通常不会窒息。

它们的毒腺是变态的唾液腺，毒牙呈卷管状，是发射毒液的工具。这是大自然在进化过程中的一种选择。在准备攻击的时候，蜷蛇的下颚会张开，如同一件精密的仪器，毒牙在上颚处，随即被竖立起来，毒腺受到挤压后喷出了毒液。在既有的毒牙断裂或脱落后，新的毒牙会长出来；在大毒牙后面，其实还隐藏着一颗小毒牙，因此毒牙可以得到及时补充。蜷蛇的毒管前端连接着新生毒牙的根部，这是其与生俱来的特殊构造，从解剖学的角度来看，它们定然经历过某种关键且奇异的转变。

想要解开蝰蛇的毒，需要用它们的胆汁。在被蝰蛇狠狠咬了一口之后，如果有机会杀蛇取胆，便有可能脱离危险。我们之所以说"狠狠咬了一口"，是由于蝰蛇毒的毒性应该会逐渐减小。一条健康的蝰蛇如果很久没有放射过毒液，那么其毒液的毒性定然会很高。蝰蛇毒对大部分成人来说并不致命，当然，有的人在被跳蚤咬了之后都会丢掉性命。

很多人都说"蝰蛇堵上了自己的耳朵"，这是博物学领域中的无稽之谈。事实上，它们不是听不见声音，尽管没有耳孔和耳鼓。在解剖学上，蝰蛇的内耳发育完善，并与颚相连，所以它们进食时的声音很大，就像喇叭似的。和其他种类的蛇一样，蝰蛇也是怒目圆睁的模样，那是因为它们的眼睛无法转动，所谓眼睑只在胚胎里依稀可见，但出生后会慢慢消失。蝰蛇的眼睛长有无法移动的第三眼睑，其外覆有透明的角质鳞，如同一面玻璃，这在它们蜕下的鳞上可窥见。我们不知道蝰蛇会不会因为没有捕捉到猎物而哭泣，但可以肯定的是，它们的眼泪是从鼻孔里流出来的。

蛇　蜥

无足的蜥蜴是草原动物的代表之一，例如蛇蜥，栖息于英国境内，是一种很有趣的动物。它们生活在气候干燥的草原上，那里不仅有草，还有很多树，并且还有许多蛞蝓（人们经常把这种动物认作蛇，并将其捕杀）。蛇蜥在形态上与蛇近似，同样没有脚；在其他方面，它们和蛇并不怎么像。它们的鳞和蛇的鳞很不一样，呈圆形，而且是层叠的。要说相同之处，那就是它们的鳞外层也会更新，就像蛇一样，全身上上下下的死皮都会从前往后脱落，只有尾部的死皮有时候会顺势蜕下。曾有人将这种蜕皮现象比作"利剑出鞘"。

　　蛇蜥长着长长的尾巴，而蛇的尾巴却较短。在它们身上能看到胸腔骨骼的痕迹，但在蛇身上却很难见到。无论是颅骨还是颚骨，不管是肋骨还是腹部，蛇蜥和蛇都大不相同。蛇蜥有一个通俗易懂的博物学名字，那就是"盲蠕虫"，其实它们视力不错，而且有灵活的眼睑。曾有一位年迈的动物学家指出，蛇蜥一见蛞蝓就"开心得不得了"。这种动物的耳洞非常小，深藏在鳞下，人们很难看出来。主要的触觉器官是舌头，有缺口但不分叉，这一点和蛇不一样。

　　4月或5月的时候（具体根据气候而定），冬眠的蛇蜥一只只地醒过来，来到户外活动。除了求偶和繁衍，觅食也很重要。它们喜欢蛞蝓、蚯蚓以及毛毛虫。它们不好斗，也不着急，行动缓慢，只做能力范围内的捕食工作。尽管胆子很小，但它们还是选择在白天活动，常常出现在草原上的树荫下，或者树木旁边的草丛里。产卵期在八九月，雌性蛇蜥一次可生产8～12枚卵，卵壳较软，一产下即开裂，然后漂亮的小蛇蜥就爬了出来，体长1.5英寸左右，如同银色的蠕虫。小蛇蜥以鲜嫩的昆虫与蜘蛛为食物，6个星期之后，它们会长到原来的两倍大。蛇蜥需要五六年的时间才能完全成年，一般来说体长在10英尺左右，尾巴大概有身体的一半长。英国博物馆饲养了一条体形很大的蛇蜥，足有17英寸长。在缺少食物的寒冬时节，它们会躲进河边长满青苔的地洞或枯叶堆里以及松软干燥的泥土里。通常情况下，我们可以看到20多条蛇蜥聚到一处，抱团取暖，以度过寒冷的冬天。它们每年冬天都会住在同一个地方，因为在它们看来那里很适合过冬。

　　人们其实没有必要捕杀蛇蜥，究其缘由，首先，它们是自然演化过程中所出现的一种有趣生物；其次，它们个性鲜明，但性情温和；再者，其牙齿带钩，颇为锋利，但还不足以咬破人的皮肤，而且它们不会搞破坏；最后，它们以蛞蝓和毛毛虫为主食，而这对于人们来说是有益无害的。然而，一般人很难将它们与蛇区分开来，而且不是所有人都清楚它们是没有毒的，即使一部分学者也会感到困惑：如果它们不是蛇，那为何名为蜥蜴呢？这或许是因为维吉尔曾经说道："有一条蛇藏在草丛里。"

无论是在欧洲还是在亚洲，常常能见到这种没有脚的蛇蜥。它们身上带有很多有趣的特征，例如虽然与蛇不同类，却长得像蛇，并拥有类似于蛇的习性，譬如爬过狭窄的地方。蛇蜥与蛇不同属，但外表接近，并具有趋同倾向。在被抓住之后，它们会保持不动，尾巴自然脱落以自救，而这种行为在大部分蜥蜴身上都能看到。这种条件反射，或者说本能自残，有一个专业名称叫自裂，这也是为什么林奈会给它们取名为"脆"。自裂是一种源自远古的本能反应，动物身上最脆弱的部分会自动断裂，例如用一条尾巴换一条性命，而尾巴会重新长出来。尽管重新长一条尾巴看上去十分麻烦，但再生能力的确是大自然奇迹般的医疗手段。

和很多其他脊椎动物一样，蛇蜥大脑上表面可见一个呈颅顶状，或者说松果状的器官。蛇蜥的这个器官十分引人注目，但表现最明显的是一种生活在新西兰，被称为活化石的蜥蜴。显而易见的是，这个器官带有眼部结构，或许是古生物眼睛——从中部向上看——的遗存。对于蛇蜥而言，这一器官似乎还有用，其功能是感知温度及其变化。它们不喜欢暴露在阳光下，一见到阳光就会迅速躲开，特别是在年幼时。

最后，值得一提的是，蛇蜥是典型的隐身者，很懂得如何隐藏自己；它们的数量不算太少，但也不怎么常见。这种动物之所以能繁衍至今，主要有赖于其隐藏技术，换句话说，它们很善于躲避。

变色龙

变色龙的名字意为"地狮"，不过大部分变色龙都生活在树上。它们其实是一种蜥蜴，只是演化成了与普通蜥蜴大不相同的模样。我们在生物演化史上可以看到许多奇特的演化案例，而变色龙的出现可以说是当中最为特别的一个。我们知道，蝙蝠的祖先是一种树嗣，海马的祖先是一种尖嘴鱼，虽然这些进化都十分奇特，但最令我们震惊的还是变色龙的演化过程。

所有动物都具有一定的适应性，而变色龙身上可以说到处都能看到这样的适应性。在非洲南部，树枝上的变色龙纹丝不动，好似睡着了一般。忽然之间，它们吐出了黏黏的棍棒一样的舌头，长度和身体差不多，当然不包括尾巴的长度。它们的行动堪称诡异，缓慢得令人察觉不出在移动。它们的眼睛以一种奇怪的方式向外突出，对焦方式也很奇特，两只眼睛独立成像；对焦的时候十分认真，令人不免担忧，不知道它们能不能成功捕获那些蚊蝇。它们先调整好右眼的焦距，再调整左眼，在完成对焦之后，它们才会伸出舌头。对焦占用了大量时间，不过一旦完成，它们就会猛地伸舌，速度如箭，爆发力惊人。对于蚊蝇而言，犹如当头棒喝。

如前文所述，变色龙的学名意为"地狮"，不可否认，这个名字很有趣，会让人不由自主地去思考变色龙和狮子的共同点。它们大部分时候都生活在树上而不是地面上，可为什么要将其称为"狮"呢？难道是因为狗之类的动物害怕它们？如果遭遇攻击，它们有时候会蜷缩身体，有时候会通过鼓气将身体撑大，并张开嘴巴以威胁对手，有时候会发出嘶嘶声，恼怒地左右摇摆。它们鼓足气囊与肺部以撑大身体，这种行为类似于猫在见到狗之后会弓起背竖起毛。狮子不正是一只大猫吗？然后我们不就可以由此及彼了吗？不过，普通人通常都不太了解字源学，因此我们很难让它们理解这样的逻辑关系：因恼怒而变大的变色龙看上去像一只弓背竖毛的猫，所以被称为"地狮"。

那么，变色龙为什么会生活在树上呢？因为人类已经在陆地上崛起。它们的尾巴可以卷起来钩住东西，好似猴子的尾巴；手指和足趾是分叉的，可以拈起物体。它们的手部很奇特，3 个指头朝里，两个指头朝外。至于它们的脚，有 2 个足趾朝里，3 个足趾朝外。通常情况下，它们一天会变换六七种颜色：夜里一般为乳油色，夹杂着大块黄斑；白天一般为灰绿色，混杂着无数黑色斑点及一些浅褐色斑块；兴奋时为栗色，带有金黄斑点；愤怒时为栗色带有墨绿斑点。当然，除了上述这些颜色外，它们还会表现出一些别的颜色。

变色龙之所以会变色，原因有两个，其一是心情的不同，其二是外部环境引发的反应。它们有时候会变得更为醒目，以示警告；有时候会变得更加隐蔽，就像穿了件隐身衣。这与身体的涨大与缩小、变胖与变瘦一个道理，其肤色的变化也出于两种目的，第一是为了威胁，第二是为了遁逃。变色的过程十分复杂，主要因素有：真皮中的带分枝的色素细胞能伸展与收缩；很多细胞都带有黄色油点以及鸟粪素结晶状体；很多其他微粒能折射光线，且折射的光线十分强烈。

再来看看变色龙的皮，如我们所知，变色龙是会蜕皮的。外皮外层在失去活力后会长出很多泡，如同一张张薄薄的纸片。它们通过在石头或树枝上磨蹭来褪去死皮。我们在变色龙身上还看到了很多其他特点。普通蜥蜴在遭遇攻击时会自断其尾，并能长出新的尾巴，这不失为一种权宜之计。然而，变色龙的尾巴不容易断裂，要是断了也长不出新尾巴。可见身体特点是相互关联的。一方面，变色龙的尾巴不仅卷曲而且带钩，因此才能将身体倒挂起来；另一方面，它们的尾巴必须要足够坚韧，才能在缠绕树枝时确保安全。

变色龙的特点还有：皮上长着很多细小的颗粒，但没有鳞；上下眼睑的连接处长着一个小孔；舌头宛如一个被置于管中的弹簧，在充血的时候会有力地弹出；肺部很大，连接着细长的气囊。

大部分变色龙是在地下产卵的。孵化工作一般由母亲完成，大部分种类的变色龙皆为卵生，不过也有例外，譬如非洲南部的侏儒变色龙就是胎生的。由此可见，很多不同种类的动物都在朝着胎生动物演化发展。

我们对变色龙的习性知之甚少，究其缘由，一来它们总是深藏不露，二来它们一旦离开栖息地就很容易死去。当然，它们不会马上丧生，但会绝食，并在几个月后饿死。它们基本上只吃昆虫，不过食量起伏不定，同时还会喝很多水。它们在树上睡觉，可以牢牢地贴在树枝上。在极冷和极热的时候，它们会来到地下御寒或避暑。不过，鲜有人观察到它们冬眠的过程。在我们看来，它们是陆栖蜥蜴的变种，大多数都已适应了树栖生活，在气候过于炎热、过分寒冷，或者临产时都会回到之前经常生活的地方。

淡水蜥蜴

在淡水动物中有一种用肺呼吸的特立独行的蜥蜴。这是一个值得关注的博物学现象。歌德曾经说过，动物们总在尝试各种看似不可能完成的任务，并最终获得了成功。这既与激烈的生存竞争有关，又与高等动物的冒险精神有关。动物们总是渴望找到新机遇，因此例外的情况频频发生。一条生活在陆地上的用肺呼吸的蛇为什么会来到100英里以外的海洋中？一只陆栖蜘蛛为什么从沼泽来到水中，并织出穹顶网贮存空气？水陆两栖的蛇蜥，已经属于鸟类的穴居鹦鹉为什么会来到地下生活？让我们先来探讨下蜥蜴为什么会到水中。

在脊椎动物当中，最先适应陆地生活的自然是爬行动物。它们的祖先一开始是水陆两栖，后来逐渐来到陆地上求生，并最终演化为爬行动物。爬行动物用肺呼吸，不过其中一部分后来又返回了水中，例如鳄目动物、龟鳖目动物以及海蛇等，也就是我们所说的"二次水栖动物"。蜥蜴带有明显的陆栖动物特点，不管是住在洞穴里的还是住在树上的。人们最近已经开始对所发现的例外情况如此关注。科普斯泰因博士最近提到的摩鹿加岛水蜥蜴并不是新物种，不过前人不了解它们的习性，其学名为簇尾蜥。最为人熟知的是生活在安汶岛、塞兰岛以及西里伯斯岛上的安岛簇尾蜥。科普斯泰因博士对它们进行了研究。此外还有生活在特尔纳特与哈马黑拉岛上的一种蜥蜴，在菲律宾也生活着一种蜥蜴。不难看出，变种在被隔离之后会独立为新物种，例如英国及其周边地区、奥克尼及圣基尔达特有的鹪鹩。隔离作用在人类中也能见到，比如对婚姻范围的限制，而这一直是塑造及控制物种特征的关键因素。

安汶岛水蜥又被称为水蜥龙。它们居住在临水地带，例如溪畔、池塘边以及盐湖旁，经常在树枝上做着伸展运动。在遭到攻击的时候，它们会钻进水里。日复一日，它们总是出现在同一根树枝上，沉着冷静地趴在那里。它们几乎没有敌人，甚至不怕人。小岛上只有两种食肉的麝猫，此外再无其他食肉动物。世世代代生活在那里的岛民从来不吃水蜥，所以成年水蜥的生活极为安定。

小水蜥的日子却不太好过，它们总是躲在水底的石块下，或者茂盛的水草中。小水蜥还没有长大，所以经常成为鹭鸶及鹰的猎物，等它们长大之后，会变得勇敢许多。针对这一点无须感到疑惑，毕竟小水蜥只有两英尺长。它们以水中植物以及长在水畔的植物叶等为主食。在几个硫黄温泉中，科普斯泰因博士发现了水蜥的身影，不过没有人在海里看到过水蜥。唯一一种会到海里找海藻吃的蜥蜴是生活在加拉帕戈斯群岛的海鬣蜥。

水蜥母亲会把卵埋入安全、温暖、细腻的河沙中，深度在 8 ～ 12 英尺之间。和鲑鱼母亲一样，它们也会避开流沙。原住民们尽管不吃水蜥，却爱吃它们的卵，因为里面的卵黄很大，而且十分美味。那些卵长约两英尺，很适合作食物。卵壳很坚硬，像一层羊皮纸，呈灰白色，带有灰色斑纹。摩鹿加岛的四季气候相差不大，所以随时都能看到小水蜥破壳而出。

成年雄性水蜥尾巴上的"帆"是其典型特征。从靠近尾巴的地方开始，一直到尾巴上部中间位置，可见一个像船帆一样的构造，惹人注目。这个构造只会出现在雄性水蜥的身上，如同只有雄鹿会长角一样，更令人吃惊的是，在雄性水蜥长成后，它就会消失。雄性水蜥一般体长两英尺，与雌性大致相同，不过它们带有"帆"。这一构造或许是因为血液中含有某种化学刺激物，也就是激素才出现的。这看上去理所当然：它们生活在水里，所以长着"帆"并不奇怪。然而，这种必然联系其实是不存在的，毕竟雌性水蜥并没有"帆"。

海蜥蜴

有一种以海藻为食的蜥蜴（海鬣蜥）可以说是爬行动物中最为独特的。它们栖息于加拉帕戈斯群岛的海岸附近，总是钻进海里去吃海藻，是的，它们最爱吃的就是海藻。这种蜥蜴体长 4 英尺，来到陆地上之后行动缓慢。当年，达尔文乘坐贝格尔号进行环球探险时看到过它们，并饶有兴趣地进行了研究，还得出了一些有趣的结论。"它们在水里的时候，身体与扁平的尾巴动起来如蛇一般，腿蜷缩着，贴着身体，游泳姿势很自然，速度也很快。有船员在一只海蜥身上绑了一个重物，然后把它沉到海里。一个小时后，他通过绳子把它拽了上来，本来以为它会被淹死，没料到它活得好好的。这种动物有着强健的四肢和坚硬的爪子，因此可以在海边的礁石与火熔石的缝隙中爬来爬去。在那些地方，我们经常可以看到类似的令人心悸的爬行动物，它们呼朋唤友来到几英尺高的黑色礁石上，在阳光底下伸展着腿脚。"

对于达尔文所描写的特征，不是每个人都能理解的。蜥蜴的呼吸器官是肺，水中活动所需的氧气是储存在肺部和血液中的。海蜥蜴入水的频率很高，不过要是强行"要求"它们下水，它们又是不愿意的。达尔文曾经看到，海蜥蜴不得不爬到海岩角上，宁愿被人拽起尾巴，也不肯钻进水里。

他抓住了其中一条，并把它扔到水中，结果它很快就游了回来。达尔文大惑不解："我试了好几次，将一只蜥蜴逼到'绝境'然后抓住它。它们擅长游泳与潜水，但怎么也不愿意到海里去。我把抓到的蜥蜴扔进海里，结果没过多久它就又出现在了岸上。"对此，达尔文给出的解释是，陆地上没有海蜥蜴的天敌，而海中有许多饥饿的鲨鱼。"所以，它们形成了这一代代相传的稳定不变的本能，认为陆地更加安全，不管发生什么，都不愿意离开陆地。"不要忘了，蜥蜴的海洋经历开启得较晚。为了证明这个观点，让我们来看一个有趣的实例——那个生活在陆地上的海蜥蜴近亲。

这个生活在陆地上的海蜥蜴近亲确实值得了解，除了不吃海藻之外，还为我们提供了其他一些线索。达尔文给它们取的名字是海鬣蜥。人们普遍认为，它们和海蜥蜴是亲戚，而且习性很古老。达尔文在加拉帕戈斯群岛的詹姆士岛上看到了很多海鬣蜥。"我们找了好久，始终未能找到它们的藏身之处；我们不知道该把帐篷搭在哪儿。"这种动物行动缓慢，爬行的时候，腹部和尾巴总是贴着地面；它们时不时地停止行动，迷迷糊糊地待上一两分钟。它们喜欢柔软的火山土，会在那里打洞：先用身体一侧的腿脚扒拉泥土，累了之后换另一侧的，如此往复。达尔文表示："一只蜥蜴在挖土，我看了好长时间，当它的上半身钻入土中后，我拉住了它的尾巴。它受到了惊吓，很快就钻了出来，大概是想瞅瞅是什么情况。它看着我，似乎是在问：你干吗拽我尾巴？"

陆栖蜥蜴与海栖蜥蜴是有区别的，陆栖蜥蜴的尾巴偏圆但不怎么扁，脚上不带蹼，主要食物为富含水分的仙人掌属及金合欢属植物的叶以及落到地上的味道偏酸的浆果。不过最令我们惊讶的是，上述二者虽然都生活在海岛悬崖附近，但前者是穴居动物，以仙人掌为食，而后者喜欢到海中寻找海藻吃。这意味着，它们都过着艰难的、受限制的生活，而且它们共同的祖先也生活得很困难，且被限制。二者采用了不同的独属于自己的方式来解决问题，原因是这世上只有一种蜥蜴是靠海吃海的。在受到极端限制的时候，动物们不得不急迫地另辟安身立命之处，或者放弃经验，尝试以新方式来应对生活。在大自然中，"改变生存模式"的现象屡见不鲜。

龟

我们将用龟来指代陆栖龟，用水龟来指代淡水龟。在英国，人们常常看到希腊龟（这是一种陆栖龟）。这几种龟都喜欢温暖的地方，尤其喜爱在不算炎热的日子里晒太阳，而且总是早睡晚起。夏天，怀特饲养的龟在下午4点的时候就开始睡觉，直到次日上午才醒来；11月的时候，它会钻进泥土中，一觉睡到来年的4月中旬，这是最适合英国环境的生活方式。它们不是真正意义上的冬眠动物，也算不上是在蛰伏，毕竟那样的动物屈指可数。就爬行动物而言，这种状态更接近低温昏迷，可以称之为昏睡。

对于养了很多年的龟，怀特是这样描述的："一看到喂养了它三十几年的老妇人走过去，它便会感恩戴德地慢慢爬上前。它看起来很想走快些，却总是笨拙得可爱。"他还表示："即使是最低级的爬行动物，最冥顽不化的小家伙，也懂得感恩。"尽管英国冬长夏短，环境限制较多，但它们仍然无法成为多愁善感的宠物。

卖龟者信誓旦旦地说：它们可以快速清除一地的蟑螂。实际上，陆龟是植食动物，尽管面包与牛乳之类的东西也能吃，但最常吃的还是白菜、莴苣、蒲公英、翘摇之类的植物。哈多博士在数年间对数百只龟进行了观察研究，从未发现有龟如人们所说的那样吃蚯蚓和蛞蝓。在北美洲东南部的松林中，我们在沙地里看到了一位穴居者——沙龟。它们住在地洞里，食物主要有茅草、富含水分的草、松脂等，所以它们身上总散发着浓烈的香味。不管怎么说，它们是地地道道的植食动物。

慢一点，小心一点，这或许是龟的生活原则。不管做什么事，它们都十分谨慎缓慢，缓慢进食，缓慢成长。龟甲上的年轮是判断其年龄的依据，因为每个夏天都会长一轮。怀特的龟（如今被英国博物馆收藏）一到 6 月就会变得很兴奋，竭尽全力地求偶，除此之外的时间里，它总是谨慎缓慢，从不让自己过度劳累。

很多见多识广的博物学家都曾提出过这样的问题：为什么很多海岛都生活着一些只有在当地才有的动物，而在别处完全没有它们的踪迹？东印度群岛的各个海岛上都拥有独特的猴类、爬行动物、淡水鱼、蜗牛等。夏威夷群岛内的各海岛也是如此，比如那些独一无二的蜜雀，每座丛林里的蜗牛各不相同；白令海峡的三个海狗栖息地分别生活着三种不同的海狗；圣基尔达的鹪鹩与众不同；奥克尼的鹪鹩也独树一帜。为什么会这样呢？

答案应该是这样的：大多数生物都会变异，后代有可能不同于父母，即使是在同一种群中，各成员也可能出现差异。这也就是说，变异是常态。在海岛环境中，新物种更容易生存也更容易繁殖，因为环境中存在交配限制。它们努力寻找心仪的变种，或者相似程度较高的物种来繁殖后代。换言之，它们利用同族繁殖塑造着新物种。在大自然中，同族繁殖是常有的事，只要阻断了杂交的路径，海岛就比陆地更适合生存。

达尔文在抵达加拉帕戈斯群岛之后，兴致勃勃地研究起了那里的大龟，原因或许是每座海岛上的龟都独树一帜，尽管与其他龟类似，却有差异。达尔文表示，他已经“洞晓了‘创造’的真谛”。他对一只大龟的爬行速度进行了测算，结果是十分钟走了 180 英尺，相当于一天走了 4 英里。在感到口渴的时候，它们会走上很远的路去找水喝，毕竟含水的仙人掌、悬垂的地衣条以及加耶维太的浆果是无法提供足够水分的。“在山泉边上可以看到很多大龟，有的心急火燎地赶着路，有的把脖子伸得很长，有的已经痛饮了一番。目及之处全是它们的身影，令人叹为观止。”那些上了年纪的大龟引起了达尔文的注意：“大部分都会意外死去，例如滚落悬崖。

至少一部分原住民是这么说的，它们的死总是有原因的。"这似乎是在说，大龟的寿命实在太长，以至于失去了自然死亡的可能。然而，令人悲痛的是，它们或许很快就会从地球上消失了。凡是去过那些海岛的生物学家，无一例外地发现了一个令人悲痛的事实——大龟正在变少，要是再带一些回来做标本，那海岛上的大龟数量就会更少。

大龟的住处通常位于山谷中，那里有泉水，也有鲜嫩多汁的植物。夏天，它们会慢慢爬上山。在其必经之路上，可以看到光滑至极的石板，如果遇到下雨，更是滑得无法通行。大龟通常不会在炎热的中午外出活动，它们喜欢在光线暗一些的时候外出溜达。1905 年，有人在 3 英里开外的地方观察过三十几只大龟；它们聚在一起，大半是为了求偶和交配。在丛林里，雄性大龟的叫声足以传到 900 英尺之外。这与达尔文的观点——大龟听不见声音——正好相反。

相较于鸡的卵，龟的卵要大一些。这些卵一层层地堆叠在土坑里，一个坑里大概有 18 枚，不过雌龟不会把所有卵都埋在一处。雏龟的存活率很低，原因是它们的敌人很凶恶，譬如秃鹫与野狗。在长到 1 英寸长之后，它们就安全多了，而唯一的敌人就是人类。对于它们来说，残忍的人类是最大的威胁。龟肉很可口，脂肪油一度价格高昂。另外，科学家也给它们带去了危险，因为它们需要制作标本。在这种情况下，我们只能在部分海岛上看到屈指可数的几只大龟，有的地方甚至一只都看不到了。不可否认，人类的恶行导致这种可以活上好几百年的动物逐渐走向了灭亡。

对于大龟的处境，我们痛心疾首，要知道它们和新西兰岛上的蜥蜴及楔齿蜥一样，也是一种远古遗存，而且是一种远古爬行动物的唯一后裔，堪称活化石。加拉帕戈斯大龟为我们提供了研究（前人或许也曾研究过）物种构成的线索。在并不遥远的过去，几乎每座海岛上都生活着加拉帕戈斯大龟，种类多达 15 种；时至今日，我们只能在亚伯马里岛上看到一两种。恐怕只有用达尔文的观点来解释这一切：我们今天看到的群岛在过去是一个巨大的海岛，海岛上生活着一种龟，而这种龟后来衍生出了许多具有不同特征的龟。随着时间的推移，大岛逐渐下沉，形成很多相对独立的山，而那些带有不同特征的龟被分割开来，独立成群，然后通过同族繁衍形成了 15 个种群。如果认为使用"变种"一词比"种群"一词更方便的话，我们也可以如是描述，这并不影响我们的讨论。陆栖龟无法长时间地待在水里，否则就会溺亡，那么，一开始出现在大岛上的龟又来自何处？有一种假说相对合理：在大岛与中美洲之间原本存在陆上通道。加拉帕戈斯群岛位于赤道附近，与南美洲西海岸相距 500 英里左右，与哥斯达黎加南海岸相距 660 英里左右。

大龟的寿命可超过 150 年，前文提及的其他一些龟甚至可以存活好几百年。然而，或许要不了多久，它们就会灭绝了。丹皮尔等一些上了年纪的探险家曾经有幸见到过龟群，但到了毕比却只看到了一只。人们拍摄下了它在海中游泳的影像资料，然而没过多久它就死了——只留下几百英尺的胶片。人类太不可靠。

龟的寿命之所以这么长，与其慢吞吞的习性不无关系。它们的衰老速度很慢，所以能活很久。在怀特去世一年之后，他养的龟才死去。那是 1794 年，它来到英国 54 年之后。在死前的 14 年里，它一直待在塞尔伯恩。能活几百年的龟并不多。人们曾在 1766 年将 5 只大龟从塞舌尔群岛带到了毛里求斯，其中一只活到了 20 世纪。哈多博士在 1901 年写了一份报告："它几乎什么也看不见了，但依然没有改变其习性，而且也没有出现健康问题。"那只龟的壳有 3 英尺多长，能容纳两个人坐在上面。

龟的迟缓体现在很多方面，例如掌握技能的过程。相较于头部，其大脑实在很小，但这并不意味着它们毫无智慧，如果真的这样，它们也不可能繁衍至今。它们具备分辨地点和人的能力，能记住自己住在哪儿，即使路途遥远，也能顺利归家。对于冬季栖息地，它们从不会忘记，尽管那些地方都十分隐蔽。曾有一只水龟学会了走迷宫，这表示它们懂得总结经验。

据一份可靠资料显示，曾有一群普通的龟在园子里伸着脖子聆听从附近城市广场中传来的军乐声。我们不确定这是否与智慧有关。龟通常都很安静，但会在繁殖期发出嘶嘶声。查塔姆岛上的雄性大龟的吼声十分粗犷，以至于达尔文在 300 英尺之外就听见了。普通龟一般都是嘶嘶作响，和大龟的叫声比起来显得轻柔无比。普通的龟一次可生产 2～4 枚卵，卵壳是白色的，好似鸽子的卵。雌龟会把卵埋在沙地里，然后扬长而去，没有人见过它们保护那些卵。

龟及其近亲们都拥有十分强大的生命力，这体现在其局部生命上。例如，作为一种食物，绿蠵龟的肉可以用来做羹汤，而其心脏在被挖出后，要是被置于合适的环境中，还能再跳动一个星期。这是令人惊奇的，但最令人惊奇的却是它们的壳。怀特曾不解地说："这种行为受限的爬行动物看起来可怜极了，整天背着笨重的盔甲，而且没有办法挣脱，就像被囚禁了一样。"然而，换个角度来看，构造复杂的龟壳就像盾一样给它们带来了安全。在欧洲，大概只有希腊鹰能用爪子提起希腊龟，然后飞到空中将其扔下摔碎，而其他动物恐怕都拿龟毫无办法。在日常生活中，龟从来不用担心任何突然发生的事。它可以把头部和四肢缩进壳里。它们的壳就像带拱门的通道，可以让龟在壳里养尊处优。另外，它们的外骨与内骨的各个部分都交错在一起，如同一个可以挪动和生长的城堡，对于解剖学家而言，这个问题很难解释。

正面与背面的外层都长有角质物，即表皮上的鳞；

背甲中线处长有一排骨骼，是扁平的脊骨尖端（神经棘）所形成的；

皮下神经脊棘上附着有一排骨骼——真皮上的棱鳞；

背甲两侧部位是由不可移动的肋骨展扁而形成；

背甲两侧外层附着有棱鳞——肋骨甲；

腹甲包裹着一个骨质板——曾被误认为是腹部肋骨，位于腹部皮下，已演化为骨骼；

有观点认为其腹甲前部实为锁骨。

乌龟没有胸骨，它的生理构造真是复杂啊！

鳄　鱼

鳄鱼是一种大型的水栖爬行动物，主要栖息于非洲西部的森林里，尤其是那些曾经是雨林，或者被河水截断的沼泽地带或丛林地区。这种动物不善于在陆地上爬行，十分笨拙，甚至可以说僵硬。在受到惊吓以及饥饿的时候，它们会钻进水里躲避或觅食。不过，它们睡觉的时候会待在温暖的河滩上，并在气温最高的几个小时里，留在河边享受日光。我们常能看到几十只鳄鱼紧挨着在河滩上休憩。一些鸟类，例如鸻会在鳄鱼群里穿梭，毫不畏惧地在鳄鱼背上啄食水蛭。

鳄鱼的腿很短，慢慢地沿着河岸进到水中，瞬间就消失了。它们会在水里待上很长时间，一动不动，只露出鼻尖的一部分。它们并不是在睡觉，而是在"守株待兔"。一只幼小的羚羊从森林里跑到河边，看上去如同一只被人欺负的狗。它没有注意到鳄鱼的鼻尖，或许以为那是块石头或泥土，于是俯身取水。鳄鱼静悄悄地游了过来，然后猛地一摇尾巴，扑了上来，用它那强大无比的颚把羚羊死死咬住。鳄鱼通常会把猎物拖进水里淹死，但它们自己却安然无恙，因为它们懂得如何闭气：把前鼻孔和长吻后侧的孔合上。它们的器官与后鼻孔相连，如果将前鼻孔伸出水面并打开，空气在进入口腔后便不会受到水的阻碍。牛、羊、各种兽类、鱼类、鸟类都是鳄鱼的食物。它们甚至会攻击来河边取水的人类。

至于鳄鱼爬上岸的原因，除了享受日光之外，还有到沙地里挖洞筑巢。雌性鳄鱼会先挖一个深洞，然后把卵产在里面。它们的卵很大很白，好似鹅卵。雌性鳄鱼还会用温暖的泥沙筑造一个"围栏"来保护其中的卵，同时它们自己会长时间地待在那里，一边守护卵，一边晒太阳。大概在三个月之后，小鳄鱼破壳而出，所使用的工具是一枚特殊的卵齿，它们轻轻地叫着，声音如同打嗝，以此召唤母亲来拨开泥沙。相较于其他爬行动物母亲，鳄鱼母亲更具母性，很乐意带着小鳄鱼戏水。

值得一提的是，生活在沼泽地带的大型动物一般都有很多"仆人"。就鳄鱼而言，乌鳄鸟是很好的助手，可以帮助鳄鱼清理身上的寄生虫，当然，乌鳄鸟也因此得到了丰厚的食物。在游泳健将红水牛身旁总能看见不少黄背的鹭等鸟类。它们跟随红水牛穿过沼泽，捕食受惊飞起的昆虫。同样地，对于红水牛来说，这些鸟也是好助手：在危险悄然降临时，鸟群会"提醒"它多加小心。犀牛对其仆人——小巧的捕虱鸟——具有很强的依赖性。捕虱鸟萦绕在犀牛身边，时不时地来到它粗糙的背上啄食扁虱。鸟群如果突然散开，犀牛会立刻警觉起来，直到鸟群回到其身边，一如既往地安静捕食，犀牛心里的石头才会落地。

爬行动物种类繁多，对于它们的生活，我们只能简单地做些描述。当然，大家在前文中看到的动物都极具代表性。

THE
OUTLINE
OF
NATURAL
HISTORY

第十九章

两栖动物的故事

　　赫胥黎对动物学的贡献是毋庸置疑的，尤其是他证明了蛙类、水螈等两栖动物更接近鱼类，而非爬行动物。几乎所有两栖动物的幼崽都是用鳃呼吸的，其中一部分既长有能呼吸干燥空气的肺部，又长有和鱼类一样的鳃，并至死都保持着用鳃呼吸的习惯。然而，爬行动物的幼崽没有鳃这样的呼吸器官。毫无疑问，两栖动物在诸多方面与鱼类有异：有手指和足趾，有肺部，有灵活的舌头，等等；但同时，它们身上也保留了许多如鱼一般的特质。因此，无论长成什么模样，两栖动物都更接近鱼类，而鸟类则更接近爬行动物。

　　远古时代之前的部分两栖动物拥有巨大的身体，不过我们今天所看到的两栖动物大多都比较小。已知的两栖动物主要有：（一）水螈及蝾螈，其尾部十分发达；（二）蛙类与蟾蜍，蝌蚪的尾巴会在生长末期消失；（三）盲螈属，比如蚓螈以及无足且穴居的蚓螈等。

两栖动物的行为

诸如猪之类的动物虽然看起来愚笨，但实则颇为聪明；而另一些动物却恰恰相反，例如蛙类及蟾蜍。一只努力登岸的蟾蜍就像是一位动作灵活的老者；一只凝视蚊蝇的蛙，似乎拥有极为强大的专注力。它们的行为就像牛顿所说的那样："想把心思全都放在那上面。"不过，这样的判断及印象都言过其实了，仿佛被蒙蔽了心智，忘了它们的大脑是何等的小。人们大多会关注蟾蜍的眼睛。皮特女士在其论著《花园里和篱笆旁的野生动物》中说，蟾蜍拥有一双散发着宝石光泽的眼睛——金属质地的浅褐色眸子，一点红光如星星之火由内而外扑闪。

蛙类和蟾蜍拥有识人的本领，不过没有人知道它们是怎么习得的。它们可以从 10 英尺开外的地方顺利归家。谢弗教授之前对美洲蛙类进行过研究，结果意义重大。他指出，蛙类在经过反复训练后能学会避开令它们不适的物体，例如毛毛虫，而且拥有不少于 10 天的记忆。一只蛙在第三次练习中避开了身上带有药水的蚯蚓，能记住 5 天以内的事情，此后记忆会变得模糊。另一只蛙因为在捕捉蚯蚓的时候受到了轻微的电击，所以有足足一个星期内没有再捕食过蚯蚓，但同时并没有停止捕食粉虫。由此可见，一方面，蛙类具有一定的学习能力，另一方面，一些认真的观察比信口开河更具价值。

谢弗教授的研究结果可谓面面俱到，其中一部分甚至可以说很有趣。蛙类不喜欢毛毛虫，一咬到就会立刻吐出来。通过总结经验，它们认识到毛毛虫是不能碰的。在另一个实验中，一只蛙吃了经过化学处理的蚯蚓，在吞食的时候，其肌肉毫无异常反应，但此后它的身体却无法消化这种食物，于是，它记住了这件事，开始避开蚯蚓。然而，相较于无法消化的蚯蚓，它们对难吃的毛毛虫记忆得更久。

蛙类等两栖动物在日常捕食过程中迅速地掌握了各种食物的性质，并避免接触不可食的东西，这一点对其而言尤为重要：既能节约时间，又能降低能耗，还能避免痛苦。不得不承认，它们最初会做出各种尝试，反复几次后便懂得了其中真谛，并避开再次捕食。这和鹊完全不同，鹊凭借本能觅食，而且几乎不会出错。现在，我们或许可以理解为什么蛙类能够快速地对食物做出反应，却要花很长时间来学习走迷宫，或者跳过一条透明线，原因是后面这些事情是它们在生活中遇不到的。

让我们继续关注谢弗教授的另一个实验。实验方法其实很简单，在一只蛙捕到一只蟑螂后，对它进行轻微的电击，可以看到，它放弃了那只蟑螂，而在此之前，它已经饿了好几天了。因受到惊吓而抛弃食物的行为，和学习应该是没有关系的。

如前文所述，蛙类在看到毛毛虫的时候，会马上反应过来"那东西不能碰"，而且这种记忆会持续很长一段时间，因此渐渐地成为习惯：不吃毛毛虫。

通过进一步的研究，我们洞察到了蛙类的心理活动。在一只有记忆的蛙面前放上一只慢慢地蠕动着的毛毛虫。不吃死物，只吃活物的蛙在毛毛虫身后跳跃着，目不转睛地看着毛毛虫。它可能觉得很好玩，但没有做出其他行为。只要毛毛虫动一下，它就兴致盎然地跳一下。最后，它凑近一看，忽然想起了什么——大概是曾经的"遭遇"。那只蛙仔细地打量着毛毛虫，这难道不是在"思考"吗？不管怎么看，它都像是在告诫自己"不能吃"。

然而，这还不是故事的结局。那只毛毛虫掉进了水盆，在水里挣扎起来，这一打破惯例的举动再次吸引了蛙的目光，它开始重新审视眼前的那个家伙。在短短10秒之后，它做出了判断：那家伙就是之前的那只毛毛虫。最终，它扬长而去。尽管蛙类不具备如人类一般的心智，但它们也不是毫无心智的。

　　将蟾蜍的生命形态与蛙的生命形态进行对比是项有趣的研究。蟾蜍性情豁达，从不轻举妄动；蛙类性格急躁，总是毛手毛脚。蟾蜍擅长爬行；蛙类擅长跳跃。二者之间的差异取决于不同的生理构造及个性。我们需要进一步考证的是：蟾蜍之所以比蛙类生活得安稳，是不是与其带有更多毒素有关？蟾蜍的毒液并非来自口腔内，而是皮肤所产生的一种具有刺激性的难闻且难吃的毒素，也就是我们常说的蟾毒。蛙类身上也带有类似的毒素，不过远少于蟾蜍。没有多少动物愿意吞食蟾蜍，所以它们活得悠然自得，也心安理得。

　　我们在前文中提到了两栖动物在人类实验中的表现，那么它们自己又做过何种尝试呢？不妨来看看它们都经历过什么，又得到了什么。现在的两栖动物主要有蛙、蟾蜍、水螈、蝾螈以及蚓螈等，而它们的祖先早在泥盆纪末叶就已生存于世。在我们看来，原始两栖动物是冒险家也是发明家，完成了一系列重大突破，并乐于尝试。

　　两栖动物是从鱼类演变而来的，南美洲的肺鱼即可证明这一点。肺鱼的肺之前是鳔，适合用来呼吸半干的空气。对于两栖动物而言，其演化过程中最关键的一步是从水里来到陆地上。一部分无脊椎动物也有同样的经历，虽然危险但充满希望。而在脊椎动物中，最先来到陆地上的便是两栖动物。另外，有很小一部分两栖动物，例如雨蛙以及栖息于阿尔卑斯山雪线以上的黑螈可以一辈子不下水。如我们所知，普通的两栖动物在幼年时期必须待在水里，例如蛙类和蟾蜍，它们小时候是离不开水的蝌蚪，要是没有水，它们就无法存活。

　　我们在动物界中可以看到这样一个规律：动物们在迁徙到别处后，会在繁殖期重返故地，至少会有这样的倾向。例如以鱼类为食的蠵龟会暂时离开海洋，来到岸边产卵；大盗蟹则离开了内陆，来到海滩上产卵。这一规律在两栖动物里表现得尤为突出。雌性蟾蜍会在产卵期长途跋涉到特定的池塘中。蝌蚪不仅长得像鱼，而且还和鱼一样用鳃呼吸，心脏有两个心室，舌头无法伸缩，如同带有感觉细胞的侧线，等等。在蝌蚪身上，我们可以看到很多鱼类的形态特征。在最初的3个月中，蛙类努力地寻求着"独立"，后来也像其他两栖动物一样，从水里来到了陆地上。

需要注意的是，诸如水螈与美西螈之类的两栖动物的陆地适应性相对较差。除特别的种类外，两栖动物都长着能呼吸干燥空气的肺。美西螈主要分布于北美洲，如果湖畔环境不佳，它们就会一直生活在湖中，一直用鳃呼吸，几年之后仍旧是一副没有发育完全的样子；如果湖畔环境不错，它们就会来到岸上，不仅会"放弃"鳃，还会改头换面，成为钝口螈。在很长一段时间里，人们认为美西螈和钝口螈是两种不同的动物。这也就是说，保持幼体状态的美西螈尽管继续繁衍着后代，却始终未能得到钝口螈那样的成年特征。需要再次强调的是，在脊椎动物中，最先踏足陆地的是两栖动物的祖先们，它们功不可没。遥想当年，水栖动物冒着极大的风险来到了陆地上，究其原因，或许是久旱不雨，江河枯竭，也或许是繁殖过多，环境拥挤，不过在我们看来，还有一点是不可否认的：动物们都具有探索与尝试的倾向，想给自己找到更好的生存环境。

两栖动物的演化

另一个巨大进步是两栖动物的先行者们所创造的，那就是手指与足趾的出现。在那之前，鱼类已获得了"四肢"，也就是它们的鳍，更进一步说，它们没有手指和足趾。手指的出现对两栖动物来说意义非凡：拥有了抓握的能力，可以抓住支撑物或异性同伴，可以把食物放进嘴里，可以测量物体的长度、宽度和高度，等等。如我们所见，大部分水螈的四肢都软弱无力，无法完全支撑起身体，只能用来在泥地里慢慢爬行以及在水中游泳。由此，我们不难想象出那个由小型动物统治世界的遥远时代。那些动物的关键特征是用来在水中划动的尾巴，譬如鱼类的尾巴，准确地说，那是身体后半部分肌肉较多的部位，可以通过左右摆动在水中前行。一部分实例还告诉我们，两栖动物会用手来挖土。

动物化石一般都是骨骼的遗存，所以我们无法从中了解到已灭绝的原始两栖动物的舌头是什么样的。不过可以肯定的是，两栖动物终究还是长出了一个灵活的舌头，同时也是最先伸缩舌头的动物。很多鱼类也有舌头，但它们的舌头并不是肌肉组织，只是包裹着黏膜的结缔组织罢了，不够灵活，活动的时候会牵扯口腔一起运动。然而，蛙类的舌头却很灵活，而它们也很善于使用舌头：乘昆虫不备以舌捕食，而且几乎没有失败过。

蛙类的舌头与人类的舌头差异很大。它们的舌头长在下颚正前方，松松垮垮地向后倾斜着，且一分为二；在吐出的时候，正面朝下，背面朝上，能伸得很长，湿漉漉的表皮可以黏住虫子。不过，蝌蚪的舌头是无法伸出的，因为它们还无力牵动舌头里的肌肉纤维，只有长到一定时候才能控制舌头。由此可见，蛙类的确是在缓慢地建立自己的谱系。

我们不清楚两栖动物先行者们的发声能力如何。石炭纪是它们的巅峰时刻，那时候的地层以煤炭层为主。不过，据我们所知，在脊椎动物当中，最先发出声音的也是两栖动物。我们常常听见雄蛙那自娱自乐般的叫声，和人类相同，呼气时它们也是依靠声带振动，气流快速经过喉部来发出声音。对于雄性动物来说，发出声音的首要目的是吸引雌性，两栖动物也是这样。我们很难说清楚"发声"的自然历程：从求偶、呼唤子女、回应父母、呼朋唤友、警告同类，转化为传递信息、表达情绪以及沟通交流。美洲牛蛙的声音可以传到三四英里之外，雄性牛蛙的声音比雌性大，因为它们长有两个可以实现共振的气囊，也就是人们常说的鸣囊，有时候会向外鼓起，如肥皂泡一般。这对气囊位于喉部，是由特殊肌肉组成的精密且可膨胀的构造。在它们发出声音时，气囊就会鼓起来。在欧洲人常吃的一种雄蛙身上，我们可以清楚地看到这种生理构造。对于一部分蛙类来说，其气囊不是很明显，而在另一些蛙身上，两个气囊连在了一起，从而形成了一个位于中部的大气囊，鼓起时大如其身，令人震惊。

如前文所述，两栖动物天生就喜欢探险，达氏蛙也不例外。这是一种生活在南美洲，体形较小的蛙，雄性会把卵及蝌蚪装在气囊里，一般来说能装 5 ～ 15 枚卵，或者至少 13 只蝌蚪，此时的气囊会变得出奇地大，几乎覆盖了整个腹部，直到幼蛙爬出父亲的嘴。这个育儿所真是神奇啊！

气囊还有其他作用，说来也颇为奇特。泽蛙与短头蛙可以瞬间鼓起气囊以威胁敌人。对于那些没有甲壳又没有"武器"的两栖动物来说，想要活下去只能靠自己。迷齿龙是生活在远古时代的一种体形庞大的两栖动物，不但身覆鳞甲，齿内还长有一种迷宫状的构造。我们今天所能见到的最古老的两栖动物是住在洞穴里的蚓螈，它们的鳞甲深入皮下。除了蚓螈科动物以及其他两三种动物之外，现存的其他两栖纲动物都是不带鳞甲的。由此可见，那带有毒素且令人难以下咽的皮，那住在树上的传统，那起着保护作用的绿色以及那能够鼓起的气囊都是至关重要的。

父母的尝试

我们将以蛙类与蟾蜍为例来探讨两栖动物与卵的关系。产在水中的卵凭借透明的、膨胀的蛋白质层漂浮在水面上。蛙类的卵呈球状，很黏，中心有黑点，直径为 0.1 英寸左右，这就是卵本身。这些卵聚在一起，浮于水上。蟾蜍会在水草间产下两条绵长的蛋白质线。

蚓螈没有眼睛和四肢，住在地穴里，看上去像蚯蚓，在湿地里产卵。在来到地下后，它们的鳃就失去了作用，所以会在卵壳裂开前，也就是胚胎阶段开始退化。这意味着一些古老的器官也有可能延续至今，就像蚓螈的鳃，尽管无用却始终还在。锡兰蚓螈又被称为鱼螈，有趣的是，成年鱼螈是陆栖动物，而且和蚯蚓一样生活在地穴里。它们从不会把卵产在水中，在水环境中，卵会死掉。雌性鱼螈将卵产在湿润的泥土中，通常离水源较近；然后用身体围住卵，通过一种由皮肤分泌的黏液来保持卵的湿润，或许也能为卵提供一些营养。小鱼螈破壳而出后，会马上来到附近的溪水里生活一段时间——像它们的祖先一样，而这种临时移居现象十分奇特。

用身体围住卵的鱼螈让我们想到了护卵的蟒蛇，而其他一些两栖动物则让我们想到了长着育儿袋的有袋目动物。雌性囊蛙的背部褶皱处长有一个大大的开口向后的卵囊，可被视为一个"育儿袋"。蝌蚪长有很长的呼吸线，是从鳃长出的；还有一对漂亮的带有长茎的鳔，那鳔是从呼吸孔中长出来的，看上去像气泡或小气球；每个鳔里都有两条血管，一条用来输出用过的血液，一条用来输入新鲜的血液。这种呼吸方式在动物界中颇为独特，因为蝌蚪需要在"育儿袋"中待很长一段时间。有一种囊蛙的蝌蚪会在母亲的卵囊里蜕变为小囊蛙，然而其他囊蛙的蝌蚪会在长成小囊蛙之前进入水中。叶蛙更有意思。它们是雨蛙的一种，会把卵产在巢里。它们的巢是用树叶筑成的，位于高悬于水面的树枝上。一段时间以后，巢的底部会散开，蝌蚪就这样掉进水里。这个办法实在是太妙了！

一部分雨蛙会把小雨蛙含在口中，或者驮在背上。据克里斯蒂博士称，他曾经看到一只雨蛙来到沼泽旁的树林里，然后在一片很大的树叶上筑巢。"巢里装着一团白色的泡沫状的东西，像唾液一般，巢的大小如人的拳头，外部是干的。我拨开巢仔细一看，那团泡沫里有很多蝌蚪，不停地游动着。不用说，那个巢就是产卵的地方。蝌蚪长到足够大的时候就会掉进水里，或者沼泽的落叶堆里，又或者湿润的草丛中。"

最与众不同的实验对象是苏里南蟾蜍，它们主要栖息于圭亚那与巴西。正值产期的雌性蟾蜍的背部会出现很多小坑，就像蜂窝一样，同时皮肤会充血。它们一次可产下 40 ～ 100 枚卵，接着再竭力将卵都驮在背上，与此同时，负责受精的雄性蟾蜍会照顾妻儿。在卵进入背部小坑之后，母亲会将"盖子"盖上，让卵在坑里生长。过一阵子之后，小蟾蜍便在母亲背上诞生了。它们撑开盖子，将半个身体探出小坑外东张西望。还是蝌蚪的时候，它们长有位于体外的鳃和长长的尾巴，而尾巴能帮助呼吸。当然，小蟾蜍还不能马上从母亲背上跳下来，而需要再长大一点。苏里南蟾蜍与水的关系并不紧密，可见它们正在朝着非两栖动物发展。

　　欧洲各地的人们常常可以看到护士蟾蜍。它们和上述各种蟾蜍很不一样。雌蟾蜍将卵排出体外后，雄蟾蜍会立刻上前受精，再将卵围在后腿下方。因为那些卵附着在黏稠的细线上，所以雄蟾蜍总是需要照顾这两团卵。所有行为都发生在陆地上，雄蟾蜍不会离开，只会在异常干燥的夜里去洗个澡，而这自然有利于对卵进行保护。大概在 3 个星期后，雄蟾蜍跳进水里，因为无手无脚的蝌蚪已经咬破了包裹着自己的一层胶状物，开启了自由模式。雄蟾蜍把蝌蚪放入水中，然后返回陆地。我们在两栖动物中可以看到许多父亲育儿的现象，不免令人心生疑惑。当然，很多雄鸟也会和雌鸟一同育儿，但高级动物的雄性似乎不太会这么做。

　　为什么会有两栖动物采用这种独特的方式来哺育后代呢？主要原因是两栖动物正处于过渡阶段，时而在陆地上生活，时而在水中生活。它们的祖先勇敢地从水里来到陆地上进行探索，并坚持到了最后，成为最早达成这一目的的脊椎动物。最神奇的是，它们身上既没有鳞甲也没有器械般的构造。所以，为了保护卵，除了像普通蛙类一样把卵产在水中之外，还需要做其他尝试，特别是对于那些陆栖性强烈的两栖动物而言。因此，我们看到，有的用树叶在高悬于水面的树上筑巢；有的在潮湿的岸边挖洞；有的雌性把卵和蝌蚪放在背囊里；有的雄性把卵和蝌蚪装在大大的气囊中。我们该如何看待这样的尝试呢？

　　两栖动物不具备思考问题的能力，毕竟其大脑还不够发达，只能遵循自然规律，间接地解决问题。它们的行为常常发生改变，就像身体构造会出现变化一样。从出生的那一刻起，个体的基因便带有变化的可能性，日后的变异就此而来。通过个体的尝试，变异得以出现，其中最有效的那些成了物种习性的一部分，并遗传给后代。就如同生物们在玩棋牌游戏，每一轮的牌都是遗传所得；假如拿到的牌与以往有别，就只能用智力，不管什么都尝试一下，碰到不错的就据为己有。在我们看来，两栖动物为了解决后代生存问题而进行过各种各样的尝试。

普通蟾蜍

这些处于过渡阶段的动物向我们展示了数百万年前刚来到陆地的脊椎动物的情况。蟾蜍是典型的两栖动物，不妨来看看它们的生活。很多人都误解了蟾蜍，虽然人们都讨厌穿二手衣裳，却很乐意参与二次传播。朱丽叶曾经说："蟾蜍真讨厌！"这个例子足以说明一切。作为一种两栖动物，蟾蜍由于人们长期以来的顽固偏见而备受欺辱。换个角度来看，它们或许没那么讨厌。

作为18世纪的著名博物学家，彭南特也曾对蟾蜍出言不逊："在所有动物里，它们是最没仪态、最恐怖的动物：身体很宽，背部很平，皮肤是暗褐色的，上面长满了丘疹，肚子很大，可以鼓出来，往下垂着，腿很短，走起路来很笨拙，生活在幽暗且脏乱之处，总而言之，它们看上去令人害怕，招惹讨厌。"

不是每种动物都像蝴蝶一样美，而且蟾蜍自然无法与松鼠相提并论。有的美很容易被看到，有的美不容易被察觉。蟾蜍的美属于后一种，如果去问问那些审查员中的美术家，他们的回答肯定是蟾蜍很美。当然，蟾蜍看上去很奇怪，不过也不能否认，在美学上，它们是统一的整体。

它们体态均匀，身体硬朗，皮肤有褶皱，布满疣，看上去像是历经磨难的老农，但它们的颜色还算可爱。哈多博士指出，它们"背部为灰绿色，延伸至腹部逐渐变为暗褐色，腹部下方为白色，经常夹杂着褐色、黄色，或者红色"。我们可以看到很多具有不同色彩的变种，个体的颜色也会随着环境的变化而变化。它们的眼睛着实美丽，虹膜是铜色或红色的。"有人说，蟾蜍与百灵鸟应该调换一下眼睛。"蟾蜍行动缓慢，却庄严稳重，如老者一般，有时候会跳跃，但距离不会太远，大多数时候都是在爬行，最拿手的是攀登河岸，哪怕崎岖难行。蟾蜍的一部分近亲生活在树上。从一出生，蟾蜍就会游泳。它们的舌头是红色的，吐舌技术纯熟，它们有手指，而且能用手指抓住蚯蚓，并将其放进嘴里。仔细观察可以发现，它们并不是丑陋的动物。

蟾蜍好像很自卑。白天的时候，它们躲在洞里，到了傍晚才外出捕食昆虫、蚯蚓及小蜗牛等。到了冬天，它们会藏在松软干燥的泥土、枯叶堆、树洞里睡大觉；夏天来临后，它们每隔几星期就会蜕皮一次。蜕皮时，扭动身体，用手指和足趾扒拉，慢慢地脱下一层透明的皮，然后再把皮搓成小球吃进肚子。

4月是它们的交配期。它们会寻找理想的池塘，哪怕需要走上很远一段距离。雄性比雌性多，也比雌性更热情。为了争夺心仪的对象，它们会展开竞争，并抱着雌性不撒手。雌性没日没夜地叫着，布兰洁博士认为那声音如"从远处传来的狗叫声"，而哈多博士却觉得那是"羊羔的哀号"。

雌性蟾蜍一次可产下2000～8000枚卵，连在一起形成两条卵线，有的卵线能达到10英尺长。卵一产出便开始受精。雄性和雌性一起来到水中，将卵线绕在水草上。经过两个星期左右的时间，蝌蚪横空出世，又过了3个月左右，小蟾蜍才露出真容并离开水塘。那时候，小蟾蜍的长度只有0.25英寸，比父母活泼许多。它们躲在草堆或地洞中，在夏天的雨后，成群结队地出门嬉戏，规模惊人，所以才会有人迷信地说"蟾蜍出洞意味着天要下雨"。

普通蟾蜍与普通蛙类有许多不同之处。蟾蜍的皮上长着疣，且为灰褐色；没有牙齿；足趾带蹼但不太好用；后腿更短；擅长攀爬；昼伏夜出；卵连接成线，等等。不过，蟾蜍种类颇多，仅蟾蜍属动物就有百余种之多，生活在除澳大利亚与马达加斯加岛之外的各个地方。一部分种类与英国的普通蟾蜍天差地别，例如非洲的跳鼠蟾蜍，其四肢又细又长。另外，一部分住在洞穴中的蛙类与蟾蜍颇为相似。

那么，要如何解释"蟾蜍为何不属于蛙类"这个问题呢？这要求我们深入研究二者的各种特征。

英国还有一种蟾蜍名为苇蟾。它们的气囊很大，所以叫声很洪亮；眼睛是黄色的，身体颜色也十分艳丽；后腿短得出奇，适合用来奔跑，但无法用来跳跃。与普通蟾蜍不同的是，它们主要分布在爱尔兰与不列颠。

人们普遍认为"蟾蜍的皮既黏又滑，嘴里能喷出毒液"。实际上，它们的皮并不湿滑，也不会从嘴里喷出液体。还有人说蟾蜍会偷偷吮吸母牛的乳汁，事实上，它们无法做出吸、喝之类的动作。与蟾蜍有关的流言蜚语大多荒诞无稽，而人们不会站在动物学角度来看待那些流传甚广的诗歌，例如：

> 逆境自有其存在的理由，
> 如同恶毒丑陋的蟾蜍，
> 却头戴珍珠。

蟾蜍对人没有害处，可爱之处颇多，胆小却温和。这样一种与人为善的动物却卑贱地生活在人类的污言秽语之中，真是令人唏嘘啊！

生存问题是耐人寻味的，而蟾蜍的成功秘诀主要有：安静、隐秘、穴居、昼伏夜出、数日不食、蛰伏长眠以及极具价值的皮腺，尤其是眼睛后方的那一大片，可以分泌大量毒液。就像我们看到的，在被石头打中后，它们的皮肤上会渗出一种乳白色的黏稠液体，这种液体含有蟾毒，以及一种具有刺激性和挥发性的毒素。对于蟾蜍来说，这种毒素堪比盔甲。

盲 螈

我们知道很多穴居动物，其中包括一种名为"洞螈"，或者"盲螈"的蝾螈属动物。它们主要分布于卡林西亚、卡尔尼奥拉及达尔马提亚，生活在不见天日的地下水中。目前已知的产地有四十多个，大多位于有暗河或山泉的洞穴中。如果水太浅，它们就会被困在泥淖中，当然，它们更愿意生活在流动的水里。涨水的时候，它们经常被冲到洞穴外，暴露在阳光之下，并因此丢了性命。与盲螈有关的记录最早可追溯至1761年，地点在戚克尼次湖，它们被冲进了湖里。盲螈是真正意义上的穴居动物，而且极具代表性，完全不需要阳光。从出生到死亡，它们一直生活在黑暗中，没有昼夜之分；常常在湿土里活动，但更喜欢待在水里；环境温度需要保持在华氏50度上下。

盲螈到底长什么样呢？它们体长1英尺左右、细细长长、没有视力、貌似水蜥、皮肤光滑且呈肉色、偶尔带有细斑；最鲜亮的部位是那三对鳃的下方，透着血红色，鳃通常会分叉，或者呈簇状；头部较长且前额扁平，与梭鱼的头部类似；腿部不发达，准确地说是在退化，短且无力，无法支撑身体；前肢长着三个手指，后肢长着两个足趾；游泳的时候，尾巴左右摆动；尾巴扁平，身体却呈圆柱形。

我们在博物馆里看到的盲螈标本只有鳃的地方有颜色，其他地方都很苍白。不过值得一提的是，盲螈身上带有不少变异性，皮下会呈现出不甚明显的黄色、红色或堇色，斑点颜色也可能是黄色、灰色或淡红色，这与环境有关，尤其是光线强弱，即使是十分微弱的光也会触发变色。我们可以认为盲螈是没有视力的，因为其眼睛已经退化了，而且不在体表。不过，仔细观察可见其位于皮下的眼部犹如黑色斑点，而且相较于成年盲螈，小盲螈的眼睛更明显。多么有趣的动物啊！

我们对盲螈的私生活并不了解，究其原因，一是科学观察无法在黑暗环境中进行，二是人类几乎无法进入它们的生活驻地。所以前人从来没有看到过盲螈幼体。也鲜有人见到过成年盲螈。好在它们一直没有发生太大变化，因此我们还可以通过推理的方式来了解它们。例如，我们推测，它们的呼吸器官不仅有肺还有鳃；需要富含氧气的水；在成长过程中，一开始会被光线吓退几次；在恒久不变的低温环境中规模更大；可以饲养，食物为各种水蚤（小型甲壳动物），例如剑水蚤以及水中的蠕虫，例如颤蚓。它们尽管看不见东西，却能找到我们放入水中的生肉丝。假如有机会看一看它们胃里的东西，就可以知道它们在自然环境中主要捕食小型甲壳动物，例如生活在洞穴中的片脚动物扁跳虾以及水里的蠕虫。通常情况下，地下水中是不会有绿色植物的，但偶尔会有一些随水流而来。

我们捕获了一些盲螈，得到了研究其繁殖情况的机会，并看到了很多有意思的现象。初春时节，雄性盲螈的尾巴边缘会长高；雌性会变胖，透过皮肤可以看到其体内的卵。雌性会把卵产在水底的大石头下，一次可以产下 12～56 枚。我们还不知道它们是如何受精的，不过肯定是体内受精，而非蛙类的体外受精。卵的直径大概是 0.16 英寸，外层有壳，壳外有透明胶质膜，与蛙卵一样，如此一来就有了 0.5 英寸长。孵化期为 90 天左右，小盲螈体长约 1 英尺，比父母小，相较于成年盲螈，它们身上有几处不太一样的地方：长着一片不成对的微型鳍，从背部延伸至尾部及其四周；后肢又短又小，两只足趾还未长出来；眼部从皮下透出，是两个十分明显的黑色斑点。因为出生于昏暗环境，所以盲螈的卵及幼体都是白色的；如果将小盲螈带到有光线的地方，要不了多久，它们身上就会长出很多细微的褐色斑点。如前文所述，盲螈属于卵生动物，不过，这并不是它们的全部经历。

卡默勒博士在其位于维也纳的实验室里饲养了一些盲螈。他把它们安放在 16 英尺深的地洞中，并为它们提供低温且干净的水。实验结果是，它们直接生出了小盲螈，而没有产卵。这意味着，它们是胎生动物，而非卵生动物。准确地说，卵生只是它们在低温水环境中的生活之道，而非其真正的繁殖方式。我们还不能断言它们就是胎生动物，不过生活在洞穴里的雌性盲螈确实是直接生产幼体的：它们漂移于水面之上，头尾下弯，背部弓起。盲螈的产期通常在 10 月。就此前为数不多的观察来看，我们认为胎生是最"划算"的繁殖方式，理由是动物们通常一胎只能产下两只幼崽；幼年期越短，幼崽的存活率越高；家庭规模越小，幼崽越安全。

盲螈身上带有很多生物学特征，例如对"遗传与环境的交互作用"的表现。所谓遗传，也就是天性，是世世代代传承下来的特征；所谓环境，则与居住、食物、习性等有关。身处黑暗之中的盲螈几乎全身都是白色的，尽管如此，它们的色素基因并没有消失，一来到有光线的地方就会迅速生出斑纹，它们的皮肤如胶片般对光线极为敏感，几个月之后，它们甚至会完全变黑，在返回黑暗环境后，又会变回白色。如果把盲螈标本带到明亮的地方，其身上的白色也会变成黑色。光线是一种外部因素，却能激发内部因素，即代代相传的一部分基因。

在黑暗之中，眼睛得不到发育的机会，即使有机会发育，也未能维持下来。盲螈的眼睛长在皮下，深度大概有 0.01 英寸，所以我们认为，盲螈看不到东西。不过，卡默勒博士指出，假如小盲螈成长于红色的光线，其眼睛会继续发育，并最终能获得视力。持续五年照射红光，或者白光与红光交替照射，那么盲螈的眼睛就会长出角膜、虹膜、晶状体、视网膜上的锥形体和棒状体等。一言以蔽之，它们的眼睛可以发育到正常状态。只用白光是不行的，因为白光无法像红光那样激发出眼部皮肤的黑色素，如果光线无法进入，眼部就无法发育。这个例子足以说明生长环境会影响遗传的特性，要么促进，要么阻碍。在黑暗中，盲螈苍白且盲目；在光明中，它们变成了黑色；在红光下，它们长出了真正的眼睛。

还有一种眼盲的蝾螈。它们与盲螈关系较近，主要分布在得克萨斯，住在地洞中。它们和盲螈住在完全不同的两个地方，而且相距甚远，可在生理构造上却大同小异，可见二者拥有同一个祖先，那便是类似于北美洲蝾螈的泥狗。两兄弟一个住在达尔马提亚，一个住在得克萨斯，如此遥远的距离，最终都汇集到了地洞里。得克萨斯蝾螈和盲螈无异，浑身苍白且没有视力。我们只见过一个标本，那是从深达 188 英尺的水井中喷出来的。据说它们无法人工饲养，因为它们会绝食抵抗，然后很快死去。

一提到洞穴等黑暗之处，我们就会想到那些看不见东西的动物，那么，这样的动物有多少呢？它们都生活在什么地方？过着怎样的生活？已经去世的艾特肯在其著作《灵魂的五扇窗》的"视觉"一章中写道："在生命之窗开启之前，光早已等候在门外，想和生命相遇。"正如博斯爵士所说，植物虽然没有眼睛，却能察觉出在天上路过的云朵，并做着世上最伟大的一件事（即光合作用），通过绿叶吸收光线。很多构造简单的动物都没有眼睛，却依然能感知到光的方向。对于窗前桌上的盆栽，人们需要定期转动方向，让它们均匀采光以免长势不佳。蚯蚓没有眼睛，却能感知光线的明暗变化。很多生活在海洋中的动物也没有眼睛，但在阳光被遮住时却能做出相应的反应。水母的眼睛很简单，而海鸥的眼睛却很美丽，且两眼之间长有一个平缓向上的长斜面。至于眼睛的作用，首先是感知光线，其次是观察周围物体的运动，最后是成像及识别色彩。

不过，我们也看到了很多耐人寻味的现象。在穴居的鱼类和蝾螈中，有的眼睛发育正常，有的眼睛已经退化，但它们的生活环境却大致相同。于是，我们不得不面对那个老生常谈的问题：对于穴居动物来说，到底是因为视力不好住进了洞穴，还是因为在长期的黑暗环境中不需要用到眼睛，从而导致眼睛退化？抑或是有视力的动物由于某种突如其来的因素被迫来到黑暗中生活，其中一部分循着微光自谋生路，而另一部分则被困住，进而逐渐走上了"失去眼睛"的道路，并繁衍至今？

　　实际上，相较于成年穴居动物，其幼体眼睛的退化程度要低一些。那么，我们的另一个问题是：它们的眼睛是后天退化的吗？是因为一辈子都用不到，或者一辈子都见不到阳光吗？又或者，是因为有个体因长期生活于黑暗中而失去了视力？如我们所知，如果把金鱼养在黑暗的地方，三年之后，它们就会看不见东西，因为其视网膜上的锥形体与棒状体都消失了。

水螈属和蝾螈属

　　切利尼在其自传中写到，他与父亲曾经看到一只蝾螈爬到火堆旁边取暖，而且看得很真切。作为一名守旧的教育家，父亲狠狠地打了一下他的耳朵，从此，他再也没有忘记过那只蝾螈。蝾螈一般不会出现在有火的地方，而总是待在阴暗潮湿之处。然而，人们长期以来都认为，它们既然能忍耐湿冷就一定能忍耐高温，甚至不怕火烧。

　　1716 年，英国《皇家学会哲学汇刊》发表了一篇文章，称一只蝾螈在被扔进火中之后，"身体快速膨胀，并吐出了很多黏液；那些黏液把四周的火都浇灭了。"实际上，那只是蝾螈身上所渗出的毒液，因为它感受到了危险，蟾蜍等很多两栖动物都会这么做。在巨大的肌肉张力下，它们的皮腺分泌出大量黏液，有时候能喷出 1 英尺远。

　　在欧洲，火螈（或者说斑螈）很常见，只是人们对它们不甚了解。它们白天躲在昏暗潮湿的地方，到了晚上才外出活动，经常在大雨之后现身，原因是雨水渗入地下，导致蚯蚓从洞里爬了出来，从而打搅到了它们。蝾螈皮肤上带毒,因此敌人非常少。在很多博物学家看来,它们外表十分艳丽,主体为黑色,带有大块大块的黄色斑点,艳丽的外表是在警告那些莽撞的尝试者:"我不好吃,我很难吃"。总而言之,那黑黄混杂的颜色是警戒色无疑。

水螈经常出没于沼泽地区的池塘与水潭中。这种两栖动物是蛙类及蟾蜍的远亲,蝾螈的近亲;长有尾巴,动作迟缓。英国有三种水螈,分别是:冠欧螈、滑螈与掌欧螈。三者关系很近,都是水螈属动物,形态如蜥蜴。当然,蜥蜴是爬行动物,水螈是两栖动物。水螈的皮肤暴露在外,湿滑无比,没有耳孔和爪子,在幼体时期用鳃呼吸,和所有爬行动物都不一样。英文中的"eft"一词是蜥蜴与水螈的统称。这是两种完全不同的动物,但在古代神话和民间传闻中常被混为一谈。我们还看到,梅斯菲尔德在写诗时所用的称谓与众不同:

> 水鼠咬着黄色的旗子,
> 蟾蜍爬出了石堆,
> 美人鱼则自沼泽而来。

水螈的皮又冷又潮,而且还带有黏液,令人喜欢不起来。不过公平地说,它们并不丑陋,身体线条很美丽,泳姿也很动人。在繁殖期,雄性的冠欧螈与滑螈会长出高高的头冠,身体下部会呈现出艳丽的橙色或黄色;雄性滑螈的尾部两侧还会长出一道醒目的蓝色条纹,中间还有一条直直的黑色纹路。在美学上,水螈漂亮极了。

在一年中的大多数时候,水螈都生活在陆地上。它们在湿润的泥土里缓慢地爬行着,寻找昆虫、蛞蝓与蠕虫。冬天,它们在地洞中蛰伏,偶尔会几只同住。春季到来后,它们会出来找水喝,无论水源有多远。与其他很多动物一样,水螈会回到种群繁殖地繁衍后代。它们是水中的动物,小时候用鳃呼吸，所以必须经历一段时间的水中生活。当然也有例外，例如阿尔卑斯山黑螈。它们找到了其他办法来解决生存问题，所以现在已完全变态，包括有鳃时期在内，都缩回到没有出生以前的状态。

水螈是冷血动物（变温动物），体温始终与环境温度保持一致。此外，就性情而言，它们也很冷血，只在繁殖期小小地激动一下。雄性水螈在冷漠的雌性面前炫耀着自己的淡红色身体以及高高的头冠，时而上前亲吻和抚摸雌性的头部，时而用善感的尾巴挑逗雌性。然而，这个过程称不上温情，只是为卵受精的必要举措罢了。它们的受精过程独树一帜，另外，它们不会发出任何声音。

卵是一枚枚分开产下的，附着在水草上，外面包裹着胶质层。雌性水螈会折起水草，将黏在上面的卵隐藏起来。这么做很有用，要是暴露于水面之外，卵就很容易成为其他动物的食物，例如鱼以及生活在水里的肉食昆虫。两个星期之后，小水螈出生了，而且是黄色的。相较于蝌蚪，它们更像鱼，更弱小，体外长有三对鳃，随着年纪的增加，这些鳃会分叉。要是很快爬出池塘，可能鳃会保留很长一段时间。假如不能在秋天变态完全，它们就不得不在水中度过冬天。有人曾经看到，小水螈在冰层下，贴近水底的地方游来游去。要是完成了变态，它们在冬天来临前就可以离水而居。它们先是住在河边的水草丛中，然后会迁往干燥一些的地方。通常情况下，小水螈都能很快离水，准确地说，它们在被产下后不久就来到陆地上生活。

比起蛙类幼体，小水螈的存活率要高得多。对于它们来说，环境的危险程度几乎一样，但水螈不会产那么多卵。那么，水螈为什么能在家庭规模很小的情况下成功地生存下来？其中一个原因是它们的产卵地是固定的，而且还懂得如何隐藏卵。这一行为多少体现了环境适应性。雌性冠欧螈会把卵藏在最安全的水草中，例如加拿大池草。值得一提的是，小水螈在刚出生时长有两对线形衍生物，位于上颚两侧，可以用来将身体固定在水草上。

通过控制家庭规模，尽可能减少成员数量来生存的动物，最典型的莫过于前文所提及的黑螈。它们是陆栖动物，生活在阿尔卑斯山的高山地区，尤其喜欢在瀑布周围定居。如前文所述，它们是胎生动物，一胎通常只产两只。父母把孩子照顾得很好，家庭规模虽不大，但能在竞争中占据优势。减少家庭成员数量的做法可以让父母更好地照顾孩子，这是自然界中的一个制胜定律。

水螈的泳姿类似于鱼类：后半身肌肉带动扁平的尾巴左右摆动，以交替推动两侧水流。它们的四肢很细，并不适合用来游泳，不过英国的一种体形极小的水螈（即掌欧螈）四肢有蹼。另外，水螈的四肢也不能很好地支持其地面爬行。它们的皮肤上有腺体，但没有鳞，皮腺会分泌出液体，所以它们难以入口，同时它们的皮肤具有呼吸功能，而这让我们想到蛙类在冬眠时就是通过皮肤来呼吸的。水螈的近亲有不少，大多都没有肺，只有屈指可数的几种蝾螈有肺。另外，它们的皮肤富含感觉细胞，主要分布在身体两侧，成行排列着，像硬骨鱼具备感知功能的侧线。由此，我们可以推断出它们的演化方向。正如我们所知，两栖动物身上带有很多远古鱼类的特征。水螈会定期蜕皮，其外皮会周期性地坏死。蜕皮的时候，它们会用手指将死皮从头到脚拔下。死皮有时候会碎成小片，有时候会完整地蜕下。人们偶尔会在池草丛中看到蜕下的死皮，如同鬼魅一般挂在那里。之所以用"偶尔"这个词，原因是水螈通常会在完成蜕皮后，将死皮翻面后吞下，一副吝啬鬼的模样。

在水螈身上，我们还能看到很多其他特征。例如其四肢在被咬掉后会重生，幼仔在改用肺呼吸之前就可以产卵，等等。这或许与它们的内分泌腺——分泌雌性激素——出现异常有关。最令人惊叹的是，水螈的祖先是生活在泥盆纪与石炭纪的凶猛的大型陆栖动物。

THE
OUTLINE
OF
NATURAL
HISTORY

第二十章

鱼的故事

鱼类是最早出现在地球上的脊椎动物，也是最为成功的一种动物。不可否认，从出现之日起，在此后数万年的时间里，鱼类是这世上唯一的真正意义上的脊椎动物，虽然也有少数"先行者"与其同行。在那些先行者中，留下后裔的只有圆口纲、文昌鱼以及海鞘，也就是被囊动物，还有几种普通脊椎动物的古代遗存。

海马、河豚、尖嘴鱼等鱼类都十分独特，不过大部分鱼类都很容易辨识：四肢已演化为一对一对的鳍；没有手指，也没有足趾；身上覆鳞；用鳃呼吸，鳃为羽毛状；没有眼睑；游泳时主要依靠后半身的强大肌肉。鱼纲动物主要有：

（一）软骨鱼，例如鳐鱼、鲨等；

（二）硬骨鱼，例如鲑鱼、鳕鱼、鲱鱼、鳗鲡等；

（三）肺鱼，下分三属：分布于昆士兰的澳大利亚肺鱼，生活在南美洲的南美肺鱼以及栖息于非洲的非洲肺鱼，肺鱼处在普通鱼类与两栖动物之间，同时拥有鳃和肺。

感觉和行为

大部分捕鱼者都认为，鳟鱼十分谨慎，且对人类很不信任。一些人工饲养的鱼一听见进餐铃声就会游到池塘边，由此可见，鱼类具有联想能力：将声音及情景、行为联系在一起。不过，我们并不了解鱼类的智力。

即使看不见，角鲨也能闻出肉的位置。实际上，很多鱼类都具备敏锐的嗅觉。鲤鱼在尝试之后会放弃某种事物，甚至表现出厌恶。事实上，鱼类也有味觉，而且很多证据都指出，它们的味觉器官散落在身体各处，例如鱼鳍，而非只在嘴里。据我们所知，一种美洲鲶鱼的尾巴具有嗅觉功能。除此之外，鱼的皮肤还具备另一种感知功能，这与化学有关，能够察觉出水质变化。

鱼类的触觉器官不算发达，不过其头部与唇部周围以及触须状突起则拥有敏锐的触觉。人们称这种突起为鱼须，在鳕鱼颚上能清晰地看到。硬骨鱼大多都长着侧线，身体两侧各有一条，其上带着一排感觉细胞。侧线嵌在黏质内，如一条凹槽，或者管道，上覆鱼鳞以及很多微小的孔。我们通过实验得知，侧线是机械性的感觉器官，可以帮助鱼类明确水流方向及压力，例如，当它们游到石头附近时，身体排开的水会触石反弹，并撞击到侧线上。它们感知到撞击，然后改变前行方向。另外，侧线还能帮助鱼类洞察到支流的汇入，这种功能尤其适用于夜间以及浑浊的水域。一部分鱼类，例如鲑鱼、幼小的鳗鲡等，在逆流迁徙时大概也是依靠侧线来判断水流方向及强弱的，从而选择合理的泳速与力量。鱼有种深入的"义务性"即向性：时时刻刻都在对身体进行调整。这是一种本能行为，目的是平衡身体两侧所受到的压力。魟鱼、角鲛等软骨鱼的身体上没有侧线，但皮肤中含有大量分叉的胶管，同时皮肤上也长有细微的孔。

一部分鱼类能用耳朵及侧线听出水里的动静，事实就是一部分鱼类是有听觉的。当然，也有一部分鱼类对声音毫无反应，哪怕是巨大的声响。这并不意味着它们听不见，或许只是不在乎罢了。我们无法确定鱼类的听觉发展到了什么程度，虽然所有鱼类都长着发育完全的耳朵，但至于到底有没有用，那就不好说了。不过，除了作为听觉器官，它们的耳朵还是平衡器官，特别是位于半规管内的那部分。或许在演化过程中，鱼类的耳朵主要是用来保持平衡的，其次才是用来听声音的。

现在来看看鱼类的视觉。鳟鱼能够迅速地识别出光线的明暗。硬骨鱼中的比目鱼能够敏锐地感知到所处环境的背景颜色。要不了多久，它们就会改变身体颜色乃至形态以适应环境，让自己在水下不易被察觉到。

不过面对特定颜色的人工诱饵，一部分鱼类很容易上钩。当然，很多实验者都不知道，识别颜色与识别光线强弱其实是不同的两件事。赫斯教授对此进行了解释。在鱼类眼中，色彩其实是深浅不一的灰色，也就是说有些鱼类可能是色盲。当然，我们无法得出定论，还需要多做一些观察，现在只能说有些鱼类可能是色盲。

想要对动物的生活状态进行全面的了解，就必须考虑到它们的生活环境以及适用于这种环境的各种行为。一位渔夫信誓旦旦地对我们说，他曾经看到一条梭鱼被钩住了眼睛，眼球掉了出来，数分钟之后，那条鱼便把自己的眼睛吃掉了。或许有些人会认为它很蠢，然而事实并非如此。那条鱼的行为不过是一种条件反射——针对一个闪亮的东西所作出的正常反应。在鱼类的世界中，这样的行为几乎完全有益无害。当然，那只梭鱼自然不会意识到它吃的是自己的眼睛。

动物学家奥克斯纳之前研究过海鲈中的锯鲈。他将一个红色的容器与一个绿色的容器放到水中，然后用铜色的丝线将容器吊起来。一开始，他在红色的容器中放了些食物，在第三天，那只鱼用鼻子嗅了大概15分钟的样子，便游进了红色的容器中大快朵颐。在第四天，它花了 5 分钟试探，到了第五天，它只逗留了 30 秒。从第六天起，直到第十天，它每天都会快速地游进去。第十一天的红色容器空空如也，它在里面徘徊了 3 分钟，在此后的 6 天时间里，它依然会每天游进红色容器。实验人员偶尔会投喂一些食物，但是它只会吃一点点，它的胃口看上去不太好，从第十八天到第二十天里，即使容器里有食物，它也没有吃。然而，它每天都会游进容器，多有意思啊！它对颜色的识别十分精准，不单单是红色，其他颜色也可以。它将一个信号（例如颜色）与一种愉快的经验（例如进食）联系到了一起，这便是我们所说的"约束反射作用"，而鱼类在日常生活中几乎每天都会遇到这样的情况。在见到某种场景时，它们的记忆阀门便会开启，然后神经中枢会做出行动指示：如果是食物那就游上前去，如果是敌人那就赶紧游走。

怀特女士曾经对美洲泥鳅及棘鱼进行过研究，并且收获颇丰。她将一个装着肉的布包与一个装着棉花的布包挂在水池的两个角落里。棘鱼很快就发现了那个装着肉的布包，飞快地游了过去，并从各个方向上扒拉。至于那个装着棉花的布包，它们在游到两英寸开外的地方就改变了方向。泥鳅并没有注意到那些包，因为它们只关注活物。怀特女士准备了一些小块的肝，用钳子夹着，悬在水面上方。那些鱼虽然能够看到肝，却闻不到气味。另外，如果不跃出水面，它们就得不到食物。后来，它们竟然学会了如何控制跳跃的高度。怀特女士又把一个圆形的彩色厚纸放在钳子下端，看上去就像是一个圆盘中放了一块肉。没过多久，那些鱼就把有颜色的圆形物体与食物联系了起来。再后来，就算没有食物，它们也会跳出水面。至于泥鳅，则学会把蓝色圆盘与真的食物以及红色圆盘与假的食物联系到了一起，避开一种不能吃的昆虫幼虫，把"有人靠近"与"食物"相关联。毫无疑问，鱼类具有一定的联想能力，而且记忆时间并不短。

鲑鱼离开大海，回到繁衍地生产；小鳗鲡历经艰难险阻从下游来到上游，令人佩服；雄性棘鱼会筑巢，用的是海藻及淡水植物的某些部分；小海马在父亲的育儿袋里长大；雄性圆鳍鱼会守在水潭旁边保护妻子产下的卵，并负责输送空气。这类故事在自然界中屡见不鲜，不过都是与生俱来的行动指令，引导鱼类完成应该完成的工作。这些行为都很实用，但并不代表它们具有学习能力。

鱼类的某些行为也能体现出一定的进步。奥克斯纳在摩纳哥博物馆的水族馆中做过几次实验，用一个隐蔽的鱼钩去钓鱼，而且每次都能成功。这意味着：第一，那个鱼钩隐藏得很好；第二，那些鱼也饿得不行；第三，那种鱼生来就不够机警。奥克斯纳在鱼饵上方两三英寸处放了一张红色的纸，然后去引诱一只"毫无经验"的鱼。在前七天里，鱼没有任何反应；从第八天到第十一天，开始吃饵；第十二天，没有吃饵，直到红纸被拿掉；从第十三天到第十五天，避开了带有红纸的鱼饵，尽管它十分认真地观察了很久；从第十六天到第二十三天，咬掉红纸，一点点吃下鱼饵，缓慢而谨慎。毫无疑问，它有了一些经验。

不难想象，对于那些鱼来说，红纸与鱼饵之间存在一种连带关系。本能或本性驱使它们去吃饵，不过红纸却是一种危险信号，对它们提出了警告。反复多次之后，它们逐渐获得了经验，并开始进步，最终掌握了这项技能。它悟出了新方法：一点点吃掉鱼饵，但不去吃鱼钩。它忽略警告，一口口地吃着，仿佛像是凭脑力解决问题。

由此可见，鱼类会表现出很多令人钦佩的奇特行为，不过这并不能证明它们很聪明。在这方面表现最突出的是软骨鱼，例如耙虹、鲛鱼等。硬骨鱼的大脑前部不太发达，而高等动物的智力高低取决于大脑前部的发达程度。

在数百万年前的志留纪，无论是淡水还是咸水中都生活有鱼类，而且它们可以说是统治者。它们拥有很多时间来完成经验的累积，并出于本能地做着新尝试。

动物们总是在去旧迎新，也总在进行探索。假如无法开辟出新天地，那就退而求其次改变自己。深海便是鱼类所开辟的新天地。那是个没有阳光，没有温暖，没有植物，不太适合生活的地方，却也是很多鱼类的家园。那些鱼或许是为了获得下沉的食物，从海面及海岸来到海洋深处。它们当中有的失去了视力，有的长着突兀的大眼睛，大部分都长着有利于捕食的宽嘴，还有很多可以发光。

潜入深海与游进山涧是天差地别般的两种选择。在印度，生活在山涧中的鱼类逆流而上，甚至能爬过一块块岩石。它们的身体薄如树叶，因此可以与湍急的水流对抗；身体下部没有太多鳞，所以可以爬上湿滑的岩石，就好像两个湿漉漉的玻璃片贴在了一起，紧密地难以分离。那成对的鳍也是攀爬的有力工具，一些鱼类还有专门的器官用以吸附物体。它们的眼睛远小于普通鱼类，而且位置更靠上。总而言之，它们已经适应了这种充满阻碍的生活。

在印度，人们常常在河口处及淡水中看到攀鲈，并称其为"会爬树的鱼"。尽管这个名字显得有些夸张，不过它们确实很擅长爬树。马德拉斯渔场的威尔逊曾经对攀鲈进行过训练：让它们爬上一条垂落到池塘中的布。那些鱼后来真的掌握了这项技能，通过开合鳃盖及身上的刺爬了上去。很多人都知道，攀鲈能在陆地上爬行很长一段距离。

攀鲈具有与众不同的呼吸器官。它们的鳃看起来很普通，上面长有血管，然而，其中一个鳃弓上还长着复杂的骨质"迷宫"，"迷宫"壁上布满了血管。空气通过口腔进入"迷宫"，向血管提供氧气，同时吸收二氧化碳，然后从鳃部排出。

印度博物馆位于加尔加答，已故的安南达尔博士曾在那里工作。他曾提到另一种可以攀爬的鱼，它们可以爬到湖边阁楼的柱子上。这些鱼一边缓缓向上爬，一边沿路吃着带壳的动植物。它们的爬行似乎是依靠尾巴来完成的，这让我们联想到了啄木鸟利用其坚硬的尾羽，把自己撑在树干上。

在向上爬的过程中，如果累了，这些鱼就会用嘴"吸"住柱身休息一下。

跳鱼主要分布在热带沿海地区。退潮之后，它们会从水里跳起以捕食其他动物。跳鱼的眼睛长在头顶上，十分突兀，而且可以转动着看向四周。在离开水面之后，它们靠尾巴上无数血管来进行呼吸。它们可以跳得很高，有时候甚至能跳到红树林的根部，真不愧被叫作跳鱼！它们的前肢，或者说胸鳍十分结实，具有腿的功能。跳鱼，不仅是可以跳出水面的鱼，还是可以来到陆地上的鱼！

通过前文的描述，我们已经知道了鱼类的一些独特习性及与众不同的生活环境。虽然想说的还有很多，但我们在这里只能选择一些有代表性的鱼类来做些初步的探讨。这不是出于好奇的闲聊，我们想参透动物的某种倾向：由于生存竞争过于激烈，它们需要开辟更好的、更宽松的、更适宜的生活环境。

觅　食

为了填饱肚子，鱼类曾经试过很多方法。吃草的鱼不止一种，例如地中海棘鬣鱼。这种鱼的食道很长，人们在里面只发现了一些海藻碎片，再无其他。吃草的还有英国的赤睛鱼，不过它们不是绝对的食草动物。事实上，很多鱼类不仅以藻类、水草等为食，还会吃大量的肉。依循食谱的丰富程度，从少到多来看，位于最顶端的是什么都吃的鲤鱼，位于最底端的是那些低级鱼类，它们离开海边，吃着从海藻区漂来的有机物碎屑。

大部分鱼类都吃肉：鲨鱼吃其他种类的鱼，角鲨偏爱章鱼，虹鱼喜欢螃蟹与牡蛎，梭鱼捕食鳟鱼，如此这般，不一而足。鱼类中一部分较低级的食肉者会吃泥土或水草丛中的小型动物。很多淡水鱼类的主要食物是蜉蝣等昆虫的水栖幼虫。我们经常发现鳟鱼的胃里全是淡水蜗牛，有时候数十只，但不会有其他动植物。这类鱼类中还有一些极端主义者，被称为细食者，例如鲱鱼、鲭鱼、沙丁鱼、小鲱鱼等，它们的主要食物是漂浮在海面上的小型及微型动植物，例如浮蝣生物。这些鱼类的肉都十分可口，就像我们知道的那样，这是因为它们的食物都很精细。

通过上文，我们已经知道了鱼类是如何解决食物问题的。不过，在普通方式的基础上，它们也会根据实际情况做些变通。接下来，让我们来看一些奇特的实例。在印度，河流中生活着多种镖鱼。有时候，这些镖鱼会通过喷水的方式来捕食飞虫。旗鱼（又被称为剑鱼）则刚好相反，其上颚既长又尖，如一把长剑，能用来刺击金枪鱼、海豚等动物，甚至厚达两英尺的船板。我们尚不太了解锯鳐的生活情况，只知道其吻很长，伸展开来犹如一把宽宽的锯子，长度超过3英尺，两侧都长有一排坚硬且锋利的牙齿，垂直于锯齿状的边缘。一部分博物学家认为，这种鱼可以将猎物身上的肉

图 37　金枪鱼

金枪鱼为食肉动物，动作敏捷，身体为光滑的流线型，是游动最快的远洋鱼类之一。金枪鱼具有重要的经济价值，是大量商业捕捞的鱼类。金枪鱼分布在热带和亚热带海域。

大块大块地剜下来，不过另一部分博物学家则认为，锯齿的功能是把海底部的淤泥挖松，还方便进食甲壳动物与软体动物。对于这些观点，我们还需要做进一步研究。

电魟、电鳗之类的电鱼的习性十分独特，它们会放电，主要目的是保护自己以及麻痹并猎食其他动物——主要是鱼类。我们最后要讲的事例可以很好地体现其可塑性。白鲫鱼的头部与背部前段上方都长着构造精细的吸器，譬如吸盘等，可以帮助它们吸附在鲨鱼、其他大型鱼类、蠵龟、鲸以及船身上。白鲫鱼的幼体不是寄生物，所以对被吸附者没有坏处。它们只是吸附在其他动物身上"旅行"罢了，同时也能通过这种方式获得一些食物。西蒙曾经在托雷斯海峡观察到，当有人在海面上播撒食物时，会有很多白鲫鱼猛地冒出来取食，然后又返回吸附之处。这类奇特习性的起源及演化过程是不容易理解的，或许鱼类也是勇于尝试的动物。白鲫鱼的吸盘已经十分成熟且非常精细，可见其很早就养成了这样的吸附习惯。它们大多时候都藏在被吸附者或物体的下方，原因是白鲫鱼腹部的颜色通常都比其背部深一些，所以它会用背部紧贴其他物体或动物的下方。这看起来似乎不合规范。然而，非洲东部海岸等地的人们利用它们的这一习性猎捕蠵龟：他们将绳子拴在白鲫鱼的尾巴上，将其放入海中，在白鲫鱼出于本能吸附在蠵龟等动物身上时，人们会伺机收起绳索，获取目标物，然后再次投下白鲫鱼。

初级的爱子之心

需要父母照顾的幼鱼很少。它们出生时数量庞大，所以哪怕死亡率很高也无大碍。据资料显示，鳕鱼一次可产下两百万枚卵，而海鳗可以产下多达 1000 万枚的卵。不仅卵的数量庞大，而且产卵的频率也很高，这些都是毋庸置疑的事实。对于大部分鱼类父母而言，哺育幼鱼的工作是无法完成的。不过也存在例外的情况，有的鱼类产卵不多，所以也需要父母的照料。数量与哺育这两种因素是相辅相成的。如果产卵数量减少了，那就需要改变生活方式，通过哺育来维持种群发展；反之，如果哺育工作完成得不错，那么就不需要产下那么多卵。这是良性循环，而非恶性循环，而且在演化历程中并不鲜见。

鳐科、魟科以及部分角鲨及鲨鱼类的卵通常都不太多，但是相对较大，卵的外层包裹着较硬的角质层。人们将鳐与鲨的卵壳称为"人鱼袋"；这些卵一般都附着在海藻及石头上，而非海泥中，以方便胚胎呼吸。电魟鱼及部分角鲨所采取的策略更加安全：幼鱼在母亲体内长大，直到具有自我保护能力后才来到体外。少数鱼类会采用更先进的生产方式，母子关系也更加亲密，这就是普通兽类所具有的生产方式的雏形。大部分星鲨属鱼类即属于这种情况。两千多年前，亚里士多德就已经洞察到其中奥妙，并进行了详尽的阐释。

海岸附近的环境总在变化，所以在那里生活是需要勇气和努力的。这也是为什么一些生活在海边的鱼类养成了照顾幼鱼的习性。在海边的水塘里，我们能看到很多鳚鱼，它们喜欢在岩石缝里产卵，并把卵滚成球状，弯曲身体将卵围在中间。它们还经常钻进星火蛏及海胆所"营造"的岩石洞穴以及牡蛎的空壳中，这些地方更加安全。我们尚无法确认，这种处于初级阶段的哺育工作是由父母共同完成，还是由一方独立完成的。但不可否认，幼鱼确实得到了照顾。

圆鳍鱼的行为更先进。这是一种奇特的鱼类，其后肢（也就是臀鳍）是吸器，且位置靠前。它们于退潮时在石堆里产卵，卵的数量很多，为紫色或黄色，十分醒目。接着，雄鱼会把卵塞入石缝，并在石头表面挖出一些圆锥形的小坑，以便让水流进石缝。接着，雄鱼会一直守在一旁，驱赶敌人，挪开路过的海盘车、蟹、峨螺等动物，有时努力开合鳃盖，将水注入小坑，以便为卵提供足够的氧气。在进行注水工作的时候，它们会利用吸器把自己固定在石头上。有时候，它们会摇晃身体，并发出不小的声音。曾经有好奇的观察者惹怒了一只雄性圆鳍鱼，并被它咬伤了手指。雄性圆鳍鱼是有责任感的父亲，会一直守护着卵，直到幼鱼出生。

再来看看生活在北美洲沿海地区的蟾鱼。雌鱼会在石洞、其他动物的空壳以及人类留下的罐子里产卵；雄鱼则坚守在外，负责御敌，即使是在退潮时也寸步不离。它们还会陪伴幼鱼成长，在幼鱼没有长大之前，会一直陪伴左右。它们展开胸鳍将幼鱼护在怀里，看起来很享受这个过程。这些事例可以帮助我们进一步了解鱼类的习性。

在北美洲的大湖中，生活着一种弓鳍鱼。雌鱼将芦苇的茎咬下来，在圆形的断裂处筑巢，然后将卵产在其中，而雄鱼会一直在旁边守护。在数小时内，雌鱼会安静地伏在那里，努力地用鳃呼吸，为卵提供氧气。此后，雄鱼将负责照顾和保护幼鱼。迪安博士对此描述道："它们是辛勤的看守者，不怕危险，尽心尽力。有时候，它们悄无声息地游到水草间，躲在光影下，要不是身边带着黑色幼鱼，恐怕很难察觉出它们的存在。有时候，它们会带着一群幼鱼偷偷溜走，而且游得飞快。"在走投无路的时候，它们会勇敢地奋起御敌。幼鱼一般都是由雄鱼照顾的，通常需要几个星期，不过偶尔也需要更长时间。

攀鲈体形较大，原本只生活在马来群岛的淡水中，后来逐渐扩散到各处，例如马德拉斯。它们体长两英尺左右，肉质鲜嫩。在繁殖期，它们会利用水草等原料筑巢，巢看上去像一个球，位于水边的植物上。此时的攀鲈浑身黝黑，眼睛是红色的，闪闪发亮。它们认真守护着自己的巢，极具攻击性。攀鲈是一种可以吸入干燥空气的鱼类，雌鱼经常浮出水面深吸一口干燥空气，然后吐到卵上，这样一来，卵就能得到足够的氧气。把空气吐到卵上，这无疑是一种尝试。

生活在印度的腹丽鱼也很值得讨论。它们喜欢长有很多水草的池塘与河沟，经常出没在马德拉斯附近的河流中。它们把巢筑在水底的"垃圾堆"里，巢呈杯状，里面铺着很多绿色纤维物质，而卵在产出后会被父亲藏于口中。这意味着，在幼鱼出生前，父亲既不能离开，也不能进食。简而言之，雄性腹丽鱼贡献出了自己的口腔来养育后代。

有几种身子细长的鱼，称为尖嘴鱼或针鱼，它们保护子女的程度虽然不同，但是却都很有趣。北海中有一种针鱼，卵附在雄鱼的体外。还有几种尖嘴鱼，雄鱼的腹部有两条直折纹，两条折纹的中间形成一个特殊的腔。当雌雄相会时，雌鱼就把一些卵放入雄鱼的腔内，在那里受精，直至成熟。如果卵没有装满，雄鱼还会向雌鱼再要一些卵装进去。有些鱼两条折纹的血管中会渗出一种物质来滋养幼鱼。在印度洋中，有一种尖嘴鱼，与之相反，卵是在雌鱼的卵袋中孵化，卵袋生在后肢，也就是臀鳍上。

说到极端，还要数地中海中最多的海马。这种小鱼的头像马，尾像猴，可握执东西。有一片漂亮的扇形背鳍，振动得非常快。雌鱼产卵后，雄鱼立刻将它们藏在腹面上宽大的育儿袋里。这个育儿袋就像尖嘴鱼的腔，也由两条折纹组成，口开在前方。雄鱼每次只从雌鱼那里接受少量的卵，但是还会从别的雌鱼那里接受一些卵。等育儿袋装满之后才闭合。育儿袋中有种海绵性组织，有很多血管，卵就藏在其中。血管里渗出一种物质供幼鱼吃。等它们成熟以后，那两条折线联合处打开，放出一大群幼鱼。多弗莱因教授观察得一向非常准确，一丝不苟，他说幼海马若遇到危险，仍然会回到父亲的育儿袋里去，但是别人却不同意这一说法。

这种奇特的鱼，和一些相近的鱼产卵数都少。

新几内亚有一种淡水鱼，叫作钩头鱼，雄鱼把卵放在头顶。但这还不算最稀奇的，有几种海鲶属的鱼，雄鱼将卵含在口里，这样的话，只能等到卵孵成幼鱼离开以后，雄鱼才能吃东西。这种鱼是雄鱼牺牲自己来护养子女。

再来看看南美洲的蝌蚪鲶。它们的卵在完成受精后会改变形态，如同带柄的小杯子，附着在母亲身体下部。这让我们不禁联想到了苏里南蟾蜍：它们把后代置于背部的小坑中。

多弗莱因教授指出，巴西珠母丽鱼属很是奇特，父母会把幼鱼含在嘴里。究其原因，一是为了避险，二是为了把幼鱼转移到宜居处。而对于幼鱼来说，即使长大后，也常常为了避险而躲到父母嘴里。

那么，鱼类的哺育工作（有这种习性的鱼类屈指可数）为什么多由父亲完成，而非母亲？我们很难做出解释，但不可否认，有些雌鱼会因生产而虚脱乃至死亡，而雄鱼在那个时候则要强壮得多。

如果说具有哺育习性的鱼类屈指可数，那么我们为什么要花费如此多的笔墨来讨论呢？原因是我们可以从中洞察出鱼类天性里的各种潜能。如果只是研究它们的日常生活，我们的收获恐怕不会这么多。

鲑鱼的一年

解剖学家们对各种生理构造了如指掌，不用看都能准确地找到各种器官在哪里；博物学家们则对动物在一年当中做的所有事了然于胸，一想起那些故事就像电影在眼前自动播放。当然，这些电影或许也会有些破绽，这说明博物学家也会有疏忽。不过，诸如蛙、鳗、蚊、蜂之类的很多动物都有近乎完整的影像资料。

在这部分动物当中，最为人熟知的是鲑鱼。因此，我们需要将研究方向从生命史——这方面我们已经了解得足够多了——转向其背后所隐藏的部分：促成其生理构造及生存发展的驱动力。就如同借助化石反映动物发展历程的古生物志逐渐成为古生物学，而古生物学研究的是种群历史及演化动力。因此，我们在对生物的生活进行研究时应该先做好记录，然后总结理论。接下来，让我们来看看鲑鱼在一年当中的经历。

　　隆冬时节是一年当中最冷的时候。那时，雌性鲑鱼会来到河堤泥沙中挖沟修槽，而且是在石块嵌入较为牢固的地方。它们通过摇摆尾巴来开辟产卵地，产下呈琥珀色的卵，接着再摆动尾巴将小石子扫到卵上，将卵隐藏起来。雄性鲑鱼随后会为卵受精，但很多精子都会被水冲走，徒劳无功。这一过程也会在白天进行，不过据我们观察，大多是在漆黑的夜晚。作为苏格兰鲑鱼产业的检察人员，考尔德伍德在其发表的一篇文章中指出，刚刚被产下的鲑鱼卵具有一定的弹性与黏性，在完成受精后，黏性降低，但仍能停留在石块表面而不被水冲走，这时卵也会撞击石块，来回跳动。"那些卵好似抹了胶的小球，跳出去又跳回来，停止跳动后会附着在物体表面。胶质物渐渐被冲掉，那些卵便不再具有黏性了。"尽管如此，很多卵也无法存活，要么破裂，要么被冲走。附着在石块上的卵大概有15%无法成功受精，因此也无法继续发育。大自然设定了很多限制。一只10千克重的鲑鱼可以产下17000枚卵，但相较于鳕鱼、海鳗等海洋鱼类，这一数字并不令人吃惊。

　　繁殖期，雄性鲑鱼和雌性鲑鱼会同时溯流而上，每隔一段距离就生产一次，直到最后无卵可生。一对鲑鱼所产卵的体积通常可达五六平方英尺。雌性负责筑造产卵地和隐藏鱼卵，雄性负责驱赶敌人及冒犯者。产完卵后，疲惫的雌鱼会游到深海稍事休息。不久之后，雄鱼也游了回去，但能回去的雄鱼并不多，大部分雄鱼都会遭遇不测。

　　发育过程似乎与化学反应有关，例如在不同的温度下会表现出不同的发育速度。在寒冷的冬季，水中的鲑鱼卵发育得十分缓慢，这不难理解。大苍蝇的卵会在夏季迅速发育，与之相反的是，为了确保遗传性的准确度，鲑鱼卵的发育速度很慢。最初的发育并不难完成，接着是大脑、心脏、鳃等复杂器官的发育，并"持续生长"。孵化期需要3个月左右的时间。

　　小鲑鱼逐渐成形，之前卵中的卵黄现在位于其腹部的一个突出的囊里，所以它们无法快速游动。它们在石缝里挣扎，但不会相互攻击。卵黄囊会逐渐变小。一两个月后，小鲑鱼的体长达到了 1 英寸左右，并可以灵活游走，也具有了自我保护的能力。

从卵被产出的 5 个月后，直到第二年的 4 月，很多小型动物，例如昆虫的幼虫等陆续出现在水中，而小鲑鱼则以这些动物为食。它们游来游去，四处觅食，还经常来到水面活动。5 月的时候，它们只有 1 英寸多，但到了 10 月，它们就长到了 3 英尺。冬天的到来意味着食物的缺乏，小鲑鱼不得不停止活动。

来年，当它们长到一岁时，体长能达到五六英尺，看上去和小鳟鱼很像，不过要漂亮一些。在它们身体的两侧，可以看到八九个整齐排列的"手指痕迹"。那是因为有些细胞里含有黑色素，这些细胞位于真皮下，但它们的鳞和表皮是透明的。

又一个春天到来后，小鲑鱼迎来了来到世上的第三年，当然也存在个体差异，它们两岁了。鲑鱼的鳞变厚了，闪烁着银光，一岁时的"手指痕迹"已隐藏不见，表皮也是银色的，组成部分也更精细了。到了这一年，它们便会游向海洋，但它们为什么会这么做，我们并不清楚，或许与体内某些化学反应有关。它们变得很活跃，一刻也闲不下来。坊间传闻说，人工饲养的鲑鱼在长到两岁后会跳出水槽，仿佛是在寻找大海。

海水里有很多食物，也有很多危险。两岁的鲑鱼来到海里，被称为入海鲑鱼，不过人们对其间的几个变态过程仍然不够了解。入海鲑鱼的鳞上有一个夏带和一个冬带以及一个尚未成形的夏带。到了三岁半左右，它们在夏天游回河流，并在秋季繁衍后代。不过，有些鱼类会就此一直待在海洋里，而不再回到河流中。只有鲑鱼会以这样的方式繁殖。另外，一些种类的鲑鱼会在海洋里度过五六年的时光。它们是特立独行的动物，由此可见，不同的生命有着不同的发展，即使是在同一条河流里，也会出现不同的鱼。

鲑鱼在不同的生命阶段有着不同的生理构造及组成，想要准确地进行识别，人类还需要继续努力才行。尽管我们已经知道，入海鲑鱼的形态、牙齿、鳞都和成熟的鲑鱼不太一样，但目前所给出的定义还不够准确。另外，我们还需要对"产前鲑"与"产后鲑"，也就是产后衰弱者这两者进行区分，并作出定义。

动物的生命历程如米尔扎桥一般充满险阻。就鲑鱼的一生来看，这么说并不会言过其实。无数卵被冲走；无数卵等不到精子；无数初生者成了鳗鱼的腹中餐；无数幼鱼被鳟鱼捕食。一岁时被梭子鱼追捕；两岁时被黑鳕鱼在河口拦截；入海后被海豹攻击；生产令它们精疲力竭，却又不得不面对同类相残的局面以及被水獭吞食的危险。

鲑鱼的英文名带有"跳跃者"之意。它们逆流而上的同时，也来到了生命的巅峰——人们经常用这个现象来指代动物坚强不屈的精神。如前文所述，鲑鱼极富个性，唯有知道这一点，才能真正懂得逆流而上这一行为，这绝不是饥饿者的举动。一部分鲑鱼从海洋来到河流，幸运地填饱了肚子，此后，当它们回忆起当时的盛宴，或者神奇的鱼饵时，心理的防线便渐渐失守了。当然，通常情况下，成年鲑鱼会在海洋里蓄积能量，再激流勇进。我们很想知道，最初的时候，鲑鱼是生于淡水，然后为了开拓领地及觅食而进入到海洋，还是生于海洋，然后为了繁衍生息而来到了河流？虽然还无法做出回答，但我们得出了一个发人深省的结论：鲑鱼是"历史的产物"，特立独行，它们有个性。曾经发生过的所有事情都不会凭空消失，它们影响着生物们当下所做出的各种行为。

我们不可能随着鲑鱼从河流游到海洋，或从海洋游进河流，那么，怎样才能了解它们生命史的各个阶段呢？我们的方法主要有以下三种：

第一种，对两岁鲑鱼由河流进入海洋的路径进行大量观察，并在一年中分批诱捕来分析其食物，分季度对其身体进行测量，从而了解入海鲑鱼的真实情况。

第二种，在一些鲑鱼的鳍上挂上号牌，用银线系好，而这些鱼几乎每次都会出现在同一条河流中，如此一来便能计算出它们在海洋里生活的时间。

　　第三种方法的效果是最好的，同时也是最好玩的：对它们的鳞进行认真观察。随着年龄的增长，它们的鳞也在不断长大。由于受到温度及食物方面的影响，那些鳞长得大小不一。例如，冬天的时候，光滑的鳞上会长出细密的向外凸起的鳞圈；夏天的时候，在食物充足的情况下，鳞圈会长得较为稀疏；在产卵期，它们来到河流中，同时发育中止，鳞的边缘会被磨损或破坏；发育恢复之后，新的鳞圈又会长出来。这些"生长标记"是不会消失的，而专业的观察者可以借助显微镜从鱼鳞上看出它们的生活：度过了多少个冬夏，经历了多少个产卵期以及每次产卵的间隔时间又是多久。

鳗　鱼

　　鳗鱼的生命史是所有动物当中最为奇特的，虽然它们本身是很普通的鱼类。近几年来，我们逐渐对其生命史有了一些了解。先来聊聊我们身边的鳗鱼，也就是生活在河流与池塘角落里的鳗鱼。

　　鳗鱼的身体像个圆柱，常常在淤泥中打滚，在石头中间穿行，这是因为它们用身体触碰各种东西。成年雌性鳗鱼一般长约 3 英尺，雄性体长在 20 英寸以内。雄鱼的生长期在 4.5～6.5 年，雌鱼则在 6.5～8.5 年。在最后两年里，雌鱼会比雄鱼长得更大。在生长期内，鳗鱼的身体大部分是黄色的，混杂着灰色、褐色与绿色，在临近成熟的时候，会变成银色。因此，未成年的鳗鱼常被叫作"黄鳗鱼"，而成年鳗鱼被叫作"银鳗鱼"。可以肯定的是，鳗鱼不会在淡水里繁衍后代。

　　鳗鱼的生理构造颇为独特：没有后鳍，相当于没有后肢；口部构造有利于取食各种食物；鳃孔很小，因此鳃总能保持湿润，从而令它们可以轻松地在水外待上很长一段时间。毋庸置疑，它们可以爬出池塘，穿过草地，来到河流中。

人们普遍认为鳗鱼身上没有鳞，然而这种观点大错特错。实际上，它们长有很多鳞，只是很细小，且隐藏于黏滑的皮肤之下。通过接近同心圆的鳞圈的数量，可以判断出它们的年龄，不过要额外增加三年，因为它们的鳞是在三岁之后长出来的。我们可以认为鳗鱼是食肉动物，会捕食其他鱼类，偶尔还会吃蠕虫、淡水蝲蛄、蛙类、水禽，甚至河鼠。里根在其著作《英国淡水鱼志》①中描述了一些与鳗鱼食量有关的例子："多年以前，在舍伯恩附近的一个池塘里，有人捕获了一条体形巨大的鳗鱼。当时，那人看到一只天鹅在池中挣扎，于是走上前查看。只见那只天鹅的头被水里的一条鳗鱼咬住了。那条鳗鱼一直咬着鹄头不放，直到被抓住拖到岸上才松口。"这种鱼一见到食物就会冲上前去，同时自身又不会轻松地被其他动物抓住，当然，处于幼年期的鳗鱼例外。

与鸮类等动物一样，鳗鱼一般在晚上觅食。白天的时候，它们藏身于石头下、淤泥里以及沙土中。有传闻称，它们喜欢在雷雨天外出活动。处于生长期的鳗鱼大多生活在淡水中，也有一部分会到河口、海港以及入海口处的近海浅水中觅食。

鳗鱼的生长期有数年之久，成熟之后，其形态会发生变化：腹部变成银白色，眼睛变得更大，吻不再扁平如初，前鳍变得更长且呈黑色。它们不仅换上了海洋服，习性也有所改变，食量变小，食管也变细了。由于使用颚的时间有所减少，颚上的肌肉也开始缩小，所以吻的形状也有了些变化。血液成分也不同于之前，因为碳酸气体增多，所以它们似乎更暴躁了些。如有必要，它们会在秋夜里迁徙，我们曾经目睹过这样的场景：鳗鱼群顺

---

① 出版于 1911 年。——作者注

流而下。

在水闸关闭之后，鳗鱼很难顺利地游出池塘，但它们毕竟是暴躁的鱼类，常常跳出水面，在潮湿的草地上爬行一段距离。对于它们来说，还存在另一种危险：捕鱼者会在"鳗鱼汛"到来前，在河流适当的位置放上圆锥形渔网，然后将鳗鱼"一网打尽"。相较于黄鳗鱼，银鳗鱼的肉更好吃。

很多鳗鱼会游向海洋，这是它们一生中的首次旅行。施密特博士花了17年时间研究鳗鱼，并得出了准确的结论。包括他在内的许多学者都已经认识到，鳗鱼会以迁徙的方式来寻找最佳繁殖地，例如从波罗的海、北海、地中海等地游向大西洋。只有到了海里，它们才能发育完全，而且是特定的海。例如，北海大部分海域内的水都不够深，而水深的地方又太过寒冷。于是，它们不得不踏上征途。据施密特博士证明，欧洲鳗鱼的繁殖地在北纬 22～30 度，西经 40～65 度之间的区域，也就是大西洋的西部；繁殖地中部位置在北纬 26 度附近，也就是西印度群岛中的背风群岛与百慕大群岛之间。在这个区域内捕鱼的话，有时能一次打捞起 800 只非常小的鳗鱼，可见那里就是它们的大本营。完成产卵任务后，成年鳗鱼并没有回到河流中，或许都死了吧！

毫无疑问，这个发现举足轻重。在此，我们有必要来看看施密特博士是怎么说的："无数鳗鱼群从欧洲各地出发，向着西南方向游去，穿过了海洋，做着祖先们曾经做过的事情。谁也不知道它们要游多长时间，但不可否认，它们要去的地方是大西洋西部、西印度群岛的东部和东北部。它们在那些地方繁衍生息。"施密特博士在写下这些字句的时候骄傲无比，那背后是 17 年来的坚持与努力。

人们从未看到过鳗鱼那漂浮不定的卵，不过据推测，它们的产卵期通常在春去夏来之时。小鳗鱼十分脆弱，体长在 0.33～0.6 英寸，生活在 600～1000 英尺深的水下。那里一片昏暗，温度在 20 摄氏度左右，有很多可以吃的微型生物，所以它们发育得很迅速，在夏天正式到来后，它们会长到 1 英寸,并离开深海,来到距离水面 75～150 英尺深的地方生活,偶尔会游到水面上。后来,它们随着上层洋流一路向东,准备返回欧洲沿海地带,而此时夏天还没有过完,它们或许还没有游出大西洋西部,还在西经 50 度附近潜游。暂且不论那些去往美洲的小鳗鱼,让我们把目光锁定在返回欧洲的小鳗鱼身上。

第二个夏天到来后,小鳗鱼长到两英寸长。这个时候,大部分小鳗鱼还身处大西洋中部。它们现在长成什么样了呢?小鳗鱼在第二年里长得像一枚树叶,或者说一把匕首的刀片。除了眼睛之外,身体其他部位皆为透明,如同一小片玻璃。1856 年,有博物学家发现了这些处于生长期的小鳗鱼,并为它们取了个名字:柳叶鳗,意为"光秃秃的脑袋"。然而,当时的人们并不知道,这些透明的家伙就是处于幼年期的鳗鱼。它们成年后长达 6 英尺,不过这些幼鱼从来不会离开海洋。让我们继续关注鳗鱼的旅行。

第三个夏天,小鳗鱼就快抵达欧洲了。这时候,它们已经长到 3 英寸长了,不过身体依然透明且如刀片,好在要不了多久,它们就会变成另一副模样。小鳗鱼们优哉游哉地游着,像树叶在海中漂流,样子十分可爱。因为身体是透明的,所以它们停止游动后很难被发现,从而能躲过海鸟的巡视。

这年的秋冬时节一过去,小鳗鱼就会发生翻天覆地的变化。它们开始绝食,在我们看来,绝食是动物们发生巨变的先兆之一。它们从"刀片"变成了"圆柱",大概和织毛衣的骨针一般粗,然后体重下降,比例变短。不再是幼年期的动物,发生这样的变化不能不说是奇怪的,不过绝食这件事告诉我们,那是有原因的:它们在原有基础上沿着新的方向改造着自己。它们的精力只减不增,因此体重也只减不增,那么,接下来会怎样呢?

小鳗鱼长到了 2.5 英尺,比前两年强壮了些许,这是在为逆流而上做准备。它们快要三岁了,已经来到河流入海口。它们选择的繁殖地各不相同,远近不一。例如,相较于阿伯丁郡的底河,塞文河要近些;相较于波罗的海，地中海更容易到达。那些去往波罗的海的小鳗鱼，大概要游上两千英里！

　　春天的时候，无数小鳗鱼进入河流并逆流而上，场面着实壮观。这便是盎格鲁－撒克逊人口中的"鳗鱼汛"，即"鳗鱼的迁徙"。小小迁徙者数不胜数，有时候一桶可捞到上千条。它们不喜欢在河流中央前行，更愿意在两侧毫不犹豫地往前冲。它们会做出奇怪的行为：每天调整身体状态，以保持两侧水压相同，从而让自己顺利地往前游。在来到河流交汇处时，它们也会调整身体以迎接新水流的冲击，并始终向前，就像是受到某种不可抗拒力的驱使。在来到瀑布下方时，它们会游到河边覆有青苔的岩石上以避开危险。有观点认为，雌性小鳗鱼比雄性小鳗鱼游得更快，总是冲在前面，把雄性甩在身后。

　　它们只在白天赶路。我们曾在白天见过一大群鳗鱼在河中疾行，一条接着一条，然而到了夜里却全都消失了，它们都躲在河堤或岩石下。

　　瑞士人曾在 3000 英尺高的地方见到鳗鱼，康士坦茨湖里的鳗鱼也相当多。它们还曾出现在莱茵河的沙夫豪森大瀑布上方的河流中，不过可能是借道其他支流去到那里的。兰基斯特爵士在其著作《安坐谈科学》①中写到，据可靠资料显示，与多瑙河相连的河流中也发现过鳗鱼，不过数量不多，而且多瑙河里不曾出现过鳗鱼汛。"毫无疑问，它们是从莱茵河、易北河等支流，借道运河进入多瑙河水域的。"

　　对于小鳗鱼来说，尼亚加拉大瀑布无疑是一个巨大的障碍。美国动物学家贝尔德教授指出："在春夏两季，如果站在瀑布下方的水帘后，可以看到无数小鳗鱼正爬行在湿滑的岩石上，想避开那些汹涌的漩涡。见到这一场面的人定会震惊不已。"他还说，那里的小鳗鱼数量之多，足以装满

---

①　出版于 1910 年。——作者注

数百节车皮，可那瀑布却是不容易跨越的。

人们也曾在没有河流汇入的池塘中看到过鳗鱼，它们或许是从排水管道里游进池塘的，又或许是从其他河流中游出，经潮湿的草地爬过去的。在意大利北部，小鳗鱼有时候会成功游到宜居地，也经常被利用"鳗鱼汛"的人们捕获，然后被放进特定的池塘里。不管怎么说，它们历尽艰辛，长途跋涉到了湖里，也把我们带回到了起点。

是时候总结鳗鱼的成长史了：成年"银鳗鱼"从湖里来到河里，又从河里来到海里，最后来到大西洋西部繁育后代，直至死去。透明的小鳗鱼开始长途旅行，并在旅行中度过幼年期，在经历了"鳗鱼汛"之后，成为"黄鳗鱼"。

棘　鱼

人们关注一种动物，并不会把目光过多地放在其体形大小上。关于这一点，棘鱼就是最好的证明。它们是淡水鱼，也是英国境内体形最小的鱼，十分奇特。这种鱼争强好胜，战斗力十足，但爱子心切。它们会表现出一些有趣的行为，而且变种颇多。英国的棘鱼主要有三种：三棘鱼、十棘鱼、十五棘鱼。这三种棘鱼分别来自三个属，由此可见，其间差异远大于同属种群之间的差异。

三棘鱼，顾名思义长三个棘，主要分布于北半球的江河湖海中，例如从阿拉斯加到加利福尼亚，从堪察加半岛到西班牙，等等。它们是典型的身小脾气大，虽然长度不到 4 英寸，却什么都不害怕。在一些地区，尤其是在北方地区，它们大多生活在海洋中，可以食用，又被叫作"银鱼"。在其他地区，例如地中海地区，它们大多生活在淡水中。它们的外表因地区不同而有一定的差异，但差别不大。这种鱼具有很强的适应性，当然，要是把淡水品种直接扔进海洋，那肯定不会有好结果，不过，如果把淡水品种带到河流入海口附近，那么无论是进是退，它们都能生存下去。咸水中也好，淡水里也罢，它们都是成群觅食的，其主要食物为昆虫幼虫、小型甲壳动物、蠕虫以及其他鱼类的卵和幼鱼。它们似乎有很强的食欲，一旦捕获猎物便会如斗牛犬一般直接将猎物咬死。对于刚学会钓鱼的人来说这或许是件好事，无须任何技巧便能钓到小棘鱼。

在繁殖期来临前的春夏之交，棘鱼的颜色会改变：背部的黑绿色延伸到身体两侧，呈条纹状，雄鱼腹部出现殷红色，雌鱼腹部一般是银白色或金黄色（雌鱼远多于雄鱼）。筑巢是雄鱼的工作，它们会选择河边蓄水处、水速缓慢的河流、海边潮线的水潭等地。它们的巢是用碎草搭成的，由肾脏分泌的具有黏性的细丝维系，筑得十分整齐。巢位于水底，形如横放的桶，直径在 1 英寸左右，顶端开口。筑巢工作通常要持续数日之久。雄鱼毫不懈怠，而且非常不喜欢被迫中断。巢筑好了之后，雄鱼便开始求偶。如有必要，它们会软硬兼施地把雌鱼带到巢内。雌鱼会在巢内产卵，卵不多，呈黄色。四五分钟之后，雌鱼在巢上打了个孔游了出去，这意味着此后的所有事都与它无关了。雄鱼回到巢内为卵受精。翌日，它又带回另一条雌鱼，然后重复昨天的工作。它日复一日地忙碌着，直到巢里再也装不下任何卵为止。要确保一定的存活率，卵的数量很关键，这是自然界中的规律之一。雄性棘鱼不在意配偶有多少，只在意卵有多少。

雄鱼要做的事情很多：保护卵，防御外敌入侵，驱赶过路者以及和邻居斗殴。好斗是它们的本性，这使它们兴奋。打斗时，其红细胞似乎会变大，身体颜色也会更浓烈。打架斗殴可不是游戏，要知道它们有个绰号是"快刀手杰克"，能用背上的刺将对手剖开。在完成求偶与征服后，它们会变得温和一些，随后开始扮演起母亲的角色，认真照顾巢内的卵，用嘴对巢修修补补；摆动着鳍给卵输送空气；把提前跑出巢的幼鱼衔回来；等等。这时候的巢准确地说只是个空架子，因为幼鱼出生后，巢会遭到很大的破坏。不管怎么说，雄鱼确实很忙，而这一局面将维持到所有幼鱼进入水中生活为止。尽管道阻且艰，但征途已经开始了。

十棘鱼的绰号是"修补匠"。它们长有7～12根短刺，体长不到3英寸。与三棘鱼不同，它们在英国的栖息地并不是很靠南，而在苏格兰则以洛蒙德湖与福斯河作为界线。这种棘鱼待在淡水里的时间相对更长。处于繁殖期的雄鱼是暗褐色的，其巢附着在水藻上，而非水底。

十五棘鱼的体形相对更大，体长在5～7英寸之间。它们是海洋鱼类，在海岸上筑巢，用的是海藻与植虫，同样以肾脏分泌的黏稠细丝为固定加固材料。这是变态转变为常态的典型实例，因为对于动物来说，通常只有在生病的情况下，肾脏才会分泌出黏液。我们不禁想问：雄鱼真的没有生病吗？有观点认为，棘鱼一生只能繁殖一次，且寿命只有两三年。不妨来进行分析：雌鱼的冷漠性情是不是与生产过于劳累有关，同时也是为了让付出较少且身体更好的雄鱼能好好保护卵和幼鱼？我们还需要搞清楚，一系列工作会不会有损雄鱼的健康，甚至导致它们死亡。

在棘鱼身上，我们还可以看到其他很多值得一提的有趣行为。包括棘鱼在内的一小部分鱼类能够用胸鳍游泳，而胸鳍一般是保持平衡的构造。生活在海洋中的棘鱼通过运动胸鳍来划水，不仅可以前进，还可以后退。不过在遇到紧急情况时，它们的后半身也会表现出摆动动作，这是鱼类的普遍做法。同时，嘴和腮盖也会加速开合，甚至达到一分钟150次，近乎气喘。

在一个颇有趣的实验中，棘鱼被饲养于以白色瓷砖为背景的环境中，渐渐地，它们变成了白色。在很长一段时间后，它们被放归大自然，但皮肤颜色却难以恢复如初。这种鱼给我们留下了很多问题，我们还需要进一步从各个方面去研究。

鲱　鱼

　　每一种鱼都是独一无二的存在，特征各不相同，例如味道。在个性鲜明的鱼类中，鲱鱼绝对是为人熟知的。它们常常出现在人类的早餐食谱中，种类繁多，外表不一。鲱鱼或许不太聪明，不敏感，而且还太活跃。相较于那些安闲的鱼类，例如鲤鱼，它们确实有些冲动，容易亢奋。它们可不是好的宠物，要么撞击水族箱的边缘，要么跳出来摔到地上。因此，我们几乎不可能把成年鲱鱼活着带到远海地区，譬如新西兰附近。

图 38　鲤鱼

原产亚洲，现欧洲、北美都有其踪迹。鲤鱼冬天进入冬眠状态，不进食，春天产卵。

要是没有见过活的鲱鱼，就很难懂得这种动物，如有机会，就坐船去看一看吧！把网拉起来的时候，那场景壮观至极——网的缝隙里塞满了打乱了颜色的"彩虹"，金色的、银色的、青蓝色的、嫩绿色的，不一而足。许多鲱鱼的鳃盖都被网缠住了，所以上岸时都已经死掉，当然，活着的鲱鱼也很多。那些活着的鲱鱼十分轻盈，引人入胜，令人难忘。和其他表现活跃的鱼一样，它们的身体的大部分都为移动而生，成对的鳍是用来保持平衡的，后半身几乎全是肌肉（大部分鱼类是通过这些肌肉的运动来游泳的）。在菜板上，它们的身体十分僵硬；然而在水中，它们的速度会比拉斯金口中的"扭箭"还要快，能与之媲美的只有其他纲中的敏捷动物，例如鸟类。鲱鱼的流线型身体有利于加速游泳，就像快艇似的，可以说无与伦比。在颜色、形态、动作等方面，鲱鱼堪称完美！

鲱鱼群在水面下玩着游戏，水面上泛起阵阵涟漪，渔民们说那是"有风吹过"。周围一片寂静，从远处传来了它们游泳的声音。它们在幽暗中游走，身上泛着微弱的光芒，让博物学家与渔民认为它们会发光。当然，鲱鱼本身是不会发光的，那一身微光可能是反射的光线，也可能是碰触了水面上的其他小型动物，而那些小型动物的鳞是会发光的。或许会有人说，那风干的鲱鱼为何发光？那其实是细菌所产生的微弱光芒。

鲱鱼种类繁多，大概有 50 多种。人们争论的焦点是北大西洋与北海中的几个鲱鱼种群，所谓种群，如同人类的物种。和人类一样，鲱鱼也有杂交的习性，其种群之间是可以"通婚"的。在一望无际的海洋中，鲱鱼种群各有领地。波罗的海中的鲱鱼较短，苏格兰西部海域内的鲱鱼较长，甚至长达 1 英尺。然而，这两种鲱鱼可以杂交，如同人类的通婚。和互有往来的人类类似，各种鲱鱼种群在海洋中穿梭，因此杂交的情况十分混乱。不过，某些实例告诉我们，限制同样存在，例如有的种群于夏季在海洋中繁殖，有的于秋季在海岸边繁殖。以普·凡·温克尔为代表的一部分学者不支持演化学说。他们或许应该对鲱科及鲱鱼种做些研究及分析：从鲱鱼、小鲱鱼、青鳞鱼、沙丁鱼以及西鲱，再到鲱属和不同种，演化进程历历在目。

鲱鱼没有甲壳也没有武器，而且肉质鲜美，因此敌人比较多，例如鳕鱼、黑鳕鱼、鲸、海豹、鸬鹚等。那么，大脑组织并不发达的鲱鱼是怎样成功繁衍至今的呢？究其原因，一方面它们比较敏锐、谨慎和敏捷；另一方面，它们拥有强大的繁殖能力。换句话说，它们的生存依赖的是繁殖数量，而非健壮的身体或聪慧的大脑。雌性鲱鱼通常一次可产下 2 万～ 4 万枚卵，虽然没有鳕鱼与海鳗多（这类鱼通常一次能产下好几百万枚卵），但数量已经很可观了。无论如何，卵的存活率都不会是零。另外，和其他鱼不同的是，鲱鱼的卵不会漂浮在水面上。卵被产出之后会逐渐下沉，最后附着在海底的石头上。雌鱼会来到近海浅水处产卵，有时候，寻找产卵地的举动会引发骚乱。不仅是在觅食时，它们在产卵时也是成群结队。雌鱼群在那五六个小时里像是疯了一般。雌鱼完成产卵后，雄鱼会赶来受精。此时，海面上会呈现出一片灰色，并散发出鲱鱼的气息。

幼鱼成群生活在内海海湾处，或者入海口附近，而那些地方能为它们提供充足的食物。幼鱼是一种美食，人们所说的"银鱼"很多时候指的就是它们，当然也可能是其他鱼类的幼鱼，或者长大了一些的小鲱鱼。我们曾听说过一件趣闻：一位就职于英国博物馆的鱼类学家在餐桌上识别出了八种鱼。鲱鱼的味道很好，因为它们的主要食物是海洋中的小型甲壳动物。

鲱鱼喜欢群居，总是一起行动，而且非常活跃，甚至会跳出水面。它们会追随猎物来到遥远的地方，有时候也会为了躲避敌人或逃离污水而迁移到更适合繁殖的地方。这种鱼没有固定的居所，而我们将对它们进行进一步观察研究。

飞 鱼

无论是在美洲，还是在好望角，抑或是在印度，人们常能看到飞鱼飞行在船只前方。它们踏着海浪从船身两侧飞过，偶尔会有几只落到甲板上，或者撞到舷窗上。飞鱼是一种十分美丽的鱼类，当它们蜂拥而至时，我们不禁会想到，在气候温润的地方（例如意大利），路过草坪时总能看到很多受惊的昆虫从我们身边飞起。在阳光的照耀下，文鳐看上去犹如巨型蜻蜓般动人。爱宾斯在其小说《我们的海》中描述道："在船的前头，飞鱼分作几群，集结而飞，它们张开翅膀，发出嘶嘶的声响，如同一架架小型飞机。"这段话十分生动形象。

争论平息之后，博物学家做出了总结：海洋中的飞鱼包括飞鱼科和飞角鱼科的前鳍展开时具有降落伞的作用，而没有翅膀的功能。如果像翅膀，就需要振动鱼鳍；如果像降落伞则需要鼓动鱼鳍。不过准确地说，这两种方式都无法推动空气。在离开水面之前，它们通过用尾鳍击水的方式来获得动力，然后借着风浪"起飞"。在靠近水面时，它们会用尾鳍击水以避免直接掉进水里，然而又一次"起飞"。它们可以在短时间内重新飞起来。值得一提的是，相较于普通鱼类，它们的胸鳍肌肉虽说不是最强大的，却也相当发达。对于普通鱼类来说，那成对的鳍是用来保持平衡的，而非游泳的工具。

汉金博士近来对飞鱼的"飞行"行为进行了研究，收获颇丰。它们的飞行与空气流动情况密切相关。例如，阿拉伯海的傍晚风平浪静，此时的飞鱼只能滑行不到 3 英尺的距离，而且常常出现侧翻或偏航的情况。在阳光明媚、清风徐徐的日子里，它们可以飞上 800 ～ 1200 英尺。和那些"御风而行"的鸟类一样，它们也只能那样飞：前鳍展开呈水平状，或稍稍上斜。秃鹰在翱翔时，将翅膀上斜便可减速慢飞，将翅膀放平便可加速疾飞。飞鱼很少下斜前鳍，这种姿势或许是为了加速。不要忘了，我们所说的"御风而行"和"翱翔"是比较特别的飞行方式——鸟类在疾飞时没有表现出明显的振翅动作。

汉金博士还发现，它们前鳍末端能上折45度，而秃鹫在临水飞行时也会表现出类似状态。由此可见，飞鱼的飞行姿势及角度与秃鹫、信天翁等鸟类的翱翔姿态相似。它们起飞时需要用前鳍击水，起飞后则无须再这么做了。听说，它们可以跟着船只飞行8秒钟之久，速度一般为每秒30英尺，最高时能达到每秒60英尺。

汉金博士对几种拥有不同颜色后鳍的飞鱼进行了观察，发现它们是通过改变后鳍位置来调整飞行速度的。较小且位置靠前的后鳍不利于调整速度，也不利于向上腾飞；具有这种后鳍的飞鱼在结束飞行的时候，必须将前鳍下斜45度来"降落"，但速度并不会改变。

海　马

在博物学得到发展之前，有人发现了一种奇特的海栖动物，而他的朋友们都不相信有这样的动物存在。想要获取这种动物的活体或标本是很难的，他只能用绘图的方式来进行描述，并告诉别人："不管怎么说，我的确看到过，而且它们并非如人们想象的那般令人难以置信，只是与常见的陆栖动物截然不同罢了。"长期以来，人们形成了这样一种观念：很多陆栖动物都与很多海栖动物一一对应。所以，很多海栖动物的俗名都与陆栖动物有关，譬如海葵、海蝴蝶、海王瓜、海鬼、海鹰、海扇（也就是石帆）、海鸥、海马等，不一而足。

海马看上去很滑稽，长着马一样的头，猴一样的尾巴，还可以抓住物体。吉尔对它们的描述是：国际象棋中的马骑着小型乌贼，带有圆形的精致卷壳。海马在希腊语中有卷曲的蠕虫或毛毛虫的意思。

普通鱼类在游泳时通过左右摆动来划水，可是海马的身体一点也不灵活，无法左右摆动，只能依靠卷曲的尾部来上下运动；它们的尾巴犹如变色龙的尾巴。还有不同的地方是，海马的眼睛可以灵活转动，就像前文中所提及的蜥蜴一样。与变色龙一样，海马也是十分神奇的生物。

海马既能生活在热带海洋中，又能生活在温带海洋中，种类繁多。在海洋馆里，它们并不十分引人注目，不过还算为人熟知。它们的运动方式很独特，而且总是一副镇定自若的模样。海马似乎可以通过调整鳔中的空气来适应水压，因此可以轻松地上浮或下潜。它们总是竖直着身体，用尾巴钩住海藻睡觉及小憩。

人们有时候会看到它们渐渐下沉，仿佛被什么东西牵制住了似的。忽然之间，它们又快速地游走了，靠那只背鳍的快速运动以及一对细弱胸鳍的快速击水。它们经常倒立着钻进水里，然后迅速直起身子，毫无疑问，采用这种方式觅食是不够迅捷的。据观察，海马的嘴具有吸管的作用，可以用来吸取海藻上，或者海底的甲壳动物幼体及其他小型鱼类的幼鱼等。有少数种类的海马生活在漂浮于海中的海藻堆里，而其他的海马都生活在明亮、海藻较多的近海浅水地区。

通过仔细观察可以看到，海马每隔一段时间就会发出"一种微弱且尖锐的声音，就像在拨弄开关"，那或许是下颚迅速开合并颤动的声音。我们不能就此认为它们有时候会闲聊，至少在英国，海马的声音极轻微又单一。不过，它们的确会彼此呼应，而且无论雌雄都会发出声音，特别是在繁殖期到来之后，它们发声频率更高，声音也更大一些。虽然海马的嘶嘶声微弱得可笑，但相较而言，它们的其他行为更加有趣。

我们可以在雄海马尾部前侧下方看到一个大大的口袋，由两层褶皱连接而成。口袋前面有个小孔，雌海马会定期通过这个孔把卵放入口袋里，然后雄性会立刻受精。过了一会儿，雌性海马又会找到另一只雄海马，然后做同样的事。更令人震惊的是，有时候一只雄海马会收到数只雌海马的卵。

水是无法进入育儿袋中的，卵似乎也是被固定的。育儿袋的内侧有海绵体，上面布满血管，卵被稳稳地固定在海绵体上，并为卵提供营养。就如同普通鱼卵中的卵黄，日复一日，胚胎越来越大，卵黄越来越小。

一段时间以后，幼小的海马初具雏形，在育儿袋中动个不停。雄海马把尾巴放在育儿袋上，一些小海马就被挤了出来——从最初的那个小孔中。有时候，它们会把育儿袋靠在玉黍螺上，然后把小海马压出来。这种行为十分奇特，仿佛是雄性在生产。据观察，雄海马每完成一次挤压，就需要休憩数分钟；每次会有 3～6 只小海马被挤出来，要挤出所有小海马大概需要 6 小时。随后，小海马们钻进了海藻丛，失去了影踪。

多种海马的身体颜色与其藏身的海藻丛一样，例如，大叶藻海马就生活在佛罗里达海岸地区的海草（显花植物的一种）丛里，身上长有橄榄绿色的斑点，很不容易被发现。拟态这种自我保护方式在澳大利亚叶翼海马身上体现得淋漓尽致。它们的刺与节都长得很长，犹如一片片树叶，带有波纹，而且分叉。从演化角度来看，它们拥有神奇的身体构造，育儿袋实际上是尾部下方的一道凹槽。这种情况在一部分尖嘴鱼那里也能得见，可见海马与尖嘴鱼的关系并不疏远。

或许有人会问，为什么是由雄性海马负责保护后代，特别是在雌性海马比雄性海马体形更大的情况下。如我们所知，父母的保护对于后代来说有利无害，可我们也不知道为什么会出现这样失之偏颇的分工。

鳐　鱼

既然有生活在近海浅水区的鱼类，例如鲱鱼等，那么一定也有生活在海底的鱼类，而鳐鱼可以说是这类鱼中最动人的一种。脊椎动物在没有长出硬骨之前，曾经历过一段软骨期，相应地，海洋里的鱼类在长出硬骨前，也会经历软骨阶段，所以软骨鱼无疑都是远古的遗存。鳐鱼与鲨目前都还处于软骨期，全身上下只有牙齿与鳞甲是硬的，其他部位为软骨。由此可见，鳐鱼是一种古老的鱼类。人们在距今数亿年前的奥陶纪岩石中发现了一些鱼类化石，但鳐鱼与鲨的出现应该是在侏罗纪，与鸟类同步。

在演化过程中经常出现如下情况：激进派与保守派各谋生路。鲨与角鲨成了近海浅水区的征服者，异常活跃，而鳐鱼与虹鱼则留守在海底，墨守成规。

那时候的鳐鱼自上而下呈扁平状，前鳍展开幅度很大，而今的鳐鱼则是通过运动胸鳍来游动的。对于鲨来说，胸鳍不过是平衡器官而已，它们通过摆动后半身来游动。鳐鱼是扁的，而且嘴在腹部一侧，因此在追捕软体动物的时候，它们需要游到猎物背上。

鳐鱼的尾巴不能摆动，并且最终成为一件武器，这很容易理解。黄貂鱼，也就是刺鳐的尾巴能达到 6 英尺长，末端带有锯齿，犹如一柄数英寸长的匕首。接下来我们会看到，软骨的鳐鱼完全不同于硬骨的平鱼，例如庸鲽、鲽鱼、箬鳎等。平鱼在游泳与休息时都依赖左侧身体。同时，鳐鱼也不同于菱形鲯、大鲯之类的鱼将右侧身体紧贴于水底。就趴在水底的姿势来说，它们与庸鲽大不相同，不过这两种鱼的眼睛都长得很靠上，在动物学中，这种身体构造是十分独特的。

鳐鱼一般出生在近海浅水区，因为那里拥有充足的食物。它们的体形很大，除去尾巴之外，身体能长到 6 英尺；齿状鳞片很尖利，是很好的自我保护屏障。这些鳞片由三种硬组织以奇特的方式构成；头部顶部为珐琅质，基部为骨质，中间为象牙质及齿质。光皮鳐鱼，也就是仓门鳐鱼的成鱼几乎没有皮刺。不过鳐鱼幼鱼身上长有很多刺——动物在幼年期内一般会表现出祖先的形态特征。在演化学上，值得关注的还有：一些种类的鳐鱼尾巴旁边长有一个可以发电的小器官。这种器官似乎正处于演化过程当中，还没有发育到能够击倒其他动物的程度。这是肌肉纤维与神经末梢的变态发育，如同电缸鱼与电鳗的相关器官的初级阶段。

我们可以在鳐鱼眼睛后方看到两个一指宽的孔，也就是呼吸孔。呼吸的时候，水流从呼吸孔中流入，再从位于口部后方及腹部上方的五对鳃裂中排出。我们可以将这对呼吸孔看作长得不太一样的鳃裂。某种奇特经历让这对鳃裂转移到了体内，成为欧氏管，并与耳道及口腔后部相连。如今风靡全球的比较解剖学正是研究这类转变的一门学科。通过观察可知，在鳐鱼的呼吸孔中长着"一把梳子"，那是退化中的鳃。这种失去功能的器官残留物就像达尔文所说的那样，如同英文单词中那些不发音的字母，或者上衣上那些不用扣的纽扣。尽管失去了功能，却记录了一段历史。那把"梳子"的基部中长着一个奇特的垫子，似乎能让红细胞增多，这并不是无用之物。呼吸孔的作用自不待言，不过鳃这种器官本身也是一种遗存。

鳐鱼的腹部富含胶质管——弯弯曲曲地长在皮内外，末端有细微的孔，背面也有一些胶质管，尤其是头部。那些胶质管是感觉器官，不过我们不太清楚它们具体会做出何种反馈，或许是水流的方向，或许是水压的变化，也或许是平衡的调整，就像硬骨鱼身上的侧线，不过从生理学角度来看，还有很多问题有待解释。需要注意的是，相较于硬骨鱼，鳐鱼的大脑更发达一些，尤其是主管行动与嗅觉的区域。另外，它们似乎有些小聪明。据说它们会挣脱渔网死里逃生，这不能不说是一种聪明的选择。

鳐鱼及角鲨的卵都包裹着一个角质袋，它有个好听的名字："美人鱼袋"。这个角质袋长有4个角，形似搬运重物的手架车。角鲨卵的角质袋的每个角上都拖着一条又长又卷的须，可以绕在海藻的茎、叶以及植虫的茎上，所以它们的卵可以寄生。鳐鱼卵的角质袋不带须，但有尖角。在海底，卵被埋在沉淀物及垃圾堆中，角质袋的体积取决于鳐鱼的年龄与种群。我们之前遇到过一只长达8英寸的鳐鱼，或许不是最大的，不过这种鱼通常只有5英寸长。

鳐鱼卵的发育速度比较慢，发育时间在半年以上，因此对它们来说，卵的角质袋是十分重要的。待幼鱼发育完全，并吃完卵黄之后，卵白就会出现变化。卵的一端会逐渐溶解，形成一道缝隙，方便幼鱼出去，不过详细情况还有待考证。角质袋的构成物质像人类指甲中的角素。据观察，一些卵被某种由液态角素形成的具有黏性的细丝包裹着（在一个输卵管腺中）。我们在海岸的"废品堆"里常能看到"美人鱼袋"，而且一般都开着口，那意味着有幼鱼出生，只有异常幸运的人才能看到装着幼鱼的角质袋。

鲽　鱼

在英国人的餐桌上可以看到很多种鱼，而身体扁平的鲽鱼尤为常见。尽管它们的数量少于黑线鳕及鲱鱼，但在没有腌制的情况下仍旧为人所喜爱，原因是它们肉质鲜美。鲽鱼是小鲽鱼和比目鱼的近亲，不过体形更大，更肥美，经济价值也更高。通常而言，它们能达到1.5千克左右，有的甚至更重。在危险少、食物多的环境中，它们可以持续生长，长得很大。

只有少数鱼类的生长会受到限制，如其他大部分动物一般。幸运的黑

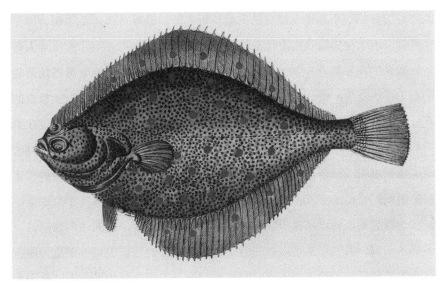

图 39　鲽鱼

鲽鱼栖息在浅海沙质海底，以小鱼虾为食。鲽鱼的身体扁平，两只眼睛都在身体朝上的一侧。鲽鱼游泳时身体左右摆动，看着像尾巴上下摆动向前游。

线鳕能够长到 3 英尺左右，看上去就像普通鳕鱼一样。

　　成年鲽鱼一般会在近海浅水底部的泥沙中平卧着。这种鱼的身体颜色大多为橄榄褐色，夹杂着橙色的斑点，而且会随着环境的改变而变色。鲽鱼是硬骨鱼，和其他扁平鱼一样会变色，目的是隐藏自己。其变色功能有赖于皮肤下那些不规则的色素细胞的伸缩来完成。在休息的时候，它们是不会变色的，但身上会覆有一层薄薄的泥沙，只露出一对眼睛。它们一般会把食物吃完，主要食物是软体动物、甲壳动物、蠕虫等，所以它们的肉才如此好吃。除了菱形鳒、灯笼鳒与大菱鲆，其他种类的鲽鱼和大部分硬骨鱼类似，无论是休息还是游泳都更依赖身体左侧。就像我们所看到的那样，鲽鱼向下的那面是白色的，闪烁着银色微光。那银色微光是皮肤细胞中的虹彩细胞内部所囤积的鸟嘌呤所反射出的光线，这些鸟嘌呤是没有什么实际用处的细小颗粒。鲽鱼的左眼靠近右眼，这样可以避免磨损。尽管有好处，但这种构造确实很神奇。

鲽鱼的产卵期在年初的几个月中，那时的水温是一年当中最低的。它们在上层水流中产卵、受精。卵在开始发育后逐渐下沉。卵的直径为0.08英寸左右，也就是说，一夸脱液体可容纳20万枚鲽鱼卵。这种鱼很在意产卵地的位置，通常会选择介于近海浅水区与深水区之间的区域。近期的研究结果表明，适合繁殖的海水无关乎深浅、盐度以及与陆地的距离，主要的限制因素是水温以及逆流的规模。大规模逆流的出现取决于海岸线的形状与海底的地势。任何一座举世闻名的鱼类繁殖区，例如法兰德斯湾、多格尔东部、夫兰巴洛远海以及马里湾等区域都会出现大规模逆流。还有苏格兰繁殖区，尽管它是苏格兰海域内最知名的鲽鱼繁殖区，不过北海北部的鲽鱼繁殖数量要少于其南部。

胚胎被包裹在卵膜中，需要20天才能发育成幼鱼，而在此期间，很多卵被海水冲到了别处。例如，马里湾的卵会被冲到东面或南面，甚至随波逐流到苏格兰东部边境拉特里角以南河畔。第一步，产卵；第二步，胚胎在卵中发育；第三步，幼鱼横空出世。刚出生的幼鱼体长0.29英寸左右，有时候会跳起来，但无力抵抗水流，因而被冲到了其他地方。它们身后还拖着剩下的卵黄，那是父母留给它们的营养品，因此无法灵活地游动。在最初的几天里，它们完全依靠卵黄存活，此后的几天中，会吃些别的东西。4天之后，它们便能张嘴并灵活游动了。它们的主要食物是硅藻，这是浮游生物的一种，还有其他动物的幼体。至为关键的一个星期过去后，到了第12天前后，卵黄就被吃光了，而"后期幼体"也成为真正的幼鱼。可以看到，它们此时的形态类似于"圆鱼"，例如黑线鳕的幼鱼。它们游走时直立着身体，背部中线笔直。需要凭一己之力去觅食，这么做风险极大，它们极有可能成为其他觅食者的腹中餐，所以鲽鱼幼鱼的存活率很低。

卵—胚胎—幼体—后期幼体—幼鱼，这是鲽鱼从出生到1个月内的5

个发育阶段。到了第 6 个阶段，它们的变化会很大（变态变化），幼鱼从原来的圆柱变得扁平了。左眼向右移动，头部不再对称，身体两侧被挤扁，而鳐鱼属的却是腹背被挤扁。此时，鲽鱼幼鱼大概有 0.5 英寸长，在水底生活，依靠左侧进行各种活动，据猜测，它们的左侧身体一定比右侧身体重。如我们所见，色素细胞只存在于向上受光的那一面。通过实验可知，色素细胞的发育离不开光线的照射。在之前的实验中，我们将镜子放在池塘底部，然后放了 30 条幼鱼进去，后来，生活在水底的幼鱼改变了形态；4 个月之后，有 13 条幼鱼的背光面长出来黄斑或黑斑，而之前是纯白色的。

假如能够顺利完成变态，它们就能立稳脚跟了。相比之前，它们获得了更多的自由，沉到水底之后可以轻松地藏进泥沙里，还能找到可口的小型甲壳动物。不过，这些动物似乎从来没有闲下来的时候，它们不断地满足着自己的欲望。它们能够记住相应的路径，从产卵地到海里的繁殖基地。又过些了日子，它们离开了海岸，去到更远的地方。它们以幼蚶与幼海虹为食，在食物充足的情况下，不会轻易回到海岸。通常情况下，雄性到第四年就成年了，而雌性则要五年。不过成年鲽鱼的体形取决于食物环境与水的深度。成年鲽鱼酷爱游走，总在不断改变驻地，希望能寻找到更适合生活的地方。

据测算，一条体形较大的成年雌性鲽鱼一次可产下 50 万枚卵，而一条 6 岁鲽鱼的产卵数量也不会少于这一数字的 1/4。这说明自然规律不可逆，它们需要尽可能多地产卵，不过存活率并不高。大部分卵无法完成受精，最后死去，很多刚出生的鲽鱼很快成了其他鱼类的食物，有的幼鱼被冲到不适合生存的地方。死亡率在刚开始发育时会非常高，而在普通幼鱼开启自我保护功能时最甚。从"圆柱"到"扁平"是十分危险的转变。另外，作为鲽鱼的主要食物，软体动物与甲壳动物的数量也在不断变化。显而易见，在极端拥挤、竞争激烈的地方，无脊椎动物会很少。鲽鱼很好吃，所以敌人也很多。最后，相较于其他鱼类，它们似乎很容易受到人类的影响，这些影响时而多时而少，时而大时而小。

在第一次世界大战爆发之前，有人凭经验指出，因为渔民，特别是那些捕鱼者在北海地区捕捉了大量鲽鱼，因此人们越来越少见到体形较大的鲽鱼。战争结束后，渔业逐渐恢复，其间每天所捕获的鱼异常得多。1913年，每天只能捕获两英担，到了1919年，重量达到四五英担[①]，同时中等大小及较大的鲽鱼也更多了。在总重量有所增加的同时，小型鲽鱼越来越少。因为人们在战争期间中止了捕鱼活动，所以鲽鱼的数量和体形都发生了变化，对于这一现象，我们暂时无法做出解释。当然，数量的增加或许只是暂时的，对我们来说最关键也最实际的问题是，怎样让这种好吃的、有价值的鱼类繁衍下去。目前行得通的方法有两个：第一，把大量幼鱼从拥挤的海边转移到适合它们生存的海洋繁殖场，例如多格尔近海浅水之类的地方；第二，在相关区域内发布禁渔令：在全年或某几个月内禁止使用某些方式捕鱼。人类有时候目光短浅，只能看到眼下的利益。

① 1英担约为50千克。——译者注

第二十一章

软体动物的故事

在动物界的演化进程中，最为成功的莫过于以下三类：第一是节肢动物，以蚁、蜂、蜘蛛、蝎子、蟹、龙虾为最佳范例；第二是软体动物，以乌贼、蜗牛为最；第三是脊椎动物，最具代表性的是鸟类与哺乳动物。这三类动物各有缘起，而且演化方向也各异。

节肢动物的身体是由环形的节连接而成，还长着很多肢及附属肢，外面长着一层固定的骨架；骨架的大部分是由具有强大保护能力的甲壳素构成。蟹、龙虾等甲壳动物的外壳（也就是外皮）中则含有石灰质，而且会随着身体的生长而定期更新，因为壳中不含活细胞，无法自动生长。另外，这类动物的肢肌长在骨头里，而脊椎动物的四肢肌肉是包裹着骨骼的。软体动物是没有四肢的，躯干也没有环与节；外壳大部分很硬，含有介壳素与石灰质；随着个体的生长，壳的外延会增大，从而不用定期更新。在脊椎动物中，有的动物也身覆骨质物，例如鱼类与爬虫就长着鳞或甲，当然也有没有鳞或甲的。相较于颅骨、脊骨、肋骨、肢骨以及支撑肢骨的肩韧带及腰韧带等内骨骼，外骨骼并没有那么重要。通常情况下，内骨骼包含了很多骨，而无脊椎动物是没有内骨骼的。脊椎动物有两对肢，有脑与脊髓以及其他很多显著特征。

软体动物的种类有:

（一）双壳纲，譬如蚶、贻贝、蚝、蛤蜊等;

（二）腹足纲，譬如蜗牛、蛞蝓、蛾螺、玉黍螺等;

（三）头足纲，譬如乌贼、鹦鹉螺等。

大部分软体动物都很安静，肌肉没有纹路，且伸缩速度很慢，如同人类的食道壁。乌贼、蛞蝓、海蝶是没有外壳的，不过其他大部分软体动物都有壳，而且壳具有一定的重量。砗磲蚌甚至重得一人无法提起，而一扇壳足以容纳一个婴儿在里面洗澡。大部分软体动物行动迟缓，蚝与贻贝的幼体时常到水里游泳，不过长大后就懒得动了。帽贝喜欢吃海藻，所以常常出没于岩石堆中;漂亮的鹦鹉螺有时候会来到海面上，不过一般都待在300～500英尺深的海底，一动不动。当然，有的软体动物也很勤快。露骨鲸最常吃的海蝶属于腹足纲，总在海中游荡。海扇蛤通过开合两扇壳来运动。狐蛤是生活在克莱德湾等地的一种漂亮的软体动物，有两个壳，游泳速度非常快，身后还拖着一对橙色触角。

目前来看，乌贼及一部分头足纲动物并不像其他软体动物那般懒散。很多种类的乌贼（特别是鱿鱼）能像鱼类那样快速游走，而且游泳姿态也接近鱼类。鱿鱼是头足纲动物的大众名称，但它们完全不同于鱼类。值得一提的是，鱿鱼是从懒散且带壳的种群演化而来的，已经变得十分活跃，而且掌握了抓捕鱼类的能力，这也是它们的一大特征。

普通鱿鱼的运动方式大致有三:其一，利用触手及臂部缓慢爬行，其触手上长着很多吸盘。10条触手中有两条相对较长，在鱼类靠近时，它们会伸出触手实施抓捕。早在两千多年前，亚里士多德就曾看到过这一情景。其二，利用身体末端的肌肉，也就是三角鳍划水;最后是一种独一无二的方式，若非亲眼所见实在很难相信:在它们的头部后侧有一个连接着巨大外套腔的大孔，外套腔里长有一对鳃，充满了水，外孔有构造精巧的"钩眼"，可以紧闭。外套腔收缩时，水是无法流出去的，只能另辟蹊径，借道狭窄的漏斗管排出。它们通过不断地收缩来排水，从而推动身体移动。身体下部朝前，触角紧随其后。在这种奇特的运动方式中，处于最前面的三角鳍似乎具有舵的作用。无论是鱿鱼还是墨鱼，游泳时都需要依靠原始外壳的内部残存器官，而那种原始外壳最先出现在现代乌贼的祖先身上。墨鱼体内有一块楔状石灰质，坚硬无比，而且带有很多小孔，这个构造名为墨鱼骨，或者海螵蛸。人们经常在训练鸟类啄食的时候将墨鱼骨放在笼子里。鱿鱼身上的古老遗迹是一个条状（或者说笔状）的甲壳素片，类似于以前人所用的鹅毛笔的笔杆。这两种壳的遗存都深入体内，起到了轴的作用，让它们在游泳时更加有动力。章鱼没有乌贼那么活跃，身上也没有远古的痕迹，不过在胚胎期会长着一个很小的壳，当然，所有软体动物都是这样的。

　　没有了壳的乌贼更加自由，当然也多了几分危险。不妨来看看，它们有没有补偿措施。显然，那带有吸盘的触手及臂部便是一种补偿。它们的触手十分强大，所以人们会对大章鱼及"海鬼鱼"忌惮几分。触手上的吸盘大致为杯状，外环含有甲壳素，并长有可以抓取东西的齿。触手内部有活塞，当吸盘固定在物体表面后，活塞便会上升，从而形成一段真空，从而增强吸附力。人们常常在鲸身上看到吸盘留下的痕迹，有时候那痕迹还会很大。乌贼会变色，这对它们来说很实用，可以帮助它们巧妙地隐藏在石头堆中。还有一部分软体动物的变色与情绪变化有关，因为它们皮肤中含有大量色素细胞，和鱼类一样。乌贼的颚非常硬，犹如鹦鹉的喙。颚的后方长着一对与口腔连通的唾液腺，分泌的液体含有毒素，这是十分厉害的武器。

　　以墨汁御敌，是乌贼的绝技。那些墨汁积在食道末端的囊内，没有实际用处。曾几何时，画家们喜欢用这种液体做颜料。在受到惊吓时，囊会受到挤压并射出墨汁，而对于乌贼来说，这是一种条件反射。刚孵化出来一分钟左右的乌贼幼体便已经能够射出墨汁了，所以我们说这是一种本能行为，就像人们天生就会打喷嚏。在自然环境中，乌贼射出墨汁后会立刻逃跑，就像军舰有时候会发生烟幕弹一样，不过乌贼是在水下活动。由此可见，如今的乌贼尽管没有了壳，却拥有更多技能来保护自己。

很多种类的乌贼（例如鱿鱼）在胶质管内产卵，然后让卵附着在海藻上，而章鱼等一次所产下的卵不仅数量多，而且连接呈枝状，集结在一起犹如"海里的葡萄"。相较于水栖软体动物，乌贼的生长期没有那么完美，少了一些阶段，例如"自由游走的幼体阶段"。它们钻出卵壳的时候已经发育完全，只是体形比较小而已。蜗牛与蛞蝓的生长期也不完整，出于其他原因，也缺少了幼体阶段。当然，这类生活在陆地上、在土里产卵的动物自然不需要"自由游走的幼体阶段"。

那么，乌贼为什么没有幼体阶段呢？这个问题不太好回答。或许是因为乌贼产卵较少，通常只有几枚，而且卵里有富含营养的卵黄。由此可见，在发育完全、具有一定自我保护能力之后再来到这个世界上才是最稳妥的。

在海洋里，有种名叫舡鱼的乌贼。雌性舡鱼有两个臂，展开之后中间有蹼，体外分泌有一层又脆又薄的壳，看上去很漂亮，那是卵与幼鱼的保护壳。

这种壳与鹦鹉螺的壳不一样，没有分区，不是"卧室"，只能说是"育儿所"。壳由两臂处生出，不同于其他软体动物的壳从外膜生出。另外，雄性舡鱼没有这样的壳。雄鱼比雌鱼小很多，当然，雌鱼本身也很小。雌鱼出生 10 ～ 12 天后便会长出壳，随着体形的增大，壳也会变大。壳本身是不会长大的，而是由两臂将其撑大。前人认为，舡鱼那带蹼的臂具有帆的作用，不过这是错误的观点，尽管在诗歌与绘画作品中是那样的，不过现实并非如此。

乌贼的中枢神经系统是典型的软体动物构造，而且相对较大，眼睛十分发达，看上去犹如脊椎动物的眼睛，不过其发育方式各有千秋。它们身上还可以看出别的一些构造，嗅觉与触觉都很敏锐，长有近似耳朵的器官，但用途是保持平衡。乌贼的智力我们不甚了解。它们似乎很享受捕食的过程，海洋馆里的乌贼在追逐目标时既勇敢又坚定。乌贼有很多武器，所以可以很好地应付日常生活中的各种问题，但要找到超越日常的智慧行为则实属不易。

乍看之下，乌贼的确很像海员们口中的海蛇。大王乌贼体形巨大，触手甚至可以达到 40 英尺，头部和身体各有 10 英尺长。当它们从水里冒出一截时，人们很容易将其视为巨大的海蛇。人们曾在爱尔兰沿海地区发现过一只大王乌贼，其触手足有 30 英尺长，眼睛的直径达到了 10 英尺，在美洲沿海地区还曾出现过更大的个体。据说，曾有一位摩纳哥国王得到过一大块带有鳞片的乌贼肉，这块肉来自一条抹香鲸的胃部。不过，我们从来没有见到过这种带有鳞片的乌贼的活体，因此我们需要谨慎对待，不能随口说海洋里存在或不存在什么样的生物。总而言之，乌贼是一种颇为奇特的海栖动物。

英国南部海岸附近生活着多种章鱼。章鱼的大小通常如椰子，身体柔软，皮肤上长着很多疣，肤色能迅速变化，比如从醒目的灰蓝色变成斑驳的褐色。它们从不眨眼，眼睛下方有孔，孔中伸出了 8 条臂，或者说触手。有些章鱼的触手有两英尺长，从上至下由粗变细，就像一条条鞭子，而且是相互缠绕在一起的。触手内侧紧密地排列着无数圆形吸盘，大一点的如同一先令的硬币，小一点的如同三便士的硬币。趴在池塘角落里的章鱼会将触手盘在身体下，一侧吸盘暴露于外，身体缓缓地抽动着。当身体膨胀的时候便是在吸水，水被吸进鳃内。身体收缩，水从头部后方的空中排出，以至于水面会出现波动。这种呼吸方法不仅缓慢，而且很耗体力。相较于其他动物，例如蜘蛛与毒蛇，章鱼其实更加可怕。那些与大章鱼有关的故事听起来都像噩梦一般。

不幸落入池塘的蟹会被章鱼一把"抓住"——用一只长长的触手，

章鱼爬到蟹的背上，用吸盘将自己固定好，不会给那只蟹任何可乘之机。蟹扭动着身体想要逃跑，如果能成功实属侥幸，一有机会就得赶紧逃走，不顾前路坎坷或同类相撞。章鱼默不作声，缓慢地直起身来，用 8 只触手触地行走，要是蟹跑得太快，它们就会开始游泳：后半身向前，触手拖在身后，以呼吸般的喷水获取动力，每次喷水能游上 6 英尺多。要是触到了水底，8 只触手会有序地卷起，仿佛是计划好的一般，从不会纠缠在一起。不久之后，章鱼又伸出触手去抓蟹，蟹毫无还手之力，章鱼用几只触手将蟹困住，然后用靠近臀部的那个最大的吸盘将蟹牢牢吸住，而被困住的蟹唯有死路一条。不过，章鱼并不一定会马上把蟹吃掉，有时候会放很长一段时间，有时候甚至不会吃。

海洋里的普通贝类，例如钱贝、蛤蜊等和章鱼的关系，比人们最初想象的更接近。相较于章鱼，这类动物的生活要安闲得多，而且运动极为缓慢。蚝、贻贝等总是待在一个地方，从来不移动。还有的只会缓慢地爬行，如同蜗牛一般。活跃一些的也有，例如竹蛏，会快速地钻入泥沙中，也会四处游荡，而且也是通过喷水来游泳的，好似章鱼。鸟蛤不仅能短距离跳跃，还能以其他形式移动。海扇蛤有一对大壳，和蚝一样，它们总趴在泥沙或砾石堆上，两壳微开，要是惹怒了它们，它们就会忽然把壳关上。然而，这种招数对其劲敌砂海星来说并不怎么奏效，在遇到砂海星时，它们唯一能做的事情就是逃跑。当砂海星伸开臂膀呈拥抱状的时候，它们便会马上离开，通过快速开合瓣壳奔走，它们分不清东南西北，所以经常跑了半天又绕了回来。如果砂海星没有走，或者出现了另一只砂海星，那么它们便会再次逃开，不过气力显然不比之前，反复三趟下来，它们就会失去所有力气，最后只能紧闭瓣壳，消极抵抗。

然而，砂海星可是有办法打开扇蛤、蚝和贻贝的。令人疑惑的是，比它们体形更大的章鱼却做不到。如我们所知，蚝是最不容易被打开的，那么砂海星用的是什么办法呢？其实，它们的每条触手下方都有一道较深的凹槽，延伸至触手尖端，凹槽内长有很多管足，又细又长，能屈能伸，还可以吸附在物体表面，例如石头上。砂海星的管足不像章鱼的吸盘那么强大，但在数量上却更有优势。在管足的帮助下，砂海星可以打开扇蛤等的壳。它们立起身体，变成高高的一堆，用5只触手撑地，5只触手抓住壳，然后向两边拉扯。扇蛤也好，贻贝也罢，抑或是蚝，尽管能抵抗一阵子，但最终都会败下阵来。壳被砂海星掰开，鲜嫩的肉暴露在外。砂海星长有一个弹力十足的胃，可以被挤出口腔以吞食猎物，比如那些被掰开的可怜虫。

双壳纲规模较大，例如鸟蛤、贻贝、蚝、蛤蜊等。不过这些动物的大脑都很简单，神经系统尚处于初级阶段，很少联动工作。大部分双壳纲动物都行动缓慢，一生守着一个壳虚度光阴。偶尔地，鸟蛤也会在泥沙里跳跃，淡水贻贝也会在河泥里悠闲地活动。只要是双壳纲动物，就不得不面对众多内部工作：皮肤和鳃缘上长有无数可以活动的鞭毛，能激起水流从而获得氧气及可以吃的微生物，同时去除秽物。至于外部工作，相比之下已经不重要了。

淡水贻贝的后代最初生活在亲人的鳃中，准确地说是在鳃中的"育儿袋"里，直到有鲦鱼等鱼类经过才被放出来。这种育儿方式颇为实用，因为幼体想要长大，必须附着在其他鱼类身上去往别处寻找生机。当然，这并不代表贻贝是聪明的动物，那是它们的本能行为：把幼鱼带在身边，在洞察到有鱼类经过时，路过的鱼就像一把密钥，促使贻贝放出幼鱼，而在这个过程中，它们是没有意识的。

在砂海星面前，蚝也会关起门来。潮落之后，一些好奇的鼠类会被蚝一口咬住。不过，蚝不是故意的，而是出于本能，也就是说，它们的行为是无意识的。人工养殖的蚝可以经常离开水，而且离开水的时间一次比一次长，而这或许是处于初级阶段的学习行为。它们可以在不打开壳的情况下，凭借壳内水活很久，对于它们来说，这个小伎俩很不错。法国沿海地区的养蚝人利用这一特性对蚝进行了训练，使它们的离水时间变得非常长，长到可以一路闭着壳来到巴黎。

生活在海边岩石上的帽贝在出门饱餐一顿后居然会择路而返。在一部分资料中，这种动物的壳呈圆锥状，边缘相合。退潮之后，原本凹凸不平的岩石表面上还残留着水痕，此时，帽贝的壳便有了突出的优势，不过在平缓光滑的岩石上，优势就没那么突出了。一些种类的帽贝似乎不知道家在哪里，出于同样的原因，那些能找到家门的帽贝，在走出几英寸远之后也很可能迷途不知返。不过，人们也曾见过一只拥有超强记忆力的帽贝可以远离住处 4 英寸，并在两个星期后仍然记得回家的路，或许它对家附近的地形地貌有些印象。

已得到证实的事情还有，蜗牛可以记得 18 英尺左右的路径。人们曾见过这样一只蜗牛：白天的时候，它趴在花圃围墙上的小洞里，等到了晚上，它走出小洞，爬上一块木板，来到花台上，几个月之后，它开始按照"记忆"前行。

达尔文在其伟大著作《人类起源》中提到过两只肥硕的、可以吃的罗马蜗牛，其中一只病态尽显，另一只健康强壮，它们被饲养在同一个院子里。然而，它们不怎么喜欢那里的食物，于是强壮者慢慢爬上了墙，来到墙外觅食。一天一夜之后，它回到院子里，没过多久，两只蜗牛都不知所终。由此可见，蜗牛或许能够记住一部分地形，至于行走时所留下的黏液对它们有没有帮助，我们目前还不得而知。生活在陆地上的蜗牛可以闻到气味，但我们并不知道其嗅觉器官在哪里。

汤姆森女士之前对美洲水蜗牛（囊螺属动物）进行过研究，实验结果耐人寻味。她把蜗牛倒挂在水里，并让它们的嘴巴与跖——用来爬行的部位——都朝上，蜗牛在水膜下不停地滑动着。在此之前，俄国知名生理学家巴甫洛夫采用新方法对狗进行了一个特别的实验，而这个实验激发了汤姆森女士的灵感。如我们所知，狗在见到或嗅到食物后，口腔会分泌出大量唾液，而唾液的体量与性质是可测的，在拿出食物的同时吹哨，或者摇动某种颜色的旗帜，狗就能记住信号。不久之后，只要听到哨声，或者看到相应的颜色，它们的口腔就会分泌出大量唾液。对于它们，特定的信号相当于特定的物体或行为。汤姆森女士用一小撮莴苣触碰蜗牛的嘴巴，只见蜗牛的嘴巴飞快地颤动了几下，一般来说是 4 下。然后，她一手拿着莴苣触碰蜗牛的嘴巴，一手拿着玻璃杯按压蜗牛的足。她这么做是为了让蜗牛在同一时间里接收到两个触觉信号，直到蜗牛把二者联系起来。48 小时之后，她拿玻璃棒按压蜗牛的足，而有的蜗牛马上动起了嘴巴，最多的动了 7 次，有的不到 4 次，但总的来说表现非常好。96 小时之后，所有蜗牛都不再动嘴了。不管怎么说，低级动物也具有一定的学习能力，这是毋庸置疑的，例如蠕虫和蜗牛。蜗牛通过学习将口部的触感与足部的触感结合在了一起，因此反复几次之后，便会在接收到足部触觉信息的同时做出口部运动。显然，它们具备一定的联想能力，只是无法记住很久。

　　汤姆森女士还进行了另一项实验，想看看蜗牛能不能牢牢记住通往水面的正确路径。她在水箱里放了一个 Y 形的玻璃管，其中一个分枝较为粗糙，连接着一处会产生微弱电流的装置；另一个分枝较为光滑，伸出水面外，可供空气进入。粗糙的分支起着警示的作用。她先挤出了蜗牛呼吸器官中的所有空气，然后把蜗牛放到 Y 形管底部附近。蜗牛自然想尽可能快地到水面呼吸新鲜空气。如果沿着光滑的分枝爬上去，无疑能够实现目标，但如果错误地选择了粗糙的分枝，就会遭遇失败及惩罚。

　　研究结果表明，蜗牛在"记忆"方面毫无天赋。在经过好几次引导后，它们依旧错误百出。由此可见，它们能掌握一些技能，但并不能掌握所有技能。据我们推测，生活在大自然中的蜗牛，能将美味或不美味的食物与特定的环境条件联系起来，并反映到味觉上。

　　在对一部分动物行为进行研究时切勿忘记，简单的联想和智慧相去甚远。将鼠类关在笼子里，每次喂食前都摇一摇铃，反复多次之后，它们就会养成这样一个习惯：一听到铃声就会下来，无论研究者会不会给它们带去食物。当然，其学习速度并不如我们想象中那么快。动物们只是在进行简单的联想。雏鸡在熟悉了某种呼唤声之后，一听到这种声音就认定会有食物出现。它们的学习速度或许比较快，让人误以为它们不止拥有联想能力。

巴甫洛夫与汤姆森女士通过实验证明，无论是狗还是水蜗牛都具有一定的联想能力，也是这方面极具代表性的动物。原因在于，一个本来并无特殊含义的刺激与一个有含义的刺激关联在一起，例如食物之于视觉器官及触觉器官的刺激，与相应的行为关联在了一起。动物们在学习过程中不断重复着同一种联想，在联系被建立起来之后，只需要接受特定的刺激，便能做出相应的行为。这不是心理上的反应，而是生理上的反应。如果我们能区分同一件事物的两个不同方面的话，那么结论是无论是狗还是蜗牛都无法有意识地做出这样的行为，而只是出于条件反射。一些"上等人"对孩童在海边捡贝壳这种事情不屑一顾。他们或许不知道牛顿曾经说过："我如孩童般在海边玩耍，一会儿捡到一个光滑圆润的鹅卵石，一会儿找到一个花纹漂亮的贝壳。看着眼前的海洋，此中有真意，欲辩已忘言。"无论何时何地，这番谦卑恭敬的话足以说明"捡贝壳"的意义。

我们在这个世界上可以领略到很多灿烂的景致，没有孰优孰劣之分，因此"捡贝壳"也不应该被轻视。无论是高地草原在春季开出繁花，还是树林在秋天堆满落叶，又或者是花鸡飞过篱笆，设得兰马驰过眼前，蛋白石在水底发光，诸如此类的景象总会令人开心快慰。或许我们只是在海边的水潭中找到了几个贝壳，但那也挺好的。那贝壳已经干枯，却依然有着动人的曲线。我们仍旧可以感受到生命的和谐发展，可以看到动物的极致美好，那一圈一圈的如同涟漪般的同心圆是它们成长的岁月，宛如树的年轮，或者鱼的鳞圈。那色彩从深到浅依次渐变，是软体动物从生到死的一生，也是活跃与安静的展示，就像鸳鸟羽毛上的横纹，随着羽毛的生长，记录下了每天的血压变化。

旧城墙虽参差不齐，却别有韵味。因此，我们可以看到很多人喜欢拿着同一种贝壳比来比去。正如人各有志，同一种贝壳在不同的环境因素下会表现出不同的形状与颜色。对于那些很少来海边游玩的人来说，那随处可见的贝壳无疑让他们领略到了另一种自然之美。生活就是这样，总会给我们带来惊喜。

我们在海滨经常看到的贝壳有一部分是双壳纲，例如鸟蛤、贻贝、蚝、蛤蜊等，有部分是腹足纲，例如蛾螺、玉黍螺、钱贝、帽贝、石决明等。有时候可以看到一些呈圆柱形的象牙贝，它们本来生活在深海中，是被海水冲上岸的。在岩石上，可以看到一些原始石鳖，它们背上的壳层层叠叠，共有 8 块，既能伸缩又能弯折。

那么，软体动物的壳有哪些相同的特征呢？它们的壳都含有碳酸钙物质和有机物质，而有机物质主要是壳素。这两种物质都是由所谓的外套上的褶皱形成的。外套覆盖在壳身上，一直延伸至边缘处，而且会随着柔软身体的增大而增大。壳上长有一个没有附着任何物质的边缘，这个边会一直在生长，并慢慢覆上其他物质，这样一来，软体动物就不用像蟹一样换壳了。壳上还有很多平行的线条，那是定期的生长记录。如前文所述，这些纹路就是软体动物的"年轮"。软体动物通常能活很长时间，陆栖蜗牛的寿命在 3 ～ 4 年，淡水贻贝能活 12 年之久。在教堂里，盛圣水的容器是体形巨大的砗磲，那么，它们能活多久呢？只能说较大的砗磲直径可达两英尺，一个人很难托起。达尔文当年乘坐贝格尔号进行航海探险的时候，在科科斯群岛看到过很多庞大的蛤蜊。达尔文对此写道："不要轻易把手伸进大蛤蜊的壳里，因为你可能会拔不出来，除非它们死掉。"因为壳太重，所以砗磲几乎不会移动，最多只是把壳微微张开。

很多双壳纲动物都有三层壳：最外面的一层是由有机物质，即壳素构成，常有磨损；中间层是由呈小棱柱形的石灰质构成，这种物质类似于人类牙齿上的珐琅层；最里面的一层是珠母层，较为厚实，由石灰质薄片与壳素薄片共同构成，在阳光的照耀下，异彩纷呈，美丽极了。我们在商店里看到的那些五颜六色的贝壳其实都只剩下了珠母层。如果把珠母层磨成粉，就只能得到白色的粉末，即白垩粉。无论壳是何种颜色，实质上都是由于构造及物理方面的原因才出现的，壳中没有色素细胞。大部分海蜗牛带有三层壳，都是倾斜的，也都由石灰质小片构成，所以被称为瓷壳。通常情况下只能反射微弱的珠光色，甚至看不到珠光色。一部分腹足纲动物的口器带有深深的裂痕（呼吸管演化完成之前的阶段），这类动物都是吃肉的，所以其本身肉质粗糙，例如蛾螺；另一部分的口器不带裂痕，那便是植食动物，其肉质鲜美，例如玉黍螺。

在远古时代，人们对贝壳极为崇拜，时至今日，这样的传统也没有完全消失。最初，它们被制作成符，用以辟邪及占卜；后来，被用来计数、称重以及作为货币；再后来，又被赋予了更多象征意义，例如爱情、性、生命、繁衍。古代的贝壳崇拜是意义非凡的事情，不容小觑，轻视它是会受惩罚的。古人常常把红纹法螺那螺旋状的带花纹的空壳放到耳畔聆听，它们认为那样可以听到神的旨意。而我们的孩子们也喜欢那么做，它们说可以听到海的声音。那么，那些空壳为什么会发出嗡嗡的声音呢？有观点认为，原因之一是血管和肌肉在张缩时引起了内部振动，并通过外壳得到了增强。不过主要原因与共振效应有关，在嘈杂的环境中（并没有绝对的"安静"），一些轻微的声音进入了壳中，并被扩大和增强。孩童站在海边，从贝壳里听着海的声音，这很容易让我们想到远古时代的风尚。不管怎么样，不要小瞧他们的奇思妙想。

THE
OUTLINE
OF
NATURAL
HISTORY

第二十二章

蜘蛛及其亲属的故事

　　在不持偏见的人眼中，蜘蛛是一种值得赞扬的动物。它们的行为与众不同，具有非凡的创造力，善于建造和发明，例如蛛网、陷阱等。有的能利用蛛丝悬空活动，有的会在地上设置圈套；有的还能在水中织网，将干燥的空气装在里面，就像给自己做了个潜水装置。夏天的时候，它们可以在狭窄的水流上用丝搭桥布网。

　　如我们所知，蜘蛛不是昆虫。它们的身体分为两节，而昆虫的身体则分为头胸腹三节。它们的头部位于胸部，而昆虫的头部自成一体且能自由活动。蜘蛛有8条成对的腿，而昆虫有6条成对的腿。蜘蛛没有翅膀和触角，口器前部带有一对毒爪。除此之外，它们和昆虫的不同之处还有很多，但就上述各方面来看，也足以进行区分。总之，蜘蛛和昆虫是两种动物。

　　从习性来看，普通蜘蛛比普通昆虫要聪明一些。相同之处在于，蜘蛛也有很多天生的本领，譬如织网。相较于昆虫，蜘蛛更自由，更具创造力，也更执着。

　　蜘蛛通常有6只眼睛，而且都在头顶上方。每只眼睛都长有一个晶状体，类似于人类的眼睛，大部分昆虫的眼睛都长有好几百个晶状体。蜘蛛是单眼，而大部分昆虫是复眼。它们视力很不好，有时候竟看不见面前的子囊，以为弄丢了，最后只能靠嗅觉找到；甚至也看不到在蛛网中挣扎的飞虫，只能凭借飞虫挣扎所制造的振动来找到猎物的位置。它们对视觉并不依赖，一部分蜘蛛在晚上更活跃，能在幽暗的环境中织网。

在人们的印象中，或者说人们通常见到的蜘蛛总是一副黑乎乎的丑陋模样。然而，在热带地区，一些温暖的地方，也生活着很多色彩绚丽的蜘蛛，宛如奇异的珍宝。我们可以轻松地找出十几种足以和热带蝴蝶及蜂鸟媲美的漂亮的蜘蛛。有几种蜘蛛本就生得十分美丽，竟然还会在求偶时变得更加惊艳，犹如穿上了彩衣。不难想象，它们是可以识别色彩的。我们通过实验得知，有的蜘蛛会对某些颜色尤为偏爱，例如从可视范围内找出红色的物体。它们身体的各个部位都长着极具实用价值的嗅毛，不过对它们来说最重要的还是触觉，而主要的触觉器官是腿部末端以及第二对口器，也就是触角。它们的触觉十分敏锐，其程度甚至超过了人类指尖的触感。它们能对从蛛网上传来的各种振动进行分辨，然后做出适当的反应。它们喜欢蝇而讨厌黄蜂，至于同种的其他蜘蛛，则时而喜欢时而讨厌。它们可以判断出自投罗网的是哪种动物。简单来说，蜘蛛用触觉感知着振动的世界。

在实验当中，想要对轻微的振动以及声波做出分辨，实际上所依赖的是听觉，而这是非常难的一件事情。通过反复实验，我们发现蜘蛛对声波毫无反应。

从 1932 年至今，人们还无法确定蜘蛛到底有没有听觉器官，或许有些种类的蜘蛛是有的，不过尚没有发现其位置。狼蛛是生活在印度的一种体形较大的蜘蛛，善于捕捉鸟类，而且可以用两只后腿站起来，同时其他 6 条腿会不停摆动，并发出响亮的奇特声音。由此可见，我们不能断定蜘蛛什么都听不见。"那声音就像是小小的弹珠从几英寸高的地方掉到地板上，就像是刀背刮过梳子所发出的声响。"无论是雄性还是雌性，都能发出那样的声音，这是由其脚部倒数第二个关节上的一个器官，刮过附属肢

（位于其口器前部的第二肢）最末一节上的硬齿所产生的。对于一种生活在瑞典的蜘蛛来说，只有雄性可以发出那样的声音。它们可以随时随地地发出能为人所察觉的声响，当然这件事还有待进一步考证。

有人说蜘蛛会沿着蛛丝从天花板上爬下来，悬挂在半空中听音乐，而这一观点不足为信。它们不会因为接收到了声波而这么做，或许是因为感受到了其他某种振动而做出了这样的行为。听说，贝多芬小时候常常一个人在屋子里练琴，而每当他练琴的时候，就会有一只蜘蛛沿着蛛丝爬下来，落到琴上不离开，他长大之后，在被问及这件事时，他却说自己一点印象都没有。仔细想想，他弹琴的时候应该会很用力，无论哪种动物都会避之不及，怎么会有蜘蛛安静地守候呢？

蜘蛛的很多行为都能反映出其触觉的敏锐，因此让我们先来看看蜘蛛的触觉。对于它们的很多行为，我们可以用"巧妙"来形容。我们经常在清晨一睁眼就看到天花板上的蜘蛛，但这种平常事不值得我们投入过多关注。它们似乎不用遵循重力定律，脚朝天，背朝地，稳稳地垂挂在那里。它们之所以不会掉下来，有赖于其腿部末端的一小片细小齿爪。在《旧约圣经·箴言》的第三十章二十八节中，我们可以看到如下文字："蜘蛛用手攀着那东西"，不过有一种说法是，这里的"蜘蛛"其实应该是一种蜥蜴，名为守宫。它们的足趾上长有肉垫，可以吸附在墙面上，因此我们可以常常看到它们沿着墙面往上爬。假如圣经里说的真的是一种蜘蛛的话，那么这种蜘蛛的攀爬力可见一斑。它们的爪子很奇特，是弯曲的，可以牢牢抓住天花板。因为天花板被粉刷过，所以表面很粗糙，从这个角度来说，蜘蛛确实可以用"手"攀物。

在有小块墙皮脱落的情况下，它们依然可以悠然自得地趴在那里，毕竟它们有8条腿。假如8条腿都没有抓牢的话，那么它们就要使出绝招了：用身体后部吐丝器的末梢触碰天花板以挤出黏稠的蛛丝，而蛛丝会马上变硬，随着丝逐渐加长，它们得以慢慢落到地面上。这个器官堪称精妙,而且极具价值。不过,更神奇的是,它们有时候会在墙皮没有脱落,也没有其他事情发生的情况下,来到地面参观。人们经常可以看到它们小心翼翼地从天花板上落下来,甚至差点掉到我们脸上,或者悬在半空一动不动,仿佛在思考问题,然后又原路返回,收起了丝路。后退的时候,它们会用触须把丝卷起来,然后吃掉。人类可以攀着绳索往上爬,但没有办法一边爬一边把绳子放进口袋。如此说来,蜘蛛实在是技艺高超的体操健将。

蜘蛛的身体里长着很多可以分泌出"丝"的腺体。那些腺体形似小针管,可以伸缩。通过收缩腺体周围的肌肉,便可以挤压出黏稠的液体,那液体从吸管喷出后落到一根毛的尖端。那根毛就是我们常说的纺轴。液体结成 2 ~ 6 个球状的丝囊,也就是吐丝器,看上去犹如蓬壶的壶口,不过壶口上的孔是与同一个大管道相连的,但丝囊上的纺轴、体内的丝腺以及其间的管道都是一一对应的。正因为如此,蛛丝才有粗细之分。我们需要对蜘蛛有更深入的了解。蛛丝的粗细取决于调动的丝腺有多少,一只蜘蛛可以制造出多种蛛丝,例如园蛛的蛛丝就有两三种。"细若游丝"是我们经常听到的一个词,但实际上,一根游丝是由多个丝腺分泌的黏液形成的。这些黏液集合在一起,很快就能变硬,成为我们经常看到的蛛丝,其纤细程度是惊人的,有时候近在咫尺也不容易看到。

丝囊是一种有趣的器官,很久之前是后肢,这又是一个旧物新用的典范。蜘蛛的祖先是节肢动物,后肢的数量原本更多,有点像蜈蚣。尚未孵化出的蜘蛛胚胎可见数对后肢痕迹,其中有三对后来会发育出丝囊,剩下的很快就没了踪影。由此可见,生活在远古时代的蜘蛛祖先应该长了很多后肢。

值得一提的是,在危急时刻,蜘蛛会马上射出一股蛛丝。例如,当它们从栅栏上经过时,如果被人用手轻轻地碰了一下,它们会在跌倒之前放出一股丝,并让另一端黏在栅栏上。我们可以将这种行为视为"在草丛里设陷阱"这一行为的前奏，而那陷阱就是对网的灵活运用。同时，上述行为也是织茧、纺丝、悬空等行动的基础。

蜘蛛来到草丛里捕食昆虫，首先吐出一条系留丝。所谓罗网其实是一团缠在一起的蛛丝，没有任何规律可言。其中一些丝极具黏性，能够黏住昆虫。此外，更高级一点的是常见的片网，细丝连成一片，但形状不规整。再进一步，是圆蛛所织的圆网，十分美观。至于蛛网的具体织造方法，详见下文及附图。

第一步，设定基线，围出一片区域。这时候所用的丝必须足够坚固，以便在网破之后还能派上用场。它们吐出一条系留丝，从 A 点拉到 B 点，不能太松；再从 B 点拉到 C 点，接着从 C 点拉到 D 点，最后返回 A 点。如果是四边形的网，那么打基础的工作就已经完成了。

第二步，设定辐线。把丝从 AB 线段的中点 E 拉到 CD 线段的中点 F，然后拉紧，这条系留丝是连接 E、F 点的第一条辐线。然后，它们会爬到这条辐线的中间，即 EF 线段的中点 X 上，而 X 点就是之后整个织网的中心点。由此可见，蜘蛛能够分辨出远近和长短。从 X 点爬到 E 点，一边爬一边吐丝，不过不能和 EF 辐线缠在一起；横向移动来到 B 点，拉紧蛛丝，形成第三条辐线 XB。回到 X 点，再吐丝，来到 F 点，横向来到 D 点，拉紧以完成第四条辐线。以此类推，辐线越来越多，总的来说，一般都是上下左右交替织造的，要不然可能会出现偏离中心的情况。

第三步，设定第一条螺线。以 X 为起点，并纵向跨过各条辐线，并与各条辐线相连。由此绕出一圈螺线，不过这条螺线不具有黏性。

第四步，设定第二条螺线。从基线向里再绕出一圈螺线，最终形成蛛网。第一条螺线主要起支撑作用，而它们在织造第二条螺线时爬得很慢，所以吐出的丝很黏，并带有细碎的液体，犹如一颗颗水珠。在完成织网工作后，它们会将第一条螺线撤除——吃掉！

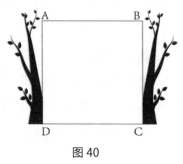

图 40

第一步设定基线

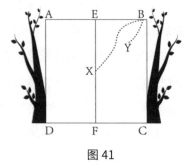

图 41

第二步设定辐线

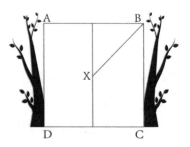

图 42

第三步设定第一条螺线

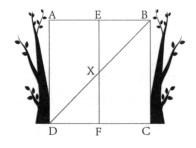

图 43

第四步设定第二条螺线

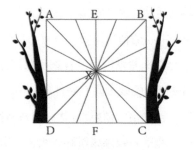

图 44

添加多条轴线

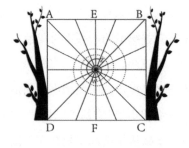

图 45

螺旋状实线为第一条螺旋线，在 Z 点停止，螺旋状虚线为黏性第二条螺旋线，在 W 点停止。

一条与众不同的丝从织网中心延伸而出，连接着角落里的巢。当有东西落网时，蜘蛛便能通过这条细丝的振动识别出那到底是什么东西。我们曾经做过一个实验，用一根丝线拴着一块很小的软木，然后手指捻丝线的一头，让软木不断地触碰蛛网，然后，一只蜘蛛从巢里走了出来。在有蚊蝇落网时，它们有时候会拉紧蛛丝，然后突然放松，以将蚊蝇牢牢扣住。

蜘蛛网的种类有很多，一些是纵向编织的，一些是横向编织的，一些好似帐篷，一些好似穹顶，还有一些网与基线十分接近，难以区分。那么，我们该如何看待这个现象呢？是天赋异禀，还是后天习得的技能？大体上来说，织网这件事是蜘蛛的本能行为。对于第一次织网的小蜘蛛来说，它们会参照同类的手法来完成这项工作，也就是说，它们不会心血来潮地织出一个造型新颖的网来。

当然，它们也没有刻意地规划过方案，或者参考过其他模型，只是天生就会织网。雌蛛的网比较细腻，但没有太多款式。雄蛛通常都比雌蛛小，甚至小很多，所以工作能力也比不上雌蛛。如果把一只从未织过网的蜘蛛关起来，那么只需要几个小时，它就可以在黑暗中缔造出一张漂亮的网。由此可见，这的确是一种本能行为。

那么，蜘蛛在织网的时候会运用脑力吗？在我们看来，凡是特立独行的表现多少都会涉及脑力的运用。例如，在海边，为了躲避风雨，蜘蛛会在岩石缝里织网：发出特别的系留丝，冒着风险爬上这条摇摇欲坠的纤弱的丝，吐出一条与前者重合在一起。一趟下来，那根丝变粗了许多。在第一条丝变得足够结实之后，蜘蛛开始织造第二条丝，与第一条相互平行，间距较远。此后，再织造横丝，与既有丝垂直。基线布好之后，就可以开始织里面的网了。

格而第博士在花园里看见了一只普通的巴西蜘蛛，在角落里停留了很长一段时间。在他看来，这只蜘蛛所织的网很值得研究。在它的网下，直直地垂着一条蛛丝，而且下端挂着小石子，将那条丝被拉得很紧，看上去就像被棍子压住的灯屏角。

我们偶尔会看到一种平网。这种网的基线横跨了一条溪流,两端分别连接着两岸的草丛。那么,蜘蛛是如何做到的呢?它们来到高处,发出一条绵长的蛛丝;一阵风吹过,蛛丝被吹到了对岸,落在草丛中。在丝囊松弛下来后,它们会停止吐丝,把丝拉紧成直直的一条,然后把身上的丝缠在枝叶上,大功告成。在做这些事情的时候,它们沉着冷静,胸有成竹,看起来像是经过思考的。

格而第博士的儿子曾经也研究过博物学,并连续 24 小时观察一只蜘蛛的结网过程。黎明之前,一片昏暗,蜘蛛静静地守候着早出或晚归的小飞虫们(例如雄性介壳虫)。天刚大亮,收网休息,它们认真地收拾着蛛网,把捕到的很多虫子卷起来,然后背回家饱餐一顿。

与众不同的蜘蛛

蚁、蜂、黄蜂等动物得到的赞美通常都很多,但蜘蛛却备受冷落。不过它们具有的勇气与创造力,却是昆虫们无法企及的。通过对蜘蛛进行深入的研究,博物学家们发现蜘蛛不仅本领高强,而且活泼聪明,比普通的昆虫要厉害得多。我们所说的智力,是类似于能够计算出二加二等于几的能力以及将各种不同事物联系在一起,并从中获取经验的能力。

伟蛛是一种生活在澳大利亚的体形较大的蜘蛛。郎曼对它们的习性进行了详细的记录。雌蛛的身体长宽都在 0.5 英寸左右,腹部为乳黄色,夹杂有深色斑纹,看上去就像一条条蠕虫,前端长着 14 个绯色斑点,串联在一起像一条花纹,还长有两个突出的黄色结节。头胸部长着小巧的尖顶,其底部看上去像雪花石膏。那个尖顶是葡萄酒一般的颜色,而且是眼睛所在的位置。

伟蛛结下的茧通常都很大，大概有 3 英寸长、4 英寸宽，直径可达 1 英寸，白白净净，挂在树上好像果实。它们一个季度大概可以结出 5 个茧，每个茧包裹着 600 枚左右的卵。它们的茧有两层，内层的茧呈梨形，又细又密就像稻草一样，比外面那层更大更结实。两层中间充满了细丝，就像松软的垫子一样。蜘蛛只需要用一个晚上就可以结出一个茧。它们时常在月光下工作，哪怕是在没有光的环境中也能顺利地完成任务。由此可见，结茧也是其本能行为之一。工作期间或许会遇到各种各样的状况，但它们从来不会离开，专注地做着自己的事情，即使离开会更好。白天，它们躲在树叶里看着小蜘蛛自己从卵里爬出来，有的爬到了茧的顶部，有的爬到了附近的叶子上。纤细的蛛丝在风中摇曳着，而上面的小蜘蛛仿佛是在随风起舞。郎曼通过观察发现，大部分小蜘蛛刚爬出几步就会成为鸟类的食物。

这种蜘蛛捕食蛾类的方法可谓独树一帜。在结茧的时候，它们的网是没有黏性的，也不是罗网，但它们会使出独门绝技：吐出一条长度在 1.5 英寸左右的丝，在其末端沾上一些黏液以便让丝自然下垂。这些黏液的体积比针尖略大一些，有时候还会连着更小的几滴。郎曼表示："这条细线连接在蜘蛛的一条前腿上，看上去就像是蜘蛛在钓鱼。当有蛾子飞过时，蜘蛛会猛地收起这条细线，用黏液粘住那只蛾子。蛾子拼命地拍着翅膀，有时候会成功地挣脱束缚，而对于蜘蛛来说，可能需要尝试两三次才能完全征服蛾子。在大自然中，诸如此类有趣的小事件可谓层出不穷。诗人们说，蛾子喜欢星辰的光芒，而在自然界中，它是伟蛛的心头好，尽管听上去匪夷所思，但我们通过观察发现这就是事实。"它们的黏液黏性十足，落在上面的树叶会被粘得很牢固。蛾子要是沾上了黏液，就很难全身而退，如同掉进油锅里的苍蝇。蜘蛛把被粘住的蛾子拉到身边，将毒液注入它的身体，置它于死地，然后再将它卷成一团，不让其翅膀与腿露在外面，接着把它放到口器前方，吸干其壳内的肉汁。蜘蛛不吃固体的肉，只吸食猎物身体内的汁。

我们该如何看待这样的行为呢？蜘蛛像是懂得钓鱼一般，而那黏液相当于鱼钩。如今看来，它们的这种行为是一种本能反应。那么，这是不是自然界从各种觅食手段当中，所挑选出的某种手段的演化结果呢？相较于雌蛛的结茧本领，这种行为是否更进化？它们是不是真的在凭脑力坚持生存与创造？这与"学习垂钓"并不矛盾。我们在这里所说的学习，包括效仿同类的技能，并从中吸取经验。我们很乐意倾听这方面的故事，因为我们所知甚少。在我们看来，蜘蛛对蛛网的运用未必不含有智力的成分。

近来，南非彼得马里茨堡的阿克曼博士对一种近似伟蛛的蜘蛛进行了研究。这种蜘蛛雌性体长 0.6 英寸左右，形态可谓独树一帜。

它们结的茧很大，有时候 5 个排成一排，紧紧地缠在草茎上，看上去像果实一样，外层十分坚硬，里层富含松软的丝，丝里包裹着若干卵。白天，它们蜷缩着身体守着那些茧，而它们自己看起来也像茧一般。夕阳西下，它们活跃起来，等候落网的昆虫。它们吐出一条末端带着黏液的丝，用 3 条相对较短的腿水平抛洒着这条丝，然后迅速地转动一刻钟左右。接着，它们收回丝，开始吸食末端的黏液。每隔几分钟就会重复一次这样的行为。究其原因，或许是黏液在空气中无法长时间地保持其黏性，需要定时更新。它们一般会在宽阔地带转动丝和黏液，这样的话就不会碰触到其他东西。然而截至目前，尚无人得见它们捕食昆虫的过程。

这种名为纳塔耳的蜘蛛类似于前文所述的布里斯班蜘蛛（主要分布于澳大利亚昆士兰州的首府），二者之间只存在一些细微的差别。我们很想知道，这种独特的行为是不是分别于两个地方各自演化并形成，以及这两种蜘蛛是不是同出一脉，而它们的祖先也会表现出处于初级阶段的类似行为。

曾有两三次，人们在英国出产的香蕉里发现了大型蜘蛛。这类大型蜘蛛是凶猛的捕食者，不仅能征服鸟类，还能将鸟类吸食掉。它们的捕食行为与众不同。一位来自阿根廷的动物学家曾表示，有一种蜘蛛会选择在近海浅水边织网，那网是漏斗形的，下端深入水中。它们会把蝌蚪赶进网里。非洲南部的一种蜘蛛不仅会捕食蝌蚪，还是幼小的蟾蜍及雨蛙的天敌。

我们经常听到有人说，它们看到有鱼类被蜘蛛捉住，至于其中细节，我们不得而知。亚伯拉罕牧师之前对一只纳塔耳蜘蛛[①]的捕食过程以及食物构成进行了观察。"纳塔耳"的意思和海洋有关，但这种蜘蛛却喜欢淡水鱼。它们在淡水水面上伸展着身体，用最靠后的一双腿夹住一块小石子，当有鱼经过下方时，它们松开腿任石子落下，从而"钓"起那条鱼，同时被提上来的还有那块石头。它们把鱼拖到岸上，大快朵颐，准确地说是吸食。它们的口器外部或许能分泌出某种消化液，可以很快地消化食物。不管怎么说，那条鱼只会尸骨无存。这种技能在另一种蜘蛛的行为中也能看到，不过我们对此已了解得足够多，应该换个研究对象了。

蝎　子

蝎子主要分布在沙漠地带、气候温暖之处以及日照较多的原野上，例如法国南部地区等。它们完全不同于很多其他动物。那些只见过狗、马、兔等哺乳动物的人，并不会认为海豚、蝙蝠等也是哺乳动物；只见过鸵鸟的人，会认定鸟类就是鸵鸟的模样，而认不出海燕、蜂鸟等，甚至觉得那些都不是鸟类。但蝎子不一样，只要见过其中一种，便能马上识别出其他种类。不同种类的蝎子分别属于不同的属，但无论是哪种都和蜘蛛、龙虾以及各种昆虫大相径庭。

[①] 是海蜘蛛属的一种。——作者注

那么，蝎子具有哪些特征呢？它们的头部与胸部紧紧相连为一节，其外覆有坚硬的头胸甲；眼睛长在头胸甲上，有好几对，但视力不好；腹部分段呈环状，其中七段较宽，五段较窄；尾部带有尖刺；和蛛形纲的其他动物一样，它们也没有触须。不过，蝎子的触觉或许是蛛形纲动物中最敏锐的。它们的口器前部长着一对很小的钳子，即螯肢，适合用来送食入口以及将猎物撕碎。

蝎子长着一对带爪的大节肢，那是它们的触角，主要用以取食和打斗以及"手牵手一起走"——这是法布尔说的，另外 8 条腿是用来走路的。腹部下方前部长着一只特殊的梳膜，十分敏感，是它们攀爬时的触觉器官；梳膜后方长着四对伸入袋装肺叶的斜罅。肺叶的功能是呼吸干燥的空气。它们身上覆有一层没有更新能力的外皮，也就是由甲壳素构成的甲，十分坚硬；在所有关键部位都长有很多拥有触感的毛。

沙漠地带是蝎子的地盘。它们能很好地适应干旱环境，靠吸食昆虫及蜘蛛的体液为生。蝎子的爬行速度惊人，爬行时常常竖着尾巴，实际上它们很少垂下尾巴。它们利用触角觅食，在攻击或防守时会用尾部的刺放出毒液。通常情况下，它们不吃固体物质，只吃液体食物。和蜘蛛一样，蝎子可以连续数月不进食，但在野外，它们宁愿同类相残也不会轻易绝食。法布尔曾对这种残忍的行为进行过描述：两只蝎子在同一块石头下相遇，一只一定会被另一只吃掉。我们在兰基斯特爵士的记录中看到，博物学先驱摩柏屠伊曾表示，他在法国南部地区养过蝎子：一共有 200 只，被关在一个笼子里。一次，他去巴黎出差，回来后却只看到一只肥硕的蝎子，而其他的蝎子都只剩下残骸，那幸存者堪称吉尔伯特笔下的水手，"它是南锡双桅方帆船上的厨师、水手、二副以及船长的仆人。"

从傍晚开始，蝎子便会外出觅食一整晚，而白天的时候则躲在洞里，或者趴在石头上休息。和很多不喜欢白天活动的动物一样，它们也对人类营地所发出的光充满好奇，并会缓慢靠近。这种现象与飞蛾扑火如出一辙。

　　蝎子的制毒工具隐藏在其尾部末端，即尾节的一对腺体中。在其尾部下方的弯曲处长着两个用来放射毒液的小孔。在攻击人类或动物的时候，它们会翘起并向前伸出这一节。毒液具有很强的麻醉性，会令人反应强烈，不过即使是最厉害的杀人蝎也无法置人于死地，只是较为恶毒而已。传说用火围攻蝎子可以令它们自杀，但实际情况并非如此。首先，人们尚未看到过它们自杀或自残，因为它们很难把自己的尾部尖端塞进甲的两节之间。其次，就算它们被自己的尾巴刺到，也不会被自己的毒液毒死，毕竟其腺体所分泌的毒液平时多少都会浸入体内，以至其血液中有了抗体，可以中和毒素。最后，它们为什么要自己刺自己呢？它们根本就不懂什么是自杀！即使是同类相残时，所用的也不过是触角而已。实验证明，在被火团团围住的时候，它们会先四处寻找突破口，然后晕厥过去，如同很多受到刺激的动物那样僵直不动，等待危机解除。

　　无论是雄性还是雌性，其梳膜都比较大，而且没有什么不同。对于蝎子的交配行为，法布尔的描述可谓栩栩如生：两只蝎子相对而立，尾巴翘到了背上，然后，两个刺碰到了一起，雄性伸出触角去钳雌性的触角，召唤雌性靠近，雄性往后退，雌性往前凑，有时候移动很长一段距离，或者耗费一个小时乃至更久。雄性一直钳着雌性，一前一后钻进一块平整的石头下，消失不见。雄性看上去颇为粗鲁，但它们可能很快就会丢了性命。据法布尔称，在交配结束后，雄性会被雌性吃掉，雌性并不像我们所想象的那般温柔。

　　小蝎子是在母亲体内发育的，出生时已覆有发育完全的甲壳，因此我们可以将蝎子视为胎生动物。不过，法布尔曾写到，刚出生的小蝎子尽管已经有了蝎子的形态，但仍然包裹着一层卵膜。母亲会小心地将卵膜撕开，让柔弱的小蝎子爬出来。位于法国南部的朗格多克有一种蝎子，出生时大概有 0.375 英寸长，成年后体长超过 3 英寸，不过幼年期和成年期的形态没有区别。小蝎子顺着母亲的节肢爬到母亲背上，然后抓住背部的刚毛。

有时候，母亲背上的小蝎子多达二十几只，都隐藏在刚毛里。小蝎子不喜欢受到惊扰，而且在第一个星期里无须喂养，但这并不影响它们的发育，因为它们可以凭借储粮及体内的营养物质长大。如此这般，直到完成首次蜕皮——外皮一片一片地脱落。此后，它们就可以在母亲背上爬行了，并会与母亲一同享用食物。不久之后，它们将经历第二次蜕皮，不过从这一次开始，其外皮都是整体脱落的。头胸部的外皮逐渐开裂，小蝎子从缝隙中钻了出来，留下一个完整的皮囊。母亲把小蝎子驮在背上的行为是母爱的体现。小蝎子长大并离开母亲背部之后，如果受到惊吓，依然会爬到母亲背上避险。

蝎子是一种十分独特的动物，不同的种类拥有不同的特性。法布尔笔下的蝎子出产于法国南部的朗格多克，而其他种类的蝎子或许并不像他所描写的那样，不过，人们并不会因此而苛责他。对于这种动物，我们还可以进行更多的观察研究。

螨　虫

螨虫①可被视为穴居动物。首先，很多种类的螨虫都生活在洞穴中；其次，很多种类的螨虫都喜欢幽暗深邃的环境以及小规模群居。即使是一块干奶酪上的小洞，也可以成为它们的住所。此外，也有很多螨虫喜欢水环境，或者生活在草丛中，又或者寄生在其他生物身上。

自然界中有很多大型动物，无论是之前还是现在。例如哺乳动物中的猛犸象与鲸；走禽中的鸵鸟；飞禽中的信天翁与秃鹫；爬行动物中的蟒、

---

① 属于螨蜱目。——作者注

鳄、大龟、大蠵龟；鱼类中的鲨、海鳗，以及身长可达 10 英尺的金枪鱼；两栖动物中某些已经灭绝的大小如驴的动物等，不一而足。不过，体形过大未必是件好事。在演化史上，体形大并不意味着成功。曾几何时，地球上出现过陆栖的大型爬虫；三叠纪出现过两栖的迷齿龙，其中一种仅头盖骨就有 3 英尺长；还出现过和车轮一般大的菊石。这些动物如今身在何处？无论哪个时期都有大型动物，但它们终究还是被淘汰了。

与之形成鲜明对比的是，体形较小的动物大多都能成功地生存下来。娇小的体形给它们带来了很多优势，例如可以轻松地隐藏自己。巢鼠可以把自己挂在麦秆上；蜂鸟可以躲在小如针尖的巢中；雨蛙只有 1 英寸长；比鲦更小的鱼比比皆是。人们普遍认为，膜翅目中有一种昆虫身长仅为 0.2英寸。事实上，这种动物的一种近亲只有 0.13 英寸长。而一部分甲虫仅有 0.1 英寸长。这种动物虽然身长只有 0.2 英寸，不过五脏俱全，无论是大脑还是食道，抑或是呼吸道，统统都很健全，实在令人惊叹！

螨虫也是一种十分奇特的生物，大部分体形微小，有的甚至不超过 0.01英寸。我们在《剑桥博物学》一书中看到：最大的螨虫也只有 0.4 英寸长。由此可见，它们数量庞大是有原因的。在世界的每个角落里，每个缝隙间，甚至很多生物体上都能找到螨虫。它们无处不在，极难清除。它们小到可以钻进被盖住的瓶子里吃东西，可以穿过针眼般大小的孔，只需要点滴液体，或者一点点食物就可以活下去。很多种类的螨虫能在极端恶劣的环境下长期存活。或许与一些物理方面的因素有关，它们对极冷、极热、极干的环境毫不介意。

螨虫的近亲不是昆虫，而是蜘蛛和蝎子。它们的身体好似不分节，只是在前端长着一个灵活的"假头"，也就是小头；其余部分，或者说腹部没有环节。它们的头部和胸部合为一体，紧密相连；大部分螨虫的头胸部与腹部之间长着一道较深的凹槽。螨虫长着两对口器，主要用途是吸食液体，不过有时候也会用来撕咬和咀嚼。它们不长触须，但长有眼睛和 8 条腿。

就那些选择寄生生活的螨虫而言，它们的腿正处于退化阶段。一些种类的螨虫比较活跃，例如秋螨，它们是通过气管来进行呼吸的；干酪螨之类的螨虫比较迟钝，其呼吸器官是皮肤，这种呼吸方式是最原始的。

螨虫是卵生动物，刚出生的时候只有 6 条腿，后天会再长出两条，然后进入活动蛹时期。在活动了一段时间后，它们会变得安静下来，并逐渐长成。活动蛹可能不太像螨虫，但也可能很像螨虫，对此我们不甚了解。但是，当活动蛹逐渐长大，进入"青春期"后，其内部会出现各种变化。干酪蛆科中部分种类的螨虫在活动蛹时期会显得十分奇怪，背部长着硬硬的保护壳，后半身下部长有吸器。它们常常吸附在土蜂之类的昆虫身上，而这种身体构造及生存习性的变异显然是有目的的：分散存活。这类"四处游走"的活动蛹拥有强大的生命力，而且可以在很长一段时间内不吃不喝。它们跟随昆虫来到宜居地，然后跳下来自谋生路。其中的幸运者会接着发育，变回普通活动蛹的模样。这便是螨虫遍布各处的原因之一。

我们在螨虫目动物身上可以看到很多独特的习性。淡水螨虫不仅拥有保护色，而且色彩艳丽，似乎永不疲倦，总在四处觅食，一刻也不停。生活在海洋中的螨虫种类不多，而且不像淡水螨虫那么醒目。它们常常来到海边，在海藻丛与植虫堆中活动。秋螨像是穿了一件红色的丝绒外套，在草丛中捕食昆虫或其他小型动物。英国境内的秋螨幼虫会抓住机会寄生在人类身上：藏在毛发的根部，咬起人来令人又疼又痒，特别是对于那些皮肤较薄的人来说。想要缓解及消除症状，可以再涂一点碘精水；想要预防的话，可以在手腕、脚踝等部分抹上雄刈萱油。截至目前，人们还没有想明白为什么这种螨虫能引起这样的症状。日本的一种螨虫身上携带有一种可引起"河热病"，也就是恙虫病的微生物。

"甲虫螨虫"又被称为甲螨，其壳较硬，喜欢吃腐败的植物。皮革螨虫及硬壳螨虫在其生命的某个阶段会吸食脊椎动物的血液，并且是几种重症传染病的传播者。人类会因被叮咬而染上螨虫热；牛会染上牛黏膜炎。

大多数突嘴螨虫都是红色的，生性自由，喜欢掠食。其幼虫一般都寄生于蜘蛛及昆虫的腿上。软蜱也是螨虫，但与前者不同科，一般寄生于蜣螂腹部下方，在路上随便找只蜣螂翻过来一看便知。它们又被称为“红蜘蛛”，是四爪螨属，主要食物为蔬菜瓜果等的汁液，于人类而言具有较大危害。它们在树叶下方结网产卵，并利用网来遮挡自己以吸食植物汁液。干酪蛆主要以吃腐食为生，顾名思义，它们喜欢藏在干酪的洞里。疥螨与疥癣螨会钻到人类的皮肤下，究其原因，主要是皮肤太脏，当然，没有人会刻意去招惹这些小家伙。同样地，一部分家禽会因螨虫而染上碳酸钙脚病，或者自己拔掉身上的羽毛。螨虫还会让羊生疥癣。

有一类体形非常小的螨虫被称为跗线螨，这类螨虫十分独特。来自阿伯丁的博物学家伦尼、怀特、哈维一直认为，这种螨虫是怀特岛病的罪魁祸首，这是一种蜜蜂容易染上的极其严重的流行病。它们寄生在蜜蜂的气管中，附着在气管壁上，喜欢钻进细小的空隙中。对于这种螨虫，我们还需要进一步研究。英国曾经遭遇过黑醋栗坏死的事件，其真凶是一种很小的螨虫，看上去就像蠕虫一样。它们只吸食芽中的汁液，导致芽肿大坏死，成了我们所说的“大肿芽”。它们的近亲，另一种小如蠕虫的螨虫名叫蠕形螨，寄生在很多哺乳动物的毛发根部。人如果招惹了它们，就会长疹子，也就是所谓的“面疱”。实际上，人类身上有很多寄生物，而螨虫是常见的。

不同种类的螨虫有不同的觅食方式。当然，这也是自然界中的普遍现象。有的螨虫吃肉，有的吃植物，有的寄生在动植物尸体上，有的寄生在动物活体上，有的跟随其他动物迁徙，有的附着在植物上，有的生活在地下洞穴里，有的生活在淡水中，有的会进入动物体内，有的会采食蜂蜜，有的还专吃采蜜的螨虫。最可怕的是，它们携带有许多微生物，对人类及其他动物有害。

THE
OUTLINE
OF
NATURAL
HISTORY

第二十三章

昆虫的故事

昆虫纲是世界上种类最多、规模最大、分布最广的动物。就种类而言，远超其他各类动物。据动物学家统计，地球上至少存在 25 万种已知的昆虫，而未知的恐怕还有很多。

通常情况下，昆虫的身体分为头、胸、腹 3 节，头上长着触须、复眼以及 3 对口器。它们会用不同的口器进食不同性质的食物。胸部一节长有两对翅膀和 6 条腿。成年昆虫的后半身，也就是腹部一般没有节肢。不过，幼虫腹部通常都有节肢。它们身覆一层不可生长的角素壳，或者角素皮。发育至成虫需要几个阶段，就得蜕几次皮，待到长出了翅膀，就不再需要蜕皮了。当然，例外的情况总是存在，例如蜉蝣。昆虫利用气管呼吸，为身体各个部分提供氧气。诸如蜜蜂、蝴蝶、甲虫、双翅蝇等较为高级的昆虫需要经历复杂的发育过程，例如幼虫、蛹等阶段。

这一纲下的目有很多，譬如膜翅目，主要代表是蚁、蜜蜂、黄蜂等；鳞翅目，代表有蝴蝶、蛾类等；鞘翅目，代表有甲虫；双翅目，代表有双翅昆虫等以及其他一些目。

昆虫社会

蜂巢内总是充满生机,一年到头皆是如此。当然,冬天,蜜蜂基本上都会选择蛰伏,而夏天,它们会忙到没空休息。春天到来后,蜜蜂开始了一年的工作,从巢里传出的嗡嗡声便是最好的证明,而各个蜂房都塞满了蜜蜂。

它们成群结队、不知疲倦地外出觅食——不为自己,只为集体。负责外出觅食的蜜蜂都很强壮,而年幼者与体弱者被留在家里做家务。外出觅食的工蜂回来后会受到居家者的热情接待,居家者会帮它们把食物卸下来。蜜蜂会采食各种各样的东西,有时候会把一整袋蜜带回巢并放进库房;有时候会采回花粉,有淡黄色的,也有深褐色的,不一而足;有时候还会把水带回来。它们把找到的食物放在后腿处的两个“筐”中,平平稳稳、满满当当。

负责家务的蜜蜂会把食物放进库房贮存起来。工蜂带回的如果是花粉,那么居家者还需要把工蜂身上的花粉刷下来,累积成堆来储藏。无论是采集还是储藏,都是不可或缺的工作。此外还有其他一些工作,观察蜂房出入口便可看见,它们会把无用的东西以及死亡者抬出去,以保持蜂房内部的整洁。假如有蛞蝓进入巢内,它们会用蜡将其掩盖,因为那家伙体形太大,要搬出去很困难。还有一些蜜蜂排着队站在那里不停地拍打着翅膀,它们是在为巢内输送新鲜空气,同时也把里面的浊气扇出去。而且,蜂蜜也被扇得更加干燥,更加浓稠了。这项工作是轮流进行的,一批累了就换一批。

白天,在蜂巢附近经常可以看到一群群什么也没携带的蜜蜂飞进飞出。它们是雄蜂,不用工作也不外出觅食。不过,它们并不是懒惰者。此外要提到的就是蜂王了，也就是那些雄蜂和工蜂的母亲。蜂王唯一的工作就是在蜂巢里产卵，从一个蜂房来到另一个蜂房，兢兢业业。一连数个星期，它一刻不停地产着卵，而幼蜂也一批批地孵化而出。

做家务的也是工蜂，而且各司其职，有的负责把蜂王引到有位置的蜂房，并为其带去食物；有的负责照顾幼蜂；有的负责制作蜂蜡，建造蜂房；有的负责打扫卫生，修修补补；有的负责酿制蜂蜜；有的负责储存蜂蜜；有的负责日防夜守；有的负责维持秩序。

蜜蜂是生活有序的群居动物，不过这种现象在自然界中并不少见，毕竟懂得筑巢的蜜蜂是可驯养的动物。经过不断的尝试，人类已经可以对蜜蜂进行配种以及多方面的指挥。当然，在夏天来临后，原野上的蜜蜂会表现出极为强大且令人吃惊的生命力。养蜂人的一些做法仍然具有一定的迷信色彩，例如摇铃敲壶之类，不过蜂群与人类的关系依然很紧密。为了把蜂群引到便利处并进行捕捉，一些养蜂人会按照传统的做法，用钥匙敲打平底锅。要是蜂群飞到了别人家的院子里，那么主人也会跟上前去。然而，通过敲打金属制造声响来引导蜂群的办法似乎不怎么管用。部分昆虫学家指出，蜜蜂未必能听到声音并因此而受惊。

蜜蜂的集群效应是如何产生的呢？简单来说，因为蜂巢装不下那么多卵了，所以它们不得不另觅他处。当然，事情并不会如此简单。刚入夏的时候，特别是在天气晴朗的上午最容易看到蜂群。此时，蜂王因为没地方产卵在蜜排上焦虑地徘徊，而工蜂也因此感到了不安，一只只惊慌失措地往外飞，最后飞出来的是蜂王。在蜂王飞出之前，工蜂是不会停下来的，可是蜂王因为有卵在身而飞得很慢，而且极易落到地上。工蜂没有看到蜂王，所以还在飞舞着，但不久之后，它们就会返回蜂巢，重新选出一个更年轻的蜂王，并迁徙到别处。

通常情况下，迁徙之后会形成新的集体。如果养蜂人没有及时出现并把它们带回去，它们就会选择其他宜居地，例如一棵空心的树等重新筑巢，完全不顾养蜂人方便与否。在英国，一些地方的很多蜂群都已野化。迁徙的蜂群会在适合生存的地方定居，但应该不是提前做好的规划。不要忘了，它们有时候也会做出错误的决定，因为蜂王无力继续飞行，所以只能在不适合的地方停下来。

迁徙的蜂群一涌而出，如潮水般在空中飞舞。它们并不愤怒，通常会先吃点东西再开启旅程，但情绪确实很激动。一队蜂群里一般会有数千只蜜蜂，所以群飞而过的声音十分独特，不过普通人通常都能接受。那声音主要有两个来源，一是快速振翅，二是快速呼气。它们的气管开口很小，但呼气的频率很快。

蜜蜂的嗅觉十分灵敏，可以通过某种气味来判断蜂王还在不在。只要蜂王没有出巢，它们就会感到安全。它们聚集在一起，其密集程度比在足球场上奔跑的运动员要高出 100 倍。它们在一根树枝下聚成一团，大小有时候如人脑袋一般。对于养蜂人来说这是个好机会，可以把所有蜜蜂一次性转移到阴凉且干净的蜂巢里，当然，它们也很乐意有此待遇。在博物学家眼中，蜜蜂是一种临危不乱，而且懂得同心协力的动物，因此我们不应该再像以前一样把人比喻成蜜蜂，就像下面这首诗一样：

> 女王飞得那样快，
> 猛地下降，如鹰隼一般；
> 身后的追随者，飞到树枝上集结，
> 一团团往下沉，好似葡萄一串串，
> 在那树枝，暂栖一时。

如前文所述，在既有蜂巢装不下更多卵的时候，一部分蜜蜂会飞出去组建新队伍，而这种情况其实是常态。当然，它们也会因为其他一些原因而选择分流及重组，例如巢内空气不太流通，或者孵出的雄蜂太多，总之，有很多原因都会令它们疯狂出逃另辟新居。

原有蜂王带领的是一次群，新蜂王带领的是二次群，这两个队伍显然是不同的。原有蜂王是其所有追随者，也就是工蜂与雄蜂的母亲。原有蜂王在分群时离开了老巢，而老巢虽然暂时没了统治者，却留有"王室血脉"，新蜂王便来自其中。新蜂王年纪尚幼，在得知王室蜂房内还有未出生的姐妹时会发出尖利的叫声，有人认为这是嫉妒心在作祟。它没事儿的时候会撕开那些正在孵化的卵，把兄弟姐妹刺死，直到没了力气才收手。当然，工蜂们不会任由它这么胡作非为。在发出尖叫后，新蜂王可能会在一两天内带着一个二次群飞走，也有可能继续待在巢里，等到交配期时离开，受孕成功后返回，开始辛苦产卵，此后在必要的情况下带领一次群飞走。这是人们十分熟悉的故事，但不管怎么看都十分有趣。如我们所知，养蜂人会想尽办法阻止蜂群自然迁徙，因为对于它们来说那无疑是一种浪费，至于它们所用的方法，可以说是与时俱进的。

蜂群在初夏时节最具生机，成员们既活跃又忙碌，而且相处友好，而在其他时候，它们的表现就会有些不一样。秋天的到来令它们惶恐，天气渐渐凉了，花朵越来越少，劳累的工蜂离巢不归，巢内一片萧条景象，甚至有其他群落的蜂来偷盗蜂蜜。雄蜂的好日子也到头了，工蜂早就对这些好吃懒做的家伙看不顺眼，如今便群起攻之：通常不会直接杀戮，而会长时间冷漠以对，而雄蜂会因此而死去。

冬天到了，蜂群不再工作，工蜂围在蜂王身边一同蛰伏。蜜蜂不是真正意义上的冬眠者，但生活机能确实会降低。它们不但会在半睡半醒之间传递事先储存的蜂蜜果腹，还会扇动翅膀取暖。

春暖花开，巢里又恢复了生机。活下来的蜜蜂做起了大扫除，并对巢进行了修葺。一部分蜜蜂离巢觅食和取水。蜂王睡到自然醒，然后开始执行产卵任务。

能熬过冬天的工蜂只有一部分。它们赖以生存的食物是自己和姐妹们在夏季辛苦采集并储存的。由此可见，这种社会性是长期存在的。不过，土蜂与黄蜂并不会如此，它们的群落一到秋季便会解散，只要将来的蜂王能在冬天活下来。它们栖身于洞穴中，静待春天的到来，然后重新组织起蜂群。

蜜蜂的嗅觉十分敏锐，可以嗅出蜂王是否在蜂巢内，另外，它们还会通过声音来表达自身感受，比如嗡嗡声和嘤嘤声。这个堪称神奇的发现归功于弗里希教授和他的实验。

它们在找到花蜜较多的花之后，首先会尽可能多地把花蜜带回巢，然后呼朋唤友一同前往，一群蜜蜂来来回回无数次，直到把花蜜都搬回了家。随着花粉越来越少，去采集花蜜的蜜蜂也会逐渐减少，它们似乎很清楚供不应求的负面效应。

在做了上述讨论后，我们不禁想问：蜜蜂如何知道何时需要停止去某处采蜜呢？第一只蜜蜂如何让同伴们知道自己的发现，并再次找到那朵花呢？弗里希在蜜蜂身上做了标记，然后观察它们寻花和觅食的路径以及采得不同分量花蜜的蜜蜂在回到蜂巢后经历了什么，最后，他得出了一些合理的结论，并解释了上述问题。

那些采得许多花蜜的蜜蜂在回到蜂巢后会在蜂房上翩翩起舞，而这一行为会引起周围怠工的工蜂的注意，它们纷纷飞了出去，也想得些好处。那些采蜜不多的蜜蜂不会这么张扬，所以也不会引起其他工蜂的注意。由此可见，它们通过飞舞来表达"我找到了很多花蜜"。

那么，效仿者又是如何找到那些花的呢？前人认为，发现者会带领效仿者到目的地，但实验告诉我们那是错误的想法。发现者不会冲在前面带路，而效仿者会努力寻找，哪怕需要飞出半英里。当然，它们不会盲目行事，而会循着气味前行。发现者身上不仅沾染了花粉，还沾染了花香，当它翩翩起舞时，其他蜜蜂在旁边嗅到了那些花的独特香气，因此可以自行找到。

那么，如果是一些没有气味的花，它们又该如何是好呢？它们可能不再循着气味飞行，因为它们知道同伴采的花蜜并非来自那些有香味的花，所以不会在香花里逗留。不过，另一种观点或许更说得通：蜜蜂身体后部长着一个可伸出的囊状腺体，而这个腺体能分泌出一种带有特殊气味的体液，要知道，人类是可以嗅出这种独特气味的，所以对于蜜蜂来说，这是再熟悉不过的线索了。发现花的蜜蜂一边采蜜一边在花上留下气息，不管那些花有没有香气，这种气息都是效仿者的路标。上述两种信息加在一起便能形成最好的策略，其效果不输给由发现者引路，甚至更加优越。效仿者循着发现者所提供的线索一路探索，常常会遇到很多类似的植物，而这些新资源也会成为它们的囊中之物。

花草经不住风吹雨打，这种事情再正常不过了。风雨之后，外出采蜜的蜜蜂明显减少了许多，而在天气晴朗花又开放的时候，它们又会拉开舞蹈表演的帷幕，吸引一只只同伴的目光。先前采得花蜜，刚开始忙里偷闲的工蜂一得到消息就又飞了出去，很快便找到了那些花。

采集花蜜和采集花粉的工蜂其实是同一群，只不过满载花粉而归者飞舞得更有力，所发出的信号更强烈。采蜜者回巢后飞舞的圈较小，大概每30 秒飞 12～20 圈，没有固定的方向。采粉者的飞舞姿态更轻盈，先向右飞半圈，又向左飞半圈，来回转动时以头部前方直线为轴，通常会来回4～12 次，而周围的工蜂怎么可能对这样的行为视而不见呢！它们纷纷上前，一探究竟。

我们在前文中反复提到弗里希教授的研究及结果，因为他推翻了前人的普遍看法：效仿者在发现者的带领下找到目标物的。与此同时，我们还看到了一种行为上的不可预测性，即使做了分析，也依旧令人称奇。

土 蜂

我们在土蜂身上可以看到很多有意思的现象。它们长了许多色彩艳丽的毛，令人愉悦。它们总在忙碌地飞来飞去，振翅速度非常快，发出的声响颇为动听，不同于那种嘤嘤声。声音是体内的气体从翅膀下的四个气孔排出，并冲击到孔膜而产生的。土蜂不会主动攻击人类，在我们看来，家蜂应该好好跟它们学习一下。令人惊奇的是，它们会在一年之中做很多与众不同的事。麦美伦公司在1912年出版了一本名叫《土蜂》的书，其作者是斯莱登。这本书写得十分详细，是现代博物学领域内的优秀著作。接下来，让我们简单地了解下斯莱登等人的研究及成果。

夏去秋来之时，年轻的蜂王会嗅到一种香气，而那香气来自雄蜂，于是蜂王与雄蜂进行了交配。然后，它们马上开始寻找干燥之处蛰伏，或许是苔藓堆，也可能是茂密的草丛。无论如何，住的地方需要坐南朝北，以免在开春后被太早出来的太阳叫醒。在安静地度过了大概九个月之后，它们终于醒了，飞到空中与柳絮共舞，去问候早开的花儿。它们或许还有些迷糊，所以会在忽然降温的日子里停飞小憩。在完全清醒过来后，它们会精神奕奕地四处寻找适合筑巢的地方，例如田鼠用过的旧洞穴等。它们把苔藓、草叶等柔软的东西搬进去，筑成球状，然后安然地生活在里面。有人说，它们有时候还会跑进没人的屋子里，在被子里筑巢。经过数次往返，蜂王对住所附近的环境了然于胸，于是飞回的路径会变得简洁明了。

它们在一堆干燥的东西中间筑了个紧致的巢，体积与一颗大石弹差不多。它们把浸染着花蜜的花粉储藏在巢内，用蜡封好，形成一个弧形的墙壁。在这弹丸之地，它们开始产卵；卵的数量在6～12枚之间，产出后用蜡盖好。对于产卵这件事，它们是夜以继日去做的。为了节省外出觅食的时间，它们在巢口附近用蜡造了一个蜂蜜小罐，大小如黑醋栗，时不时地往里添加一些新的蜜。无论是对当前还是以后，这么做都是很有必要的。对于这个简单的繁衍过程，达尔文十分看重，因为物种延续的首要前提是后代的存活率，特别是在每次产子或产卵数量较少的时候。

4 天之后，幼虫出生了。它们是白色的，形态类似蛆，以身下的变得黏稠的花粉为食物。母亲会定时喂养它们，给它们吃些流食。一开始可以一次喂完所有幼虫，后来一次只能喂养一只。母亲每外出一次，就得穿过蜡壁一次，然后再封上一次。卵被产出后的第 11 天，幼虫长大了，开始结茧。茧壳很硬，一个挨着一个，但相互之间又留有缝隙。它们待在茧里，既能展开身体，又不会失去温度。大概在 3 个星期之后，小土蜂破茧而出了，一只只都是银灰色的。斯莱登曾描述道："破茧而出的小土蜂肢体柔弱，先是爬到蜜罐处，缓缓伸出长吻蘸一点来吃，并因此而获得了能量。然后，它们回到母亲身边，藏到它的身下。两三天之后，小土蜂的颜色变得与母亲一样了，不过个头还不是很大。这只雌性只能成为工蜂，不大会成为蜂王。"

蜂王会继续工作，在那些茧旁边产下新卵。后代越来越多，工蜂带回的食物也越来越多，于是，蜂王开始专心产卵育儿，不再外出觅食。工蜂带回的花蜜有时候会被放在空茧中，当然也有可能放在新的蜜罐里。除了花蜜，工蜂也会采集花粉。有几个种类的土蜂会把花粉放在空茧里，另一些种类的土蜂则将花粉储藏在一种独特的蜡囊中。这意味着，家蜂的储藏习惯是一种源自遥远过去的本能行为。在一间蜂房变得拥挤之后，它们就把原料搬到外面，给蜂房腾出一些空间，并封上一层蜡。工蜂越来越多，尽管寿命只有一个月左右，却总是勤勤恳恳、忙忙碌碌。未成年的工蜂主要负责看守，年纪稍长的负责外出觅食。它们夜以继日地劳动着，筑房、修理、清扫、喂养幼蜂以及振翅扇风。

过了几个星期，石蜂又开始产卵，而这些卵会孵化出未来的蜂王与雄蜂。没有经过受精的卵孵出的是雄蜂，产出较晚且完成受精的卵孵出的是未来的蜂王。工蜂幼虫也是未经受精的卵孵化而出的，不过其食物与蜂王幼虫不太一样。斯莱登说，他通过观察发现，石蜂巢内的工蜂会在某个时期疯狂地破坏有卵的蜂房，以阻止雄蜂及未来蜂王的出生。当然，蜂王有其应对方法。小雄蜂在学会飞行后会离开蜂巢，到户外寻寻觅觅三四个星期，以求交配，而所到之处都会沾染它们身上的独特香气。蜂王老了之后，头顶的毛越来越少，体力也越来越差，无法产出太多的卵。这个时候，"产卵的工蜂"会变得活跃，它们在未经交配的情况下产卵，而那些卵会孵化出雄蜂。这些雄蜂和受精卵孵出的雄蜂一样，只是没有父亲。

石蜂、大土蜂、小土蜂的巢十分拥挤，有时候包括二三百只工蜂、幼小的蜂王 50 只左右以及雄蜂百余只。然而盛极必衰，过些日子情况就完全不同了。存粮有减无增，寿命极短且劳动量极大的工蜂相继死去。蜂王尽管寿命较长，且产卵变少，身体变好，但最终也会因为过度损耗精力而死去。活下来的只有幼小的蜂王，躲避着寒冷气候，等待着完成延续种群的使命。若无意外，它们能存活一年的时间。

很少有动物会威胁土蜂蜂王。不过，红背伯劳会将工蜂作为食物穿在荆棘上面储存起来，以备不时之需。

大山雀爱吃红臀蜂的蜜囊，这让我们不禁想起《仲夏夜之梦》中的波坦。当然土蜂也是有弱点的：它们的巢虽然很严实，但当蜂群不在巢内的时候，山鼠和鼩鼱会闯入并吃掉刚出生的小土蜂。如果遇到蚁群，那就更糟糕了。蜡螟的幼虫只需要数日工夫便能毁灭一个大蜂巢里的一切。这样的敌人不胜枚举。值得注意的是，看起来很漂亮的蜂蚜蝇属的土蜂蚜蝇，与野生蜂群里的工蜂长得很像，声音也差不多，也喜欢在花丛中嬉戏。其中，雌蜂会在土蜂巢内产卵。就像斯莱登所说的那样："它们不顾被刺死的危险，坚持把卵产完。"它们的幼虫生活在蜂房下方的垃圾堆里，不是寄生者，更像是清道夫，而这种情况在生物界里极为少见。

土蜂的最大敌人是其近亲篡蜂，意为窃窃私语的蜂。顾名思义，它们的声音十分柔和，行为也十分隐秘。一部分土蜂与一部分篡蜂几乎一模一样，只有专业人士能看出区别。有的篡蜂生活在石蜂巢内，有的则偏爱大土蜂的巢。它们只有雌雄之分，而没有专门的工蜂。雌性篡蜂身上不带采花粉的器官，皮厚实且坚硬，相较于雌性土蜂，刺更粗也更弯曲。它们不擅长觅食，但会闯入土蜂巢杀死土蜂蜂王，然后威胁土蜂工蜂为自己采蜜及照顾幼蜂。斯莱登认为，雌性篡蜂与土蜂工蜂的关系看似不错，不过对土蜂蜂王没有好感。土蜂蜂王与篡蜂领袖你争我夺，最初并不打斗，但会在篡蜂需要产卵的时候大打出手，土蜂蜂王寡不敌众，经常在分出胜负前就被逼死了。他还表示，双方的较量几乎毫无悬念，胜利者通常都是篡蜂。另有人通过观察看到，双方的争斗有时候也会偃旗息鼓，因为土蜂蜂王打了白旗，甘愿服务于篡蜂。事实上，篡蜂是土蜂家族某一脉的后裔，而且分化时间距今不算太久。对于这样一种变种，我们没必要大加赞赏，而且可以看到，演化未必都是进化。需要补充的一点是，雄性篡蜂并不参与征战，而是在花丛里四处求偶。

就土蜂的生活而言，最值得关注的是其夏冬两季的不同处境。夏天的时候，它们忙得焦头烂额，一个蜂巢里有时候会挤着两三百只大小土蜂；秋季到来后，它们要么累死，要么被杀，最后只有未来的蜂王能熬过冬天，并在春来花开时卷土重来，重建蜂群。

蚂　蚁

在昆虫的社会中，成员分工合作，各司其职，以集体利益为重。我们不妨来看看蚂蚁的生活，蚁垤中的生活与蜂巢里的生活如出一辙，成员们也被分为三类：蚁后、雄蚁、工蚁。它们的责任各有不同，但对于蚁群来说都十分重要。它们有详细的分工，每个成员都有工作，在必要的情况下，还会为了集体以身殉职。

蚁后的工作只有产卵，工蚁负责觅食、做家务以及照顾幼蚁。当我们翻开一块平整的石头后，常常可以看到一群慌忙逃窜的蚂蚁，而且每只蚂蚁身上都"长"着一个白色的斑点。那些白点便是正处于休眠期的幼蚁，它们把自己裹在白茧中，由专门负责保护幼蚁的工蚁搬运到安全地带。哪怕是在蚁垤内，"保镖"们也常常改变茧所在的蚁房，以确保幼蚁在合适的温度中发育。当时机成熟后，它们会把茧咬破，将已成熟的幼蚁放出来。

负责觅食的工蚁在蚁垤周围打转，踩出无数路径，看上去就像一张网。它们总能找到些什么带回来。如果一只蚂蚁找到的食物太大，比如一条虫子等，无法凭一己之力运回蚁垤的话，它就会叫来朋友一起搬运，而蚂蚁们会通过各种方式来解决问题，把食物搬进蚁垤。

蚂蚁的社会中有很多规矩，例如，面对饥饿者的求助，吃饱的蚂蚁必须伸出援手。有观点认为，那些吃饱的蚂蚁如果不吐出部分食物来救济饥饿者，就会遭到其他工蚁的攻击，并很可能因此丧命。

在蚂蚁的世界里，社会分工多种多样，例如筑造蚁房、挖掘通道等。有的蚂蚁负责种植植物并收割种子；有的负责在提前备好的树苗上培植一种菌类，而那种菌是蚂蚁的最爱。除此之外，它们还会饲养宠物。我们常常在蚁垤中看到其他小虫子，其中一部分是不请自来并被蚂蚁接受的，另一部分则是蚂蚁喜欢的小伙伴。蟋蟀在蚁垤里吃东西，有时候蚂蚁不同意，它们会悄悄地吃。小甲虫也经常受到蚂蚁的照顾，因此也对蚂蚁很友善。它们不但不会被蚂蚁排斥，还得以分享到蚂蚁嗉囊中的甜物质。甲虫能分泌出一种奇特的香味，而蚂蚁正好喜欢那种香味。有的蚂蚁还会把东西分给寄生在背上的螨虫吃。据研究，蚂蚁并不会因此而获得任何回报，所以唯一的解释是它们喜欢养宠物。

蚂蚁除了养宠物外，还会饲养"家畜"，也就是其他一些种类的小虫子。多见于蔷薇科植物上的蚜虫，它们分泌的液体甘甜可口，蚂蚁十分喜爱，于是决定保护并养殖蚜虫，这样一来就能随时用触须蘸取其分泌物来享用了。更令人震惊的是，有的蚂蚁还会收集并保护蚜虫卵，把那些卵藏好，待到冬去春来，蚜虫长成后取食甜液。有时候，蚜虫被圈养在蚂蚁所造的"土围栏"中，随时为蚂蚁奉上蜜汁，就像被人类圈养起来的奶牛一样。

就一些种类的蚂蚁而言，其工蚁的工作颇为独特，例如作为活体蜜罐，来为集体服务。蚁垤里通常都有很多蚁房，而工蚁会把自己挂在蚁房的天花板上。这种蚂蚁生活在北美洲的旱地里，而当地有一种十分常见的树瘿，每年都会在特定的几天里分泌出甘甜的树汁。每到这个时候，它们就会采集树汁并带回蚁垤，倒进活体蜜罐里，直到那些工蜂的嗉囊鼓胀得像球，腹部外层的甲片都被撑开为止，"甲片之间的皮肤被撑得很薄，黄色的蜜汁呼之欲出；那些工蚁就像挂在天花板上的日本灯笼。"

蚁垤里的居民十分和睦，并懂得互助，这种明智的做法令其他昆虫汗颜。不过，它们的战斗力也不容小觑，尽管单兵作战能力不怎么样，但集体作战能力却十分强大。它们不但纪律严明，还会分出阵型。另外，蚂蚁的本领绝非仅此而已：当两种蚂蚁陷入混战时，我们是无法分辨出对阵双方的，但参与者却能轻松地分清敌我。

我们常常在很多植物的罅隙与孔洞中看到它们的身影，它们的存在有时候能帮助植物去除病害，可算是对"寄主"的回报。如果植物遭到切叶蚁的侵犯，它们会群起而攻之，而且表现得英勇无畏，而切叶蚁很快便偃旗息鼓了。切叶蚁队伍中的士兵是一种身强体壮、脑袋圆圆、只有一只眼睛、颚部咬合力很强的工蚁。这些士兵很擅长打斗，能死死地咬住敌人。有传闻称，印第安人会利用这种工蚁来缝合伤口：先让它们把撕裂的皮肤咬合到一起，然后剪掉其身体。它们死了之后，其颚部依旧紧缚着伤口。

知名学者毕比曾经对行军蚁的生活做过描述。这种蚂蚁在作战时会排成一排，犹如一道墙，它们密密麻麻地聚到一处，抬起强大的颚，等待着与敌人一较高下。毕比花了很长一段时间来研究行军蚁的小社会，并被咬过很多次——那种刺痛感犹如被火灼伤。它们排好兵布好阵，并留出了一个重兵把守的豁口。防守者的阵形犹如一道可以活动的拱门，其他蚂蚁只能由此进出。有蚂蚁采食而归，把东西放下后任由几只工蚁搜查全身，它们决不允许夹带私活。毕比往蚁群里倒了一点福尔马林，队伍迅速解体。它们各自散开，拖家带口地逃亡起来。其中一部分不会走太远，并在一天之后回来照顾那些快要成蛹的后代，它们把木片切细，盖住幼体，幼体在里面逐渐变成了蛹。不久之后，那些蚂蚁也离开了。

我们有时候会看到，一群强者会围攻弱者的蚁垤，从而得到许多幼蚁和俘虏。要不了多久，那些俘虏就会化身工蚁，参与新团体的社会分工。

就不同种类的蚂蚁而言，其主仆关系也大不一样。有的种类的蚂蚁十分勤劳，只在必要的时候蓄养奴仆来缓解自身压力；有的会偷其他蚂蚁的后代，当然最后会受到惩罚；有的游手好闲，无法自理，依靠奴仆喂养，否则无法存活。

亚马孙蚁就是无法自理的那种。它们似乎除了打架什么都不会，无论是建造巢穴还是育儿，抑或是觅食。它们的颚是撕咬敌人的好武器，但在其他方面却表现平平。平时，它们没日没夜地清理着身体，把褐色的身体打磨得光鲜无比，累了就要求奴仆呈上食物，而那些奴仆似乎没有半点违逆之心，随叫随到。真是天堂般的生活呀！然而，一旦需要出战，它们就会立刻清醒过来，既坚毅又凶猛，既勇敢又机警。它们从一生下来就习惯了集团作战，总能团结一致、所向披靡。

埃默里教授通过实验观察到了本能行为的发生过程。实验对象是一只亚马孙蚁的蚁后，在被放入一支褐蚁群后，它杀死了那支蚁群原有的蚁后，成功篡位。一段时间之后，褐蚁群里出现了两种不同的蚂蚁。那只亚马孙蚁足不出户，在蚁垤里享受着被褐蚁服侍的生活，它将褐蚁视为家奴，禁止它们外出。亚马孙蚁在力所能及之时做了力所能及之事，后来，它渐渐力不从心，一部分褐蚁终于伺机逃出生天。

一只亚马孙蚁刺探到一个褐蚁蚁垤，随即闯入作乱，并挟持了一个蛹回来，而那个蛹以后将成为它的奴仆。

一群亚马孙蚁在观察了一阵后决定围攻褐蚁蚁垤。出战的亚马孙蚁有60多只，它们对身在不远处的褐蚁群发起了突袭，最终俘虏了450只褐蚁。还有一次，它们在两小时内俘虏了1000余只褐蚁。对于此类习性——奴役同类异种幼体以服务于自己，我们实在无言以对。然而，亚马孙蚁的确很擅长做这样的事。

建筑成就

很多动物都擅长营造。有的建筑带有围墙却不做居住之用，有的是育儿所，有的是储粮的库房，有的是多功能房间。澳大利亚的花亭鸟为了悦己而修建亭子；一些种类的石蚕的幼虫为了捕食小型水栖动物而设置陷阱。当然，在动物界的建筑名录中，蜘蛛的蛛网也赫然在列。

我们在温暖的地方常能见到白蚁的蚁垤，而它们的蚁垤堪称动物建筑中的经典之作。白蚁的蚁垤能容纳数千只白蚁，算得上是大规模群体，或者说一大家子。相较于蚂蚁，白蚁更接近蜻蜓。准确地说，白蚁和蚂蚁全然不同，唯一的相同点就是群居。在白蚁群里，有一只蚁后、一只蚁王、无数工蚁和兵蚁以及继任者——有雌蚁也有雄蚁，在蚁王和蚁后遭遇不测时，继任者将从候选者当中产生。工蚁一般身长0.5英寸左右。

白蚁的蚁垤大多是土木结构。它们有时候会把土吃下再吐出，有时候只是稍做咀嚼，让土与唾液混合在一起。这样一来，土在风干之后便会十分坚固。有时候，它们也会咀嚼木料，用唾液把木料黏在一起。在非洲南部的很多地方，白蚁的蚁垤能达到 3 英尺高，并能承受一人重，而且偏远地带的白蚁蚁垤还会更高。这让我们不禁联想到了鼹鼠在田间地头所修筑的鼹丘。

生活在澳大利亚的"罗经蚁"，也就是南蚁是白蚁中最杰出的建筑大师。它们所制造的蚁垤高达 10～20 英尺，断面为楔形或三角形。值得一提的是，所有蚁垤都朝着同一方向，较长的一面为南北朝向，尖角状的两侧为东南朝向。

工蚁只有 0.2 英寸，却筑造出了高达 16 英尺的土丘。用奥赛教授的话说，巴黎埃菲尔铁塔的高度是建筑工人平均身高的 187 倍，而白蚁蚁垤的高度却是工蚁身长的一千倍。如果以这个比例来建造埃菲尔铁塔的话，那么埃菲尔铁塔的高度将超过 5000 英尺，而现在它只有 1000 英尺。

白蚁的蚁垤不仅很高，而且内部构造也十分惊人。奥赛教授描述到，兵白蚁建造的穹顶状的蚁垤有 10 英尺之高，靠近地基处的墙有两英尺厚。常有狩猎者爬到蚁垤上张望。墙里有很多通道连接着蚁垤里的每一层，其内还有阶梯通往顶部。那些通道是白蚁进出的必经之路，而建造者们会利用阶梯搬运土石。地面之下也有很多蚁穴，如同采石坑一般。白蚁掘出泥土以制造仓库与蚁穴。

"王室"住在最下面的一层，有卵在身的蚁后在"宫殿"中产卵，周围的穴则是警卫队与仆人们所住的地方。仓库离得远一些，里面储藏着零零散散的植物胶质等物品。上面一层建有一个大堂，支撑柱有 3 英尺高。再往上有一间硕大的育儿所，里面有很多小洞，是用嚼碎的木头建造的，看上去有点像鸽笼，幼体将在这些洞里发育完全，它们食物是长在墙壁上一种十分光滑的菌类。顶层建有一间宽敞的阁楼。毫无疑问，整座建筑是经过精心设计的。

在牙买加等地，一些种类的白蚁会在树上筑巢。这个巢通过一条通道与地下蚁穴相连，同时通过另一条通道与树冠相连。白蚁非常不喜欢阳光。

它们用细小的木屑建造树巢，用唾液把木屑黏在一起。树巢有时候如人类拳头那么小，有时候像酒桶一样大，可被视为白蚁的行宫或备用房，周围的墙十分牢固，里面有很多小房间。白蚁的这种巢是悬挂在半空中的，这让我们想起了黄蜂的蜂巢。

一些种类的黄蜂会建造地穴，例如普通黄蜂、赤蜂等；另一些会在树枝上，或者树洞中筑巢，例如挪威黄蜂等，一些既有地穴又有树巢，例如普通黄胡蜂。它们的巢有的小如橘子，有的大如帽笼，造型如我们经常见到的悬屋。

黄蜂用木料或类似于纸的材料筑巢。它们从柱子、栅栏、树干等上面拔下建材，先在树枝上造出一个坚固的支撑柱，从中间以支撑第一层建筑——包括很多小房间、育儿所，与下面一层相连。支撑柱穿过第一层向下不断延伸，对下面各层也起到了固定作用。除此之外，各层之间还有其他作支撑作用的柱子。各层外部均建有很多伞盖，其材质仿若纸张，一个个相互重叠，数量有时候超过12个，既能挡风又能遮雨，而且质地非常轻巧。室外温度通常比室内温度低1摄氏度。另外，出入口在巢的下方。总的来说，黄蜂的巢是"纸"做的，悬在半空，有好几层，不怕风吹也不怕雨淋。这种设计的好处不言而喻。

让我们来看看这些巢穴的详细情况。一般的巢穴有7层，层层相叠。如果幼虫太多，巢穴太重，它们就会加固或加粗顶部的支撑柱。蜂后，或者说蜂王只负责最初的工作——搭建最初的框架、第一间蜂房的一部分以及数个伞盖。随着时间的推移，工蜂越来越多，营造与修缮的工作便交给了工蜂。它们在每层外围扩建新蜂房，让巢穴的空间更大一些，同时摘掉原来的伞盖，换上新的伞盖。实际上，这项工程从来就没有停止过。如果要加大伞盖，它们就需要在已造好的伞盖上添加更多纸浆。它们站在既有的伞盖上，沿着边缘往后退，从来不会踩到刚涂好的部分。

提到成员数量，让我们来看看法国博物学家珍尼特的观察结果：日耳曼黄蜂的地下巢穴共有 7 层，蜂房有 1.15 万间之多，除其中近 500 间外，其他房间都使用过两次，这当中使用过三次的有 5000 间。拉特在 1904 年出版了著作《普通动物》，他在书中写到，一个拥有 10 ～ 11 层的大蜂巢可以容纳五六万只黄蜂，但唯有未来的蜂后能熬过冬天。对于这个大家族而言，不能不说是一出悲剧！

相较于黄蜂的蜂巢及白蚁的蚁垤而言，蚂蚁的蚁穴要小一些。然而，尽管如此，蚁穴也是一种很特别的建筑。蚁穴一般都是嵌合而成的，犹如矿井，出入口时而为尖顶，时而为穹顶，地穴内的温度比室外高一些。印第安蚁的蚁穴的顶部虽然是尖顶，但类似于一个瓶子，外部环绕着 6 到 8 层圆壁，最外层圆壁的直径有数英尺长。

蚁穴不是一栋建筑，而是一座城市。福勒尔教授曾经在阿尔及尔见过一个巨大的蚁穴：出入口共有 6 个，形似火山口，间隔 9 ～ 30 英尺的距离，从入口进入，沿着通道可到达地下 5 英尺深的地方。据估计，这个蚁穴的深度或许在 150 ～ 300 英尺。每个出入口连接着一个地下室，而所有地下室又都是交互连通的，从而形成了一个大型巢穴，供一个大规模蚁群居住。蚂蚁们会把土里的沙砾拣出来丢掉——用它们的颚咬住，或者用口器旁的毛夹住。

很多筑造蚁穴的蚂蚁都喜欢藏在干枯的树皮或木桩中，大概是在用木屑制造通道及房间。有的蚁群会在树枝上制造围栏，用来豢养蚜虫，以便取食蜜汁。秋天来临后，它们还会把蚜虫卵带回家照顾，以便让卵顺利过冬。

一些种类的树蚁建造的通道十分精致：在树皮上开洞，然后开凿笔直的通道，通道在穿过液材时不会对液材造成影响，然后分出岔路。有时候，因为树干内通道过多，所以树很容易被风吹断，类似的情况还会发生在木桥的支柱以及木屋的底部。需要注意的是，这些开凿树洞的蚂蚁并不是白蚁。

有些种类的蚂蚁在修筑巢穴的时候会将木屑弄得像纸片一样，然后用唾液固定好，偶尔再加点纤维。巢里经常会长出一层带绒的黑色霉菌，对于蚂蚁来说，那可是美味珍馐。它们的巢通常有 6 英寸长，有的可以达到两英尺。福勒尔表示，巴西的森林中有一种巨大无比的蚁巢，从半空倒垂下来，就像钟乳石一般，而那些披挂着的通道，宛如森林怪兽的长触须。

为人熟知的缝蚁生活在热带地区。它们成群结队地搬运着树叶，然后把树叶黏在一起，可是，成年缝蚁并不会分泌黏液，它们究竟是如何做到的呢？实际上，它们会分工合作，一些负责把树叶一片片地挨个摆好，另一些负责带着幼蚁来涂抹黏液，这些黏液来自幼蚁的口腔。一只工蚁咬着一只幼蚁在树叶上磨蹭，仿佛是在刷胶。幼蚁口吐黏液，将树叶黏在一起，当然，它们肯定是不情愿的。这个例子在自然界中绝无仅有。如前文所述，不同蚂蚁的巢穴各有特色，不一而足！

蝴　蝶

蝴蝶是一种柔弱的动物，但身姿曼妙、五彩斑斓、动作轻盈，充满了魅力。成年蝴蝶最重要的任务是繁衍，所以通常食欲都不怎么好。当它们漫天飞舞的时候，便意味着夏天的到来，就像盛开的花朵是繁茂枝叶生长的前奏。一部分蝴蝶几乎从不进食，原因是当它们还是毛毛虫的时候吃得实在太多，以至于成熟后可以只把心思放在求偶上，而不用吃任何东西，就像莎士比亚所说的那样："你们的蝴蝶，最初是只小虫子。"自然界中常能见到这样轩轾现象，而蝴蝶的这一行为最为典型。轩轾现象指的是饥饿与求偶，营养与繁殖等因素之间此消彼长的关系。从另一个角度来看，也是利己与利他之间的博弈。

人们将鳞翅目划分为两类：蝶类与蛾类，不过这种划分并不太准确，不过是为了方便区分而已。大部分蝴蝶的触须末端带有结，而大部分蛾类都没有结，只有蛾毛，能够把前翅后边缘下部及后翅前部勾起来，而蝴蝶则没有这种特征。蝴蝶飞行时是两侧前后翅同时振动的。人们普遍认为，蝴蝶一般在白天活动，蛾类通常在晚上出没，但这个观点不足为信。

大部分昆虫的上颚，或者说颚部都很强大，包括毛毛虫，不过大部分蝴蝶的上颚都不明显，有的只有少许遗痕，但下颚的部分区域，准确地说是其第二对口器已发育成螺旋状的长吻，而且相当强大。这个生理构造堪称完美，适用于多种情况，可似乎很多蝴蝶都没能物尽其用。在遥远的过去，即在出现积累营养的幼虫阶段之前，蝴蝶需要通过采蜜来支持生长及生活。因此，我们现在所看到的蝴蝶中有一部分虽然鲜少觅食，却还长着精良的口器，也就是那长长的吻。必须承认，长吻是其关键器官吸器的组成部分之一，不过我们想说的是，很多蝴蝶并不重视进食这件事。它们一心求偶，努力地做好父母，只希望后代不会挨饿。简单来说，蝴蝶是一种习惯了"吃老本"的动物。

这么说或许有些严苛了，毕竟蝴蝶那么美丽，无论是色彩还是形态，抑或是动作。它们为我们提供了探索生命内部真相的机会。人们在为这种动物取名时应该是很愉悦的，因为它们在蝴蝶身上看见了隐秘的人性，所以我们今天才会听到紫帝蝶、红提督蝶、传粉女蝶、孔雀蝶眼、绿贝母蝶、林中女蝶、燕尾蝶、天青蝶之类美轮美奂的名字。

英国境内有 66 种蝴蝶，原产的有 56 种，其他为外来品种，譬如坎伯韦尔美人蝶。它们总是因为气候变迁、植物匮乏等原因到处迁徙。

就龙虾之类的动物而言，其身体的颜色是由色素细胞决定的。而珠母贝等动物体内虽然没有色素细胞，却会因特殊的物理构造而表现出颜色，只要敲碎它们的壳就能看清真相。蝴蝶与蜂鸟之所以能呈现出不同的色泽，一是与色素细胞有关，二是与积极的体表修饰有关。它们的体表带有薄层与细纹，这便增加或者说转变了色素原有的表现。蝴蝶翅膀上有很多鳞片，而鳞片上又有很多极其细微的条纹，所以可以表现出各种颜色及晕染的效果。很多蓝色蝴蝶身上其实并没有蓝色色素，其色素颜色与物理构造所反射的光波颜色合二为一，形成了炫目的效果。无怪乎人们经常说，蝴蝶是漫天飞舞的花朵。

雄蚊在远处就能听见雌蚊所发出的尖利声响，并可以循声找到雌蚊；有的雄蛾能在一英里外嗅出雌蛾所散发的气味，并顺利地找到雌蛾。有的蝴蝶也会散发出气味，不过大多都是雄蝶。观察发现，这种气味是一种求偶工具，由皮腺分泌，经气孔排出，或者聚集在体表的小坑里。有观点指出，部分种类的蝴蝶长有一种小巧的可以灵活转动的毛刷，上面的毛十分纤细。它们用毛刷散播自己的气味，毛刷长在尾部末端，而腺体长在翅膀上，因此需要先用毛刷扫一扫翅膀。有的刷囊中含有易断的"尘丝"，断裂后呈粉状，飘落到各处。牛津大学的埃尔特林厄姆博士在 1923 年出版了其著作《蝶类学》。这是一本通俗易懂的作品，作者在当中提道："这种动物好似有生命的粉扑。"他建议爱好者捕一只雄性绿脉白蝶嗅一嗅，就可以知道这种雄蝶有多香。绿脉白蝶在春季最活跃，它们的香气好似柠檬马鞭草，也就是防臭木。当然，也有很多种类的蝴蝶无论雌雄都很臭，而这种臭气是御敌的好工具。

蝴蝶的感觉器官很发达，能察觉出很多外部刺激并做出反应，比如颤动。然而，它们似乎不是因为要打探消息而使用"传感器"，而是为了激发某些行为。只有高等动物才知道感觉器官有多么重要，并以此来完成沟通交流。

如前文所述，蝴蝶依靠嗅觉求偶，而那末端带结的触须是它们的嗅觉器官，同时也有助于飞行。它们的味觉器官位于口器附近，红提督蝶喜欢吃甜的东西，所以其味觉器官长在足部，触觉器官则遍布身体各个重要部位。一部分蛾类可以发声，但很少有蝴蝶可以发出声音，就算能发声——类似于器皿相碰触时所发出的轻微声响，也不代表同类可以听见。

　　我们不能用人类的标准来衡量蝴蝶的嗅觉，就像我们不能将蝴蝶的眼睛与人的眼睛相提并论一样。蝴蝶的眼睛与人的眼睛区别很大：怒目圆睁、没有眼睑，包含数千只小眼睛，也就是眼原子。玳瑁蝶的大眼睛是由5000只小眼睛组成的，而且小眼睛都有角膜、晶状体与视网膜，俨然是完整的。蝴蝶的视力很不好，只能看见大约3英尺以内的东西，眼里形成的是正像，不同于人类视网膜上的倒像。除了能成像之外，它们的眼睛也能分辨颜色。总之，蝴蝶所看到的世界与我们所看到的大相径庭。

　　很多蝴蝶的卵都很漂亮。在大概300万年前，地球上就出现了蝴蝶这样的生物，而今的它们早已成为近乎完美的艺术品。我们知道蝴蝶的卵是单细胞，但对于其他很多谜题，我们还没有解开。卵是一个一个被产下的，而且只在特定的某种植物上，因为雌蝶知道它的毛毛虫想吃什么。是什么样的原始力量造就了这一切呢？蛹安静地发育着，沿着新的方向，让之前的毛毛虫变成了蝶的模样。它们究竟是如何做到的？这个难题还有待进一步探索。

吹沫虫

　　在6月的夏日阳光下，吹沫虫开始活跃起来。那个时候，无论是田地里，还是道路边，抑或是花园中的很多植物上都能见到许多白色泡沫。人们曾经认为那是雌杜鹃所留下的，杜鹃从春天开始四处活动，寻找草地鹨等鸟类的巢来产卵。然而，通过仔细观察可以发现，这些白色的泡沫并不是雌杜鹃留下的。

　　沫蝉是最普通的一种吹沫虫科动物，也是我们将要详细讨论的一种。我们要研究的是，它们从何而来，如何吐出白沫，为什么要吐出白沫以及会在夏天经历些什么事？只有找到了答案，我们才能理直气壮地说这种动物很不讨喜。人们必须记住圣彼得曾经在某座山顶上做出过错误的判断，我们要明白这样一个道理：不能随意评论某种生物是好是坏，有价值或没价值。

沫蝉在一年当中的经历大致如下。雌虫在入秋后开始变得活跃。它们体长接近 0.5 英寸，通常把卵产在柳树皮的缝隙深处或其他类似的地方，然后坦然接受死亡。第二年春，绿色的幼虫从卵里爬出来，身体下部扁平，前宽后窄，头部弯曲至胸部，口器尖利，适合用来咬穿鲜嫩的叶，长着 6 条腿，因此善于在植物上攀爬。用放大镜观察干净叶片上的沫蝉幼虫，可以发现它们的口器呈管状，为绿色，内部带有一些刺。和它们的近亲蚜虫一样，它们会咬穿叶片然后吸食甘甜的叶汁。如果吸食过量，蚜虫体内的叶汁就会流出来，落到叶片或地上，而沫蝉体内的叶汁则会从食道流出来，从而形成我们所看到的白色泡沫。

沫蝉腹部后端下方有一道沟槽，可以储存空气。它们来回抽动时，沟槽内装的空气就会与富余的蜜汁混合在一起，从食道排出体外。如我们所知，厨师能把蛋液搅拌成白沫，这也是液体与空气结合后的效果，而沫蝉吐出的白沫里除了有蜜汁与空气外，还混合着皮腺分泌的蜡以及食道里的酶素。最终，我们看到了所谓的"杜鹃沫"，看上去有点像肥皂沫。如果只是液体形成的泡沫，在经过日晒后就会消失，不过诸如肥皂沫之类的混合物却可以长期存在，所以沫蝉幼虫能在湿润的环境下生长，并且大多数敌人都不会对白沫产生兴趣，只有黄蜂有时候会来试探一番。黄蜂胆子很大，但沫蝉的白沫可以起到一定的保护作用。

叶片上的食物并不少，因而幼虫得以正常发育，长大后会蜕几次皮，然后停止活动，开始结蛹，在蛹里长出翅膀，其他身体构造也会大变，最后从泡沫里钻出来，完成最后一次蜕皮，成为真正的长有翅膀的沫蝉，而到了这个时候，那白色的泡沫也消失了。如我们所知，夏天来临后，很多动植物都变得活跃起来，但往后又会踪影难觅，例如沫蝉，会在夏天完成蜕变。不过，有人曾经在 8 月的第一个星期看到过许多"杜鹃沫"，那是在凯恩戈姆斯山的几个山谷中。

相传，"杜鹃沫"这个名字是塞维利亚主教伊西多尔在 636 年提出的。他见到两只不断发出叫声的昆虫从一堆白色泡沫中钻出来，应该是蝉。他觉得很奇怪，一开始认为那些白沫是蝉卵，但这显然是错误的，虽然蝉与沫蝉确实是亲戚。后来，他说那是雌杜鹃留下的痕迹，这也是不对的。再后来，他又认为那些白沫会长出虫子，这就错得更离谱了，实际上是昆虫制造的泡沫。得益于很多学者的观察研究，我们终于解开了主教的疑惑，获得了更加丰富的知识。在对它们有了更深入的了解之后，我们仍然会啧啧称奇。它们既能适应水环境，又能适应大气环境。既是隐秘者，又喜欢晒太阳，而且不怕热。这难道不值得我们惊叹一番吗？

萤火虫

一些动物身体上的附属功能就好像游戏，例如常常在仲夏夜发光的萤火虫。它们是小型甲虫的一种，是萤、美洲萤的远亲。雌性萤火虫没有翅膀，但能发出更多光，体长在 0.6 英寸左右。雄性萤火虫虽然有翅膀，但身长不超过 0.5 英寸。夏天的夜晚，雌虫有时候会趴在草茎上朝着四面八方散发光芒，它们应该是在联络雄虫。沿着河边苔原走到潮湿的树林旁，一路上可以看到数十颗"一动不动的星星"，那是趴在草丛里的雌虫。

那些"移动的星星"则是雄虫，不太起眼。白天是看不见萤火虫的。和很多有足的昆虫一样，它们不在意进食这件事，但很重视求偶与繁殖。然而，萤火虫的幼虫却很不一样，很喜欢吃东西，尤其喜欢小蜗牛。它们用一种特殊的方法捕食蜗牛：咬住的同时释放一种麻醉剂，然后等蜗牛的肉变软变烂之后再吃，那种口感类似于流食。小蜗牛是萤火虫幼虫的主要食物，一般都生活在阴冷潮湿的地方，可见那些地方也一定有很多萤火虫幼虫。

萤火虫的主要特点在于腹部的发光器，不同的萤火虫发光器的区别也很大。就大部分动物而言，一般都是血液流经空气，例如在肺部的过程，不过在昆虫身上，是空气流经血液。毫无疑问，发光是氧化作用的结果之一。有人曾经做过一个实验：把萤火虫放到一个玻璃罐里，再往罐里注入些氧气，结果萤火虫发出的光更加强烈了。当然，我们也不能说这完全是氧化作用的功劳。迪布瓦教授与哈维教授联合发表了一篇论文，指出萤火虫血液中的光酵素，随着血流来到萤火虫发光器的细胞堆里，与一种发光物质——光质——产生了相互作用。这一理论的依据很可靠，因为光质会在光酵素的作用下，极有可能迅速氧化。

还有一种观点是：萤火虫体内带有可以发光的细菌，就像鱼类死后所滋生的那种细菌一样。对于一部分能发光的动物来说，的确是这样的。然而，动物学家相信，萤火虫与萤的发光情况绝非如此。自不待言，动物身上的光与磷毫无关系，因此我们不用在这里讨论"磷光"。值得一提的是，萤火虫与萤的发光器堪称完美，因为只会产生光，而不会产生热，而冷光不会损耗化学能。

冬季时，萤火虫似乎变回了小时候的模样，藏在缝隙深处。春暖花开，万物复苏，它们也醒了过来，来到户外寻找小蜗牛果腹。萤火虫看上去与其近亲木虱很像，但木虱属于甲壳动物，以前生活在水里，后来迁移到了陆地上。萤火虫幼虫所发出的光十分微弱，而且只能朝下发光，因此它们的活动很不容易观察到。在一段时间内，它们一直在吃东西，然后变成蛹，变成蛹后依然可以发出微光。和其他大部分动物的蛹比起来，萤火虫的蛹有点顽皮，还会在地面上到处"走"。蛹内的世界正在发生变化，不过对于雌虫而言，这种变化很微小，除了长出了足之外，其他构造几乎不变。在动物界中，这种现象尤为罕见。

第二十三章 昆虫的故事

入夏之后，雌雄相吸。雌虫在苔藓上潮湿的草丛中产下金黄色的受精卵。过一阵子，幼虫孵化出来，到处捕食小蜗牛，以蓄积营养，熬过寒冬，而它们的父母在完成使命后便自然死去了。萤火虫的卵、幼虫及蛹都能发出微弱的光。英国有一种被称为夜灯虫的萤火虫，只有雌虫能发出明显的光。事实上，对于这些动物而言，这种光不过是枯燥生活中调味剂——化学与物理的游戏罢了，至少在幼年期没什么用。成年雌虫发光较强，是因为它们通过这个标志来吸引雄虫的注意。它们的很多近亲都是雄虫的光更耀眼，而且眼睛也更好看，例如分布于意大利的舞萤，可以说只有雄虫所发出的光能被看见。雌虫的数量相对较多，伏在草丛中发着线性的光。每一只雌虫都能吸引一群雄虫，然后择其优秀者交配。

有观点认为，成熟的萤火虫有时候会吃绿色植物的碎屑及腐烂组织，有时候还会吃糖。然而，大部分研究者都认为，成熟的萤火虫鲜少进食，而这或许更接近事实。它们的幼虫却食欲旺盛，尤爱小蜗牛。布尼恩教授与法布尔都认为：萤火虫会从颚部释放出某种毒液，将蜗牛麻醉。哈顿女士还指出，萤火虫的上齿带有一道凹槽，能释放出一种黑色液体。不过，她并不认为这种黑色液体能让蜗牛晕过去。总而言之，虽然我们对萤火虫的了解还不够深入，不过从"露水化虫"的传说到如今所找到答案，博物学的发展是毋庸置疑的。

报死虫

报死虫是小型甲虫的一种，在很多方面都很独特，因此受到了人们的关注。不过，很多人常常将它们与其近亲番死虫混为一谈，因此番死虫也喜欢生活在朽木中。番死虫体长不足 0.17 英寸，身体为暗褐色，体型呈圆柱形，适合穿孔；它们的触须很长，尤其是末端三节；腿部能够折起来，隐藏在身体下方；翅膀上部长有一个坚硬的保护罩，盖住了大一点的翅膀；保护罩上长有凹陷的纵向纹路和短毛，那种短毛类似于呢绒面料用久了之后所起的球。最有趣的是，它们将头部埋在胸前第一节下方，从而让第一节看起来如同一个装煤器的帽。在木头上打洞的时候，它们用颚一点点地咬，然后再挺进第一胸节。番死虫其实是报死虫的旁系表亲，而报死虫身长 0.33 英寸左右。报死虫亲戚众多，例如娇小的桌虫，只有 0.125 英寸左右长，其幼虫喜欢在桌椅板凳上钻洞，所以人们经常可以看到一条条小隧道。而且，人们还曾用"吃木虫"来命名一种职业：受雇在木器中打孔，以制造假文物的人。桌椅板凳上的孔大多都是幼虫留下的，而消失的木材大多也都进了它们的肚子。在成为真正的甲虫后，它们的个头就不会再长了。

我们可以在报死虫身上看到一个十分奇特的现象。把一只报死虫放在木板上或盘子里，稍微振动一下就会看到，那只报死虫开始装死。用针轻轻地拨动一下它，它的身体就变得僵直，就像癫痫发作似的。毕竟是低级动物，所以它们的行为自然与狐狸的类似行为不能相提并论。无论从哪个方面来看，这都像是家族遗传的癫痫病，周围一振动就会发病，完全是无意识的。在啄木鸟等敌人面前，它们常常出此计策。

蜻蛉属于脉翅目，而书虱也属于这一目。这一科里的报死虫与前述各种区别很大，例如没有翅膀、是体形小巧的"白书生"。这种报死虫喜欢在旧纸堆与昆虫群里游走，是一种弱小的动物，常会断断续续地发出滴答声，令人沉醉，不过它们身上的故事还有待继续挖掘。

喜欢钻木头的番死虫从不退缩。卵被产在隧道里，孵化出白色幼虫。幼虫的头很硬，身体却很柔软，有 6 条腿。它们用颚把木头一点点咬掉，喜欢吃清淡的，或者没有味道的木层。幼虫每长到一个阶段就会蜕一次壳。在人们的印象中，它们总在缝隙深处挖着洞。后来，它们结成蛹，静静地待着，蛹上还有很多木屑。不久之后，它们发生了巨大的变化，以幼虫的身份钻了出来。最初，它们是灰色的，身体柔软，没过多久，它们就变成了褐色，身体也变硬了，并开始四处游荡。

再来看看另一种番死虫，它们的身体稍短稍宽，颜色较浅，几乎什么都吃。它们的生活历程与我们上文所说的那种差不多。它食量很大，爱吃硬物，尤其是轮船上的压缩饼干，不过也不会对书本、干蜡植物标本等视而不见。它们被称为"船长马里亚特的象鼻虫"，但它们不是象鼻虫，而是一种书虫。

报死虫和番死虫是近亲，但是比番死虫更宽、更大、更壮，体长差不多是番死虫的两倍，身体是红褐色的，叫声也更洪亮，特别是在晚上。它们所发出的声响与死亡无关，而是求偶的信号，或者说关乎爱情。它们在繁殖期，也就是盛夏时节叫得最欢。如果用铅笔敲几下墙，或者敲敲木制家具，或许能听到它们回应几声。它们弯曲着前腿，不停地点着头。有观点认为它们凿洞时主要用颚来啃，另有观点认为主要靠前胸来推进，而我们更偏向后者。17 世纪下半叶，荷兰知名博物学家斯瓦默丹将这种昆虫命名为响头虫。

人们过去认为它们所发出的声音是死亡的前奏，直到后来，与斯瓦默丹同时期的其他研究者才找到了确凿的证据来证明这一看法是错误的。巴特勒在其著作《家中昆虫》中为我们解释了个中缘由。他在书中引用艾伦于 1698 年发表在《哲学会报》上的一篇文章的片段："我的第二个研究对象是一只报死虫，而我之前就对这种昆虫进行过研究。它们的声音如表针走动之声。我和报死虫共同生活了四天，它们一直在滴答作响。我拿起两只仔细观察，其中一只是雌性，如果我没记错的话。""这些小型甲虫未必能听到声音，令人捉摸不透。人们给它们取名为报死虫，但据我所知，很多人都听到过它们的声音，却依然活得很好。就拿我来说，我在七年前听到过两次，但我一直没有死。"那么，这个话题到此为止了。

最近几年来，通过研究发现，报死虫的进食习惯十分有趣。报死虫和番死虫一样，完成发育大概需要三年时间，不过它们似乎一直都很胖，无论吃得多还是吃得少。有一种报死虫的幼虫特别喜欢吃饼干，当然也会吃很多其他东西。它们的食道里有很多伙伴酵母菌，能够对数种食物进行发酵。其实，报死虫幼虫的食物并非我们想象中那么干燥。大部分体内带有伙伴酵母菌的昆虫都会把这种酵母菌传给卵，再世代相传。然而，报死虫却与众不同，幼虫本身不带酵母菌，而是从卵中钻出来后才获得的，因为母亲会把酵母菌留在卵的粗糙表面。

我们即将告一段落，但在此之前，还得讨论下清除这些虫子的办法。最佳方式是将木制用品等放入合适的消毒剂中浸泡，例如升汞、苯酚、甲醛液等；或者每天采用石油精擦拭这些物品。在这些家伙都死掉后，用经过石蜡浸泡的布把木头包起来，放到户外晾晒几天；也可以用硫把屋子熏一遍，当然，能不能做到是另一回事。

人类的观察能力在自然界中无出其右。法布尔经常说，博物学家所看到的动物，就数量而言，是普通人眼中的两倍还多。

蚊 子

英国境内有花翅蚊等大概 20 种蚊子。在意大利等国家，花翅蚊是疟疾的传播者之一；而在苏格兰的一些地方，花翅蚊也曾传播疟疾。我们在医院的相关记录中可以看到关于疟疾的记录。假如有很多疟疾患者来到英国，那么花翅蚊就有了"用武之地"，就像第一次世界大战结束后那样。

我们在这里要讲的是英国境内最普通的一种蚊子，也就是灰蚊，又被称为家蚊。它们腿长身细，翅膀上没有斑纹，体长 0.2 英寸左右；脑袋后面的第二环上方为红色，身体后半段夹杂着一些黄色，而这是它们的重要标志，也是它们不同于近亲的地方。在欧洲的蚊子中，只有它们喜欢围着人飞来飞去。

蚊子所发出的嗡嗡声有两个成因。相对较低沉的声响是快速振翅所产生的，其频率之快，有时候每分钟可以振动数百次。相对较尖利的声响是雌蚊的专属，它们的气管长在身体前部，气管口上有一层膜，而那层膜在呼吸时会振动。早已有人做过这样的实验：用音叉模拟雌蚊的尖利声响，可以引来周围的雄蚊，而且雄蚊还会抖动那疏松的触须。在没有阻碍的情况下，雄蚊可以通过调整身体，让一对触须感知到同一种振动，从而找到发声的雌蚊。即使飞过了，也可以掉转头来，重新寻找。不过很多时候，都是雌蚊主动飞向嗡嗡作响的雄蚊群体。

蚊子平时主要吃花朵及果实的甘甜汁液，雄蚊一直如此，雌蚊则会叮咬人类和其他动物。雌性家蚊很喜欢人类、兽类及鸟类的血液，但这应该是后天养成的行为，不过现在已成为一种难以克制的本性。普通蚊子似乎需要通过吸血来刺激产卵，由此可见，这种行为未必是必需的生存方式。它们通过把针刺入人的皮肤来吸食血液，而人则会因此感到瘙痒，至于原因还有待考证。绍丁教授早在 20 年前就对此进行过研究，其结论是蚊子喉部长了三个相互连接的小皮囊，内含一种细菌，而这种细菌可以让含糖的食物发酵，并产生很多二氧化碳。如果被叮咬，那么一部分二氧化碳进入伤口，一方面会导致肌肉不适，另一方面会影响血液的凝结功能。另外，进入人畜体内的还有细菌所激发的一些酵素，因此血压会升高；一些细菌也趁机进入血液，所以会让人产生瘙痒的感觉。把蚊子的食道放在皮肤创口处摩擦，也会出现相同症状。总之，被蚊子叮咬比被刺伤更令人难受。

不同种类的蚊子有不同的生活方式，而我们要讨论的是普通蚊子。列文虎克在 18 世纪初曾记录下了它们的生活：在 9 月末前后，雌蚊来到地窖等隐秘之处过冬，它们会蛰伏一整个冬天。所有雄蚊都会在秋季交配期完全结束后死去。秋去冬来时，雌蚊会很强壮，因为其体内蓄积了不少脂肪。我们不太清楚这些脂肪是从何而来，可能是还没消耗完的水栖幼虫期所储存的脂肪。在《爱丽丝梦游仙境》的故事中，爱丽丝遇到了一只大小如鸡的蚊子，她是通过镜子与蚊子聊天的，但没有问它上述问题。脂肪在冬天逐渐减少，不过当春天来临后，复苏的雌蚊并不瘦弱。5月的时候，雌蚊开始产卵，通常一只可产下两百枚左右的卵。那些卵看上去和小口径枪支的子弹有些像。雌蚊用黏液把卵粘成小船的样子，所以卵既不会沉入水底，也不会被打翻，只会漂浮在水面上。两三天之后，像子弹或雪茄烟一样的卵在相对较宽的底部破了一个口，那是幼虫打出的洞。接着，它们努力地钻了出来。

人们把蚊子的幼虫叫作孑孓。它们还没长出腿，倒挂在水膜层下方。它们之所以可以做到，原因在于其身体后段，准确地说其腹部第八环节上长了一条气管。它们浮出水膜层，将身体伸展成五瓣，看上去就像五角星似的。然后又把身体收缩到一起，直直地钻进了水里，过了一会儿又忽然冒出来。它们尾部末端长着10簇刚毛，是有力的武器；还长着4个端点小板，其中两个小板体积很大。小板内部长着气管，主要作用是吸收氧气，而对行动没有太大帮助。入夏之后，我们可以在沼泽及池塘里看到无数孑孓，要是用上显微镜，即使是低倍的，也可以看见一个奇妙的世界。需要注意的是，它们要是无法倒挂在水膜层下方的话就会沉入水中被淹死，所以我们可以在水面泼洒一些石蜡、石油等物，让它们无从悬挂，从而起到预防疟疾的作用。

普通孑孓的食物是漂浮在水面上的微小生物和有机物颗粒。它们的口器长有刚毛，可以把食物揽进嘴里。不同于其他种类蚊子的幼虫，它们可以在脏水里存活。孑孓擅长捕食，所以从不会饿着自己，从而发育得很快。在生长过程中，它们会经历四次蜕皮，并在两三个星期后变作大头蛹。与孑孓不同，蛹长着两条气管，而且都在身体前部。另外，蛹无须进食。它们没有其他蛹那么安静，会因为外界的轻触而迅速钻进水里。它们的尾部末端长有一对拍水器，因此可以凭借水的浮力上升。在蛹里，幼虫长出了翅膀。到了一定的时候，蛹上部的外皮会裂开，而小蚊子就从那裂缝中飞出来，而且不会让自己的翅膀被打湿。

蚊子是在空中交配的，而雄蚊会在那时成群结队地飞来飞去。它们可能是从众行动，也可能是受到了某种声音的召唤。普通蚊子在一个夏天可以繁衍两三代，每一代可以生产三四次。或许会有人好奇地问："这意味着什么？那又意味着什么？"就蚊子这种动物而言，这些问题都不难解释。那就是很多鸟类都喜欢吃蚊子。

大　蚊

我们在夏末时节常常看到一种名叫鹤蝇的大蚊。在棒球场附近，它们漫天飞舞，经常挡住人们的视线，令人厌恶。它们有着长长的腿，有时候还会飞到我们的脸上，人们不知道这些家伙是从哪里冒出来的，倍感烦恼。这种大蚊的身体比腿短了很多，能在这方面超过它们的动物屈指可数，例如盲蛛——它们常常于秋夜里爬行在已收割的麦田田埂上。

让我们想象一下，一只长着翅膀的昆虫扭动着身体钻出了地面，那场景是多么有意思啊！大蚊就是这样的，它们从柔软的泥土里，准确地说是从紧贴于地面的一个竖直的、裂开的蛹里钻了出来。当然，这是一个漫长过程的尾声，至于这个过程，我们将在后文中详述。

我们继续来关注棒球场上的演出。大蚊从蛹里钻了出来，四周盘旋着对它们垂涎三尺的黑头鸥群。一看到飞出来的大蚊，黑头鸥就冲了过去。对于人类而言，黑头鸥捕食得越多，来年的草场就越干净整洁，原因在于大蚊幼虫胃口很大，而且喜欢吃草根，所以会对草场造成破坏。另外，它们还喜欢吃谷类等多种农作物的根。它们的破坏力极强，因此在英国多地被称为"蛴螬"，在那些地方，好像除了它们之外，就没有别的什么害虫了。

　　黑头鸥是具有"领地意识"的鸟类，在发现一处食物丰富的地方，例如生出无数大蚊的棒球场后，是决不允许其他黑头鸥来抢地盘的。当其他黑头鸥意欲降落时，它会马上警告并赶走对方。最后，被驱逐者只好另觅去处。

　　没有人不认识长出了翅膀，并到处飞的大蚊。它们大概有 1 英寸长，翅膀很大，身体细长，然而那么长的身体似乎并没什么特别的用处。大蚊主要分为两种：随夏天而来的是盆蚊，身体是灰色的，翅展长度为两英寸；出没于 7～9 月的是泽蚊，身体为红褐色，翅膀没那么长。大蚊和普通蚊子的区别显而易见：普通蚊子的腿比大蚊的腿短很多，尽管相对于它的身体而言并不短。当然，大蚊与普通蚊子一样也长着一对翅膀。通过观察可以发现，翅膀后部长着两只又短又小但可以振动的棒状器官，且末端带尖，犹如针头。这就是双翅目动物以及雄性介壳虫才有的"平衡器"。"平衡器"的功能类似于后肢，至于是不是或者是哪种感觉器官，我们还不太清楚。既然这种器官与后肢是相对应的，所以我们希望在几千种会飞的昆虫中找到"过渡构造"，也就是介于翅膀与平衡器之间的某种样式。不过，我们还没有完成这个工作。

　　又细又长的大蚊钻出地面后，如果可以从黑头鸥等鸟类的爪子下逃出生天，它们就会立刻四散飞去。雄蚊比雌蚊小一些，而且在交配结束后会马上死掉。雌蚊在产完卵后也随之而去。雌蚊会把卵产在湿润之处以及草丛或垃圾堆里。

　　雌蚊在产卵时会将身体竖立起来，用最长的也是最靠后的两条腿站立，而其他四条腿是悬空的。它们尾部末端长有产卵器，可以把卵一粒粒地产在小洞或缝隙中。它们的卵是黑色的，很小，椭圆体。一只雌蚊一次可以产出 300 枚左右的卵。

　　我们很难说清楚它们的长腿有什么功能，这些腿很容易断，不过断掉后也不影响其活动，所以它们并不在乎腿有没有断掉。目前的解释是：那双长长的腿适合用来在草丛或篱落间爬行，对产卵也有助益。

卵在被产出两个星期后便会孵出幼虫，也就是一种生活在地下的蛆。它们还没长出腿来，形态上完全不同于成虫，身体肌肉伸缩自如，穿行于泥土中，头部为黑色，紧缩着，用于咀嚼的颚很强大，如果不向前伸出的话，很不容易被看到。凭借这些锋利的武器，它们疯狂地破坏着植物的根。它们的身体后部没有尖也没有毛，但长有 4 个很小的疣；身体呈圆柱形，最后一节长有一对呼吸孔，可以将泥土空隙中的空气吸入气管；气管在体内可谓四通八达。大部分动物的呼吸都是血液流经空气（依靠肺或鳃的功能），不过对于昆虫来说，是空气流经血液。

大蚊幼虫在泥土中蠕动，其状态大不同于孑孓在水中的浮游。不过，二者的发育过程十分相似。大蚊幼虫也要经历进食、长大、蜕皮等一系列毫无新意的阶段，最后长出长腿，成为人们口中的"皮壳"。皮壳体长 1 英寸左右，外皮粗糙且坚韧（顾名思义），毫无美感可言，就像农人们常说的那样。夏天的皮壳，到了秋天就有了大蚊的模样，不过它们还需要在地下蛰伏一整个冬天，待到春暖花开时再继续发育，如果遭遇霜冻，它们会来到地底深处。

时机一到，皮壳会产生巨变。它们在接近地面的泥土中竖起身子，化身为蛹；蛹上的各个环节都长出了刺，顶部还长出了一对角。蛹内正在发生翻天覆地的变化，发育进程又一次被开启。旧的不去新的不来，改头换面之后，它们成了真正的大蚊——长着翅膀。蛹扭动着身体钻出了壳，利用棘毛努力破土，从土里冒出一截后，外皮猛地开裂，一只长出翅膀的大蚊爬出了地面。

幸好大自然给它们安排了宿敌，要不农人们可就要遭殃了。为了抑制大蚊的繁殖，人们想出了各种办法：除草、修篱、翻土、夯土、排水以及

播撒煤气碳酸钙 ① 与灭蚊药等，但仍旧无法将其消灭。能抑制大蚊繁殖的只有它们的天敌，白嘴鸦、欧椋鸟、田凫、鸥类等都喜欢吃大蚊幼虫，而鼹鼠会把幼虫咬碎，另外，白嘴鸦、黑头鸥和燕子还会捕食成虫，黄蜂偶尔也会吃上几口。因此，人类不应只想着这些动物身上的缺点。

蚜 虫

假如有一天，有喙目中那些吸食植物汁液的昆虫获得了巨大的生存优势，那么数年之后，地球上的所有生物都有可能灭亡。在这类昆虫中，蚜虫科昆虫的破坏性是最大的。无论是蔷薇还是梨树，豆类还是蛇麻，很多植物的叶片和茎都是它们的最爱。蚜虫繁殖季节在夏天。不过，那时能见到的几乎都是雌虫，因为它们是无性繁殖的动物，不需要雄虫贡献力量，并且繁殖速度极快。

与甘露有关的趣闻不胜枚举。但我们目前最想知道的是，在汁液被吸走之后，植物的损失会有多大？植物的甘甜汁液对昆虫而言好处多多。蚜虫口腔内长有一个长吻，吻内长了4根刺，这些刺可以轻易地扎入植物的茎和叶片，准确地说是含有糖分等食物的组织。据部分实例显示，蚜虫的唾液腺可以分泌出一种特殊的液体，那液体包裹着长吻并就此形成一条管道，并足够吸器与刺在其中活动。从繁殖速度可以看出昆虫的进食情况。据赫胥黎估计，假如一只雌性蚜虫的所有后代都存活并再次繁殖，那么在秋天到来之前，蚜虫的数量将超过中国的总人口。当然，这种事情是不可能发生的。在缺少食物的情况下，存活率与繁殖数量无关。如果天气不好，

---

① 提纯煤气时所用的一种碳酸钙。——译者注

死亡率就会更高。除此之外，瓢虫、光彩夺目的草蜻蜓与山雀等都以蚜虫为食。另外神奇的一点是，有一种蚂蚁很喜欢蚜虫，它们会把蚜虫当作宠物，为它们提供保护，但目的是吸食它们身上的蜜汁，就像人类需要奶牛产奶一样。冬天，这种蚂蚁还会把蚜虫卵搬到隐蔽的地方进行照顾，等到夏天来临后再把蚜虫幼虫带到树叶上找东西吃。

在秋高气爽的日子里，我们总能看到漫天飞舞的各种蚜虫。它们忽而飞到高空，忽而又落下，就像喷泉溅出的水花。它们的翅膀薄如蝉翼，不太适合远距离飞行。它们有时候似乎没有振动翅膀，仿佛是悬浮在半空中。每一群蚜虫的规模都很大，在近郊的一些地方，甚至遮天蔽日。它们像雪花一般落到人们身上。我们近来所得到的一些蚜虫标本上可以看出黑色的斑纹，这种蚜虫的动物学名称叫作"绿蝇"，还有别名植物虱、植物害虫以及蚜虫。那么，它们的生活经历又是怎样的呢？

蚜虫在一生中要经历的事情大致如下：秋天，它们在缝隙里产卵，并在那里过冬；春天来临后，雌虫孵化而出，但还没有长出翅膀。雌虫可以在没有雄虫配合的情况下进行无性繁殖。这种现象的发现者是法国资深博物学家博内。蚜虫卵不需要受精便可以自主发育。换句话说，蚜虫的卵是单性卵，可以在母体内完成发育，母亲产下的是还没有长出翅膀的雌性小蚜虫，因此我们可以认为蚜虫是胎生动物。它们可以在一个夏天中繁衍好几代，而且都是以胎生的形式出生的、不带翅膀的雌性蚜虫。对于许多植物来说，它们有百害而无一利，比如蔷薇、梨树、豆类、蛇麻等。

只需要一个星期左右，这些雌性小蚜虫就能再次成为母亲。蚜虫这种动物的繁衍速度是惊人的，而且极具代表性的是，在整个夏天里我们只能看到雌性蚜虫。实验证明，无性繁殖在温室里可以持续4年之久。雄性蚜虫一般都不是出生在夏天的，在繁衍了几代不长翅膀的蚜虫之后，会忽然出现一批长着翅膀的蚜虫。这些有翅膀的蚜虫可以飞到其他植物上去。我们有时候会看到一些长着翅膀的蚂蚁从我们面前飞过，那是蚂蚁们的求偶行为，一般来说，雌雄蚂蚁能够配对成功，但是蚜虫却不需要这么做。聚群而飞的似乎只有雌性蚜虫，雄虫则要到秋天来临之后才会出现，而且通常都长着翅膀。雄虫有时候也会加入迁徙的队伍，所以我们需要仔细分辨。那些出生于夏天的不带翅膀的雌性蚜虫会在秋天受精后产卵，它们的幼虫要到次年春天才会孵化而出；雄性蚜虫的出生过程也是如此。

　　动物生活史是很难说清楚的，原因在于变异是常有的事。当然，前文的简要叙述是有依据的：春暖花开的时候，受精卵孵化出幼虫；到了夏天，无性繁殖的胎生的雌虫开始繁殖，并且会繁殖很多代；与此同时，那些同样是无性繁殖及胎生的有翅膀的雌虫开始迁徙；后来，雄虫与没有翅膀的雌虫进行交配，然后雌虫产卵。在迁徙到别处之后，会有新的一批蚜虫诞生，其中一些是雄虫，另一些则是具备交配能力的雌虫。

　　蚜虫的食量很大，在没有约束的情况下，大概可以把所有植物都吃进肚子里。例如，葡萄根瘤蚜经常在欧洲各地的葡萄园里肆虐。蚜虫喜欢吃的植物常常也是人类喜欢的植物，然而它们常常给人类留下满地狼藉，地上除了无数虫卵之外，还有很多蜜汁，令人作呕。除了那一对薄如蝉翼的翅膀之外，它们身上找不出任何可爱之处。当它们被其他昆虫吃掉之后，我们可能会觉得开心一些。毫无疑问，蚜虫是人类的敌人。当然，我们也不能就此认为它们一无是处，至少，它们只靠吃植物汁液就能飞速繁衍，世代相袭，不需要雄虫配合，雌虫就可以进行无性繁殖，而且同时拥有无性胎生和有性卵生两种繁殖方式。这便意味着无论未来将要面临多大的考验，它们都能生存下去。无数生命在顷刻间爆发，从一到无穷。

　　站在生物学角度来看，我们上面所说的内容不过是蚜虫与人类关系中微小的一部分罢了。当然，关注它们的不止有人类，还有很多其他动物。总而言之，自然法则会做出甄选与淘汰。必须承认，大自然的自我平衡能力令人叹为观止。要不是受到了生存法则的约束，恐怕地球上的所有生物早就被蚜虫灭掉了吧！

蚁　狮

在所有普通昆虫当中，蚁狮是毫无疑问的佼佼者。它们不仅生活在英国，还分布于欧洲的很多地方，例如巴黎周围。早在 18 世纪初期，身在巴黎的列文虎克就对这种昆虫的特殊习性进行了研究。成年蚁狮像蜻蜓一样娇小柔弱。它们昼伏夜出，所以很少有人能了解它们的习性，只有一些人关注过它们的幼虫。目前正在对它们进行研究的是身在弗赖堡的陀夫来因教授。

在接下来的叙述当中，谈及其幼虫时，我们也会使用蚁狮一词。这种昆虫大多生活在气候干燥、阳光充沛的松土荒原上，尤其是森林边及低矮的灌木丛里。它们的主要食物是蚂蚁。成年蚁狮身长 0.5 英寸左右，身体后部向上拱，看上去像盾牌，头部十分灵活，拥有强大的颚，就像修剪树枝的钩子一样。大多数蚁狮都是淡黄色的，而且喜欢用沙砾盖住自己的身体，身上的各个部位都长着暗褐色，或者黑色的刚毛，背部长有一条较宽的黄色条纹，而身上的其他地方则带有斑点。

它们一出生就有着成虫的样子，而且天生就会捕食蚂蚁。幼虫身长 0.08 英寸，尽管如此，它们却可以在地上挖坑。在那呈漏斗形的坑里，常常可以看到幼虫安静地坐在底部，只把颚露出来等待掉进陷阱的蚂蚁，虽然那些蚂蚁比它们还要大。在类似沙坑的地方，我们常常可以看到上百个大小不同的漏斗状的土坑，较大的直径可达到 4 英寸。在那些坑失去作用之前，蚁狮会在那里生活好几个月，它们的要求很简单：土壤干燥且柔软，能晒到太阳，吹不着风；有很多蚂蚁，还有许多其他昆虫。

通常情况下，我们会使用"选择"这一词汇来描述动物的行为，不过大量实验表明，蚁狮不会对环境进行选择。它们总是循螺旋路线前进。它们偏爱气候温润，阳光充足，而且干燥的地方。它们走啊走啊，总有一天能找到一个合适的地方。和其他某些动物一样，它们的身体也会自动进行调试（就像体内装了一个回转仪似的），这说明它们是可以接收到外界刺激的。在幽暗的地方或者光线均匀的地方，它们一动不动；如果光线出现变化，它们就会受到刺激，从而离开那里。但是，很难找到一个光与热都分布均衡的地方，至少在实验室条件下很难做到。所以它们不得不随时搬家。据陀夫来因教授称，实验室里的蚁狮跟随了他很多年，而且从来没有一只离家出走过。当然，这或许是因为对于一只离家出走的蚁狮，人们总能很快地找到它的去向。它们是后退着走路的，不管人们进行什么样的干涉，它们从来不会改变走路的习惯，这或许是因为它们擅长打洞，而且打洞的时候用的是尾巴。

幼虫们在寻找到适合居住的地方之后，便会转着圈圈以退为进，让身体末端的一个圆锥形的器官来掘土。它们一边绕着圈，一边从圆周内侧挖出土渣，然后用头将土渣顶出去，从外面看来就好像土里发生了爆炸一样。它们的身体前部有一段长得颇为美观，而且非常适合用来抛掷土渣，身上的刚毛长得很整齐，几乎都是朝前生长的，也可以帮助它们做出抛掷动作；在挖土的时候，腿的作用并不大，主要依靠的是身体后半段。

小蚁狮不停地转圈、挖土、扔土渣，直到漏斗坑的深度达到它们的要求。然后，它们蹲到坑里，脸朝背光一面，把颚露出来，等待着不幸失足的蚂蚁，对于掉下来的猎物，它们一口咬住，有时候还会释放出一些毒液。它们的上腭下部长有一道凹槽，凹槽嵌有一部分口器，它们通过前后移动这部分口器来吸食蚂蚁身体里的汁液。这个凹槽与口腔相连，而它们的口腔几乎被压得很紧。食道前端的肌肉相对较多，作用类似于吸管。在吸不出来任何液体之后，它们会把干瘪的蚂蚁扔掉。这些幼虫的进食习惯体现出了许多与众不同之处，例如它们的胃只有一个出口，因此不能消化的东西只能从嘴里吐出来。

除了挖土和扔掉干瘪的蚂蚁之外，它们在做另外一件事的时候，也会用到抛掷动作。蚁狮会利用砂石攻击那些从斜坡上滑下来，并想半路刹车的蚂蚁。通常情况下，这些没有站稳的蚂蚁在受到攻击后会掉进漏斗坑里，从而被蚁狮抓住。初看之下，这种行为似乎是经过思考的。不过陀夫来因教授却不这么认为，而且他的观点应该更接近事实。他通过认真观察发现，蚁狮在抛掷砂石的时候是没有目标的，因为砂石散落在各个方向。实际上，蚂蚁在下滑时碰掉的沙砾，落下后砸到了蚁狮身上的刚毛，而那刚毛很敏感，于是它们身上的抛掷机关就被打开了，然后它们像执行内部程序一样完成上述行为。事实上，蚁狮一点也不聪明，只是拥有很多特立独行的本能行为。它们的大脑很不发达，但是一出生就拥有数种强大的本领，而这些本领从一开始就能极大地帮助到它们。就如同人类天生就会吞咽、咳嗽、打喷嚏以及在被烫到的时候把手缩回来等，简单来说就是条件反射。将东西举过头顶再抛出去，这样的动作对于蚁狮而言就像眨眼睛一样，是与生俱来的。我们甚至可以将它们比喻成一种能胜任多种工作，且完成度很高的小型自动机器。虽然它们目前的捕食行为是未经思考的，但我们不能确定的是，在若干年以前，尚未完全获得这种天赋的蚁狮是不是也曾为这些行为付出过心力。

蜻　蜓

法国昆虫学家阿曼斯 1883 年提出，人们可以参考蜻蜓的生理构造来制造电力飞机。这种美丽的动物还有一个名字叫作豆娘，而在法国制造的第一批单叶飞机中就有一架被命名为豆娘。从水面上飞过的蜻蜓就像一架架小飞机。剑桥大学在 1917 年出版的《蜻蜓生物学》是提尔亚德的作品，其中写道："我们对其圆形后翅与角形后翅在飞行过程中的作用进行了分析，又对其翅膀上各个部位所暗藏的支撑柱及横向条纹的位置进行了研究，以期能找到更好的飞机模型以及更简单、更省事的翱翔方式。"从1917年开始，陆续有人对飞机进行了这样或那样的改良。然而，据我们所知，蜻蜓的振翅速度快到肉眼不可见，而显然飞机的机翼是不会震动的。

蜻蜓在水面上空飞翔，时而贴着水面飞行，时而绕着出生地湖畔或沼泽飞来飞去，就像丁尼生所写的诗那样："一道有生命的光！"它们的翅膀几乎是透明的，而且永远展开；眼睛很大，向外突出；甲壳散发着金属般的光泽，是丁尼生口中"耀眼的青玉钢甲"；后半身纤细修长，飞行时又快又稳，令人目不暇接。它们有时候会围着我们飞行，时而靠近时而远离，令人不知所措。正因如此，人们对这种昆虫十分感兴趣，也不吝赞美。然而，它们却有个令人不安的绰号——"鬼针"，又被叫作"刺马虫"，尽管它们从来不会刺伤其他动物。对于人类来说，它们没有任何害处，而且还会捕食蚊蝇及其他昆虫。我们甚至可以看到一只蜻蜓因为满口蚊子而合不拢嘴，"少说也有100只蚊子，被压成黑乎乎的一团"。人们已经开始饲养蜻蜓来对付庭院或池塘里的蚊子及孑孓。不管是在小时候还是在长大后，它们最爱的食物都是蚊子，所以可以利用它们来灭蚊。布里斯班的植物园成功饲养了一种极为鲜艳的红色蜻蜓，它们已成为那里一道美丽的风景线。

蜻蜓的飞行姿态近乎完美，时而如闪电般阵阵疾飞，时而匀速掠过水面，时而千回百转盘旋向上，时而飘忽在"湿润的草场与田地间"。因为翅膀根部连接着很多肌肉，因此它们的飞行速度很快，甚至可以达到每小时60英里。两对翅膀交错振动，但毫不紊乱。它们还可以短距离向后飞行，如同黄蜂。大多数蜻蜓不会飞到离住处太远的地方，不过一些喜欢迁徙的则会飞出数百英里远。澳大利亚有一种蜻蜓时常会飞越200英里宽的海峡，前往塔斯马尼亚岛。最近我们发现，这座小岛已经成为它们的繁殖地。它们拥有高超的飞行技巧，可以一边飞行一边捕食。蜻蜓的头部很灵活，视力也很好，这对飞行有很大帮助，和鸟类一样。不过，它们的嗅觉似乎很迟钝，听觉器官的主要作用也是保持平衡，味觉与触觉和其他很多昆虫一样。就视觉而言，它们是脊椎动物里视力最好的，复眼中的小眼、晶状体和其他眼原子最少有1万个，最多可达28000个。它们可以在30～60英尺外洞察到各种动静，而其他昆虫的眼睛只能看到6英尺外的东西。"捕一只蜻蜓，放在手心细看，你会发现它的眼睛无比动人，边缘闪烁着金属光泽，有的是红色的，有的是褐色的，还有的是灰色的，那是其眼睛内部反射外界光线所形成的效果，也就是我们所说的内光。"

蜻蜓拥有发达的大脑，颇为聪明。人们曾经见过一只没有头的成年蜻蜓，扑腾着翅膀爬到帷幔上，并存活了两三天，究其原因，在于其腹部下方神经索的中枢神经（或者是神经节）可以独立行动，而不需要脑力支持。出于同样的原因，剪下它们身体的后段，将其放在头部前方，它们会吃得很开心。由此可见，蜻蜓并不知道自己正在吃的东西是什么。

就色彩而言，蜻蜓无疑是昆虫界的大明星。然而，单看翅膀颜色的话，蝴蝶更胜一筹。蜻蜓的皮肤里层和外层都含有很多色素颗粒，而且颜色各异。我们有时候会看到，色素透过其表面呈现出来，仿若成熟果实所覆的霜，而那是即将成年的标志。在它们身上还可以经常看到干涉色——在肥皂泡上所爱看到的那种颜色，在混合了其他颜色后会显得绚烂无比，绿色、蓝色、堇色、紫色、红色、橙色、黄色等皆饱和度极高，可见蜻蜓完全不用刻意炫耀自己。一部分蜻蜓幼虫会随着环境变化而改变颜色。

这种昆虫在英国又被叫作"飞龙"，在其他地方还被称作"少女""水仙"等，美名因地而异，但无不凸显了它们的美丽。除了晏蜓科之外，其他种类的蜻蜓雌虫在交配期和产卵期之外很少出现在水面上空。人们口中的"少女"其实多为雄虫。雌虫喜欢在草丛里待着。雄虫在求偶的时候，会来到心仪者面前盘旋，炫耀着自己各方面的长处。为了吸引雌虫，一种蜻蜓的雄虫还会不停摆动一对白色带子。在正式交配前，雄虫和雌虫会一起飞舞一阵子。

在产卵之前，蜻蜓会在鸢尾属、芦苇、杞柳等植物的茎上钻出一个小洞，或者在没入水中的植物枝条上缠几条坚固的胶质绳，又或者把卵产在湿地石头上的苔藓根部。不过，大部分雌虫会掠过缓流或静水的表面，以点水的形式将一团团卵从身后排出，卵被胶质层包裹着，而胶质层在接触到水之后就会溶解，接着卵会散开并沉入水底。

从卵中孵化而出的早期幼虫，在最初的数分钟内长得很快，在经历了蜕皮后成为能屈能伸、能扭动、能游泳的幼虫，这时候，幼虫已准备就绪，并具备了捕食能力。它们通常要在水里生活 1 年左右，但有时候也会待上 5 年之久。它们食量很大，而且什么都吃，只要不是原生动物以上的小动物都吃，就连蝌蚪也是它们的食物。提尔亚德做过一个实验：一只蜻蜓幼虫在被饿了一个星期后，在 10 分钟内一口气吃了 60 只孑孓，当然，吃饱之后，它对其他食物便没了兴趣。蜻蜓幼虫会同类相残，偶尔会偷袭近亲，而且不达目的不罢休。

蜻蜓幼虫还有个特征值得一提。它们长了一个捕食利器：可以伸缩的"假面"。之所以称为"假面"，原因在于这个构造遮住了口器的其他部分，有的甚至遮住了整个脸。我们在它们的假面上可以看到 3 对口器（唇），位于一段带节的空心梗的一端。在看到猎物走近后，它们会猛地射出"假面"，利用其上两只锋利的钩子把猎物钩住。在猎物停止挣扎后，它们将"假面"收回到口器旁边，然后用第一对口器（上颚）咀嚼食物。

生活在水中的幼虫的呼吸也很有意思。水从食道末端流过，因为那里有个构造独特的"鳃篮"。它们通过喷水来前进，由此可见，它们的呼吸与行动是相辅相成的。很多幼虫，例如蜉蝣等都有气管鳃，有的呈线形，有的呈板状。水中的空气经过各支气管或空气管去到身体的各个角落，而所有昆虫都长有这种气管。不过，蜻蜓成虫的气孔是张开的，而幼虫的气孔只是微微张开，甚至是闭合的，对于幼虫来说，如果气孔开得太大，它们就会被淹死。

幼虫阶段会持续很长一段时间，其间的变化也是巨大的：复眼内的小眼增加了很多；发育出了单眼；触须的节增加了很多；开始长出翅膀；胸部越来越长。每隔一段时间，它们就需要蜕一次皮，一共需要经历11～15次蜕皮。正如丁尼生所言："一股内部驱动力冲破了身体的既有外壳。"除了蜕皮之外，它们气管的内层以及食道末端两节的内层也会脱落。

经过长期的蜕变，它们的生理构造越来越接近成虫，最后来到了变态发育阶段。幼虫逐渐没了精神，吃得越来越少，身体越来越膨胀，颜色也出现了变化。由于身体出现了明显的不适，它们爬出了水面，紧紧地贴在植物的茎等支撑物上，弓起背将外皮顶破——沿着背部的脊线，头部与胸部最先钻出，然后是腿与翅膀。它们倒挂着等待肢体变得硬一些。然后，扭动着身子向上跃起，攀附在支撑物上，把尾巴从壳里抽出来，把血液挤进干瘪的囊状翅膀内，让翅膀得以展开。因为血液的注入，它们的翅膀出现了光晕，只需要几天，甚至几个小时，翅膀就会完全干燥，然后彻底褪去外皮。这个巨变通常是在天亮之前或刚刚天亮时发生的。

蜻蜓祖先的姿态想必近乎完美。早在上石炭纪就出现了不少代表，有一种体形较大、体态绰约的蜻蜓，翅展长度达到了27英寸左右，远远超过了如今我们所看到的所有大型昆虫。当然，蜻蜓祖先所出现的时间远早于上石炭纪，只是它们所属的那一目动物从彼时起就地位特殊，而且没有任何种群分支。蜻蜓的飞行能力并不强，不过视力非常好，视距很远，主要食物是肉类，在安静状态下十分低调，不易察觉。另外，它们的生命力十分强大，寿命也比较长。

蜻蜓一共分为400多属，大概有2500种，而且分布极广，由此可见，它们是成功的动物。当然，它们并不是没有敌人，很容易被翠鸟、蜘蛛、蜥蜴、蛇等捕食，尤其是澳大利亚的大毛毡苔。蜻蜓幼虫还是其近亲的食物。

另外，鳟鱼和水栖甲虫的幼虫也以蜻蜓为食。

穗蜻蜓属于小膜翅目，起源于英国，可以用翅膀在水中游动，并会把卵产在莲叶上的其他蜻蜓卵中。其幼虫在孵化出来后会吃掉其他蜻蜓的卵。提尔亚德在其著作《蜻蜓生物学》中说道，蜻蜓成虫最大的敌人是鳟鱼，而这为我们提供了与生命网络有关的线索。鳟鱼被英国人带到塔斯马尼亚岛之后，那座岛屿上的蜻蜓愈加稀少了。提尔亚德曾经从麦夸里河中钓起过一条重达 1 千克的鳟鱼，并在其胃中发现了 35 只蜻蜓的头部。可是，蜻蜓的逐渐减少导致了有害的甲虫逐渐增多。

蜉　蝣

炎热的夏季，人们时常会在草丛里或河石上看到很多又扁又小，看上去还有些扭曲的动物。它们有 6 条腿，尾部末端长有两三根又细又长的毛；身体呈条状，后部带有两排小小的板片，那是它们的呼吸器官，也就是气管鳃。人们看到的这些小动物有一部分就是蜉蝣的幼虫。然而很少有人会想到，这些小动物会在 5 月初到 6 月末的时候，以纤弱之身从平静的池水中成群跃出。蜉蝣又被称为"一日虫"，属于蜉蝣目。顾名思义，它们在长出翅膀后会很快死去，甚至活不过一天。观察发现，它们有的在飞到空中一个小时后就会死亡，当然，这是长出翅膀之后的事。认为蜉蝣只能活一天的观点是不正确的，其实它们出水之前已经在水中生长了两三年，这么算来，它们的寿命也不太短。

从中可以看出一个生物学上的事实：不同动物的不同生长时期所需的时间是不同的。有些动物的幼年期较短，成年期较长，老年期也较短；有的动物的成年期较短，老年期较长。人类也有自己的生长特性。蜉蝣的幼年期非常长，且一直生活在水里，直到长出翅膀后才算成年，但成年期极为短暂，飞到空中不久后便会死去。

　　蜉蝣幼虫的生理构造更适应在水中生活："腹部"前段分为 7 节，其中一部分乃至全部都长有细小的气管鳃，因此它们可以在水里呼吸；尾部末端那又细又长的毛对呼吸也有帮助。简单来说，氧气由鳃进入气管后可到达身体各个角落，气管鳃上通常覆有一层鳃盖，或者被周围的刚毛覆盖着，由于受到了这样的保护，因此一般不会被泥沙堵住。一部分动作迅捷的幼虫看起来是流线形的，如同鱼类等水栖动物。这种流线形的身体结构可以减少游泳时的阻力，在逆水停靠时也能减少对冲力。一些种类的蜉蝣幼虫的腿部还长有钩，可以把自己固定在石头等物体上。它们的身体又扁又平，能很好地应对水流，在水流速度越快的地方，所看到的幼虫越扁平，有一种蜉蝣的幼虫，就生活在水势湍急的河流中。动物们似乎总能完成那些看上去不可能完成的任务。蜉蝣幼虫的气管鳃也是扁平的，而且可以向两侧延展，如卵形吸盘一般紧贴在石头表面，类似于帽贝。曾有博物学家感叹道：有机自然界的每一个角落都隐藏着生命。这也就是说，任何生物都带有丰富的适应性。当然，适应水平各有不同，而较为典型的就是生活激流中的蜉蝣幼虫所采取的吸附方式。六颚蜉蝣是分布在美洲的一种普通蜉蝣，栖息于水底。那么，它们有什么与众不同之处呢？它们的前腿扁平，像铲子似的；颚部外突，看起来像一颗很大的獠牙。它们同时使用"铲子"和"獠牙"在水底开凿隧道，简直可以说是生活在水底的鼹鼠。

　　很多昆虫的幼虫都生活在水里，以蜉蝣生物为食，而且捕食方式各有千秋。一些幼虫通过快速振动翅膀，将口器旁边的水搅成漩涡状，从而吞噬其中的微小生物。有的蜻蜢会布下精巧的网，以捕食其他小动物。"产婆蜉蝣"幼虫的游泳速度丝毫不逊于鱼类。它们把中足与后足附着在石头表面，"将前足伸长，把成对的鞭毛张开，让自己的身体像个竹筐一样，把被水流冲来的食物拦住。"其他很多种类的蜉蝣的幼虫，通常都以附着在石头表面上的微生物为食；也有一些会沿着水生植物的茎往上爬，与此同时寻找可以吃的东西。大部分蜉蝣幼虫都不吃肉类，有时候会吃腐烂的植物，或者动物身体上落下来的一些碎屑。

幼虫会在水里生活好几个星期、好几个月，甚至好几年，经历无数次的蜕皮（由前文所说，这就是成长的代价）。在经过一次巨变之后，它们来到了水面上，扭动着身子破壳而出，然后展开翅膀飞出去。卢波克爵士曾说，这个变化仿佛是瞬间发生的，"从卵壳出现裂缝开始，到蜉蝣飞到空中，总共不会超过 10 秒钟"。我们找到一只刚浮出水面，破壳而出，并尝试着飞到空中的蜉蝣，把它放在衣袖上认真观察，然后发现，其身体外部还包裹着一层皮，而它急迫地想要从那层皮里钻出来。只有摆脱了这层灰皮之后，它才能够真正成长为蜉蝣。在昆虫学上，最后一次蜕皮之前的那段无变化时期被称为"垂成静止期"。对于体形较小的蜉蝣幼虫来说，其垂成静止期只有数分钟而已，而体形较大者会持续一到两天。快也好慢也罢，最终结果都是一样的：换上了光鲜亮丽的外表，成为有翅膀的美丽昆虫，拉开了新生活的序幕。伏在衣袖上的蜉蝣成功蜕皮去掉了外皮，趴在那里瑟瑟发抖。它看上去很脆弱，眼睛很大，前腿伸向前方；前翅像扇子一样向上竖立着，后翅不怎么明显；尾部末端长着两三根又细又长的毛；长有微小的触须，残存的口器依稀可见。它现在要做的事情不是觅食，而是求偶。

我们常常在草丛中或水面上看到一大群几乎同时出现的蜉蝣，它们即将迎来最后一次蜕皮。"数量之多，就连河边柳树都被压弯了腰。"一部分老派的博物学家，将这最后一次蜕皮叫作"鬼壳"。入夜之后，它们会挣脱"鬼壳"，飞向天空，因为数量实在太多，所以看上去就像一团黑漆漆的迷雾。这般神奇的景象，在动物界中实属罕见。尼达姆教授与劳埃德教授在合著的《内陆水栖生物》^①中写道："成熟的雄性蜉蝣会结群而飞，而且不同种类会有不同的行为习惯，以吸引雌性蜉蝣迎上前来。"以食为生的岁月已经过去，以爱为生的时光已经到来。伊顿牧师写了一本与蜉蝣有关的专著。他对蜉蝣所表现出来的一些明显的行为特征进行了描述，尤其是雄性蜉蝣。它们通过振动翅膀来上升或下降。"通常都是直直向上，或又直直向下。快速振动翅膀的时候可以向上升，然后又缓缓地落下来。如此往复就像跳舞一样。"试想一下，一大群蜉蝣在风平浪静的水面上起起落落，数不清的翅膀在飞舞着，俨然流云一般美丽又壮观。它们你追我赶，一会儿分开飞行，一会儿又在空中交配。一些蜉蝣掠过水面，带起一阵阵涟漪，与此同时也将卵产到了水面上，看上去十分随意。然而一夜之间，我们再也看不到它们的身影，对于这种动物来说，需要用死亡去换取新生。其中一种蜉蝣只能在空中飞行一个小时便会死去，而其他种类的蜉蝣则过不了出生当晚。不过也有一些种类是例外，假如白天的时候休息得不错，就有机会多活几天。但不管怎么说，它们一边飞行一边求偶，但最终的结局都一样。它们的卵渐渐沉入了水底，这意味着它们的生命得到了延续。

我们不能就此断定，蜉蝣的生命史是独一无二的。如我们所知，蜉蝣幼虫一心觅食，但不同于成虫，就如同毛毛虫与蝴蝶之间的关系。不过，蜉蝣幼虫在水里生活、觅食、生长的时间能有好几年，但是具备求偶及交配能力的成虫竟然只能活上几个小时。这一现象令人震惊，而令人心悸的是，它们以死亡迎接新生。伟大诗人歌德曾经说过："为了犒劳自己的辛勤付出，大自然偷喝了几口酒杯中的爱情酒。"用在这里真是恰到好处。

最后来看一下蜉蝣对大自然的贡献。我们可以将蜉蝣幼虫视为"中间人"，它们一面与食物——各种微小植物发生联系，一面和很多敌人——

---

①　出版于 1916 年。——作者注

鳟鱼等肉食水栖动物发生联系。值得一提的是，它们还是淡水鱼类的主食，毕竟很多种类的蜉蝣幼虫都很大，而且一年四季都很活跃。

尼达姆教授与劳埃德教授为我们提供了很多与蜉蝣有关的线索。它们特别提到了一种蜉蝣："它们的幼虫十分活跃，利用尾部与鳃在水里畅游。它们常常在河边的植物丛中爬来爬去，但其他动物很难看到它们，同时它们身上还有保护色。它们喜欢吃植物，不管是新鲜的还是腐败的，因此只要待在草木丰美的地方就不会因饥饿而死。当然生活在水中的食肉动物都是它们的敌人，常常会向它们发起突袭，有的拼命追赶，有的设下埋伏。这就是为什么我们常常能在破败的池塘中看到它们的身影，但数量却并不太多。"如果不是有无数敌人，就凭它们的繁殖速度，会很快殃及地球上的其他生物。它们的繁殖期只有 6 个星期，每只雌虫可以产下 1000 枚左右的卵。6 个星期过后，那 1000 只卵便会孵化出长着翅膀的成虫，雄雌各半，然后这 500 只雌虫又各自产下千余枚卵，到了最后的最后，就有了 50 万只成虫，而这 50 万只蜉蝣都同出一脉。以此类推，到第五代的时候，其数量可达到 1250 亿只。不过现实情况肯定不会如此顺利，它们的敌人会遏制它们的繁殖。对此，我们提出了一个想法，可以开凿一座人工池塘，在里面放上充足的食物，并且排除蜉蝣的敌人，以此来对蜉蝣进行保护。这样一来，就可以得到很多的蜉蝣幼虫，然后再把这些幼虫制作为鱼饵，到河边去钓鱼，如果把这些幼虫放到河里，那么要不了几天就会引来鳟鱼，这也可以视为它们为人类所做出的贡献。

螳　螂

螳螂可以说是最奇怪的一种昆虫。它们的外表看上去十分虔诚，但也十分怪异：身体两侧与四肢两侧向外突出，呈叶片状，都有一对锋利的齿钳，那可是捕食的好工具。它们的行动很低调，但吃起东西来却很高调。雌虫什么都吃，不管那东西能不能吃。法布尔对它们的描述栩栩如生，不过我们不会在这里对它们凶残的一面做过多的介绍，只需要知道它们是一种会同类相残的动物。起源于欧洲的祈祷螳螂十分有名，同时也是残忍之徒，因为雌性会把配偶吃掉。

螳螂看上去并不可怕。它们趴在那里的时候，身子稍稍向上抬起，头部与手臂都呈收缩状。由于前腿实在太大，因此站起来后，身体是竖直的，表现出一种刻意为之的恭敬姿态，就像伪君子。它们被一部分人称为预言家，据说有很多迷路的儿童得到了螳螂的指引，从而顺利地回到家中。它们会长时间地待在一个地方等待猎物出现，一旦有心仪的昆虫经过，它们便会马上伸出长长的前臂，两齿相扣，就像修剪高处树枝的工具——刀刃的一端插入刀柄中，刀柄连在一根长杆上，通过牵动绳索来剪枝。它们把带齿的前臂放到口器旁，用上颚咬上一口食物，然后把前臂拿开，看一眼食物，再接着吃。就让我们想起小孩子吃苹果的样子，吃一口看一眼，似乎是在研究苹果是怎么缩小的。

不过，螳螂通常只吃一半，然而又去捕食别的。在高等动物中，喜欢吃肉的白鼬也是这样，不仅浪费，而且嗜血。它们一看到猎物就会情不自禁地想要将猎物杀死，而这种冲动是无法克制的。如前文所说，螳螂属于直翅目，在这一目中还有我们熟悉的蟑螂、蟋蟀等食肉动物；而作为其近亲的叶形虫与杖枝虫却从不吃肉。

大部分种类的螳螂都很笨拙，而且不会飞行。为了让它们生存下去，大自然给了它们一件能够很好融入环境的保护衣。关于这一点，那些生活在枯叶堆、地衣、花丛中的螳螂便是最好的证明。沙漠地区的螳螂是褐色的，具有很强的隐蔽性。螳螂的颜色一般分为两种，一种是绿色的，一种是褐色的。意大利博物学家查斯诺拉通过认真研究确认了螳螂拥有保护色。他在 20 只绿色螳螂身上系上细线，然后把它们放入草地。再用同样的方法将 20 只褐色螳螂放进枯草堆中。过了 17 天，40 只螳螂都没有死，也就是说它们没有被任何敌人发现。此后，他在枯草堆中放了 25 只绿色螳螂，结果这些螳螂都没有熬过 11 天；在草地里放上 45 只褐色螳螂，只有 10 只熬过了 17 天。大部分螳螂都死于鸟类之口，有的甚至输给了蚂蚁。这项实验告诉我们，褐色螳螂只能生活在褐色的环境中，而绿色螳螂也只能生存在绿色的环境中。

祈祷螳螂的起源地并非英国，它们喜欢阳光充足的地方。在欧洲大陆上，它们分布于法国勒阿弗尔以南的广大地区。它们似乎来自地中海，早在三叠纪就已存在，然后逐渐向北迁徙，沿着罗纳河等河流来到瑞士。如今我们在马蒂尼与瓦莱士的交界处以及比利时的普罗芬等许多地方都能看到它们。它们生活在有阳光的干燥的地方。除了法国、瑞士之外，德国、奥地利、意大利、俄罗斯、北非以及中国等国家也生活着这种昆虫。

南美洲生活着一种体形较大的螳螂，据说它们可以抓住一些不太大的鸟。曾有一位昆虫学家到那里去做实验，他亲眼看到过螳螂与鸟类打斗。欧洲的螳螂除了昆虫之外，不会再吃别的东西，幼虫时期主要吃蚜虫的幼虫，长大后会吃一些较大的昆虫，但从来不吃青蝇与蝴蝶。从学会捕食的第一天起，它们就有同类相残的倾向。

这种螳螂一生需要经历三个重要阶段。第一个阶段是卵中的胚胎期，通常从 9 ～ 11 月开始，直至次年 5 月结束。如果把卵带到暖房中孵化，那么 2 月就可以看到幼虫了。第二个阶段是幼虫期，从出生到 8 月末。体外覆有一层带刺的鞘，不过只是暂时的。那些刺帮助它们从卵筐间隙里钻出来。不妨想象一下：它们从头到脚都被包裹在一层膜里，带有囊泡。它们伸缩着身体，挤到卵筐间隙处，然后将所有刺向后滑动，从而顺利地钻出去。在热带地区，一些种类的螳螂的幼虫在身体末端长有两条小附尾，上面长着两条丝。在钻出卵壳后，它们会利用这两条丝把自己倒挂起来。就这样，在倒挂了数个小时乃至数天之后，它们迎来了第一次蜕皮。第三个阶段是成熟期，或者说成虫期。欧洲螳螂的成熟期是从 8 月中旬开始，直到秋去冬来之时为止。幼虫们会在 8 月完成最后一次蜕皮，雄性发育成熟后只能生存一个月，而雌性则能生存三四个月。

上文中所说的卵筐其实就是卵囊，是一种十分特殊的东西，作用是对卵及胚胎进行保护，尤其是在冬天。我们在英国博物馆中可以看到这样一个标本：长度在 1.5 英寸左右，颜色黄而偏灰，外部凸起，内部凹陷，很适合用来附着树枝。这是雌性螳螂的一种分泌物，犹如泡沫一般，质地接近蚕丝，风干后会坚韧，不易断裂。法布尔曾经描述过雌性螳螂筑造卵筐的过程，后来，比尼翁又做了一些补充：关键在于内部隔间的打造，每个隔间只能容纳一枚卵。此外，为了保护卵，还需要筑造环绕于外部的原带或墙壁，而这个厚厚的保护层犹如凝固的蛋白泡沫。

比尼翁教授通过观察发现：螳螂幼虫在挣扎了20分钟左右之后便得到了解脱，它们钻出来的时候，身上还覆有一层鞘，鞘的表面有很多粗糙的突起，都朝向后方，而这显然有利于扭动身体。然而，鞘很快就裂开了，幼虫的小脑袋冒出来，慢慢地从卵里爬了出来。在靠近头部的地方，鞘上长着一个黄色的有阻力的圆锥体，那是它们的冠，在挺身而出的时候，可以减小摩擦力。它们身体末端长着两条丝，紧紧地束缚在鞘的隔间壁上。那细丝有 0.5 英寸长，幼虫在钻出后会利用这些细丝把鞘脱下来。祈祷螳螂的幼虫通常不会倒挂身体，而是马上到处爬。尽管不具备蜘蛛"荡秋千"的本领，不过螳螂各方面的适应性也一点都不差。大自然的创造力实在令人惊叹！

老式昆虫

住在缝隙和小孔中、害怕见到"外人"的动物并不少，而我们经常看到的蟑螂是最为典型的一种。这类动物很害羞，要么藏在人类建筑下，要么躲在自然界的隐秘之处。它们是隐士，一受到惊扰就会立刻躲避。一些种类的蟑螂又被叫作黑甲虫，不过，尽管它们泛着油光，但其实并非全然是黑色的，而且也不属于甲虫类。

来自东方的普通蟑螂很常见，其学名为东方蜚蠊，意为铁锈一样的褐色，通体深褐色。这种蟑螂原本并不生活在英国，大概是 16 世纪随商队来到这里。不过，我们并不确定它们到底从何而来。因为人们曾经在克里米亚半岛的石头下面和枯叶堆里发现过它们，所以据我们估计，它们的原栖地在俄罗斯南部地区，而如今已遍布全球。毫无疑问，它们是从一个气候温润的地方来到英国的，而再往北一点，它们就必须寄人篱下。作为普通蟑螂的近亲，日耳曼蟑螂的学名是德国小蠊，为暗赭色，或者姜黄色。它们也是从其他地方来到英国的，但如今已经适应了英国的生活。在欧洲、亚洲中部及北部，曾经还能在野外看到日耳曼蟑螂。政治家或许会认同这样的观点：它们好吃懒做又不失凶残本性，所以俄罗斯人称其为"普鲁士人"，而普鲁士人又称其为"俄罗斯人"。当然，这只是一种比喻罢了。

令人烦恼的是，英国不仅有上述两种黑甲虫，还有其他一些种类的蟑螂，例如出现在商埠之地的体形较大的美洲蟑螂，即蜚蠊；又例如学名为澳洲大蠊的澳大利亚蜚蠊，也就是破坏性极强的澳大利亚蟑螂。这些蟑螂或许来自亚洲东南部以及非洲中部。虽然它们的名字里带有地名，不过就此认为它们来自那个地方是不准确的。在各个国家的自然环境中都能看到蟑螂，它们的日子似乎过得不太好，但随船来到别处后，却能疯狂地繁殖起来，并在温暖、安全之处夺得了一席之地。在科学家眼中，这一现象很有研究价值。上述事例告诉我们，人类对动物生活的影响是巨大的。就英国而言，在冰河期结束后，那里的动物种类尽管在数量上未见减少，但在质量上却大打折扣：驯鹿与河狸走了，鼠类与兔子却来了；狼与美丽的爱尔兰麋走了，蟑螂与臭虫却来了，实在令人惋惜。

在谈及英国境内的昆虫的时候，卢卡斯曾表示，如果一种昆虫拥有两个本土名称，那么说明它们很常见。所以，我们在说起"黑甲虫"这个不太准确的名称时，应该想象其英文名 Cockroach。这或许是从西班牙文中的"Cucaracha"演变而来的，本意是指甲虫（英文中的 Bug 在西班牙文中写作 Cuco）。若真如此，我们恐怕要对另一位专注于研究蜚蠊的昆虫学家谢尔福德说声抱歉了，原因在于他认为美国人无端去掉了 Cockroach 一词的有效前缀，而用 Roach 来表示蟑螂，实际上，Roach 是一种欧洲淡水鱼的名字。这么做确实不太合适。

无论是普通蟑螂，还是日耳曼蟑螂，暂不论其他种类，都是从别处来到英国的，可是它们为什么能在英国成功生存下来呢？英国原有的蟑螂有三种，都生活在自然环境中，但都不如外来者那么成功，很少受到人们的关注。外来者在适应了新环境之后便翻身做了主人，究其原因，不一而足。它们昼伏夜出，动作敏捷，更为扁平的身体能轻松快速地钻进缝隙。要是寄人篱下，就完全没了天敌。它们的食谱很长，所以拥有很大的生存优势。英国博物馆在 1921 年出版发行了弗雷德里克·莱因所撰写的小册《蟑螂》，文中提道："不管那些东西能不能吃，它们总会试一试。在它们看来，墙纸、墙粉、图书、鞋子、毛发等都是美食无疑。"它们还很喜欢喝啤酒。迈阿尔教授与丹尼教授合著了一部以蟑螂为主题的著作，书中写道："至于瓜类，它们也不嫌弃，只是其肠胃不太能消化这种食物。"除此之外，它们还会吃墨汁、鞋油、从自己身上蜕下的皮、空的蟑螂卵壳以及死掉的蟑螂。蟑螂幼虫还有一个本事：触须和长腿可以断后重生，只要后半截还在，甚至只要根部没有受损，就能长出新的触须和长腿。

就普通蟑螂而言，雌雄比例大于 3∶1。雌虫身上有翅膀的遗存。它们的繁殖季在夏天，每次能产下 16 个卵囊，卵囊为暗褐色。在幼虫"准备"妥当后，卵囊就会出现缝隙。弗雷德里克·莱因通过观察发现，通常情况下，那 16 个卵囊中会有 10～11 个能成功孵化出幼虫。其实我们不应该把幼年期的蟑螂称为幼虫，毕竟它们的模样与成年蟑螂没有区别，不过是比较小罢了。刚出生的小蟑螂软弱无力，浑身浅淡，生长速度非常缓慢，生长期长达 5 年之久。一般来说，它们每年都会蜕一次皮。为了更好地进行科学观察，人们对蟑螂的繁殖进行了人工干预。在人为因素的介入下，这些适应了自然环境的动物便无法疯狂繁殖。当然，人们肯定不希望蟑螂繁衍得那么快。弗雷德里克·莱因发现，三只雌性蟑螂在 4～9 月之间一共产下了 25 个卵囊，"假设平均每只雌虫可产下 8 个卵囊，每个卵囊可孵化出 10 只幼虫，那么一只雌虫就能生出 80 只小蟑螂。难怪人们的厨房里总有那么多蟑螂！"

普通蟑螂的体形是日耳曼蟑螂的一倍大。日耳曼蟑螂是暗黄色或浅褐色的，无论雌雄都有翅膀，雌虫的数量比雄虫少很多。平均来说，它们的一个卵囊内包裹着 40 枚卵，雌虫会带着卵囊活动，直到幼虫在两到四星期后孵化而出。通常情况下，幼虫也是从卵囊的缝隙间钻出来的，但也有一些特殊的种类，雌虫会帮幼虫将卵囊脱掉。刚出生的幼虫是白色的，呈圆柱状，很快就能四处跑动。要不了多久，它们就会变得更扁，颜色也变得更深。它们的生长速度惊人，只需要 5 个月就能成熟，其间每个月蜕一次皮，每次蜕皮后，颜色都会变得浅一些。

"黑甲虫"其实并不怪异，只是其蜡腺与唾液十分难闻，令人作呕。之所以说令人作呕，原因在于它们会污染一切暴露在外的食物，当然，那些食物便无法食用了。公正地说，它们算不上丑陋。在英国，我们曾经在一只进口香蕉上看到过一只绿色的蟑螂，其实也挺好看。我们在日耳曼蟑螂身上还能看到一些养育后代的行为。谢尔福德之前就见到过，一种日耳曼蟑螂的雌虫带着刚出生不久的幼虫到处乱窜。

蟑螂很喜欢吃东西，经常污染我们的食物，再加上气味难闻，因此很不受人类欢迎。弗雷德里克·莱因在书中写道："家里如果有蟑螂，无论多少，主人的性情都会受到影响，觉得室内不卫生，住起来很难受。"

他建议人们用笼子来诱捕蟑螂，而氮化钠和除虫菊粉的混合物可以杀死蟑螂。不过，如果把思路拓宽一点来看，我们会发现人们也需要反省：为什么不把食物及其残渣收拾好？为何要让室内有那么多不必要的缝隙？和老鼠一样，蟑螂喜欢在幽暗隐秘之处产卵。尽管无法确定蟑螂身上是否携带着某种对人有害的病毒或细菌，但据莱因称，普通蟑螂是某种致病杆菌的第二宿主，而这种杆菌会让老鼠患上癌症。

据我们所知，蟑螂是臭虫的敌人，不过除此之外别无其他值得称道之处。不过时至今日，我们再说起蟑螂的时候或许可以放轻松一些了，毕竟它们的巅峰时刻早已过去。蟑螂是一种古老的生物，其黄金时代是地下煤层形成的时期。英国雷氏学会在1920年发表了一篇关于英国直翅目昆虫的论文，作者卢卡斯写道："在古生代之后，蟑螂的数量少了很多，体形也变小了。目前我们所见到的蟑螂是一种已灭绝种群的后裔。这对勤劳的家庭主妇们来说不失为一种安慰。不管怎么说，石炭纪早已过去，她们可以松一口气，至少不用绞尽脑汁去对付成群结队的蟑螂——在远古时代的湿润气候下，它们的群落可是数不胜数。"

蠼螋

蠼螋是老派陆栖昆虫的代表。很多人都对它们嗤之以鼻，原因在于人们对这种昆虫不甚了解，所以心生偏见。实际上，蠼螋并不脏，而且很机警。它们很早就出现在了地球上，具有一些值得关注的特征。传言说它们会在人们睡着后钻进人耳，侵袭人脑，当人们长出鹅蛋大小的肿块时就无药可治了。这种谬论广为流传，以至于它们被法国人称为"穿耳虫"，被德国人称为"耳虫"，究其缘由，它们总爱往阴暗的角落里爬。大部分种类的蠼螋只在傍晚与夜间活动，从不在白天四处溜达。如果拨开一株毒堇，就能看到很多深藏其中的蠼螋。它们钻入缝隙，寻找令它们安心的黑暗环境，那些地方不怕风吹也不怕雨淋。基于此，我们可以找来一些植物的茎，抽空并封上一头，用来诱捕它们，也可以装上一盆干草，倒在天竺牡丹等植物的支架上，不过这么做会有些杂乱。蠼螋喜欢躲在枯木的树桩中、稍稍悬起的平整石头下以及蚯蚓的洞穴里。

人们常说，蠼螋对花园的破坏令人绝望，它们常会咬坏菊花、天竺牡丹、草夹竹桃等植物的花，因此被园丁们怀恨在心。人们还说，蠼螋会吃掉蛇麻等植物的花苞及果实。很多种类的蠼螋都喜欢吃带有甜味的东西，但我们并不认为它们如传言中那般贻害无穷。在我们看来，它们常常替植物灭害，例如蚜虫。普通蠼螋的食物有草、苜蓿的嫩苗以及天竺牡丹、蔷薇等植物的花等，成虫还会捕食昆虫。大部分种类的蠼螋不喜欢水，不过也有一种生活在海边，以动物为食，无论死活。它们在沙滩上搜索昆虫、死掉的螃蟹及鱼类，看到就吃个精光。我们并没有替蠼螋辩护的意思，而是指出它们是杂食动物，也会吃肉。

蠼螋是革翅亚目昆虫，与蟑螂、蟋蟀等比较接近。它们的前翅，或者说翅罩较短，质地犹如皮革。有很多种类的蠼螋不仅有普通的翅膀，还有更大一些的膜翅，收在普通翅膀下方。膜翅是真正的飞行工具，像扇子一样整齐地折叠在翅罩下方，十分节约空间。普通蠼螋的翅罩及膜翅十分发达，且毫不隐蔽。作为英国境内数量最多的一种昆虫，它们却很少在人们面前飞过。对于大多数蠼螋而言，那些折扇般的膜翅可能一生也不会打开一次，甚至有的蠼螋已经失去了膜翅，回归到原始陆栖昆虫的状态，如甲虫一样生活着。

有趣的是，很多蠼螋看起来与一些甲虫或隐翅虫科昆虫很类似，但实际上它们毫无关联。这些虫子都是躯干细长、腹部外露、腿较短、翅罩收缩到极致、动作敏捷、喜欢黑暗、爱吃碎屑等，但相比之下，蠼螋有个突出的特点：身体末端长着钳，钳的功能比较复杂。雄虫的钳一般都更大、更有力、更弯曲，不同种类蠼螋的钳各具特色，同一种类中，有时可见两种不同的样式 ①，甚至钳上的两个片也会不太一样。雌虫也有钳，但不同种类者没有差异。钳的主要功能是：作为一种武器；协助交配；有利于张缩翅膀。生活在海边的蠼螋的钳十分锋利，可以割破人的手指，当然，这个工具一般是用来捕食小型动物的。在抓到猎物的时候，它们的身体会侧向一边，看上去颇为扭曲。

蠼螋在地面或接近地面的地方产卵，它们的卵通常是一团一团的。在整个夏季，它们会繁殖数次。雌虫会一直待在卵旁边，直到幼虫孵化而出。幼虫的形态与成虫大致相同，只是没有翅膀，且体形稍小一些。在受到惊吓的时候，它们会躲到母亲身边。我们尚不能确定蠼螋母亲对幼虫的照顾程度，因为不同研究者得出的结论各有不同，或许是因为所观察的种类不太一样，所以我们还需要做进一步的研究分析。老昆虫学家基尔对雌虫产卵的过程进行了详细描述："6月刚到没几天，我在石头下看到一只带着孩子的雌性蠼螋。我将它们装进一个铺有一层新土的砂匣中，只见有的幼虫躲在母亲身体下，有的藏到母亲腿下，而雌虫任由它们在自己身上钻来钻去。蠼螋母亲会照顾自己的孩子，就像母鸡会用翅膀护佑雏鸡一样。蠼螋幼虫安静地躲在母亲身边，一躲就是好几个小时。另一天，我看到一只蠼螋趴在一团卵上一动不动，极其认真地工作着。我把雌虫与卵放进了装有一半新土的匣子里，并把那些卵分散摆放，而雌虫马上开始用嘴搬运那些卵。没过几天，那些卵就被它搬到了一处，摆放得一如从前。只见雌虫一动不动地坐在那团卵上，好似在保护它们。"很多人眼中的"令人讨厌和害怕的蠼螋"其实也挺可爱的！

---

① 也就是二形性。——作者注

衣　鱼

所谓衣鱼，是一些没有翅膀的小型昆虫。我们常常在家里及店铺里看到它们。大家或许会问，为什么不讲讲让人开心的大型动物，而要讨论这类小不点？我们想说的是，我们希望每种动物都有涉及，无论大小。衣鱼自有其与众不同之处，甚至比大象更值得研究。当然，平心而论，这并不代表它们于人有益！

在动物界中，衣鱼是最容易被忽视的一类昆虫。这类昆虫都是古老的无翅昆虫，体长通常不会超过 0.5 英寸。它们经常在厨房的炉灶旁聚集，或者在厨房里跑来跑去。这些小家伙来自遥远的时代。

如我们所知，达尔文的回忆录十分有趣。据他说，他小时候不相信上帝的存在，因此每次去教堂做礼拜都会觉得烦躁，有时候还会无聊地把礼拜靴上的弹力绳中的细线抽出来，一条条地绷紧，做成琴弦的模样，悄悄地在礼堂里"弹琴"，那感觉既紧张又兴奋，但他乐在其中。后来，他不仅成了著名的植物学教授，还对一些古怪的乐器颇有研究。现在我们要回归主题了。据达尔文说，他的消遣方式之一便是观察那些从祈祷书上，或者粗呢垫子下爬过的衣鱼。在他看来，相较于"弹琴"，这种消遣方式更容易被原谅。不可否认的是，很多人小时候都这样做过，因为衣鱼看上去实在太有趣了。据我们所知，它们会爬到旧书的缝隙里去吃那些糨糊，只要吃上一点点，他们就能快活地生活很长一段时间。它们最爱吃的是糖的碎屑，而教堂里有时候也能找到。在提到衣鱼的时候，达尔文曾经做出过一个十分形象的比喻："在过去的 50 年里，我没有见到过它们。我以为它们像小沙丁鱼一样有鳞，可惜我错了。"实际上，他的想法并没有错。

衣鱼身上的银色来自小鳞片上的细线所折射的光线。人们在测试显微镜功能的时候，常常拿普通衣鱼及其部分近亲身上的鳞片来做参考。它们的鳞十分漂亮，只是肉眼不可见，但是在显微镜下却能看到细致入微的图案。不同种类的衣鱼的鳞片有不同的图案，因此我们可以以此来对它们进行区分。就古老的无翅昆虫而言，鳞纹各有不同，而专业人士可以通过一片鳞来判定昆虫的种类。衣鱼的情况也是这样。

在成为埃夫伯里勋爵之前，卢波克爵士很喜欢观察衣鱼。他受蕾氏学会的委托，对衣鱼进行了细分，并发表了专门的小册子。他还对衣鱼的习性、感觉、本能、智力等方面进行了研究，并依据观察做出了一项杰出贡献。

长跳虫是一种鬃尾目昆虫，没有眼睛，十分脆弱，就算拿刷子去刷，都会令它们折断。然而，这样一种昆虫却遍布各处，无论是地中海沿岸地区，还是比利牛斯山的峰顶，不管是欧洲、北美洲，还是印度。

生活在河堤处干燥石块上的石蛃拥有一身美轮美奂的鳞，它们的一种近亲常常出没于海边的岩石堆，数量颇多、分布较广、适应性较强，不过体形通常都很小。研究人员很容易被它们打动，为它们痴迷。

卢波克爵士把一类昆虫归为弹尾目。这一目昆虫擅长跳跃，比鬃尾目更大胆。它们的身体末端长有一个类似于弹簧的器官，朝前折起后正好位于腹部下方，前端有个活动扣，活动扣向前移动可使弹簧弹出，弹簧击中处于腹部下方的地面或者其他物体，从而把身体弹射出去。卢波克爵士通过观察发现，活动扣和弹簧都是在肌肉的强力牵引下向前移动的，他将这种弹射比喻为张弓射箭后的回弹力。当然，仅凭这一点还不足以完全解释清楚这一奇特的行为。那个活动扣看起来并不是很实用，以至于有时候会消失不见，因此我们需要对这一行为进行进一步的研究。很多弹尾目昆虫还长着另一种与行动有关的特殊器官，那是根从腹部下方伸出来的小管子，里面还含有两根更小、可以依照大脑指令伸出的管子。那两根小管子的末端长有腺体，腺体可以分泌胶状物，能帮助身体附着在垂直的平面上而不会落下。卢波克爵士把一只弹尾虫放在桌上，让它四脚朝天，然后用玻璃片轻轻触碰它的脚，只见它伸出那两个黏黏的触须一般的小管子，把自己黏在了玻璃片上。大树底下的池塘中，时常可见一种弹尾目昆虫游在水面，它们的名字叫水跳虫，无论是色彩还是形状都和铁屑差不多。水跳虫科下还有雪蚤、冰川蚤等昆虫，它们经常成群结队地在冰天雪地里迁徙：从冬天居住的地下世界，迁往夏天居住的池塘。有一种说法是，生理构造差不多的动物，体形越小者越耐热耐寒。不管怎么说，弹尾目昆虫只是怕干和怕光。瓦洛特于 1912 年在夏蒙尼冰海上的水洼中发现了极难看见的一种弹尾目昆虫，当时漂浮在一片宽达 20 英尺、长达 2000 英尺的冰原上，据估计有 4000 万只。

有一种弹尾目昆虫主要生活在英国海边，它们是群居动物，已经适应了海边环境。它们会在涨潮的时候藏到石头缝隙中，尽管有可能会被浸泡很长一段时间，但它们并不在乎，也基本上不会被打湿。原因在于，在遇到水之前，它们身上的细毛缝隙中储存有一些空气，而在遇到水之后，那些空气会把水隔离在外。弹尾目也好，鬃尾目也罢，都是以自然环境中的细小碎片为食的，对于它们来说，人类也是自然环境的组成部分之一。目前看来它们喜欢吃植物碎屑，而我们对于它们知之甚少，并不太了解它们的习性。当然，或许我们不应该把它们想象成踩着无形的轮子四处寻找碎屑的动物。在它们的行为当中，我们也能看到一些细腻的成分。卢波克曾经提到过一种活跃于英国的圆跳虫："雄虫看上去十分宠爱雌虫，会用触须把雌虫揽在怀里，动作十分亲昵。"这也再次证明，食与色在大自然中无处不在。

那么博物学家为什么要关注这些机智的、没有翅膀的小家伙呢？首先，它们其实很漂亮。尽管算不上惊艳，但拥有一种奇特的美，个性十足，无与伦比，而人类因为不够了解而对它们充满了好奇。其次，它们如古老祖先一样没有翅膀，哪怕是一丝痕迹也找不到。与此同时，它们长着古老的口器，腹部生有节肢，完全不同于其他同名之下的成年昆虫。它们没有经历一丝丝进化，与其他昆虫迥然有异。它们是从远古时代走来的生物。最后，它们没有锋利的武器，却顺利地繁衍至今，不仅如此，还十分成功，原因在于它们微小、夜行、避光、敏捷、以碎屑为生，因而得以在夹缝中生存下来。人们通常不会注意到这类演化现象，而在我们看来，这就是机智者的成功模式。

蜈蚣和马陆

随手分开路边的一个垃圾桶，或者劈开一段发霉的树桩，肯定可以看到很多受惊乱跑的动物，例如百足虫，也就是蜈蚣。通常情况下，蜈蚣都是独自外出的，一旦受到侵扰，便会马上逃走。另外，人们所说的千足虫其实就是马陆，它们通常三五成群不疾不徐地爬行。如果用手指去按压蜈蚣，它们会马上缠住手指并咬上一口；如果用手指拧起马陆，它们会向上卷起身子，最后就像个钟表盘一样。

这类动物可以将身体扭至极端状态，看上去就像一条条小蛇，所以不怎么招人喜欢。实际上，它们并不算丑，甚至运动起来颇为美观。人们大概对重复出现多次的东西都会感到厌烦，但这类昆虫身上长了很多如出一辙的环节和足，尽管未必有 100 或 1000 个，但它们身上的足和环节确实很多，个个都相同，想要数清楚恐怕要花费很长时间。此外，各个环节上都长有附节肢。蜈蚣足爪带毒，有时候还会攻击人类，而受伤者会觉得疼痛难忍，因此大多数人都很讨厌它们。马陆没有毒，不过却被蜈蚣牵连，也成了人们的眼中钉。英国境内常见的是石蜈蚣，大概有 1 英寸半长；以及一种学名为"条马陆"的体形娇小的马陆。热带地区的蜈蚣和马陆都能长到 8 英寸之长，还有体形更大的蜈蚣，看上去凶神恶煞，令人恐惧。

　　我们选择了一段闲暇时光对蜈蚣与马陆进行了观察，一开始，我们觉得它们身手矫健。蜈蚣的行走速度很惊人，看上去总是一副匆匆忙忙的样子；马陆虽然没有那么快，但也不算慢。它们擅长挖洞，喜欢游走在地下通道中，扭动着身体的各个环节，不时转弯，偶尔退行——它们的尾巴在前面。如我们所见，它们所有的足都与地面或地下泥土有接触，节肢犹如船桨，身体如同小船。普通马陆的足很小，我们站在路边几乎看不见；蜈蚣的足则会交替用力，一组向后蹬，一组向前迈，然后交换。这不难验证，只是很难说准确，毕竟其足的轮换速度非常快。作为一名知名动物学家，兰基斯特爵士曾经分析过蜈蚣用足的次序，然而没能成功，因此我们也不必苛求。兰基斯特爵士还说，假如把这个问题留给蜈蚣来作答，它们恐怕会不知如何迈开腿。他为此还写了一首名为《蜈蚣之问题》的诗：

　　　　　一只快乐的蜈蚣，
　　　　遇到一只蟾蜍，
　　　　被蟾蜍问道：
　　　　"走路时先迈哪只脚？"
　　　　蜈蚣被难住了，想了许久。
　　　　它疲惫不堪地跌入沟中，
　　　　忽然不知道该如何行走。

　　事实上，蜈蚣的腿分为很多节，而且充满肌肉，可以像船桨一样推动身体快速前行，所以蜈蚣快行的时候看起来如同一列小火车。蜈蚣与马陆都不喜欢光，但它们腿多，环节多，可以轻松地钻进地里。仔细观察可见二者的不同：蜈蚣扁平，马陆如圆柱；蜈蚣每一环节有一对足，马陆是两对；马陆身上相邻两环节的融合度更高；蜈蚣的触须短一些，而且分节；马陆无毒，即使被它们抓破了皮也不用担心，而蜈蚣的第一对足上有爪且带毒；二者的口器完全不同；雌性蜈蚣由身体后部排卵，雌性马陆由身体前部的孔排卵。

除此之外，还有其他一些不同之处。我们即将看到一个有趣的现象，或者是动物界的一件秘闻。对蜈蚣与马陆（常被人们统称为多足动物）的研究越深入，我们看到的差异也就越多。我们所说的秘闻是指：这两种动物其实属于不同的目，所以绝非近亲。它们只是乍看起来很像，用专业术语来描述的话就是趋同。我们有时候会看到，两种及以上没有亲缘关系的动物会因为拥有类似的生活环境及适应性，而变得越来越相似。蜈蚣与马陆并没有共同的祖先，却长得如此相似，究其原因，在于它们都适应了孔隙生活。又例如，海豚与鲨看起来很像，都拥有适合游泳的流线形身材，然而海豚是一种哺乳动物，鲨却属于鱼类。蜈蚣与马陆之间的关系，虽然不像鱼兽之间那么疏远，但也不如褐雨燕与燕子那么亲近，褐雨燕与燕子都是鸟类，只是属于不同的目而已。

在受到惊扰的时候，蜈蚣与马陆的反应截然不同，蜈蚣比马陆暴躁许多。你要是敢招惹它们，它们就敢冲上来咬你，毫无疑问，蜈蚣是冷静且勇敢的捕食者。马陆则会晕厥或装死，总之一动不动，然后伺机报复，它们从皮孔释放出一种奇臭难闻的液体。这是一种性情温和的动物，喜欢吃植物，也喜欢群居生活。

在现实生活中，我们会看到有些园丁会不顾一切地捕杀蜈蚣和马陆，这显然是大错特错的行为。蜈蚣是食肉动物，而且是很多害虫的天敌，而马陆是植食动物，确实会对花园或苗圃造成一定的破坏。人们在气候温暖的地方常常可以看到体形较大的马陆，但是它们没有大蜈蚣那么吓人。总而言之，这两种昆虫各自为政，各安其命。

让我们再来看看多足动物的生活是如何与高档两足动物的生活发生联系的。大蜈蚣在利用第一对足弄破人类皮肤的同时会将毒素射出，对人类而言受伤的地方会又肿又痛，有时候会感到眩晕及头疼，由此可见，这种毒素影响的是神经系统。和蠼螋一样，蜈蚣也喜欢待在缝隙里，让身体感受到来自各个方位的保护，基于此，它们有时候也会对人类的鼻孔感兴趣。在被人误食之后，蜈蚣和马陆还可以在人类的食道中存活些许时间。

蚯蚓的祖先在数百万年前来到地下生活，开启了种群的鼎盛时期，那里既有充足的食物，又没有太多敌人。然而，好日子并没有持续太久，蜈蚣也来到了地下世界。它们拥有顽强的生命力，对蚯蚓来说是凶残的敌人。如今，当我们走在路上，也经常可以见到蚯蚓被蜈蚣攻击的情景：蜈蚣用爪子抓着蚯蚓，蚯蚓被毒素麻痹，一动不动。不过，蚯蚓有时候也会猛烈扭动身体，就像痉挛一般，把蜈蚣甩开。

当然，蜈蚣不会就此罢休，要么再次释放毒液，要么用颚咬住猎物。它们的颚很强大，但没有毒。在吃蚯蚓的时候，它们会把口器按在蚯蚓身体上，在某个地方咬上几口，每次都相隔不远，然后把中间那一段整个咬下来吃掉。即使被咬去了一块肉，但蚯蚓还在爬行，或许很痛，或许会流血，或许蝇类会在其伤口上产卵，当然，最后一种情况是最糟糕的。如果是尾巴被咬掉，蚯蚓有时候能自愈，或者说它们的尾巴可以再生。

在自然选择下，任何动物的战斗指数如果稍有增长，便能获得明显的生存优势。假如蜈蚣的毒能再凶猛些，那么它们就能更加轻松地捕食蚯蚓；假如蚯蚓的再生能力能更强一点，那么它们就能抵挡更凶猛的攻击。蜈蚣十分机智，会紧跟着蚯蚓钻进洞里，因此可以说它们是在机智地觅食。不过，尽管蚯蚓没有足，却拥有发达的肌肉，同时感官足够敏锐，所以能够躲避及应对敌人的袭击。这种小小的蠕虫会扭动着身子把蜈蚣抛开，或者像蟒蛇一样把蜈蚣缠住。

THE
OUTLINE
OF
NATURAL
HISTORY

第二十四章

甲壳动物的故事

　　大多数昆虫都会长翅膀，并且生活在大气环境下。诸如蟹、龙虾、小虾、斑节虾之类的甲壳纲动物大多生活在水环境中。这类动物的肢或节肢通常都具有桨的作用，适合用来游泳。几乎所有的高等甲壳动物，例如蟹、蝲蛄等都长着羽状鳃，可以吸收水中的氧气，其甲壳或角质层是由含角素及碳酸钙构成的，而且甲壳还会定期更新。典型的普通甲壳动物通常都长有两对触须或触手，但昆虫只长有一对，而蜘蛛这一纲的动物则没有触手或触须。甲壳动物的生活史很复杂，而且变化明显。

　　高等甲壳动物（除其中一个科之外）皆长有 19 个环节或节，例如龙虾、淡水小龙虾、小虾、沙蚤、木虱，等等。水蚤、小海虾、茗荷芥、藤壶等下等甲壳动物相比之下要小许多，其环节与节肢各不相同。

淡水小龙虾

　　生活在淡水中的无脊椎动物通常体形都不大，譬如水蜗牛、水甲虫、水蚤，等等。不过，小龙虾的身体长度可以达到三四英寸。这种动物的英文名似乎是从法文蝲蛄或龙虾演变而来的，但实际情况并非如此简单。小龙虾与龙虾很相似，但比龙虾小一些，颜色大多为深绿色或深褐色，腹部带有淡黄色斑纹，靠近腿部的地方偶尔会带有红色。和龙虾一样，它们的色素也会改变，正常情况下是蓝黑色的，但烹饪后会变成红色。在大文豪维克多·雨果笔下，龙虾是"海上的红衣主教"，但这种比喻并不准确。雨果所说的应该是绯红的石龙虾，主要生活在法国沿海地区。普通龙虾含有蓝色色素，而斑节虾含有红色色素，也就是动物的红色质，其化学成分和胡萝卜的色质基本上是一样的。在这方面，挪威的龙虾最为典型，因而被人们称作海蝲蛄。

在欧洲大陆上，多地的河流中都生活着淡水小龙虾。它们肉质鲜美，主要分布在英国的泰晤士河、伊西斯河、特威德河南部以及爱尔兰。和英国各地的淡水蟹一样，这种小龙虾的祖先也生活在海里。毫无疑问，淡水栉虾的祖先生活在海边，而木虱已经完全适应了陆地生活。

小龙虾是晚上活动的动物。在白天，阳光的照射会令它们倍感不适，而在晚上，它们又对灯火十分好奇，想要奋不顾身地靠近。在欧洲，人们常常在晚上到河边点灯点火，并从船上撒网——类似于捕捉小鱼虾的网——捕捉小龙虾。它们来到河边，挖掘一些足够深的洞，然后在白天蹲守于洞口，伸着自己的大钳子等候着猎物的到来。它们几乎无所不吃，无论是蠕虫还是池塘中的轮藻，抑或是河边植物的根。

小龙虾有 8 条腿，行动时 6 条撑地，前三对牵动身体，最后一对起助推作用。两对触角是识别方向的工具，靠前的那对稍短一些。耳朵长在触角根部，是保持平衡用的，假如全都受损，那么小龙虾就只能在水里仰泳了。前面的触角上的刚毛是嗅觉器官，口器旁边的刚毛是味觉器官。双眼皆为复眼，而且带有柄，只在白天有用。它们的眼睛可以直接形成正向的镶嵌影像，这与脊椎动物很是不同，脊椎动物视网膜上的成像是单独且倒置的。

不难想象，小龙虾的感官颇为发达，除了听觉器官之外。

小龙虾不仅可以爬行，还能在水中游走。在触碰到或嗅出危险的时候，它们会猛地向前向下拍打尾部以驱动身体前行。这种游泳方式很迅捷，但无法持续太长时间。总之，爬行的时候，它们头朝前；游泳的时候，尾朝前！

如果把一只活跃的小龙虾倒放在桌子上，把它的钳子打开撑平，那么它就会被"催眠"，很久都不动弹。在一次课堂实验中，竟有一只小龙虾这样"睡"了 5 分钟之久。如果把它们拿在手里小心地扼住，不让它们动弹，便会感觉到它们尾部的肌肉会抖动。虽然大脑要求肌肉动起来，但肌肉无法执行命令，在这种自相矛盾的处境中，其神经系统会渐渐麻痹，最终导致肌肉僵化。动物催眠与动物僵直只有一步之遥，但意义却截然不同。除了小龙虾，蛙、鸡、食用蟹、豚鼠等也会在人为干预下表现出类似行为。我们还不太清楚个中缘由。在古埃及，曾有巫师在法老面前表演过这个"魔术"，其原理不言自明。巫师把蛇变成了棍子，又把棍子变回了蛇。同样地，小龙虾也会逐渐恢复知觉，倒下后迅速逃走。在我们看来，它们在大自然中从不会轻易开启自我催眠模式，但会以放弃一条腿来自保，而这也是很令人震惊的。

秋季到来后，雌性小龙虾把尾巴向前卷起，然后把卵产在一个临时的卵筐里。它们的卵很小，呈白色，就像尚未成熟的白加仑子。雌性小龙虾又在卵筐中加入一些尾部所分泌的胶质物，把卵固定在较小的桡状肢，也就是桡脚上，然后静待雄性来受精。卵在安全的环境中逐渐发育，并于次年夏天来临时孵出幼体。看到有卵在身的雌性小龙虾，一些人会说它们"带着浆果"或"怀着浆果"。

年幼的淡水动物经常被冲到海里。想要解决这个问题，其中一种方式是进化出吸器或扼器。小龙虾幼体生来就有带尖的大爪子，而且爪尖是朝内侧弯折的，另外，它们最后两条腿的末端还长有钩。它们利用尖和钩抓住母亲的桡脚，或者还留在桡脚上的卵壳。还有一种方式是把幼年期缩短一些。刚孵化出来的小龙虾已有了成熟的形态，只是体形稍小而已。

滨　蟹

　　对于刺猬等动物来说，虽然有保护自己的鳞甲，却没有攻击他物的利器，而对于乌贼等动物而言，尽管没有鳞甲，却可以利用武器来保护自己，例如那灵活的臂以及如鹦鹉之喙一般的颚。至于蟹这一目的动物来说，既有甲壳又有武器，可谓攻守兼备。它们有一对强大的大螯，能够迅猛地将敌人扼住。蟹壳是由角素与石灰质构成的，是很好的保护套。尽管乌贼等动物常常为难它们，不过它们依旧在自然界占据了一席之地。能生活在海边的动物绝不是懒虫，或者毫无准备的家伙，所以就算拥有武器与保护套，蟹目动物仍然需要探索出更多方式来巩固生存优势。这也再次证明，生存竞争是多么严肃、多么奇妙的事情！

　　普通的滨蟹在幼年期具有保护色，其甲壳的颜色与所在之处的砂土颜色很接近。在海边水洼中，不同岩石上所附着的石灰质海藻不尽相同，因此我们常能看到各种不同颜色的石头，红的、绿的、灰的，等等。幼蟹很小，甚至小于人类小指的指甲盖。它们在泥沙上爬行，不易察觉，静止的时候更是与水洼融为一体，即使蹲着仔细搜寻，也未必能看到它们。至于它们的甲壳是如何变色的，我们现在还不太清楚。

　　人们在海边看到的小蟹已经有了蟹的模样，只是小一些，而在此之前，它们已经生长了很长一段时间。母蟹将卵置于尾部下方，带着未出生的孩子四处游弋。幼蟹出生时小如针尖，被冲到更远更开阔的地方。它们弱不禁风，随着水流来到近岸的岩石附近，一路跌跌撞撞。后来，它们渐渐长大，成了小蟹，便不再随波逐流，而是慢慢地爬上了沙滩。

　　沙蟹与狭喙蟹似乎很懂得如何隐藏自己，要么乔装打扮一番，要么用外物掩饰自己。由此可见，它们的大脑颇为发达。它们找到一些海藻，用嘴咬着往甲壳上披，让海藻挂在细细的刚毛上，变身为"勃南的移动森林"——看起来就像是背了一座微型花园。它们有时候会使用海绵、植虫以及其他动物所留下的碎屑来掩藏自己，以躲过敌人的目光，让自己像在砂土中那样安全。我们常常在人工池塘中看到一些穿着外套的蟹，似乎是为了炫耀才那么做的。如果把一些彩色碎布扔进池塘，它们会马上披在身上，仿佛是情不自禁地想要把自己盖起来。在人类的干预下，它们偶尔会错误地表现本能行为，但这情有可原。

寄居蟹

　　许多来海边游玩的人都会在水洼中发现惊喜：一只寄居蟹突然从蛾螺壳或玉黍螺壳中钻出来。这样的画面是令人兴奋和难忘的。甲壳动物躲在软体动物的壳里，这种现象并不多见。不过，仔细看看寄居蟹的尾巴，你就会知道它们为什么要躲在其他动物的壳里了。寄居蟹既没有坚硬紧致的尾部，也没有那么多肢，因此自我保护能力有限。如我们所知，生活在淡水中的蚴蜉蝇会把小树枝等或小石子黏成管状并躲在里面，一些种类的蟹会将海藻或海绵披在身上，而对于寄居蟹来说，它们的隐藏方式就是躲在其他动物的壳里，而这么做比它们的甲壳还管用。

　　它们一定从很早之前就开始这样生活了，因为其身体各部位几乎都已表现出了这样或那样的适应性：不太灵活的尾巴像香蕉一样弯，在空壳里能够很好地卷曲起来；长在尾部的后肢原本有 6 条，而今只有两条可见，适合用来抓住空壳的中柱，免得被其他动物拽出去；尾巴右侧只长着一肢；一只螯比另一只大很多，是捕食、攻击和防守的重要工具。对于很多种类的寄居蟹来说，它们的两只螯拥有不同的大小。话不多说，只需牢记，寄居蟹的很多生理构造都已经适应了背着空壳行走并隐匿在空壳中的生活。

再来谈谈寄居蟹的习性，也就是寄居虫的习性。杰克逊之前对寄居蟹进行过详细研究。在此之前，《自然经》的作者、博物学家斯瓦默丹曾认为寄居蟹是造壳居住的，这显然有误。它们的壳是捡来的，或者偷来的。还有观点认为，它们在找到中意的壳，例如软体动物的壳后，会不顾一切地把里面的主人赶走，然后自己住进去，但这种观点还有待考证。不过，在偶遇一些被鳕鱼等凶猛鱼类咬掉了脑袋与脚的蛾螺后，它们会把残余部分吃掉。

随着身体的不断长大，它们会抛弃不再适合居住的空壳。在到处寻找新居的过程中，它们小心翼翼，甚至被一些人调侃为"洗完澡却找不到衣服的人"。正如杰克逊所说的那样，它们在找到新壳前会表现得十分紧张，而且胆小怕事。一旦找到合适的空壳，它们就会马上钻进去，动作无比迅捷，甚至有些鲁莽，与之前的表现大相径庭，十分有趣。

寄居蟹是杂食动物，而且食欲很好。无论遇到什么动植物，它们都会吃得津津有味。它们用大螯捕食，并把食物塞进嘴里，直至颚与鳃脚所在之处，然后再用鳃脚把食物撕碎或捣烂。在被吞下后，食物会进入一个特殊的砂囊。这种位于体内的囊基本上和蟹、龙虾的囊一样。

仔细看看海边水洼里的寄居蟹，你会发现它们是机警且灵敏的动物，尽管背着一个壳，但爬行的时候一点也不笨拙。它们喜欢打斗，总在伺机对那些从壳里爬出来的同类发起攻击，当然，这种攻击常常不会成功，因为那些邻居会马上钻回壳里去，把壳紧紧关起来。它们有时候会把同类从壳里拽出来打斗一番，有时候会和其他动物打一架，并经常因为这些事情失去或伤到腿。不过，这并不严重，因为它们与其他很多甲壳动物一样，甲壳会定期更新，而在更新的时候，它们会得到新的腿。在蜕壳的时候，它们的头部与胸部先出壳，然后是前肢，最后是尾巴。不要忘了，它们的身体会逐渐长大，最后甚至连一只大蛾螺（绰号是"鸣响的大螺"）都装不下，而其间还几经辗转，住在锥螺、斑螺、玉黍螺、织纹螺等的壳里。

寄居蟹不仅借住在软体动物的空壳里，还与很多其他动物相生相随。我们在寄居蟹的壳上常能看到贝螅等植虫，有时候还能看到海绵。常见于克莱德湾的寄居蟹身边总围绕着疣海葵。这两种生物总是形影不离。寄居蟹把海葵当作保护衣，而且海葵的螫刺能力对它们也很有用，海葵跟着寄居蟹走东窜西，吃它们剩下的食物。总之，它们相互帮助，相得益彰。更有意思的是，寄居蟹在乔迁新居的时候还不忘带着老朋友。除此之外，我们还看到了一种奇怪的现象：一些动物会与寄居蟹共同生活，但共同生活通常只对一方有利，最典型的是沙蚕珠母贝，即一种长有刚毛与很多腿的蠕虫。杰克逊指出："沙蚕珠母贝经常躲在空壳的最里面，从外面是看不到的。它们只在寄居蟹进食的时候才会伸出头来，从寄居蟹的颚脚间偷食食物。"

母蟹会把卵置于尾节肢的刚毛上，数量在 1.2 万～ 1.5 万枚。这些卵跟着母蟹浪迹天涯，在刚毛里慢慢发育，然后孵化出可以下水的幼蟹，也就是蟹仔。蟹仔生活在近海浅水处，在历经数次蜕壳与发育后，成长为白蟹仔。它们白天的时候待在海底，晚上就来到海面及海岸寻找空壳，成为寄居者，开启隐士般的生活。说它们是"隐士"可能不太准确，因为它们一生下来就很努力。

蜕壳过程

只要是节肢动物，无论是昆虫还是蜘蛛，或者是甲壳动物，都会经历蜕皮或蜕壳这样的神奇过程。如我们所知，哺乳动物的毛发会更新，鸟类的羽毛也会更新，特别是在特定的时节里。虽然普通人不太清楚蛇的蜕皮过程，但不言而喻，这一过程与节肢动物的蜕皮或蜕壳过程不尽相同。或许我们应该使用"蜕化"一词来形容后者所经历的事情，虽然也是"蜕皮"的意思，但使用专有词汇可以对不同动物所经历的同一事件作出区分，要不然我们会把事情搞得很复杂，甚至说不明白。实际上，蟹、蝎子以及发育中的蜘蛛蜕下的是不会生长的壳，或者说角质层；而哺乳动物的毛发、鸟类的羽毛以及蛇的皮在一段时间内富含活性细胞，在这些情况当中，我们也可以不使用"蜕化"一词。角质层是包裹在体外的、没有细胞、不会生长的保护层，从可生长的皮肤中长出，无法自动生长，只能定期更新。

线虫是已知的最早开始蜕皮的动物，其皮外的薄膜很坚硬，有光泽，但不能生长。因为那层膜会不断变硬，所以线虫的身体会被束缚住，无法继续生长。相较于线虫体外的薄膜，节肢动物的外壳更加厚实，也更加坚硬。蜈蚣、蜘蛛、蝎子等动物的外壳中含有极为坚硬的角素。蟹、龙虾等甲壳动物的外壳不仅含有角素，还含有起强化作用的碳酸钙，所以更加坚硬。在昆虫中，除了蜉蝣之外，其他昆虫在长出翅膀后便不再蜕皮，原因在于它们的体形不会再变大了。这也就是说，绝大多数昆虫只在小时候蜕皮。这里所说的小时候，也就是幼虫时期，例如蝎子、蛴螬、青虫、蛆等都处于这一时期。蝎子会经历 5 次蜕皮，而蝴蝶与蛾蜕皮的次数没有这么多。诸如蝗虫、蚱蜢、蟋蟀等直翅目昆虫是没有幼虫时期的，孵化而出时就已经与成虫大同小异，只是还没有长出翅膀来。不过，这类动物发育得极快，在经历数次蜕皮后逐渐长出了足和翅膀（不过一部分直翅目昆虫没有翅膀），并且以后也不用再蜕皮了。更关键的是，蜕皮或更新是无法回避的，因为那层皮不能生长，也不能扩大，也就是说，只要动物的身体还会长大，皮就会定期脱落。在旧皮脱落后，它们就会长大一圈，直到外皮再次硬化脱落。相比蟹、龙虾等甲壳动物，昆虫稍稍进步一些，在幼虫时期就完成了所有蜕皮。对于所有需要蜕皮的动物来说，这个过程是十分痛苦的。

为了能更详尽地了解这个过程，让我们来看看蟹的经历。我们在海边打捞海藻，或者搬动水洼里的石头时，经常可以看到一些小洞，洞里可能会藏着两只不同颜色的"蟹"，一只是草绿色的，壳很柔软，就像一块打湿的布料，显然，它刚刚完成了蜕壳；另一只其实是刚蜕下的外壳，实在是真作假时假亦真，假作真时真亦假。

蜕下的蟹壳犹如蟹的复刻，其上各种构造无一不有，例如两对不长的触须，眼壳、节肢壳、躯干壳等，与死去的蟹大不相同，因为死蟹的壳内软体皆被海水冲走，只留下一具躯壳。在蜕壳的时候，背甲会沿着身体侧面的一条曲线变松并脱落，留下底壳和壳盖。那条曲线就是蜕解线，或者说分裂线，至于其存在的意义，自然是为了让壳更易脱落。最先脱去的是背甲，最后被抽出来的是位于底部的尾巴，当上下壳重新合在一起后，看上去就像一只一动不动的蟹。当你拿起来认真观察的时候，会觉得十分有趣，如果沿着蜕解线打开一窥其内，你会发现里面还有全部的鳃罩以及很多肌腱，可以说更新得十分彻底。

需要注意的是，蟹、龙虾等的外壳，或者说外骨大不同于龟等脊椎动物的鳞甲。龟的鳞甲是由活细胞组成的角质所构成的，会随着身体的长大而变大。至于蟹的甲壳，如前文所述，是不会长大的。那是一层角质层，从下层活性皮肤里长出，会定期更新。这种角质层不仅含有角素——坚硬有机物，还含有碳酸钙，所以十分坚硬。蟹、龙虾以及它们的亲戚们都拥有这样的甲壳：坚硬、轻巧、耐用、大部分区域迟钝无感，只有那纤细的刚毛比较敏锐。这种甲壳相当实用，为重要的身体部位提供了保护空间，例如各肢连接处都可以弯折伸缩。然而，这种甲壳无法生长，必须定期更换。动物在甲壳的保护下渐渐长大，而甲壳却还是那么大。被壳困住的蟹，犹如一名被不合身的盔甲束缚住的骑士。蟹和龙虾在一生中不得不面对这样的生理难题，外套总是不合身，必须脱掉换一件，从脱下旧壳到新壳变硬，它们会表现出惊人的成长。

小龙虾在出生后的第一年里会蜕 7 次壳，第二年会蜕 5 次壳，第三年会蜕 3 次壳……以此类推，直到停止。这些数字的意义不言而喻，刚出生时生长较快，此后逐渐放慢，长成后便不再蜕壳了。当蟹、龙虾等甲壳动物身上附着有许多藤壶等动物时，就说明它们已经很久没有蜕壳了，要么是已经完全成熟，要么是停止发育。

我们在前文中提到过，由角质层构成的壳在蜕去时会十分彻底，甚至带走肢上的肌肉须和肌腱，而肌腱是不会生长的肌质条。另外，原有的眼壳和耳罩也随之被弃。蟹壳与龙虾壳内含有精细的磨和砂囊，皆是因外皮内折所形成的。它们的外皮上生有齿，可以用来压碎食物；还长有需要定期更新的刚毛，可以用来筛取食物。砂囊的内层也会脱落，并从口中吐出。很难想象，它们体内的咀嚼器官也会经历蜕皮及更新。然而，这种去旧革新的过程并不轻松，以至于动物们疲于应对。

除此之外，动物们还不得不面对肢体被撕裂的危险，特别是在将腿部肌肉从狭小关节中强行抽出来的时候。就生理构造而言，脊椎动物与节肢动物大相径庭。脊椎动物的肌肉在外，骨骼在内，而节肢动物的肌肉在内，骨骼在外。脊椎动物的骨骼可以生长，而蟹、龙虾、甲虫、蝎子等动物的骨骼不能生长。毫无疑问，需要蜕皮或蜕壳的动物是动物界中受苦最多的。

另外，刚完成蜕皮或蜕壳的动物是极为羸弱的。全身绵软得像块湿毛巾，只能听天由命。因此，它们必须先把自己藏好了再开始蜕壳，能多隐蔽就多隐蔽。毋庸置疑，肯定没多少英国人见过龙虾蜕壳的过程。除了要提防天敌之外，刚完成蜕皮或蜕壳的动物暂时失去了眼壳、耳罩、肌腱、砂囊以及颚等构造，因此不可能将自己暴露在外，只能安静地趴在角落里，不敢声张。

龙虾身上最大块的肌肉长在大螯的第二节中，相信爱吃龙虾的人都很清楚这一点。这块肌肉的作用是开合大螯，其力道自不待言。其他节肢里也长有这样的肌肉，只是稍微小一些。我们在龙虾身上可以看到十九对肢。

那么，它们是如何将这些体积较大的肌肉从窄小的关节中抽出来的呢？对于人类来说，脱下手套并非难事，但要是手套的关节处既硬又窄的话，那我们该如何脱下手套呢？答案十分有趣，也十分复杂。实际上，肌肉是由活细胞组成的，不仅可以伸缩，而且富含水分，而生命单元中的水分通常有90%之多。在蜕皮或蜕壳之前，动物体内的肌肉会先脱水，缩小至原来的1/4大小，甚至更小，以便从狭小处抽出。博物学家一度认为，它们的肌肉可以溶化，因此能顺利蜕壳而出，但要是能找到一只即将蜕壳的龙虾来看一看，你就会发现：其肢内并没有太多液体。事实胜于雄辩，正如法布尔所说："先观察，后作答。"

让我们把目光再次投向海边的水洼，去看看那里的蟹及其蜕下的壳后来如何。蜕下的壳没过多久便被海水冲到了岩石堆里，几经冲撞后成了无数碎片，然后又被冲回了岸上。刚完成蜕壳的蟹柔软无比，既无法动弹，又无法四处觅食，只能依靠此前体内所积累的淀粉以及其他一些食物为生。好在它们生长得非常快，皮肤迅速地分泌出了角素与石灰质，从而形成了新的甲壳。事实上，一部分石灰质早在蜕壳之前就已准备好了；蜕壳之后，软壳上石灰质以片状分布开来，逐渐合成一个整体。软壳越来越硬，蟹又有了新的保护衣，并进入新一轮的蜕壳准备。

招潮蟹

蟹是命运多舛的动物。不管是滨蟹还是面包蟹，抑或是其他种类的蟹皆是如此，因为它们都带有相同的特征。在这里，我们将以招潮蟹为例来进行探讨。这种蟹主要分布于大西洋沿岸以及印度洋；公蟹长得很奇怪，有一只螯甚至比整个身体还大，其身体最宽处为1英寸左右。

犬类以腿支撑身体，而招潮蟹用身体支撑大螯。它们有两只螯，但公蟹的一只螯长得硕大无比（大多是右边的那只），而这着实令人疑惑。当公蟹带着母蟹一同来到沙滩上时，它们会用大螯"造"一道门，而且这道门还会夹东西，在争夺配偶的时候，它们会用粗头棒槌一般的大螯作战。阿尔科克博士指出，就生活在印度洋里的招潮蟹而言，公蟹会用红彤彤的大螯来吸引母蟹的目光。至于美洲的数种招潮蟹，其大螯通常都是白色的，夹杂着一些斑点。公蟹常常奋力地挥舞着自己的大螯，因为它们的大螯既能当门，又能当棒槌，还能当旗帜！

　　海曼是美国普林斯顿大学的一名生物研究员，他曾经对生活在北美洲的招潮蟹进行过研究。在这里，我们将引用他的一些有趣发现。在北美洲，可以看到三种不同的招潮蟹：第一种，多见于沙滩之上，密密麻麻，数不胜数，甲壳颜色与湿沙的颜色几乎一样；第二种，生活在泥淖中，经常到附近沼泽的苔草丛中觅食；第三种，生活在盐分较低的水域内，有时候会出现在距离海岸两三英里的水渠中。招潮蟹的部分近亲已经演变为陆栖动物，生活在内陆地区，只在繁殖季节前往海边。每到那个时候，它们就成群结队地来到海岸，产下卵后又返回内陆。幼蟹在历经磨难后长大成"蟹"，然后也爬上了岸。在它们的所有近亲中，有一种蟹居然会爬到茄藤上吃掉叶子，这让我们联想到强盗蟹爬到椰子树上吃掉椰子。

　　招潮蟹原名为"弹琴蟹"，究其原因，公蟹总把大螯放在身前，就像在弹琴似的，而且那只大螯长得也很像一把琴。尽管那只大螯稍显沉重，不过好在招潮蟹的 8 条腿十分灵活，奔跑起来一点也不慢。危急关头，它们有时候会立刻钻进地里，甚至钻到 1 英尺深的地方；有时候会躲到沙洞里去，但这么做不过是权宜之计，因为涨潮的时候，洞里会进水，四周的沙也会倾覆，当然，招潮蟹并不害怕，因为沙里有水，有水就有氧气。它们从来不下海，原因在于它们是一种不会游泳的动物。它们只在海边四处觅食，最爱在退潮后的波浪似的新沙层上溜达，时不时地抓一把沙子往嘴里扔，其实是在吃沙里的微小生物。尽管很多鱼类和体形更大的蟹都与它们为敌，但招潮蟹依旧活得很好，可见成功不只属于强者，而招潮蟹的成功秘诀无疑是小巧、敏捷、有保护色、懂得隐藏、食物粗糙易得，而更重要的是，它们的繁殖能力很强。

初春时节，母蟹用尾巴做了个卵筐，并把卵产在里面，然后将卵黏在四对后肢上，等待公蟹受精。因为卵黄呈紫色，所以那些卵看上去如同一团团紫色的小葡萄。凭借紫色卵黄所提供的营养，胚胎在卵中发育，然后变为污灰色。母蟹拖着卵前行，动作笨拙且迟缓，为了让卵能顺利呼吸，它需要站到水中扑腾尾部。在这段时间里，母蟹会长时间地待在没有危险的洞穴内，只在退潮后前往海岸活动。退潮时天光已黯淡，母蟹来到水边，不停地扇动尾巴，看来小家伙们已经耐不住性子了。母蟹每扇动一次尾巴，就会有一小撮幼蟹掉进水里，大约在20分钟后，所有幼蟹才被释放完毕。

刚孵化而出的招潮蟹还没有针头大，体长在1毫米左右，也就是大概0.04英寸，如果再小一点，恐怕用肉眼就看不见了。如前文所述，这就是蟹仔，其名称在英文中的意思是"生活"。它们很擅长游泳，纤细的身体可以弯折并重叠在一起；双眼不能灵活转动，而且没有眼柄，而成年蟹的眼睛因为有梗而可以灵活转动。它们通常都向光而游，因此即使是在傍晚，也可以看到它们游泳的身影。水面上有很多动物，所以比较危险，但与此同时，那里也有充足的食物，而且环境也常常变化，比海岸及深海要好些。母蟹摆动尾巴的行为不是后天习得的，而是天生就会的。与此不同的是，蟹仔喜欢光明是与生俱来的一种适应性，如同飞蛾在人类聚居处的扑火行动。动物学家将这类行为称为"向性行为"。

蟹仔的食物是漂浮在水面上的微生物。渐渐长大的蟹仔在随波逐流四五天后便迎来了第一个考验：甲壳容纳不下身体，需要蜕壳了。于是，甲壳从背部开始横向裂开，它们扭动着身子从里面钻了出来，最先出来的是头部，最后是尾巴，同时还得把肌肉从狭小的壳里抽出来。此时的招潮蟹已经长了7对肢，因此想要脱身是很费劲的，所以它们来到了水底，努力挣脱束缚。当它们再次出现的时候已经与之前有了细微差异，并正式进入了下一阶段。它们在水面上浮浮沉沉，反复 5 次之后，变得不再活跃，开始在靠近海底的水层中缓慢游动，最后甚至不再用力，任凭海水将自己推来推去。它们的模样已经大变，在完成第五次蜕壳之后则完全与从前不同了，而此时距离它们孵化而出才过了仅仅一个月而已。我们将这一阶段的幼蟹称为大眼幼蟹，或者前期蟹。

这让我们想到，破茧而出的蝴蝶也是大不同于以前。此后，"前期蟹不再像以往那样静静地待在水底，而是拼尽全力来到海面捕食。"它们此时大概有 0.125 英寸长，身体前部像是蟹与龙虾的混合体，尾巴拖在身后，休息时收在身体下方。它们的尾巴上长有桡脚，很适合用来游泳，因此它们的泳速很快，甚至超过了大多数游在海面上的动物。

第一对触角的根部长有平衡器官，这有利于它们调整游泳的动作和方向，御敌及捕食用的螯也长了出来，很是实用。据海曼称："前期蟹会吃掉一切能制服的小动物，包括比自己小的甲壳动物，就连同宗同族的蟹仔也不会放过。它们用大螯钳住猎物，夹碎后塞进嘴里，碾榨后咽下。它们并不会把食物嚼成细屑，但会把食物碾榨到能一口吞下的状态。"没有见过这种景象的人大概会觉得这么做太烦琐也太残酷了，然而这种行为却体现了低等动物的细腻之处。要知道，英国沿海地区常见的普遍滨蟹以及深海中的面包蟹也会表现出同样的举动，而它们都曾经历过那个阶段。无论是蟹仔，还是大眼幼蟹，也就是前期蟹，都和成年蟹有所不同。

最后来看看招潮蟹的情况。前期蟹会在海面畅游将近一个月，然后其尾部的桡脚会开始萎缩，于是，它们来到接近海岸的近海浅水区，并躲在水底的缝隙中。在经历了一次蜕壳后，它们爬上海岸，来到潮间带暂居。它们的力量还不够强大，所以无法爬得太远。它们四处觅食，不断长大，不断蜕壳。在完成第三次蜕壳后，其甲壳最宽处达到了 0.17 英寸左右，于是，它们成了人们眼中的小招潮蟹。到了这个时候，公蟹与母蟹才有了区别，而眼睛下的梗也长了出来，就像潜水镜似的。除了学习挖洞之外，它们要做的就是捕食、长大和蜕壳。在寒冬来临前，要是还未蓄积起足够的力量，或者还没有学会挖洞的话，它们就只有死路一条。在北美洲，对于所有招潮蟹来说，只有躲进洞里才能顺利越冬。它们所面临的挑战如此之大，难怪大自然会给它们留下一条后路。

THE
OUTLINE
OF
NATURAL
HISTORY

第二十五章

蠕虫状动物的故事

诸如蚯蚓、沙蝎、蛭、线虫等很多不同种类的动物都有一个共同点，那就是身体长得像蠕虫一般。当然，它们的生理构造迥然不同。这些动物不仅属于不同的目，甚至分属不同的纲，而较为高级者的身体长有很多环或环节，因此被称作环节动物。我们在环虫纲动物中可以看到蚯蚓、海蠕虫、蛭等。较为低级者没有环节或节，例如普通绦虫的身体是由很多扁平的芽状体相连而成的。最低级者是线虫、带虫、绦虫、寄生扁虫等很多寄生动物，需要依靠其他动物生存下去。我们将选择一些有代表性的蠕虫状动物稍作探讨，例如人们经常看到的蚯蚓。需要说明的是，例如板枝介、海豆芽之类的常见动物虽然看上去和蠕虫不太像，但仍属于蠕形动物门。

蚯蚓的工作

我们经常能在草地上看到很多小小的土堆，那说明有很多"地下工作者"正在掘土挖洞。白天的时候，它们藏在地下深处；入夜之后，如果你拿着探照灯去草地上搜寻一圈，就能看到很多蚯蚓在蠕动。它们昼伏夜出，而且大部分都只是从土里伸出一截，把尾巴留在洞里，这样的话就能在危险降临时马上钻回去。蚯蚓的身体长了很多环节，有的甚至有两百多节，可以拖得很长，因此它们会把尾巴留在地里，只伸出像弹簧一样的身子，缓慢地转动头部画着圈。它们的头部带尖，看上去像罩子一样，十分敏感，口器在尖的下方，而那尖的作用是寻找和拖拽草叶。

蚯蚓把草叶带回洞里是为了掩藏出入口，这样既能避免被其他动物发现，又能一定程度上保持洞内的湿度。它们尽管不是在湿地中出生的，但仍然很依赖潮湿的环境。它们的洞穴位于地下几英尺深的地方。其皮肤可以分泌一种黏稠的液体，混合泥土之后可以用来加固四壁。洞穴底部较宽，草叶就是放在那里的。它们会将一种消化液吐到草叶上，这样可以让草叶变得更软、更可口。

蚯蚓总是在往地下钻，靠那敏感的头部尖端探路，用身体肌肉推土。它们没有眼睛，所以在接近地面的时候，是靠身体前段感知光线的。它们也没有耳朵，无法听到有没有鸟在地面上活动，不过它们能感觉到从地面传来的振动，因为泥土会传导细微的振动波。尽管很少暴露在外，不过它们的敌人并不少。晚上外出活动的蚯蚓如果没能在天亮前回到地下，就很容易被鸟类发现并捕食。喜欢四处探险的蜈蚣会闯进蚯蚓的洞穴，而擅长开凿隧道的鼹鼠也常常出现在它们的洞里，以它们为食。冬天的时候，蚯蚓聚到一起蛰伏，而对于鼹鼠来说，这无疑是一顿大餐。

如果泥土的硬度过高，或者密布着植物的根，那么它们会放弃掘土，而是一边吞食一边往下钻。它们通过吞食泥土来获取其中的食物，而被吃进肚里的泥土则由身后排出体外。对于腐烂的植物，它们会连土一起吞下；而食物经过喉管来到嗉囊，然后再来到砂囊。砂囊的内壁是由很多肌肉构成的，十分坚硬，其内部还有一些细小的石子，能有力地把土研磨成粉状。这些生物碎屑此后会进入食道，并在那里被消化。土壤没有什么用处，一会儿就会被排出体外，因为含有消化液，所以排出的土壤会一堆一堆地出现在洞口周围。这就是"蠕虫弃土"，也就是人们所说的蚯蚓粪。

蚯蚓的生活对人类是有影响的。尽管它们以带壳的植物及胡萝卜幼苗为食物，但相较于昆虫幼虫及蛞蝓，它们的破坏性并不大。实际上，它们对人类的贡献比破坏大得多。它们并不是助人为乐的动物，只是那顺其自然的行为有时候会帮助到我们。就栖身于土壤的动物而言，它们对人类来说是最重要的。在此类动物中，田鼠、鼹鼠等的体形比蚯蚓大很多，也能为田地松土，但它们的贡献远远比不上蚯蚓——每亩田地下竟藏着成千上万条蚯蚓。

通过达尔文的认真观察、实验及测算，我们得以明白蚯蚓的行为能够让土壤变得异常肥沃。它们在泥土中穿梭，就像是在松土。一方面，空气与雨水得以更好地渗透到土壤中；另一方面，植物的支根也能更轻松地深入地下，以吸收水分和养料。在富含腐败草叶的土壤中，植物的生长速度更快，而蚯蚓把草叶拖进地里，并在上面留下了消化液，而草叶腐败后让土壤变得更加肥沃了。每隔一段时间，蚯蚓的洞穴就会垮塌，上面的土层往下掉落，而新的部分暴露于外，使得空气与雨水更好地进入。经过砂囊研磨的粉状土壤被排出体外，而其中的各种物质因此而被混合得更加紧实。对于草本植物来说，"蠕虫弃土"是绝佳的肥料。它们不停地吃土，然后把排出的细土堆在洞口，久而久之，地面上就会出现一层细软、肥沃的新土壤，而这一切都是蚯蚓的功劳。

总而言之，蚯蚓总是在挖土、埋土和捣土。它们能量满满，却不为人所察觉。怀特早在1777年就说过："在大自然中，蚯蚓似乎是卑贱的通行者，然而，若非有它们存在，大自然恐怕会遇到大麻烦……它们有助于植物的生长，换句话说，要是没有它们，植物就没有办法顺利长大……失去了蚯蚓，土壤很快就会固化，变得坚硬无比，无法进行发酵，最终变成荒漠……"这段话对蚯蚓工作的重要性做出了总结。后来，达尔文通过观察、研究及测算，终于证实了这一群群小生灵为大自然所做的巨大贡献。

达尔文在实验室的大花盆里养了很多蚯蚓，并做很多实验以观察它们如何觅食、爱吃什么、如何应对不同形状的叶片、消化液对不同叶片所产生的不同作用、何时最活跃以及一段时间内吃多少土，又排出多少土，等等。然后，他把那些蚯蚓带到室外，观察它们在灯光下的行动，并拿来与实验室结果做对比。据他估计，平均来说，每亩园地里生活有 53000 条蚯蚓，而农田里的蚯蚓数量是园地里的一半左右。只要知道了确切的数字，我们就能明白那一群群蚯蚓的工作——挖土、埋土和捣土——是何等有意义了。

达尔文还通过其他实验探索了蚯蚓改变土质的过程。他在一些小石头上做了记号，然后观察这些石头的下沉速度，并在多年之后发现，重一点的石头下沉得反而更慢。这是为什么呢？原因在于这种动物很怕冷，而较重的石头一般也较厚，不容易被阳光晒透，下方也就更冷一些，所以蚯蚓更喜欢较小较薄的石头。它们聚到小石头下，抱团取暖及打洞。过一阵子，小洞照例垮掉，石头也就跟着下沉了一些。达尔文在一块田地上放了一块白垩，在没有任何人为干预的情况下，蚯蚓经过 30 年的努力奋斗，让那块白垩下沉了 7 英寸之多！我们因此联想到一个故事：某地有一块"石头荒地"，全是坚硬的燧石，既坎坷又贫瘠；后来，人们把蚯蚓带到那里，并在 30 年后发现，当年的"石头荒地"已经生出了细腻的土壤，当马儿在上面驰骋的时候，竟然不会踏到一块石头。

很多乡村会把土地划分为一块一块的，然后每天依次收集蚯蚓弃土，晒干后称重，据说平均 1 方码土地一年能收集 1.5 千克左右，这相当于一亩地一年生出 7 吨新土。

达尔文通过计算得知，他的园地在 15 年增厚了 3 英寸，而那 3 英寸自然是新土层。照此换算下来，英国境内的蚯蚓在一年当中能吞食并排出 3.2 亿吨泥土。由此可见，人类离不开这种小小的蠕虫，它们不仅能松土，还能为土壤增肥。想来那些没有蚯蚓的地方，恐怕不会盛产农作物。当然，它们遍布全球各地，甚至可以生活在海拔 1 万英尺高的地方。需要说明的是，由于太过干燥，因此我们很少在极端炎热之处看到蚯蚓；因为无法在水中生活，所以在极端湿润的地方也看不到。除此之外，它们也不会出现在海边的水洼里，因为那里都是咸水。

在达尔义之后，很多研究者用同样的方法验证了蚯蚓之于土地的重要性。例如，非洲西部某地的土壤不仅肥沃而且干净，在距离地面两英尺之内的土层中，人们发现了很多蚯蚓。每隔 27 年，表面土层就会被翻新一次，这样的自然开垦方式既奇妙又实用。

在达尔文看来，蚯蚓是人类发展的助力者之一："当我们享用那一片片草地和平原的时候，不要忘了那是蚯蚓为我们平整的土地，那是它们经年累月的努力换来的景致。试想一下，那广阔之地的每一粒土壤都曾进过蚯蚓的身体，每隔几年一次，实在令人震惊。在人类的发明中，犁是最古老、最实用的工具之一，然而在人类出现之前，蚯蚓早已在耕种土地了，并且将会一直耕种下去。在世界的发展进程中，人类与蚯蚓的关系恐怕是无与伦比的，尽管它们只是一种构造简单的蠕虫！"

海栖蠕虫

和蚯蚓一样，其生活在淡水中的亲戚们同样没有肢或节肢。但是我们可以在它们身上看到排列整齐的刚毛，那应该就是节肢的遗存。与此不同的是，很多生活在海中的环节蠕虫是有节肢的，近似桡状，成对地长在大部分环节上，同时带有很多刚毛和细小的条状腺。那些腺体会在阳光的照耀下散开，从而让身体呈现出红色。海鼠最为美观，在水中异常绚丽，好似虾类。海栖蠕虫种类繁多，统一在多毛亚目下，而蚯蚓与普通淡水蠕虫则属于少毛亚目，二者是互为参照的。较为普遍的海栖蠕虫主要有沙蠋与沙蚕珠母贝等，这类动物大多生活在管道里。

大沙蚕珠母贝是一种十分有意思的多毛亚目蠕虫，喜欢栖息在珊瑚礁上。它们的繁殖周期很有规律。学名为波娄拉虫的一种大沙蚕珠母贝生活在太平洋中，也住在珊瑚礁上，通常在 10 月下旬和 11 月下旬进行繁殖。有趣的是，它们的头部处于珊瑚礁的缝隙中，而身体后部则带有很多生殖细胞，它们会自行断裂，没有头部的身体后部随着海水四处飘荡，然后开裂以释放出生殖细胞。于是，很多"蠕虫"出现在海面上，将海水染成绿色，好似浓稠的通心粉汤汁，厚度在两三英寸左右，以至于用肉眼无法看透。这些蠕虫肉质鲜美，不仅是原住民喜欢的食物，还会吸引陆栖蟹来到海边大快朵颐。由受精卵发育成的幼虫生来就会游泳，虽然大部分会很快死去，但好在数量奇多，所以一定的死亡率对它们的影响并不算大。那留在珊瑚礁缝隙中的头部会重新长出身体，而不会像很多动物那样，在生产的同时死去。

生活在大西洋中的大沙蚕珠母贝，也多见于萨摩亚岛、斐济岛附近。它们的繁殖期不同于前者，一般在 6 月下旬及 7 月下旬，下弦月出现的那三天里聚到一起排卵。迈耶博士发现，这种大沙蚕珠母贝到时候会爬出洞穴，来到水下 12 英尺深的地方，钻进珊瑚丛中，任凭身体后段自行断裂。就断裂的部分来看，雄虫为暗绯色或鲑鱼般的肉红色，雌虫则为褐色或灰绿色。它们在水面上扭捏地游动着，尾部朝前。"天光初现，在洋面上投下微光之时，它们瞬间开始收缩"，因为收缩得太猛，它们的身体竟然爆裂开来，由此可见，对于它们来说，光线会导致肌肉抽搐，当然，引起这种生理现象的因素有很多，而光线只是其中之一。如果某年六七月的下弦月出现得相对较晚，它们就会提前生产。日本大沙蚕珠母贝及其远亲的繁殖期是在 10 月与 11 月，准确地说是在新月及满月出现的那几天。另外还有其他几种，依照月相变化每月生产一次，似乎和潮汐有关。

迈耶博士对它们进行了研究，并做了两项特别的实验。在其繁殖期到来的 30 天前，他在一个船型的平底槽子里放了些小石子，把 11 条大沙蚕珠母贝放在那些石子上，然后在槽子里装一半水，把槽子放到海中，任其漂浮；在人造的不会受到潮汐影响的环境中，其中 4 条完成了产卵。由此可见，即使没有潮汐，它们也可以生产。当然，被放进水槽的大沙蚕珠母贝似乎已经对潮汐的变化习以为常，以至于有了本能的反应。这种深刻的印记般的现象还可以在一种名为旋涡虫的蠕虫身上看到。据迈耶博士称，假如槽子里的水环境能够再接近自然一些，那么其他几条大沙蚕珠母贝应该也能完成生产任务。于是，他又进行了一次实验。这一次，他在槽子上加了一块盖板，以避免光线射入。在失去月光的照射后，所有的大沙蚕珠母贝都不再产卵，似乎说明月光是不可或缺的一个条件。然而，特雷德韦尔博士后来也做了同样的实验，但所得到的结果大相径庭。看来我们还需要多找些样本，多进行一些研究，甚至进行个体实验才能得到最终结果。鉴于福克斯曾经说过，在成熟的海胆进入繁殖期后，只要有一只雄性排出精子，那么周围的雌性会跟着排卵，而其他的雄性也会跟着排精；同样地，当有一只雌性排出了卵子，周围的雄性便会排精，其他雌性也会排卵。这种同时排卵和排精的举动，可以尽可能多地让卵子成功受精。据我们所知，有一种沙蚕珠母贝也采用了这样的繁殖方式，所以大沙蚕珠母贝可能亦复如是。

蛭

蛭身上长有环节，类似于环节蠕虫，不过二者并非近亲。所有蛭都长有吸器，其中一种蛭还长有刚毛。它们能在多种环境下生存，有的生活在陆地上，有的生活在树上，有的生活在海洋中，不过大部分都生活在河流与池塘中。

有一种蛭被称为医用蛭，是古代医生经常使用的医疗"工具"。如果说现代人常常"求医"的话，那么古代人则是常常"求蛭"。它们的名字是有来由的：患者皮肤被蛭咬破之后，会形成一个正三尖星形状的伤口。这种蛭的口器内长有 3 个带锯齿的月牙状的柄，每个柄上长着 90 颗左右的牙齿。它们会不停地吸血，以至于伤口很难愈合。在自然环境下，蛭经常吸食鱼类与蛙类的血，并将血储存在食道两侧的 10 个囊中。有人说，它们在吃饱喝足之后能连续数月不再吸食。另外，血液在进入蛭体内后，因为受到某种分泌物的影响而不会凝固。普通蚂蟥虽然也生活在池塘里，但它们的颚与牙齿都没有医用蛭那么厉害。蚂蟥体内的囊只有区区两个，而且无法缩成如洋橄榄一样的团状。它们的食物是蠕虫和昆虫的水栖幼虫，而不会吸食动物血液。秋季到来后，它们钻进沼泽里的地洞中，折起腹部开始冬眠。有时候，我们可以在一块石头下面看到十几条蚂蟥。

涧蛭一般会把卵产在石头或水生植物上。产卵结束后，它们会把卵置于自己身体下，就地孵化。幼蛭十分敏感，能够感知到同类的身体接触。它们时常外出溜达，然后回到成年涧蛭身旁，但未必是自己的父母。涧蛭是雌雄同体的动物，与其同科的"扁蛭科"也是如此，另外，蚯蚓、蜗牛等很多低等动物也是同样的情况。但是，涧蛭也会进行交配，也就是异体受精，不同于肝蛭与绦虫的自体受精。

鱼蛭的模样很特别，没有颚，也没有红血，但长有一个伸缩灵活的长嘴。众所周知的鱼蛭[①]的身体上长有绿色的疣。在半露于水面的石头上经常可以看到它们的身影，它们将身体撑起呈水平状态，在鱼类游过时猛地蹿起。它们还常常趴在池塘底部的淤泥上，很长时间都不动一下。如果把一块鱼肉扔进水里，那么它们会马上游上来，在食物沉底前夺走或瓜分

---

① 海蛭属动物。——作者注

掉。在饥饿的时候，它们对各种外界刺激都十分敏感，无论是光线还是气味，抑或是化学反应，但是吃饱的鱼蛭并不关心这些事情。鱼蛭的卵泛着丝绒般的光泽，通常都被产在双壳贝的空壳里，在此后的几个星期中，它们会受到父母的照顾，不会被淤泥等污物盖住。值得注意的是，它们虽然是低等动物，却会表现出照顾后代的行为。当然，它们只是做出了这样的举动，而对于个体来说并没有意义。照理说，这应该是它们的一种天性，早已深入骨髓，成为自然发生的本能行为。可是，为什么这种既费力又危险的习性长期不变，且具有无法抵抗的强制性呢？用达尔文的话来说，想要赢得生存竞争，就必须具备应对一切环境危机与自然限制的能力。因此，捕食的能力、自保的能力以及繁殖的能力都是异常重要的。但是，我们不能就此认为动物们是稳健的。

"生存主义者"，实际上，所谓的"主义"不过是其体内基因中的一段记录。曾经在热带丛林迷过路的探险家告诉我们，丛林里到处都可以听见一种持续不断的滴答声，而那正是陆蛭掉落的声音，就像雨滴一阵阵落下。陆蛭一般体长 1 英寸左右，比大号织针还细，但是一群陆蛭通常由千万个个体组成，而且好像都处于饥饿状态。见到有人闯入，它们便一级一级地跳下来，然后奋力追赶，那场面既壮观又令人心悸。《剑桥博物学》中写道："曾经，英军的一个营来到丛林里驻扎，却发现那里的陆蛭实在太多，最后不得不换了个地方。"这种小动物会攻击人，而且带有微弱的毒。拿破仑领兵前往埃及的时候，很多士兵都遭到了蛭的攻击，甚至有蛭钻进了一些士兵的口腔后部。就职于英国博物馆的哈默博士曾经提到，因为担心军队遭遇蛭之害，所以军队在挑选士兵的时候，会观察应征者是如何饮水的：是跪下俯身直饮，还是以手掬水而饮。另外，被派往东方的英国军队也经历过类似事件，而这可以作为佐证。士兵们遇到的是一种蛭，又细又小，会钻到人类的鼻腔后部吸血，喝足后大如医用蛭，而受害人则会十分痛苦，却很难把它们取出来，由此可见，在昏暗的地方直饮河水是很不明智的。

　　有人在伦敦芬斯伯里公园分派区发现了一条足有 5 英寸长的陆蛭，而印度等热带地区的陆蛭一般只有 1 英寸长，相比之下，前者真是伟岸极了。严谨地说，想要准确地测量活蛭的体长是很难的。它们会根据实际情况变长或变短。伦敦所发现的陆蛭红绿相间，应该是外来的。人们把它带离了伦敦，并给了它一些水好让它"洗个澡"，没想到它却马上钻进地里躲了起来。没过多久，它在地下捕到一只蚯蚓，并把蚯蚓一口吞下，而这正是这种蛭的一个特性。尽管人们对它不薄，经常给它换水，好让它保持清洁；经常换居住环境，以便让它找到习惯的地方；经常调整温度，以为它创造合适的气温条件；还经常拿蚯蚓给它吃。然而，尽管如此，它还是只活了 3 天。它类似于杜特罗歇所发现的一种蛭，而这种蛭之前几度出现在伦敦及其周边地区以及更远一点的法国、意大利、阿尔及利亚等地。据我们所知，它们生活在不怎么清澈的河沟里，常常爬到园子里觅食，其颚发育不全，只能将蚯蚓等食物一口吞下，而蚯蚓则是它们偏爱的"大型"猎物。

　　与蛭有关的故事都很荒诞。伯顿曾经提到，盛传蚂蟥可以用来去除烦恼。我们在古代医书中也看到了相关记载，例如："把蚂蟥烧成灰，放进醋里，然后用混合物擦拭身体，就能根除毛发，且毛发不再生。"曾几何时，利用蛭来进行吸血与放血的疗法大行其道，风靡一时。当然，它们的时代早已过去，如今没有哪个医生会这么做了，正如德赖登所说的那样："蛭的明智之处在于，绝不参与那些没有价值的治疗。"它们中的一部分在字源学的"帮助"下，在医学界占据了一席之地。总之，我们不用再去琢磨它们的故事与疗效，而应该站在生物学角度去观察分析，尽管这样的研究或许还将持续很久。

　　蛭的种类也不少，吸附在电虹鱼身上的是短鳃蛭，身体两侧各长有 11 个叶片一样的鳃。中国长江中生活着一种鳖，其身上的蛭被称作扬子鳄蛭，是短鳃蛭的近亲。而扬子鳄的唇上长有冠蛭，但希罗多德所说的柳莺，即"匆忙行走的鸟"可以帮助它们去除身上的蛭。在智利，有一种生活在洞穴里的蛭，名为巨蛭，体长超过1英尺。红蛭的体形更大，有2英尺左右，似乎常常附着于姥鲨身上。在捕获姥鲨后，人们会看到很多红蛭落入海中。在日本的琵琶湖里生活着一种深水钩蛭，它们的嘴很长，末端带有三个向斜后方伸出的钩，很适合用来抓捕猎物。一些种类的海蛭会附着在琵琶鱼与鲔的身上，但是不怎么常见。这类蛭似乎正在退化，未来会变成寄生动物。

时至今日，我们对很多种蛭都不甚了解，或许还有很多未知的种群。今天的我们只会对古代医者麦邱立阿力斯的话一笑了之，他说："医用蛭在人们皮肤上留下的伤口非常小，只会渗出血液中的稀薄液体。"如今，我们在研究它们的分泌物，也就是蛭素，希望能找到血液凝固的密码，只是这项工作是无法在短期内完成的。针对蛭素，我们做过几项生理性的实验。曾几何时，人们通过口含冷水并坐在水中的方法来"逼迫"被误食的蛭爬出人体，现在看来颇为荒诞。很多种类的蛭都十分敏感，能感知到远处发生的动静，例如水面上忽然出现的暗影、水波的荡漾①以及其他动物的逼近，就这方面来说，我们所知道的实在不多。总而言之，在蛭身上，还有很多事情值得我们去研究。

马鬃蠕虫

提到蠕虫，不能不说马鬃蠕虫。人们偶尔会在路边洼地的积水中看到它们。古代博物学图书中说，这种蠕虫可以被种出来：把马尾上的黑毛放

---

① 华兹华斯（Wordsworth）曾经对此做过描述。——作者注

在河边阴凉的角落里，再摆上一圈石头，防止马毛被风吹散，一些日子过后，便可以看到活灵活现的马鬃蠕虫了。

与马鬃蠕虫有关的几个故事很是流行。它们有一个远亲，那就是普通线虫，也就是圆虫。马鬃蠕虫的身体是圆柱形的，一般来说体长在 6 英寸左右，看上去像马尾上较粗的毛，是由灰至黑的渐变色。很多种类的马鬃蠕虫都是金线虫属，总是纠缠在一起难以解开，就像著名的戈耳迪之结似的。

50 年前，4 个小学生来到河边，把一些黑色的马尾毛放进了一个水坑。他们不是从书里学来的，只是听村民们谈起过。这样的故事在当时十分风行，而今早已被人遗忘。几个星期之后，他们突然想到了这件事，于是抽空去看了看，结果真的看到了很多黑色的蠕虫在那里爬来爬去。在那个时代，大概没人能够做出解释。后来的一天，他们在路过赫米斯顿时看到了一条小河，并在河边的水坑里看到了密密麻麻的黑色马鬃蠕虫。其中一个孩子用手捞了一把，一数竟然有二十多条。如今写来，那场景似乎历历在目。要说它们之前是马尾的毛，那这么多马鬃蠕虫该是由多大一匹马身上掉下的多少毛变来的呀？

目前，研究者们已大致找出了这一现象的成因，或者说已经给出了大部分解释。这些马鬃蠕虫其实寄生在昆虫，特别是那些晚上来到水中洗澡，或者出于别的原因来到水中的蟋蟀、蚱蜢、甲虫等动物体内。它们在昆虫体内生活了数月之后爬了出来。它们吸食宿主的血液，以其中的液态营养物质为生。要么没有口器，要么只有一个小如针孔的口器，所以无法吸食太多液体，需要利用整个身体内部来吸收营养，而它们的食道一般来说是不畅通的。

这些生活在蚱蜢、甲虫等动物体内，且无法消化无用之物的蠕虫一开始毫不着急，只是缓慢地经历着吸食、长大、蜕皮的过程。这种因果关系既符合逻辑学理论，也不违背生物学理论。在长到一定大小的时候，它们必须蜕去无法生长的角质层，要不然就没办法继续长大。在长出足之后，它们就没办法安心生活在动物体内了，于是用头部贴近昆虫表皮，似乎明白唯有如此才能在宿主下水游泳，或者去河边，又或者来到水边湿地中休息时趁机爬出。

当昆虫来到水边的时候，它们匆匆忙忙地爬了出来，扭动着身子掉进水里。如果昆虫已经下水，那么它们会突然游出，而雄虫的尾部会轻松地分开。雄虫开始到处寻觅雌虫，直到达成目的。结束交配之后，雌虫会来到半没或全没于水中的植物根部，扭动着身体把卵产在那些根中间。它们的卵是白色的，通常成串附着在植物的根上。要不了多久，雄虫和雌虫就会力竭而亡。对于很多动物来说，繁衍后代意味着自身的死亡，也就是说，生而死之。我们对存活至今的各种动物进行了研究，希望能解开它们自古以来都采用了何种方式来规避这样的情况，或者阻止死亡的到来，而这样的研究很有意义。这是自然演化的一个大方向，而且相关的变化从来没有停止过。例如，强壮的成年八日鳗一经产卵便会死去，而很多候鸟却在生产后拖着虚弱的身体迁徙，甚至绕过半个地球。

马鬃蠕虫的卵逐渐孕育出幼虫。它们是透明的，呈线状，用长嘴前端的锋利锥形器官割裂或刺破串联的地方，然后脱卵而出。这些细线般的小蠕虫能够在水里生活一段日子，然后不得不听从天性的指令，进入其他动物体内。或许很早之前，它们也和现在的很多线虫一样寄生在腐物上，只是后来改变了寄生环境。很多寄生动物便是这么一路走到了现在。站在马鬃蠕虫的角度来看，在它们眼中，昆虫不是昆虫，不过是一个适合栖身的空穴，而且并不排斥自己的入驻。大自然无法做到毫无纰漏，所以只要认真观察就能看清真相。它们找到了合适的宿主，例如蚱蜢、蟋蟀等，然后在成熟后回归水中。然而也有计划赶不上变化的时候，一些幼虫一开始错误地选择了蛇蛉、蜉蝣、斑驳蛾等昆虫的水栖幼虫作为宿主，而这些水栖幼虫又常常被食肉甲虫等其他动物捕食，好在马鬃蠕虫的幼虫对第二宿主并不排斥，照例自顾自地成长。

有观点认为，马鬃蠕虫的种类有 100 余种之多，且习性各不相同，不过大体上都与前文所述相符。那群小学生看到的"活过来的马毛"便是这种来自昆虫体内的金线虫属蠕虫。它们在寄主体内发育，但对寄主无害。成年马鬃蠕虫在完成产卵及受精后难逃一劫，幼虫孵化而出，进入昆虫体内，长大后又回到水里，如此往复。这个过程可比"马尾毛遇水成虫"的故事要精彩多了。如果将"马尾毛遇水成虫"看作魔术的话，那就另当别论了！

THE
OUTLINE
OF
NATURAL
HISTORY

第二十六章

棘皮动物的故事

诸如砂海星、海胆、海王瓜、海百合等生活在海洋中的动物可谓自成一派。在成熟之后，它们的身体将变得不再对称，而会向各个方向辐射伸展，而普通动物通常都是左右对称的。它们体内囤积着大量碳酸钙，这些碳酸钙不仅能生成具有保护功能的甲和棘，还能生成体内的支撑架，不过我们不能将其称为骨，因为只有脊椎动物是有骨的。作为棘皮动物，它们的石灰质架会随着身体的成长而变大，因此它们不用经历甲壳动物所经历的蜕壳过程。很多棘皮动物在危急关头会放弃一部分生理构造，但这些部位后来还会长出。它们的神经系统十分原始，一般来说既没有神经中枢，也没有神经节。不过，它们拥有独树一帜的"水管系统"，而这一系统既能支持行动，又能用于呼吸。大部分棘皮动物幼体都十分微小，生活在水中，而且体态完全不同于父母，由此可见，它们定然也是一种命运多舛的动物。

砂海星及其亲属

离开水的鱼，其结局多半是悲惨的，只有少部分能继续活下去，例如生活在热带地区的跳跳鱼，它们常常出没于海边的岩石堆里以及红树林中；还有著名的肺鱼，它们可以在没有水的洞穴里存活半年以上，因为它们能呼吸干燥的空气。可是，失去大海的砂海星可就没那么幸运了，它们会逐渐干瘪，如同跑气的轮胎一样。体内的水流失殆尽，它们的生命也就走到了尽头。上述事例再一次提醒我们，如果说生命是一场活动的话，那么这场活动离不开水的运转。值得一提的是，生物质的含水量达到了80%左右。所以，我们打算好好讲讲，住在海边水洼里的砂海星是如何生活的。

砂海星常常翻滚到水中的岩石上，而它们的这种行为是十分奇特的。它们的动力来自一种水力机：从一片带有很多小孔的背板，就像洗澡的花洒，或者喷壶的壶嘴，把水吸进体内，经由一连串管道将水引入5条臂的下部、5条凹槽以及无数具有吸力的管足中。在水流入之后，管足会变得紧致起来，如同有水流过的软管。砂海星正是依靠这些紧致的管足来支撑身体，并将其用作触手。从管足中流出来的水顺势又流进了贮水胞，也就是位于臂内侧的几排像气泡一样的小型蓄水装置。它们不会从石头上掉下来，因为在管足与石头表面之间有一处真空地带，类似于路边的孩童用细线与皮吸器所制造的小段真空。当足管内壁中的肌肉收缩变短时，它们就可以顺势拉动身体，向吸附点靠近，看上去就像用缆绳把船拉向码头。然后，它们会使劲将水从可伸缩的贮水胞内再次挤到管足里，以消除真空并释放管足，从而脱离岩石表面。一时间，它们像是要掉进海里，好在那只臂的其他部分以及其他臂上的五十几只管足早已牢牢地攀在了高处。如此这般，它们终于爬上了岩石，速度堪比蜗牛！

　　海边的岩石时常会被浪潮冲走，而一些倒霉的家伙也终于得到了解脱。对于砂海星来说，要是臂被大石头压住，或者被爬到臂上海参攻击——海参口中分泌出的硫酸能把砂海星的臂腐蚀掉——在这种情况下，它们就只能拿出看家本领来了，那就是自裂。所谓自裂，即为了保全性命而放弃身体的一部分。不可否认，这是一种很实用的策略。为了逃出生天，砂海星会放弃那只臂，而断臂会重新长出来。它们每条臂的下方内侧都长有一道凹槽，里面含有神经细胞，而五只臂的神经细胞都连接着口器，并在一个五角星的构造处合拢。实际上，它们身体的各个部位都分散有神经细胞，但是很可惜，它们没有大脑，所以也没有神经中枢和神经节。正因如此，对于它们来说，断臂就好像我们被烫到后缩回手一样简单，是无意识的行为，完全不用思考。这无疑是一种条件反射，动物们不需要思考就能习得，如同我们在掌握了某种技能之后的快速反应。它们只需要仿效即可，完全不用动脑子。砂海星在历经无数次磨砺之后，终于用身体，而非大脑，学会了自裂，学会了断臂求生。

　　不同于大部分口器柔软，或者没有颚的动物，砂海星居然是食肉动物，不仅爱吃贻贝与牡蛎，有时候还会对捕鱼者的鱼饵垂涎三尺。捕鱼者可不会太高兴，有时候会把钓上来的砂海星撕碎扔进海里。然而，这么做其实毫无意义，因为在合适的环境下，它们的每条臂都能长出一个砂海星来。所以，人们所看到的一些呈彗状的砂海星，其实是一只正在等待重生的断臂，不久之后便会有另外四只臂长出来。

　　这是一种食量很大，智力很低的动物，但它们偶尔也会表现出一定的判断力。水洼中的海胆时常会遭到它们的攻击：它们把一只臂放在海胆的棘皮里，任由其中的数百根带柄的小叉棘戳进自己柔软的管足中。那些小叉棘的形状犹如三刃剪刀，所以在戳进足管后很难再拔出来，而砂海星会马上把臂缩回去，而那些小叉棘就这样被拔掉了。然后，它们会换其他臂，如法炮制，慢慢地把小叉棘拔完，而且中途不会休息。砂海星没有大脑，所以它们所采取的方式并不便捷，然而它们认准了一件事就绝不会放弃，而这正是此类动物做出努力的前奏。

海　胆

　　生活在海边的动物有很多，而海胆是极具代表性的一种。很多种类的海胆早已远离海岸前往深海居住。它们的体形较大，呈球状，覆有棘刺，可谓造型独特。前人认为它们出生在海洋中，与陆栖动物刺猬一脉相承，因此将其取名为"海猬"。实际上，身为棘皮动物的海胆与身为哺乳动物的刺猬毫无关系，不过刚好身上也长了很多刺而已。

　　这种球状的动物长着一个小口器，里面的 5 颗牙齿向外伸出，而且十分坚固；口器外部四周长着 10 只用来捕食的较大管足；再外面一点长着一圈又软又宽的圆环，上覆很多棘刺；圆环与外壳相连，从连接处长出 10 个分了叉的腮。健康的海胆一下水就会展开它们的腮。身体的另一端长有一个精密的顶盘。在观察死坏海胆的时候，我们应该先拔去它们身上的棘刺，这样就能看到，食道末端刚好位于顶盘中间，周围有 5 个带孔的板片，是用来释放生殖细胞的。在那 5 个板片之间还能看到另外 5 个稍小一些的板片。从这些板片当中，伸出了一条敏锐如触手一般的管足。在内侧板片中，有一片特别大，并带有很多小孔，就像喷壶的喷头一样。水从这些孔流入海胆体内，通过水管系统来到身体各部，同时也能帮助海胆呼吸和行动，在这方面与砂海星无异。

　　简而言之，在海胆身体的两端并排生长着 5 条较宽的，布满棘刺的环带；另有 5 条较窄的带有棘刺的环带以及用来移动的管足。随着时间的推移，顶盘四周会长出新的板片，而原来的板片也会逐渐变大。

海胆的移动方式主要有三种：第一种，利用棘刺支持身体爬行，因为它们的棘刺能向各个方向伸出；第二种，如砂海星一般用管足在岩石上爬，它们会先用一只管足找到一个稳固的支点，然后收起它，将其他管足探向高点，然后重复这样的动作；第三种，在平整的滩涂上，它们会将5颗牙齿伸出口外，让齿尖接触地面以支持身体跳着行走，一副踉踉跄跄的模样。通过解剖，我们得以对这个奇特的构造进行观察。它有个绰号是"亚里士多德的灯笼"，因为第一个发现它们的人是生活在两千余年前的亚里士多德。它们的功能主要是咀嚼食物，榨碎小型动物及海藻以及帮助呼吸。有一种海胆是金黄色的，长得像人类的心脏一样，生活在沙地洞穴中，只能用棘刺支撑身体移动。它们的管足是用来采集微生物的，进食的时候，它们会用一只管足把食物递到口器周围的其他管足上，再用其他管足把食物塞入食道。

在谈到海胆的运动方法时，不能不提的是，其外壳棘刺之间长了很多圆润光滑的石灰质。如果它们需要在斜面上移动，那些柔软的棘刺就会向下垂以辨别方位。那无疑是一种用来保持平衡的构造，就像人类耳朵里的"重力囊"，这是帮助人类在直立的情况下平衡地行走和跑动，而不会摔倒。

通过观察一只放在水盆里的海胆，我们可以发现其体表各构造的运动情况：球窝关节上的棘刺在摆动；半透明的管足伸向各个方位，试探着攀附到其他物体上；棘刺中间那些带有梗，也带有毒素的小叉棘在伸展。如果一只蛙被小叉棘刺中，其大脑和心脏都会停止活动。它们会把那些碰到壳的小型生物全都刺死。一些海胆会用管足把猎物塞到嘴里，有的会用两条棘刺钳住果仁，再用另一条把果仁捣碎。

它们的皮很细腻光滑，而且是透明的，如同一张薄薄的纸，上面布满了纤细的毛，那些毛无时无刻不在摆动，这让我们想到人类气管中的细毛。小叉棘是相对独立的，棘刺也是。海胆没有大脑，因此谈不上聪不聪明。

棘刺与叉棘以条件反射的方式运动，是顺其自然的反应，如同人们在吃面包的时候，如果有面包屑误入其他地方，就会情不自禁地咳嗽几声。我们在海胆身上可以看到很多这样的条件反射，简直就是"反射共和国"。棘刺、叉棘和管足的运动既复杂又协调，实在让人吃惊。

海胆的皮肤下分布有神经细胞与神经纤维，就像一张纵横交错但略显疏松的网。它们就是靠这张网来传递信息的，从某个部位把信息传到身体各处。海胆的口器四周长有神经环，具有吸附力的管足伸出的部分上也长有一条分叉的神经。尽管这些构造能帮助身体各部位协同一致并采取行动，但都不能起到神经中枢的作用。"对于犬类来说，腿听命于身体，而对于海胆来说，是身体听命于腿。"

退潮之后，海鸥将躲在海藻丛中的海胆叼起，飞到空中后松开喙，任其落到地面壳开肉绽；砂海星会破坏海胆的棘刺和叉棘，然后伸出富有弹性的胃，将海胆闷死。海胆面临的危险数不胜数，然而恐怕并没有多少动物比海胆更难捕食。对于海胆而言，童年时光是最危险的时期。在那个时候，它们小如针尖，只能通过漂浮于海面的方式来避免海边岩石间的激烈碰撞；它们是透明的，但规模庞大，每一只都如同倒置的书架一般，而且还长了很多腿，它们以海面浮尘为食，因此存活率很低。海胆的外壳像个精密的仪器，对于这个仪器的起源，戈登博士曾经做过相关描述：从海中幼体的几根带有三指，或者说三叉的针骨发育而来。这项研究是近年来最为成功的动物学研究之一。

THE
OUTLINE
OF
NATURAL
HISTORY

第二十七章

刺胞动物及海绵的故事

　　水母、海葵、珊瑚、植虫等刺胞动物似乎没有通行的俗名。它们的皮肤上通常都遍布着带刺胞性的细胞。动物学家们把这类动物列在了腔肠动物门的名单中，因为它们的食道如空洞一般。

　　大部分刺胞动物的身体都是辐射状且对称的，形状犹如一个圆筒，例如水母、海葵等。对于这类动物，我们可以从不同的角度将其身体划分为两个完全一样的部分。诸如蚯蚓、甲虫、绵羊之类的动物都是左右对称的，我们只能找到一个等分线。

　　大部分刺胞动物都长着触手，且食道底部不通。它们擅长生芽，聚众而居，有的还会长居一处，一动不动，成为珊瑚。

　　刺胞动物种类不少，包括水母、海葵及与其相近的珊瑚、八出珊瑚及其近亲海笔、拟水螅群、植虫等。许多种类的植虫会通过出芽的方式繁殖出有性别之分且独立生长的"游泳钟"及拟水水母。在这类动物中，最为高级的是栉水母，最为低级的是淡水水螅。

海　葵

我们在海边的岩石堆里常能看到海葵。它们会在退潮后闭合呈肉球状，既光滑又细腻。好似又小又软的无花果。普通海葵要么是黑褐色的，要么是深红色的。涨潮之后，它们在岩石边的水洼中展开身体，犹如含苞待放的花朵。它们身上没有"花瓣"，只有口器外侧有一圈又短又薄的触手。它们总是附着在岩石上静息，一般不会如蟹、章鱼、砂海星那般主动猎食，是典型的"守株待兔"者。它们的触手上遍布着刺螫细胞，能刺伤并麻痹小型动物，从而将其一举拿下，但是对人类没有什么用。要是在水中遇到小蟹、小虾、小鱼以及小肉块之类的东西，它们就会伸出触手抓住食物，送进嘴里。在这个过程中，触手的运动是自觉发生的，就好像狗在睡着后也会挠痒痒。如果用小石子，或者小纸片去试探一下，你就会看到，它们会马上伸出触手来抓取"食物"，似乎很兴奋。看来让它们上当并不是难事。当然，在被连续捉弄了若干次之后，它们便会做出不同的反应——对假食物置之不理，毕竟被欺骗了太多次。相较于砂海星，海葵的构造更简单，不过是个球体，没有前后左右之分，看不出哪里是头，哪里是身体，而且没有大脑。不过，它们会表现出一些超过自然构造所能承载的能力。它们具备一定的学习能力与记忆力。

普通红海葵会在退潮后，或者受到惊扰时闭合呈肉球状，就像一块冰凉的没有定型的果冻。它们的很多亲戚都是这样的，除了生活在英国西南沿海地区的一种海葵之外。这种海葵为暗褐色，拥有若干细长的触手，触手的颜色因个体而异，有的是褐色，有的是深黄色，也有灰色的和绿色的。触手尖端是红色的。在受到惊扰的时候，它们并不会把触手缩回去。在某些地方，它们与一种特立独行的蟹组成了奇妙的组合，相伴而生。那种蟹的名字是长腿蜘蛛蟹，简称蛛蟹，其习性与普通滨蟹很不同。这种蟹的身体是三角形的，大小如半便士的硬币；爪子不太有力；腿又细又长，从腿尖到足尖的长度为 4～6 英寸。既然拥有如此长的腿，照理说应该行动敏捷才对，然而蛛蟹却事事迟钝，时时缓慢，每走一步都十分艰难：它们将腿慢慢抬起，伸向前侧方，忽而停下，静息片刻，仿佛是在琢磨要如何迈出第二步。

和它们的一些近亲很相似，蛛蟹也会用海藻碎屑盖住身体，从而把自己藏起来。它们时常躲在海葵触手的阴影下，而海葵似乎很乐意提供保护，并不想把来客当作食物。

岩石间的水洼里时常会出现一些碎肉，然而海葵的触手够不着，此时，蛛蟹就会像传说中的英雄一样出征。它们察觉到附近有食物，于是外出寻找，最终成功找到那些碎肉——鱼、蟹、龙虾等吃剩下的食物。蛛蟹找到了食物，但并没有就地进食，安全起见，它们把食物运回了海葵触手的阴影下。见此情形，海葵伸出一只触手，把食物抢走并塞进嘴里。蛛蟹趔趄了一下，不明就里，开始四顾寻找食物。几个钟头之后，海葵终于吃饱喝足，从口中挤出一些白色的膜，那是碎肉上的薄膜。正在一旁吃着渣滓的蛛蟹看到海葵的举动，马上过去取食。它们照例走得很慢，但最终还是能得到海葵丢弃的肉膜，然后开开心心地吃掉。

水 母

在海栖动物中，最好看的无疑是水母，尤其是在游泳的时候，堪称美轮美奂。它们的身体呈圆饼状，有节奏地跳跃着，无论是触手还是皱起的唇边都拖在身后，交相辉映，飘逸曼妙。它们大多是半透明的，有的是蓝色，有的是堇色，有的是红色，有的是橙色，可谓五彩纷呈。不过，搁浅的水母就没那么漂亮了，而博物馆的水母标本就更不堪入目。这种动物的英文名是"美杜莎"，原意为蛇一样的辫子，用来指代悬垂的布条等物，还与可怕的蛇发女魔（戈尔贡）有关。当然，这个名字并不太贴切，毕竟水母还是很美丽的。

大部分种类的水母都漂浮在接近海面的水层，不过也有一些生活在深海中，有的则生活在近海浅水海底。仙后水母尤为独特，主要分布于东印度群岛的各个海湾中。它们背靠海底，可以连续数小时乃至数日不活动；其钟状体既坚固又具有韧性。有几种仙后水母的钟状体还带有漩涡状的构造，具有吸附作用，可以帮助它们紧贴在水面上。钟状体的上部稍稍凹陷，不过没有开口；其皱起的唇边分为至少 8 个小片，上面覆满小孔。唇片一般都透着些绿色，或者红色，就像海藻那样。不过在我们看来，这种相似的特征不一定具有实质意义。

海月水母是英国境内最普遍的一种水母，为蓝堇色，一般有唱盘那么大。当然，相较于其他很多品种，它们不算很大。霞水母是琥珀色的，大量聚集的时候足以冲破挂在海边浅水区木桩上的捕鲑网。它们的直径通常能达到 3 英尺，可以容纳一只雌性人鱼；它们的触手拖在身后，漂起来足有十几英尺长。到海里游泳的人需要小心一些，原因在于它们身上有数万条可以刺穿人们皮肤的刺螫线。蓝色的菊水母十分漂亮，应该是由琥珀色的毛水母演化而来的，但是比毛水母要大。在无脊椎动物中，体长最长的当数生活在北冰洋里的北极霞水母，经测量，北极霞水母的圆盘的直径有时候能达到 7.5 英尺，而其触手竟能达到 120 英尺长！如此长的身体，意味着它们只能生活在没有障碍物的远海，利用海水的浮力在海中漂浮。值得一提的是，由于体形硕大，所以人们常常将摆动着触手的北极霞水母误认为海蛇。

水母是食肉动物，喜欢小型甲壳动物，而在远海中，这类动物比比皆是。一些种类的水母会吃漂浮在海面上的鱼卵及幼鱼，还有的会捕食比自己小的水母、游泳钟、拟水母等。拟水母与水母有着天壤之别，但它们的食欲都很不错。古人口中的那种没有开口的水母，就是我们现在所说的根口水母，它们以微生物为食。奇特的是，体形最大的水母竟然生活在冰海之中，原因在于，越是远离赤道的地方，就有越多小型动物漂浮在海面上。冰海生活很惬意，无须日日殚精竭虑，而几世同堂也是常有的事。英国北部沿海地区的远海小型生物尤其得多，所以那里的渔业十分繁荣。

很久没吃东西的水母会开始消耗自己身上的胶质，并以此存活4～6个星期。虽说是胶质，但其实富含水分，并含有一定量的有机物质以及与角素相似的软骨素。这些有机物质能帮助它们渡过难关。它们消耗着自身能量，变得越来越轻，而这种变化极有规律：每天的原始体重与所减轻的重量成一定比例，因此角质消耗得越多，意味着它们能活得更久。

对于日本人来说，水母是一种美食。他们用盐和矾腌制一种叫海蜇的水母，或者用栎叶夹住水母进行压榨，然后风干。食用的时候，先把风干的水母放入水中，然后切成条状，再配上作料。不过在英国人的食谱中，没有这样的美味。

水母是用触手上与唇边的若干刺螫细胞捕食的。在受到刺激的时候，刺螫细胞会爆裂并射出"细针"，刺破猎物的皮肤。所谓的细针就是刺线，既有抓取的功能，也有麻痹其他动物的功能。一部分学者认为，刺线上面的毒素是蚁酸，但就效果而言，似乎比蚁酸更强一些。令人奇怪的是，水母可以刺死一条比自己大很多的鱼，却对那些小鱼没办法。那些体形较小的鱼可以从水母的伞体下游走，在触手之间穿梭，所以我们常常看到，在一只琥珀色的毛水母身下藏着幼鳕；在根口水母身下躲着一群竹荚鱼。这些小鱼可以说与水母形影不离。一些具有攻击性的小型鱼经常偷袭并咬伤水母，然而它们也常常因此而成为水母的腹中餐。水母的刺螫十分厉害，尤其是被称为"海上黄蜂"的灯水母科水母。它们是游泳高手，常常捕食

图 46　竹荚鱼

竹荚鱼身体呈圆筒形，背部呈蓝绿色或者黄绿色，腹部是银白色。竹荚鱼是较常见的经济鱼类，产量大，肉质尚可，一般腌制成咸鱼等。

比自己胃还大的鱼。

英国境内的根口水母有黄色的，也有蓝色的，圆盘直径在 1.2～2 英尺之间。在它们身下经常藏着体形较小的鱼类和甲壳动物。不过常见的海月水母、琥珀色的菊水母、蓝色的菊水母以及淡蓝色的根口水母身下并不会出现上述小型动物。罗盘水母在英国海域内也十分常见，它们的颜色和体积因个体而异，但大多是红褐色的。它们之所以被称为罗盘水母，原因在于其身上长着 16 条从圆盘中心点向外延伸的辐射线，而这些辐射线又逐渐分化为 32 条。令人吃惊的是，它们的性别会随着时间的推移而改变，小时候是雄性的，成熟后则为雌性，而其他水母则是雌雄同体。

水母将受精卵暂存于唇边的褶皱里，然后孵化出胚胎。这些胚胎需要生活在水里，而且长着纤毛，一段时间后会变成附着在岩石表面上的横裂体。横裂体会横向出芽，长出成串的微小碟体，碟体依次脱落，入水后迅速发育为水母。由此可见，在水母生命历程中，可以看到世代更迭的现象。

水母游起泳来十分华美，伞体不停地抖动着，稍稍用力一些就会排出许多水来。据迈尔博士称，水母身体的边缘处长着一圈小如针头的感觉器官。经由这些感觉器官，无用的草酸钠被排出体外，与海水中的氧化钙发生化学反应，生成草酸钙与氯化钠（也就是盐）。氯化钠会对它们的神经细胞造成不小的刺激，以至于钟形体下部的肌肉会发生收缩，可见它们的感觉器官很是奇特。我们可以在海月水母身体边缘的 8 个凹槽内看到这些微小的器官——对光线变化、化学刺激和身体平衡度都很敏感。如果感觉器官受到损伤，那么水母就无法正常游动。

珊瑚总论

珊瑚的美丽是毋庸置疑的。它们是动物，却不怎么具有动物的习性。当我们认为它们在休眠的时候，其实它们是清醒的，而那华丽的外表犹如梦中的微笑。我们很难将"坚定不移"之类的词汇与动物联系在一起，那听起来是自相矛盾的。坚定不移意味着放弃与生俱来的行动权，尽管珊瑚在小时候也常常努力地寻求自由。当然，坚定不移和美观大方倒不矛盾。它们的住所及其建筑材料无一不是精美绝伦的，无论是石头还是针骨。活着的珊瑚异彩纷呈，一些种类会选择群居，有的会长出枝杈，很是漂亮。

近来，在他人的委托之下，我们对一个"海葵"进行了鉴定。这只"海葵"是萨斯远征队在大西洋北部海域 3 英里深的海底发现的，实际上是杯珊瑚个体。我们用烹煮的方式去除了它褐色的肉，然后得见其精美的内部构造。它的大小不超过一个鸡蛋杯，形似皇冠，稍稍凹陷，洁白无瑕，熠熠生辉，犹如仙女使用的蔷薇花盏。我们为它定制了一个宝箱，只在过节的时候供人观赏。不过，我们没来得及给它取名，于是在送它回挪威的时候，把名牌也运了去。在深不可测的海底，不知还生活着多少如此曼妙的生物！它们拥有惊世之貌，却穷尽一生不为人察，仿佛只在梦中微笑。

对于珊瑚虫纲的动物，我们习惯将它们统称为"珊瑚"，只为了更方便一些。这类动物包括所有骨质为碳酸钙成分的刺胞动物（及腔肠动物）。接下来，我们将进行概述。[①]

众所周知，海葵是软体动物，身体如圆柱，口器周围有带刺的触手，通过底盘吸附于岩石之上。作为海葵的近亲，杯珊瑚的皮肤实为一层石灰质壳，而这个"壳"相当于它们的"骨骼"。随着石灰质的积累，它们的杯缘会慢慢增高，然后外壳会由外侧翻越杯缘向内侧生长，并在内侧形成石灰质隔板，从内壁延伸至中心，呈辐射状，并在中心结出一根小柱；内部隔板也会逐渐增高，并最终进入珊瑚水螅体内，导致肌肉组织日益退缩。因此，对于活着的珊瑚来说，骨骼并不在肌肉内，而且与身体形态大不相同。拿人类来说，骨骼被肌肉包裹着，而且具有活性，但珊瑚的骨骼不具活性，而且处于体外，尽管后来也会延伸到体内。珊瑚的外壳可以扩张，但无法生长。在碳酸钙融入总间架之后，可以生长的细胞就死掉了。碳酸钙来自海水，不过在海水中，液态的碳酸钙比固态的要少得多。

从杯珊瑚个体到珊瑚群，也就是石珊瑚是一个层层递进的过程。石珊瑚其实是一大群共同生活在一处的珊瑚个体，它们通过水螅体出芽来进行分裂繁殖。在太过拥挤的时候，一些个体还会再长到一起。脑珊瑚的襞纹活像哺乳动物的大脑，故得此名。它们相互连接着，而连接处十分隐秘，即使把外壳洗得干干净净也不一定能看清。在清点活珊瑚的时候，只需要数清楚四周长有触手的口部就可以了。珊瑚群有时候会长出分枝，就像树

[①]　请参阅希克森教授所著的《珊瑚》，1925 年出版。——作者注

权一样，看上去很漂亮。在同一个分枝上可能存在不同世代的珊瑚个体。通常情况下，珊瑚是层层叠生的，前一代会被后一代压死，因此每个珊瑚群都是一个墓地。石珊瑚用海水中的碳酸钙为自己筑礁，同时也为地球打造了新的陆地，例如澳大利亚那长达一千余英里的大堡礁。

黑珊瑚比石珊瑚略逊一筹，又被称为角珊瑚，其形态和石珊瑚完全不同。它们生活在气候温润的海岸，不过曾有英国捕鱼者在法罗群岛以北地区打捞出很多黑珊瑚。捕鱼者坚称那是植物，对此我们深表惋惜，毕竟它们有的好似日本盆景，有的宛如忍冬等缠绕灌木的茎。当然，通过认真观察可以看到，它们身上有很多水螅体，而且大多都长着6条触手，虽然那些触手的构造比较简单。一众水螅体围绕在一根黑色角质中心轴周围，那根中心轴上长满了棘刺，看起来像一根长长的荆棘。在一些历时弥久的珊瑚群里，可以看到比我们拇指还粗还硬的中心轴，黑漆漆的犹如乌木一般，如果细心打磨，那"乌木"肯定会光彩照人，美不胜收，只是雕刻起来颇为费力。

在很多女人眼中，"珊瑚"一词意味着美丽的珊瑚珠以及用珊瑚制作的婴儿辟邪雕件；而男人会从"珊瑚"一词联想到珊瑚岛、巴兰坦学说以及达尔文学说。珊瑚珠与珊瑚雕饰的制作材料大多是宝珊瑚，也就是赤珊瑚的中心轴，而这种珊瑚主要产自地中海地区及日本海域。宝珊瑚的水螅体为白色，深藏于红色的肉中。在其珊瑚群中间可见红色的中心轴，而中心轴会在外界物质的影响下生长变粗。这一现象十分奇特，应该是石灰质迅速溶解并迅速硬化的结果。肉里密布着很多运载水螅的管道，而所呈现出的红色其实是当中无数细小且精美的骨针的颜色。那些骨针一开始是相互独立的，但不知从何时起却忽然长到了一起，并形成了坚实的中心轴。

管珊瑚也需要经历这样复杂的生长阶段。它们的管道细小且明艳，可以用来给孩子们制作项圈。它们的水螅体大部分为白色，每条水螅体都藏在一个红色的石灰质管道中。管道整齐地排列着，好似一排风琴管。在水螅体外露之处，可以得见许多伸展开来的红色骨针，排列成环状。不久之后，坚硬管道的上边缘也生出了一些骨针，至于个中缘由，我们还不是很清楚，或许是因为迅速溶解又迅速沉淀所致。无论是赤珊瑚还是管珊瑚都属于八出珊瑚目，是海笔、腐指珊瑚、稀有的苍珊瑚以及海扇，也就是石帆的近亲。苍珊瑚是如今仅存的一种古老珊瑚，而化石中常见的四射珊瑚早已灭绝。崛起与毁灭总是如影随形。赫拉克利特曾经说过，万事万物都处于变化之中，珊瑚何尝不是如此。

　　我们想通过上述探讨告诉大家，"珊瑚"一词不仅具有生理学意义，还代表了一种生活模式。如我们所知，虽然这个词是珊瑚、角珊瑚、八出珊瑚等的统称，但这些动物其实关系疏远。"珊瑚"指的是那些长期驻守在一处、拥有坚实骨骼、以石灰质为生长材料的刺胞动物。

淡水水螅

　　对沼泽生态有一定了解的人应该对淡水水螅颇为熟悉。它们广布于干净的池水中，一般都附着在水生植物上；外表犹如一根小管，体长在 0.25～0.5 英寸之间，就像缝衣针那么细，有绿色的、褐色的，也有灰色的，口器四周长有 6～10 条中空的触手，这些触手会合于一处，形成了一个冠状构造。我们常常在水草上看见很多"垂头丧气"的淡水水螅，而它们还经常附着在浮萍叶芽的背面。浮萍是英国境内第二小的显花植物，不过鲜有人见过其盛开的花朵。它们利用触手攻击及捕食水蚤之类的微小生物，其触手伸出后的长度是管体长度的 3～4 倍。水面一出现波动，那些触手就会缩回去，卷成球状，而淡水水螅也会回到水草里藏起来。相较于褐色水螅和灰色水螅，绿色水螅更加低调。不妨来做个实验：在平边的玻璃容器中放上浮萍，在浮萍上放一些淡水水螅，然后这些水螅会来到光线最强的位置。想要证明它们的移动是不难的。在安全的情况下，它们会长时间地待在一个角落里，绝不轻易离开。它们常常在水中摇曳，把细线般的触手伸出又缩回。淡水水螅虽然构造简单，但不失趣味性。

在动物学的历史上，显微镜的出现无疑具有跨时代的意义，而动物学家们也因此开始了新一轮的忙碌。因为有了显微镜，淡水水螅得以来到世人面前。在那个时代，人们不仅用显微镜观察到了昆虫等小型生物的特殊构造，还发现了很多未知物种，例如淡水水螅。著名的动物学家列文虎克于1702年在伦敦皇家学会的会议上第一次谈到了这种动物的形态。一开始，他以细菌为例，讲述了自己用显微镜观察酵母菌的有趣过程。接着，他表示自己利用显微镜观察了淡水水螅的触手，虽然只有几英寸长；还看到了它们出芽以及芽漂离的过程。这些信息至为关键。此外，他还观察到了一种寄生在淡水水螅身上的微小滴虫。这与我们今天所观察到的结果并无二致，看来淡水水螅早就习惯了滴虫的存在，因而从不用触手去驱赶或捕捉。

莱因是淡水水螅的发现者，不过在此之前，特伦布莱早已有所洞察。淡水水螅曾经生活在海中，然后才来到了淡水里。在这一门动物中，还有一部分也是如此。特伦布莱当初要是知道自己所看到的绿色淡水水螅曾经是海栖动物的话，大概会不置可否。如今的主流观点认为：绿色淡水水螅体内的栅细胞中所含的绿色微粒其实是伴生的藻类物质——可以分解碳水化合物并释放出氧气，是水螅的生存基础。如果将绿色水螅转移到昏暗的环境中产卵，待小水螅孵化而出后便可以看到，它们是白色的。对此，我们给出的解释是：伴生的藻在失去光照后变得死气沉沉，无法进入卵中。

特伦布莱显然不清楚淡水水螅身上长着很多刺螫细胞，可以用来刺伤和麻痹猎物。他只知道，无论是鱼类还是豉虫科动物都对淡水水螅嗤之以鼻，咬了第一口绝不会咬第二口。在他看来，淡水水螅喜欢吃小型甲壳动物，尤其是水蚤，也经常以蠕虫及昆虫幼虫为食。移动的时候，身体前后交替着攀附物体，然后身体弯曲呈环状，耸动着前行。他还绘制了一张淡水水螅图：一只触手悬挂在水膜下方。他把一只淡水水螅纵向切割为四条，这是令他骄傲的神奇实验，后来发现，每一条都能长成新的淡水水螅。特伦布莱无疑是动物移植手术的创始人之一：把切割下来的部分重新嫁接在一起，然后造出了各种怪异的生物，例如有 7 个脑袋的淡水水螅。我们在其作品中看到了一幅小图：他用一条刚毛将水螅的身体从外向内翻了一面——从底部推进，由口部翻出。即使经历了如此残忍的折磨，那只水螅依然没有死。对于这样的现象，该如何解释才好呢？根据少数做过相同实验的博物学家所提供的信息，我们得出的结论是被翻面的淡水水螅会在人们不经意时自己翻回去。如果用刚毛予以固定，使它们没办法自动翻面，那么被翻到里面的那层会逐渐蜕去，而口中同时会长出新层，以覆盖被翻到外面的那层。总而言之，外层是外胚板，内层是内胚板，二者各有使命，无法被改造，因此不能互换位置。

　　或许会有人认为切割淡水水螅的行为太过残忍，不过我们想说的是，它们的神经系统简单到无法感知所谓的切肤之痛。它们只有少量位于体表的神经细胞，而这些细胞连接着网状神经节细胞群，不过中间夹杂有少量神经纤维。如果说切割淡水水螅令特伦布莱兴奋不已的话，那么面对新长出的四条淡水水螅，原来的水螅就不兴奋吗？

　　淡水水螅的独特之处不胜枚举，例如它们同时运用了两种消化模式：一种是细胞内的，一种是细胞外的。它们在温度合适、食物充足的环境下出芽，然后待到芽足够多的时候便开始产卵，而且每次只产下一枚，偶尔会自己给卵受精，以促进卵成熟。

　　这种动物构造简单，而且能够重生，看上去寿命一定很长，或许有人还会以为它们不会死，因为它们虽然容易受伤，却总能挽救自己。可是，事情没有这么简单。人工池塘里的淡水水螅总会定期"抑郁"，毫无理由地不吃不喝不动，蜷缩着身体与触手，僵直地趴在某处。它们不再攀附其他物体，只是僵卧在水底，像个丸子，或者卵。这一局面会持续两三个星期，然后它们又会变得活跃起来，似乎又能多活些日子了。就这样，它们抑郁一阵又活跃一阵，最终在身体未死之前，先抑郁死了。在人工环境中，淡水水螅大多都在两年内死亡，而在自然环境中，它们的寿命应该会长一些。不过我们尚无法确定，淡水水螅的生命到底有没有自然期限？是不是与变形虫之类的单细胞动物那样不会自然死亡？至于意外情况，那就自不待言了。

海　绵

　　海绵给人的印象与动物毫无关系，所以早期的博物学家们将它们划分为植物。它们从不移动，进食时不为人察，会出芽，会分枝，所以应该称其为植虫。格鲁博士在 1686 年将它们定义为"一株植物的一半"，确切地说是带髓的一半。百年之后，很多人将它们视为蠕虫的窝，究其原因，在于很多蠕虫会钻进海绵体，所以看到的人就萌生了上述想法。杰拉德在其著作《本草》中把海绵的图与海藻、蘑菇的图放在了一类，还表示："海边岩石上常常可见一种由海水泡沫衍生的物质，那就是海绵……很多人都知道这种东西的用途，所以我在此就不做赘述了，更何况，对于读者来说都是无用之词。"他避重就轻地戛然而止了。不过，令人震惊的是，亚里士多德早就提出，海绵虽然看上去如植物一般，但实际上是动物无疑，这足以证明智者确有过人之处。

　　英国博物学家埃利斯在 1765 年发表观点称："海绵可以吸水，也可以喷水"，从而证明了海绵是有生命的。此后，苏格兰博物学家格兰特通过观察发现了海绵的重要特性：海水中的微粒被冲进了海绵的小孔，然后又从大孔中流了出来。在 1835 年前后，他利用显微镜和圆玻璃观察到一小簇活体海绵反射了映入海水的烛光，他指出："我从来没有看到过这般奇异的景象：它就像一个有生命的喷泉一样，从一个圆孔中猛地吐出一股水来，水中夹杂着一些不透明的固体，这一行为重复了很多次，而那些固体则四下飘散。"我们必须赞扬格兰特博士那可贵的研究精神，要知道他还十分形象地把海水流经海绵身体的过程绘制了出来。时至今日，我们在很多动物学书籍中依然能看到他的画作。他曾推测，海绵是靠纤毛激起水流的，尽管他的想法没有错，不过令人惋惜的是，他没能观察到纤毛的位置。

而今，动物学家们在被问及"为什么说海绵不是植物"时，通常会这么回答："原因在于：它们要吃海水中的微粒；它们的细胞之外没有纤维层，和植物细胞完全不同；它们小时候是四处游动的，就像大部分海栖动物小时候一样。"

与其将生命有机体比喻为机器，不如将其比喻为城市。城市中的商务部门、行政部门等各种专属部门就是身体的各个器官；由一排排建筑和一间间商店构成的街巷，例如古老的帕特诺斯特短街就是身体的各个组织；单体的建筑与商店就是细胞；城市居民则是在细胞中共同生活的各种生命单元。如果说普通动物犹如普通城市，那么海绵就是以运河为基础的水城威尼斯。在海绵这座水城里，无论是食物的供应还是新鲜物质的补给，不管是污物的处理还是身体各部分的联系与协作，无一不是靠运河来完成的。

格兰特的困惑是：海水是如何进出海绵身体的？对于这个问题，我们的答案是：运河上的内部细胞十分强势，总在持续不断地摆动，犹如鞭子一样击打着水面。海绵有时候会用力过猛，把水吐到 1 英尺之外。通过观察可见，这种孔的形状犹如火山口。如果将一只玻璃试管平整地插入海绵的孔，就能观察到它们能使出多大劲，能把水喷多高。

由此，我们又获得一个经验：不能过早地下定论。海绵看似笨拙，没什么用处，实际上并非如此。它们一刻不停地敲击着，使水流经过身体，而这是需要消耗大量精力的。它们吞食着海水中的微生物与微粒，通过摄取水中的养分来获得热量，以便让自己活下去。它们并非碌碌无为，而是在执行很多任务。

在生物界中，海绵的地位十分特殊。作为动物，它们是最早进化出躯干的一种，尽管没有器官，但有肌肉等身体组织。一些好奇的蠕虫有时候会把头伸进它们的吐口中，而这个吐口因此而猛地缩小，但并不会完全闭合，这是因为上面的一圈肌肉正在收缩。不过，这种动物是没有神经细胞的。令人惊奇的是，作为最低级的多细胞动物，海绵似乎懂得分工制度。不同于普通动物，它们的肌肉细胞是在没有神经细胞指导的情况下活动的，或者说只对外界刺激做出反应。在外界因素的刺激下，它们身上的收缩细胞会作出行动。

被切割之后，每一块碎海绵都能独立生存下去，不难想象它们的构造比很多其他动物都要简单得多。培植海绵的人们会把碎块排列得整整齐齐，就像种植土豆那样。事实上，海绵拥有比这种情况更为强大的生命力。如果将一块海绵捣碎，用纱布过滤一下，将细小的碎屑放在合适的环境中，它们还可以重新长到一起，并发育成新的海绵！当然，这也说明它们的分工制度并不高明。

人们常常将它们戏称为"橱柜中的骨骼"，其实确切地说应该是"浴室中的骨骼"。这个别称凸显了它们与人类的亲密关系。人们洗澡用的海绵富含纤维，柔软且具有韧性，与其说是"角质"物，不如说其是丝状物。海绵身体里的海绵基富含碘。另外，它们的纤维是内部细胞活动的产物，缔结为软组织。被打捞上岸的海绵来到空气中之后，其软体会慢慢腐烂，然后，人们将其放入水中捶打，小心翼翼地去除所有身体细胞。清洗完毕之后，再把它们晾晒起来。家用的海绵常常会分泌出胶质并发出臭气，毫无疑问，它们的纤维根部带有细菌，而细菌会滋生胶质。遇到这种情况，可以把海绵放进热水与消毒剂中，浸泡一段时间后再拿出来晾干。

在谈论海绵时，人们的脑海中会浮现出"浴室中的骨骼"。这是海绵中的一种，还有很多其他种，有的生活在海边，例如袋海绵，这个名字是用来纪念格兰特的；又例如馒屑海绵，体外覆满火山口状的小孔，一般附着在岩石表面，层叠生长；有的海绵远离海岸生活，譬如套海绵，它们经常被冲到沙滩上。除此之外，还包括体形较大的杯海绵、球状的海苹果以及坚定地附着深海海底的拂子介。这种海绵带有长梗，从海底的淤泥里伸出来，梗又细又长，是燧石质构造，四周有很多小型海葵紧贴着生存。另外，还有一种海绵被称为偕老同穴，其骨骼也是燧石质构成的，形状神似钟楼，晶莹又精巧，美丽至极。不过，这种海绵在死去之前，骨骼一直包裹在细胞内，从外部无法看到。它们的骨骼可能是燧石质构成的，也可能是石灰质构成的；可能含有海绵基（如人们洗澡用的海绵那样），也可能既含有海绵基又含有燧石质。英国境内有多种海绵的骨骼是由大型海绵基构成的，但无法用来洗澡，因为其海绵基中长了数以万计的骨针，不可能用来擦拭皮肤。这些骨针一般来说是起支撑作用的，另外，也能帮助海绵免遭其他动物的攻击和猎捕。虽然有的动物会钻进它们的身体里，不过几乎没有哪种动物会以它们为食。很多海绵还会散发出类似于三碘甲烷的刺鼻气味，而很多动物闻到后便不会靠近。

就像很多其他动物一样，海绵也有自己的伙伴。寄居蟹皮海绵是橙色的，顾名思义，它们常常出现在寄居蟹的蛾螺壳上，对于寄居蟹来说，这是对壳的一种保护。诸如普通沙蟹等则会把海绵披在自己身上，掩盖住壳与腿，然后伺机捕食，真是包藏祸心。一些种类的海绵身体中寄生着无数微小的藻类，这是典型的动植物共生现象，而它们是合作关系。绝大多数海绵都生活在海洋中。至于淡水海绵，曾经也是海洋居民，只是现在来到了淡水中，身上覆有很多微小的藻类，所以有时候看起来是绿色的。另外，有种乌贼会把卵产在海绵燧石质骨骼的小孔中，这种伴生关系实在奇特！神女海绵是一种体形较小，生活在洞穴内的海绵，它们甚至可以穿过牡蛎的壳，或者将一枚厚实的双壳贝碾成粉末，在没有约束的情况下，它们能长得非常大，甚至失去原貌，然而钻进洞穴后却不会再长，就像童话故事一般，而诸如此类的海绵不止神女海绵这一种。总而言之，我们认为海绵的演化是不会有结果的。它们种类繁多，因而在自然界中占据了一定的优势；它们是低级生物，却会表现出复杂性；它们很漂亮，不过似乎已经失去了进一步演化的可能。它们偏离了方向，走上了末路。究其原因，一方面，海绵幼体只会游走很短一段时间，然后便安顿了下来，附着在其他物体上，自此坚定不移——进化之路就这样被阻断了；另一方面，海绵没有神经细胞，因而不会有大作为。

THE
OUTLINE
OF
NATURAL
HISTORY

第二十八章

最简单的动物

相较于珊瑚、海绵，地球上还有一些构造更为简单的动物，那就是单细胞动物。它们微小至极，没有生活质，或者说没有实实在在的躯体。一些单细胞生物类似于源自白垩纪的有孔虫目，通常附着在近海浅水里的海草上，外壳是石灰质地，颇为美观。滴虫的身上长有纤毛和鞭毛，可以在水中快游，其中一种名为夜光虫，小如针尖，在夏夜里闪闪发亮。要是在那时泛舟水面，船桨上会滴落点点亮光，缓缓前行之时，把手伸进水中试探，便会有很多夜光虫爬到手上。有的滴虫喜欢海边的水洼，有的则更爱茫茫的大海。在那里，它们是小型甲壳动物的食物，而小型甲壳动物又是鲱鱼、鲭鱼等的食物。

变形虫

变形虫在淡水中很普遍，但不太为人们所熟知。人们不了解变形虫，原因在于人类无法用肉眼观察到它们。准确地说，"变形虫"是这类动物的统称，而它们种类繁多，就如同我们用"蚯蚓"一词来统称多种动物一样。大多数变形虫都是淡水动物，常常出现在泥土中、石头堆里及水草上。一些种类的变形虫生活在湿土中，有的寄生在其他动物，包括人类体内。至于它们的种类，可细分为60种左右，但主要可分为四大类。不管怎么说，我们主要以这两种方式来对它们进行分类。不同种类的变形虫有不同的特征，但这些特征都十分细微。至于其变异性，并不会超越高等动物，因为它们可以适应各种环境，所以变异的可能微乎其微。

对于那些发现独具特色的新物种，例如霍加狓、栉蚕、文昌鱼、水螅、鸭嘴兽等动物的博物学家，我们常会生出敬佩之意，而对于在1755年发现变形虫的罗色霍夫，我们的敬佩之情更是溢于言表。罗色霍夫不仅对其所称的"小盲鳗"进行了描述，还解释了它们那手指般的突起构造的伸缩过程及其体外变化与体内液体流动之间的关系。毋庸置疑，这项发现极为重要。普通的变形虫是一种完全紧缩的动物，直径在0.01英寸左右，能一定程度地变形，而且是用滑行的方式来移动的，可以说特立独行。在吃东西的时候，它们会用两个指状物——也就是"伪足"，一个突起，一个凹陷——将食物包裹住，然后吞食。在干燥或不适宜的环境中，它们会收起外突的部位，变成球状，同时分泌出一种具有保护功能的胞囊，安静地待在里面，并持续很长一段时间；在环境变得潮湿或适宜后，它们会离开胞囊，重新活跃起来。

人们通常会觉得，变形虫既没有形状，又没有生理构造，只能说是一团活性物质，十分原始。实际上，它们也有自己的形态，只是常常改变而已，它们的组织也并不简单。变形虫起源于数百万年前，不过并非最古老的生物，毕竟在它们出现以前，地球上的生物早已开始了演化。

我们可以在其乳状物质中观察到一个核。核内外的景象全然不同，外部物质具有生命力，内部物质则不具生命力，只是粒子与滴液而已，有时候可以看到一些贮藏的食物以及一些没有用的物质。食物微粒被包裹在水泡中，其中两个水泡是排泄泡，或者说伸缩泡，好似微小心脏一般不断地伸缩着，以排出生命单元里的液态无用物及多余的水分。有时候，它们会如水泡一样爆破并消失，但几秒钟之后又出现在原位。相较于内部物质，其靠近边缘处的物质更为紧致，而且是透明的。通过高倍显微镜可以观察到，靠近边缘处有细微的放射线，犹如条状肌纤维上的横向纹路。

变形虫是多侧动物：可以从各个方向上吞食物质及收缩；各个部位都可以感知到外界刺激；可以远离具有刺激性的化学药物；可以向食物靠近；可以去到任何能够到达的地方。将一只变形虫放到水里，可以看到它伸出细小的突起，尝试着四处寻找固体物质。我们看到，它们具备移动、感知、消化、呼吸、排泄等各种功能，就像大象一样；而这一切都发生在那直径为 0.01 英寸的"身体"里，实在引人注目。我们很难想象它们如何在如此小的范围内进行如此多的活动，只能说，我们通过显微镜看到，它们的生命单元内有薄薄的隔断，犹如化学实验室中的隔间。这种构造意味着这种多细胞生物拥有足够多的细胞。它们就好像一个具备很多功能的房间，而且各种功能总能有条不紊地工作。高等动物的身体更像是一栋建筑，里面有厨房、餐厅、休息室、洗衣房、储藏室、会客厅等很多房间。简而言之，高等动物的身体需要遵循分工合作的制度，而变形虫却基本不用。进一步说，与高等动物有关的生理学知识并不难学习，毕竟我们可以把各个器官及组织，例如不相邻的心脏与肾脏分开研究，但是对于变形虫，我们就不能这么做了，因为它们的各种功能都汇聚在那仅仅 0.01 英寸的极限范围内。

在不缺食物，或者说消耗小于吸收的情况下，变形虫会不断长大。虽然生活单位在增大，但这并不意味着它们会无限生长，实际上，它们是在有限地生长，达到一定程度后便会停止，就像普通动物那样。在长到合适的体量时，其内部的生命单元，也就是原形质正好可以将外部供给全部吸收掉。它们靠体表摄取物质——营养、氧气和水分，同时将二氧化碳与无用物排出，因此体积不能过大，否则就会出现供不应求的局面。在长到极端大小时，它们会一分为二，而这就是我们所说的分裂繁殖。有时候，一只变形虫也会分裂为很多小单元，也就是胞子；还有的时候，两只变形虫会合二为一，但这不是繁殖过程，而是生殖过程。

这种动物没有实实在在的躯体，只有一个很小的生命单元，因此不需要如多细胞生物那样不断产生消耗，即使是繁殖也不会产生多少消耗，而对于大部分动物而言，繁殖是消耗极大的一件事。动物们一旦得到了躯体，就必须接受自然死亡的结局，而变形虫却可以幸免。它们拥有"不死之身"，这令人类惊叹不已。人们用肉眼可以依稀看到它们身上的白色小点，而在显微镜下则更加清楚，那些白点或许早在数百万年前就已经存活于世了。在我们看来，一个单元在一分为二之后，其自身从某种角度来说就已经消失了，而因为没有留下躯壳，所以我们不能用"死亡"这个词。

我们还不太清楚变形虫是如何活动的，但是它们的活动一定不是杂乱无章的行为，因为有时候会看到它们朝着某个目标移动。我们也不能说它们的活动是"随意的行为"，理由是它们在未受到外部刺激的情况下，常常表现出螺旋状游走的状态，就像人类等其他动物在闭着眼睛游泳。再细心一点还可以看到，它们游动时的速度可以达到每分钟 600 微米（相当于每秒 0.001 厘米），看上去就像是带着轮子的圆环。前端上部的微粒忽而不见，忽而出现在后端，它们就是这样前行的。我们甚至可以想象这样一个有趣的画面：它们在远古时代开着"坦克"四处游走。谢弗教授在 1920年出版了《变形虫的运动》这部著作，并在书中讲道：变形虫的内部无异于部分行动迟缓的简单生物，同时还拥有一个灵活的外部结构以及深藏在原形质内的流动层，这让我们想到一些高等植物细胞中的白细胞。变形虫主要是依靠表面张力来移动的。

在变形虫身上，我们可以观察到一个有意思的特征：它们会表现出一些极为原始的行为。变形虫朝着硅藻、纤毛虫等微生物所在之处缓慢移动，然后伸出原形质上的"手臂"将目标抱住，准确地说是包裹住。据詹宁斯教授说：人们普遍认为变形虫会吞食同类，较大者（以下用 A 表示）会追捕较小者（以下用 a 表示）。在追到 a 之后，A 会将其包裹住；a 在 A 运动时趁机逃离；A 调转方向再次追赶并捉到 a。在这个过程中，a 的行为或许并不是表面张力所促成的移动，因为它不想被吞掉，想要逃走，这一表现毫不逊于《圣经·旧约》中先知约拿的惊人举动——历经三天三夜，终于从大鱼肚子里逃了出来！连续三次，A 都没有抓到 a。我们从原始的生命中看到了有目的且有效的行为。试想一下，一只大如大象的变形虫正驾驶着坦克朝我们步步逼近，难道我们还要先讨论下它有没有目的吗？

THE
OUTLINE
OF
NATURAL
HISTORY

第二十九章

什么是演化

生物的丰富性

　　达尔文在十六七岁的时候前往爱丁堡大学学习医学。他在写给家人的第一封信中提到了自己对爱丁堡的一些印象：最动人的是规模巨大的"桥街"——"我从未见过如此怪异之物"。他走过其他街道，来到了那里，本以为只是一条河（他就是这么说的），却在凭栏张望时发现了下方全然一幅熙熙攘攘的景象，与大自然中常见的景象无异。自然界中各种生物层出不穷，在各个角落进进出出，一刻不停。天上一派繁忙景象，一群群蚊蝇、一队队蝗虫、一只只飞鸟不停闪现。地上也毫不逊色，例如那草场上步履匆忙的野兔。初夏时节，幼蛙成群结队地离开水面，来到了陆地，而人们随意一脚就能踩死好几只。地下世界也很热闹——来到高尔夫球场，以球杆长度为半径在地上画个圈，便能圈中不下 40 个蚯蚓巢穴。在热带地区，蚁群进入地穴的声音如飞瀑落下一般巨大。再来看看水栖动物，例如加拿大的河流已经被鲑鱼堵住；路边的水洼里也总能看到小型动物。难怪著名诗人丁尼生会感叹道："上帝的想象，何其伟大！"在海洋里，海豚也好，鱼类也罢，都成群结队地游弋着。作为大型动物的食物，微生物是最多的——大概一加仑水中所含的微生物比天上的星星还多，就像斯宾塞所说："海洋拥有比陆地更多的成熟种子。"

穆雷爵士口中的"漂浮在大海中的草场"主要是由硅藻等海洋微生物构成的。后来，人们常常用那句话来形成海里的植物。海藻主要生活在清澈的近海浅水中，散见于热带沿海地区的红树林中，很是茂密。它们会分裂成堆，像是一座座漂浮在海中的小岛。繁茂的植物一般都会长很多叶片，逐渐向上生长，而且并肩而生，互不打搅。热带森林也好，热带草原也罢，抑或是在庭院中、篱笆旁，植物对阳光、空气、方位的争夺都十分激烈。和动物界一样，植物界照例生机勃勃。

需要说明的是，个体数量与种群数量是截然不同的两个概念。一条鳕鱼能产下 200 万枚卵，如果这些卵全都发育为鳕鱼的话，那么渔业就会被彻底颠覆，因为这些鳕鱼足以填满整个海洋。一种生活在不列颠的砂海星一年可产卵 3 亿枚；牡蛎可产卵 6000 万枚；美洲牡蛎则年均产卵 1600 万枚。假设一只牡蛎的后代全都存活且再次参与繁殖，那么这只牡蛎的后裔数量将十分惊人："66000……000"，后面会有 33 个"0"；要是把所有的壳堆到一起，其体积将超过地球八倍。当然，这只是假设罢了，毕竟死亡率是不可能消除的。自然法则无时无刻不在制约、消减和淘汰生物。在暴发鼠疫时，在旅鼠或蝗虫泛滥成灾时，如果不是"大自然有平衡术"，那么后果将不堪设想。

一部分动物的繁殖速度远超其他动物，但个体数量与生存优势并不成正比。一只雌性蟾蜍能产卵 7000 枚，但这些卵不可能都发育成蝌蚪，蝌蚪也不可能都发育为小蟾蜍，小蟾蜍也不一定都能长大成熟。在很多地方，蟾蜍的数量每年都很稳定。生命的历程就像是在过麦秆桥，最初规模庞大，然后逐渐减少，能走到中间的只有很少一部分。对于大多数生物来说，幼年期的死亡率是最高的。在这方面，人类完全不同于普通生物，已经掌握了规避自然选择的方法。

个体数量多的动物未必是成功的动物，对此，不妨来看看旅鸽的经历。这种在数年前还以百万计的鸽子如今已踪影难觅。它们身姿矫健、体态优美、喜欢群居，为了觅食，它们每天都会飞上很长一段距离。听说它们在一些森林里四处筑巢，并且抢占了大片的领土，甚至一棵树上会出现百余个旅鸽巢。据美国博物学家威尔逊称，肯塔基州有一个长 40 英里，宽好几英里的鸽群区，里面生活着 2 亿多只旅鸽，居然比当时的全球总人口还要多。它们会在 4 月 10 日前后回巢，然后在 5 月 25 日之前带着雏鸽离开。它们是候鸟，会定期迁徙。

艾略特在其著作《河畔博物学》中写道："一大群鸽子从空中飞来，那场面颇为壮观。在看到它们之前，很早就能听见一阵渐强的风声，紧接着，它们冲入了选好的地方。霎时间各种声音此起彼伏，例如翅膀摩擦的声音、争夺地盘的声音、跳来蹦去的声音、树枝断裂的声音，不一而足。身在其中，不仅听不见旁人的言语，就连枪声也听不到了。"

一只只椋鸟在鸽巢四周潜伏着，伺机攻击刚孵化出来的雏鸽。后来，越来越多的人类走入了森林，在鸽巢周围伐木建房。雏鸽还没飞上天，很多同类就已经死在人类的枪下。年复一年，历经磨难的旅鸽变得越来越少，最终灭绝了。

美国人将这种鸽子称为"野鸽"，体形与斑鸠接近，尾巴很长，呈楔形，飞行速度很快，可以达到每分钟 1 英里，而且还能飞得很久。雄鸽的背部为深灰蓝色，腹部栗中带紫，颈部长有彩虹般的条纹。雌鸽的背部为褐色，腹部为灰白色。它们对稻谷等农作物有一定的破坏性。当然，从它们身上，我们看到了一个有趣的现象：在短短几年间，从无以计数到断绝踪迹。

沙粒应该出现在沙滩，要是出现在表盘里，就成了沙尘。类似地，毛莨草应该出现在荒野，白屈菜应该出现在树林，要是出现在花园，就成了令人讨厌的莠草。有的莠草也很美观，所以当我们提到莠草时，并非在说它们丑陋，而是在说，它们的出现超越了自然生长的范围，同时开始不受限制地过度繁殖。由此可见"生物之丰盈"。不妨来看看莠草如何干扰及破坏其他有用植物的生长。例如，在一座花园里，莠草肆无忌惮地生长着，要不了多久，它们就会占领很大面积，从而挤压了花卉的生长空间。后来，杂草开始出现，莠草的生长被抑制。数年过去了，这座花园成了繁缕与杂草的天堂，完全看不到其他植物。

作为达尔文的同事，华莱士博士在1899年出版了《达尔文学说》这本书。我们在书中看到了几个与莠草疯长有关的实例，譬如："最近，在数百平方英里的拉普拉塔大平原上出现了两三种欧洲蓟草，而其他植物则越来越少。"普通水田芥在进入新西兰之后可以说泛滥成灾。这种植物的茎高达12英尺，直径达0.75英寸，有时候甚至会堵塞河道并造成水灾。后来人们发现，在河边种植杨柳是个不错的办法，杨柳很快就能长出很多根，从而把水田芥的根挤走，这简直就是一物降一物啊！

在英国，庭菖蒲是一种十分常见的植物，属于"篱芥"的一种。通常情况下，一株庭菖蒲能结出75万粒种子。假设所有种子都能生根、发芽、长大，并再度结种的话，那么3年之后，地球上——大概是19700平方英里——就都没地方再长草了。不要错误地认为，莠草的危害与其种子数量有关，要知道有的种类并不会结出太多种子来（例如毛茛草）。它们的危害在于，某些地方无法运用自然选择和优胜劣汰的法则来约束莠草的生长。试想一下，一株一年生的植物当年结出两粒种子，那么在21年之后，我们将看到1048576株，当然前提是动物对其视而不见；其他植物对其宽容以待；每粒种子生长在适合环境下……好在这样的事情是不可能发生的。

人们把像山一样的浮冰——冰川边缘开裂后漂离的一部分称为冰山，

既然如此，我们也可以把拥有很多鸟巢的海崖称为鸟山。这些鸟山大多像小岛一样，例如我们在英国北部海岸及其远海所见到的那些。在英国有很多与此相关的地名，例如弗兰伯勒角、伊斯岩、艾尔萨岩、鸡崖、富拉岛。这些地方到处都是山体与岩洞，很适合鸟类栖息及筑巢，所以吸引了很多习性接近的鸟类来此定居，例如今年新来的鸬鹚、三趾鸥等。不过，海鸥、角嘴海雀之类的鸟只是将那些地方当作繁殖地，稍作停留后便会离开。

　　到鸟山去看一看，就能体会到生命的旺盛。在萨瑟兰郡西海岸就有一座鸟山，其名为翰达岛，距离斯考里 1 英里左右，我们曾经去参观过。翰达岛由砂石与砾岩构成，朝向苏格兰的一侧为覆草的斜坡，西部与北部是陡峭的海崖，向北可遥眺格陵兰岛，向西可以望见巴特路易与哈里斯的山地。在那里生活着 300 只左右的绵羊以及数不胜数的野兔。之前有好几座房屋，而今只剩下一间用来避雨的小房子。在绵羊迎来繁殖季节后，牧羊人会来到岛上居住 6 周。我们想说的是，由于人迹罕至，因此岛上的鸟类都表现得很温和，对身在几英尺外的人类毫不在意。当然，上岛之后要小心一些，不要在海崖边行走。

　　我们沿着长满草的斜坡往上爬，来到陡峭的海崖边。那座海崖高达 150 英尺，仿若巨人的书架，是由砂石一层层堆叠而成。砂石层的宽度在 1～1.5 英尺，其内栖息着数以万计的鸟。这些鸟紧挨在一起，头颈交错，十分拥挤。不同种类的鸟一般各有驻地，分开居住在这座岩石小镇的不同街巷中。住在最下面的是三趾鸥，其上是海鸥及一些刀嘴海雀。砂石层共计 30 层左右，层层相覆，最上面则是一层长着草的土层，那里是角嘴海雀的乐园。有一段石壁是海鸥的专属房间，另一段岩壁则是刀嘴海雀的领地。相较于它们的亲属，刀嘴海雀的喙是纵向扁平的。三趾鸥有时候会独霸海崖的崖嘴，数千只海鸥在那里筑巢产卵。

　　我们继续小心翼翼地沿着海崖边往上走，那里的石头说不定什么时候就会掉下去。我们来到一个长度为 900 英尺、高度为 400 英尺的地方。在那里，我们又一次得见生命的繁盛：三趾鸥、海鸥、刀嘴海雀、角嘴海雀等分层而居，井然有序。在一部分砂石层上，站着一些海鸥及刀嘴海雀，它们挺起白色的胸脯，注视着海面。不过，大部分鸟类都紧贴石壁，背朝大海。它们的足上带蹼，可以很好地贴合在下斜的砂石层上；然而，如果有同类在客房已满的情况下仍旧坚持入住的话，它们也很容易被挤走。于是，我们的耳边时刻回荡着巨大的打斗声与抱怨声。当然，总的来说，它们都很温和，且懂得相互迁就。雏鸟在学会飞行之前，应该也不会遇到太多障碍。在 7 月末之前，这些鸟都会飞走，要么去往远海，要么去往南部海岸；到那个时候，岛上绝不会出现海鸥、刀嘴海雀与善知鸟的身影。然而，在看过那生机勃勃的景象后，我们实在不敢相信，上述三种鸟类只在夏天造访英国。

那里的崖面高 900 英尺、宽 400 英尺，据保守估计，每年可容纳 40 万只鸟暂栖。为何会有如此多的鸟来到这里呢？首先，带有砂石层且适合筑巢的海崖很少，因此鸟类会不远千里赶来，而且连年如此。其次，它们在那里没有天敌，当然除了人类之外。如今，那里的海鹰与白尾鹫非常少，尽管有秃鹫，但秃鹫绝不会与规模庞大的尖嘴海鸥作对。即使是贪吃的大黑背鸥也只会以雏鸟为食。雏鸟在首次尝试飞行时有可能会直接跌落悬崖，或者在飞行时坠海，但这种危险并非常态。另外，无论是海鸥还是刀嘴海雀，抑或是角嘴海雀，它们每次只会产下一枚卵。最后，如我们所见，海洋中有大量鱼类，很多成鸟是衔着小鱼去喂养雏鸟的，这些鱼足以养活大量鸟类。鱼类以甲壳动物为食，甲壳动物以微生物为食，如此循环，世界得以运转。

生物的多样性

万事万物皆耐人寻味，例如花费一个小时等待羊群路过；白嘴鸦群让田地变黑；椋鸟群在夜里飞舞，犹如刚刚喷出的热腾腾的火山灰；水中的鲭鱼群、空中的蜂群、地上的蚁群，还有午后泛舟所见的不停游弋的水母群……然而，相较于动物集群这件事，还有更有趣的现象值得我们研究，那就是动物种群的多样性。据保守估计，目前已知且已命名的脊椎动物在 2.5 万种左右，分为哺乳动物纲、鸟纲、爬虫纲、两栖纲与鱼纲。此外还有很多已经灭绝的绝种脊椎动物，尤其是鱼类，不过我们只能在它们的墓地——岩石中看到它们的模样，也就是化石。

至于目前已知且已命名的无脊椎动物，那就更多了，最少也有 25 万种，其中节肢动物占了 4/5，而当中又数昆虫的种类最多；软体动物大概有 5 万种，例如蠕虫、砂海星、刺胞动物、海绵、单细胞动物等。在此名单上，照例要加上那些曾经存在，现已灭绝，被禁锢在化石中的动物们。

我们在晴朗的夜晚可以用肉眼观测到 4000 ～ 5000 颗星星，而每年新出现的昆虫物种同样在 4000 ～ 5000 种之间。英国现有鸟类 460 种——包括部分稀有品种，也就是说，英国的鸟类种群数量是朗夜星辰的 1/10。

我们再来看看植物。目前已知且已命名的植物有 5 万种左右，比动物种群数量要少很多，其中大部分是显花植物。不过，有些比较特殊的植物，例如草类，在合适的环境下会疯狂繁殖，因此就个体数量而言，恐怕没有哪种动物能比得上。那么，为什么植物的种类比动物的少呢？原因之一是大多数植物（除了水生植物及寄生植物之外）植根于土壤之中，因而无法如动物那般自由活动，不会打洞，不会爬行，更不会飞。也就是说，动物

图47 鲭鱼

鲭的身体呈梭形，分布在温带和热带海域，成群活动。鲭的肉质鲜美，具有重要的经济价值。

所适应的生存方式比植物更优越。在我们看来，大部分植物都是消极的、被动的，但也有勇于突破者，例如捕蝇草。

个体数量的多少并不是我们最关注的。我们与一位植物学家坐在高尔夫球场上，他四处看了看，就为我们指出了十几种植物；或许在一英里之外也有十几种乃至更多种植物，而且种类与之前完全不同！当我们来到海边，在海滩上的高潮线附近摸索一阵，便能搜寻到十几种小型动物，或者它们的碎屑。曾有一次，我们在一块岩石上发现了14种动物！

有两点需要强调一下。第一，时至今日，一些化石动物的同类仍然生活在海洋中。例如海豆芽属的动物几百万年前就十分活跃，时至今日依旧如此。在统计动物种类的时候，我们一般不会将化石动物与其现存同类同时计算在内。不过，很多化石动物是现存某些动物的祖先，它们带有不同的特征，例如现在我们看到的只有一个趾尖的马，就是已灭绝的三趾马的后裔。所以，在统计的时候，我们会把三趾马与当下的马分开计算。生活在昆士兰境内河流中的新澳大利亚肺鱼是一种独特的肺鱼，既能用肺呼吸，又能用鳃呼吸，它们正处于鱼纲向两栖纲过渡的特殊阶段。这种具有双重呼吸模式的独特生物的古老祖先是构造相对简单的澳大利亚肺鱼，所以它们同时存在于我们的名录中。很多化石动物没有留下任何后裔，只是单纯的已灭绝的古代动物种类，或者说它们已经被淘汰了，例如飞龙——并非鸟类的祖先、鱼蜥、古海蛇以及大海蝎等。我们必须将这些动物统计在内，毕竟它们曾经在地球上出现过。总之，准确地说，化石动物作为古代动物或现存动物死后所形成的石化物质，可能是现存动物的祖先，也可能是已灭绝且没有留下后裔的古代动物。

第二，我们需要弄清楚"种类"一词的具体含义以及如何在生物名录中进行分类。一种动物指的是一个由无数具有相同特征的动物个体所组成的动物群体，这个群体可以世代繁衍，而且后代也具有相同特征。同种个体在种群内进行交配并繁殖，同时很难与其他种类进行交配及繁殖，哪怕是近亲，例如野兔与家兔就无法交配。我们可以看到很多不同颜色的滨蟹，不过不能以此来为它们分类及命名，因为会出现同类不同色的情况。名称需要反映"种类"所表现出的重要特征，而这个特征通常由名字中的第二个词来体现，例如，家雀的学名是"Passer domesticus"，树雀的学名是"Passer montanus"，差别显而易见；又例如狮子的学名是"Felis leo"，老虎的学名是"Felis tigris"，野猫的学名是"Felis silvestris"，各种猫科动物都同属于规模较大的猫总科。

海栖与陆栖

如果说地球是一个巨大的舞台，那么动物们的演出已经持续了数百万年之久。随着时代的更迭，演员在不断更替——总的来说，越来越精致了；舞台出现了巨变——总的来说，越来越华丽了；剧情在与时俱进——总的来说，越来越复杂了。乍看起来，一切都在变化，仔细想想，一切都未曾改变。舞台还是地球，演员还是生物，剧情还是那两大主题：觅食与求偶。正如诗人所说："任凭哲学家众说纷纭，这世界无非食与色的天地。"

不管怎么说，我们的研究对象至少有三个：舞台、演员、表演，也就是生物学上所说的环境、生物、官能。

对于动植物而言，"生活"这一行为其实就是对环境的适应。至于生物的等级，则与思想、感觉、意志等重要因素有关。

经年累月之下，沧海变桑田——很多地方的变迁甚至更大。一位上了年纪的博物学家曾告诉我们，他看到大河中间冒出了一座小岛，上面还生长着很多赤杨与柳树。

洪水过后，河流会改道，山谷会变样；大火会对森林造成极大破坏，其影响甚至会持续数年，并改变动植物的模样以及地形地貌；暴风雨冲毁了巨岩，又夹带着砂土席卷了村庄与良田。上述现象在短时间内并不鲜见，由此可知，数百万年来，地球上所出现的变化是无穷的！这一点至关重要，毕竟在这场与生命有关的演出中，适应环境变迁是不可或缺的一幕。

雨水落进石缝，冻结后能撑爆岩石，而那岩石就像是被无数尖楔击碎的一般；几股细流从山巅流入山涧，一路将夹杂的碎屑研磨成沙；无数石子被海浪冲到海崖边，发出一阵阵撞击声；冰川既能化作山谷，又能变成湖泊。除此之外，我们还能看到火山爆发、地壳运动等更大规模的地质变迁。地球表面无时无刻不在改变，而改变的方式多达数十种，需要人类潜心研究。被剥离、被侵蚀的石块日积月累，逐渐形成了新的岩石。在漫长的时间长河中，高山可化为低谷，陆地可化为海洋。

帷幕拉开之后，演员们的话令人沮丧：

脚下的大地，源自混沌热气，
不经意间有了形状，
却又要经受暴风的摧残。

第一幕，地球开始变冷。烟消云散后，地球表面——还不适合生命物质存活，混沌的大气主要由二氧化碳、水汽及氮气构成，氧气少之又少。几乎所有生物都需要氧气，而绿色植物通过光合作用将二氧化碳转化为氧气。

随后，地球表面逐渐冷却，水汽凝结成水，形成了湖泊；湖泊越来越大，逐渐成了海，而地壳中的盐也在水中溶解了。有一种观点认为，曾几何时，地球表面全是水。这个观点或许没有错，不管是一个大洋，还是很多海洋，本质上都是一样的。我们想了解的是，那些生活在水中的既是动物又是植物的微生物是从何而来的。它们离不开大气、水与盐，吸收二氧化碳，将碳固化后释放出氧气，而这一过程是所有生命的基础。最近，人们发现，水与碳酸气（二氧化碳）的混合物在经某种光线照射后会变成甲醛溶液，那是一种简单的碳水化合物。最初的生命在几百万年前所采用的策略至今仍被绿色植物使用着。

地壳隆起之处成为陆地，褶皱之处成了海洋。近海浅水区或许是植物们最初的故乡。那里有灿烂的阳光，所以它们安心地生活了下来，渐渐变成细条状，或者片状，藻类更是愈发繁盛。在退潮之后，到海边岩石堆里看一看，便能发现这种古老、复杂、曼妙的植物。

几种构造简单的植物，可能是藓、苔、羊齿草等，慢慢地延伸到了河口与沼泽里，然后又出现在淡水中，最后登上了干燥的陆地，演化为显花植物。包括丘奇博士在内的一部分植物学家则认为，在遥远的过去，几种高等藻类在海岸线升高之后渐渐化身为陆栖植物，并长出了真正意义上的根与叶片。总而言之，水生植物在经过长时间的演化后成了陆栖植物。

然而，最值得关注的还是近海浅水区。我们相信那里很可能发生过一件大事：在构造简单的植物逐渐演化为真正植物的过程中，那里出现了其他类型的生物——最原始的动物。它们不再简单地依靠大气、水与盐来生存，而是开始掠夺其他资源，以植物所制造的复杂成分——糖等碳水化合物为食物，从而逐渐拥有了更多能力，并开始自由活动。它们沿着各个方向做着不同的尝试，然后变身为海绵、植虫、珊瑚、水母等动物。日复一日，年复一年，这些动物逐渐统治了海洋。

近海浅水区或许也是原初动物的诞生地，它们爬行或游走在藻丛中。不过，也有部分博物学家指出，动物诞生自远海。我们说不清孰是孰非，总之"不在远海，就在近海"，但肯定不是海底，毕竟那里没有阳光，很难孕育出生命，要知道阳光是"生命的源泉"；也肯定不是陆地，因为那里没有适合简单动物存活的环境，在植物没有登岸之前，动物不可能独自生存在陆地上。

我们坚定地认为，如今所有陆栖动物的远祖都曾在水环境中生存过很长一段时间。哺乳动物与鸟类演化自爬行动物，爬行动物演化自两栖动物（既能适应水环境，又能适应陆地生活），而两栖动物则演化自鱼类——绝大多数鱼类都无法长时间离水生存。

最后一种观点是淡水起源说，不过我们也能找到一些证据来反驳。我们在化石中所看到的距今最久远的植物是海藻，以及水母、珊瑚、海百合、海豆芽等目前仍生活在海洋中的动物，可见动物的起源地和植物的起源地是相同的。研究发现，海绵是最早演化出躯干的动物，种类多达数百种，而只有一种生活在淡水中，这无疑给了我们一些启示。在研究规模庞大的刺胞动物门时，我们发现在几千种植虫、游泳钟、水母、海葵、珊瑚等动物当中，只有五六种生活在淡水里。我们得到的启示更明确了：是海洋孕育出了生命。

我们还曾听闻一个有趣的说法。如果把被割破的手指放入口中舐舐，便会发现我们的血液是咸的。实际上，我们血液里所含有的几种盐正好是海水中所含最多的那几种，确切地说，就盐类的成分来看，我们的血液与海水相差无几。这意味着，血液在成为动物体液之初，除了含有一些液态食物之外，在其他方面与海水几乎无异。于是，我们得出了这样的结论：最早演化出血液的动物（例如现在的纽虫）生活在海洋中。

综上所述，对于"动物从何而来"这一问题，我们给出的答案是：它们来自远海，或者近海浅水区的藻丛中。我们认为，最原始的生物是海洋的产物，既带有植物的特征又带有动物的特征，用可以振动的鞭毛击水而游，靠大气、水与盐生存。后来，近海水底的藻类越来越多，从而滋生出另一类生物，也就是最原始的动物——以植物碎屑及微生物为食。时至今日，海洋中依然生活着很多长着鞭毛的生物，例如鞭毛藻——直到现在仍然处于植物与动物之间。

近海浅水区阳光充沛，藻类繁盛，真正意义上的动物大概就是从这里走出来的。若真如此，那么它们的首要任务必定是"开疆拓土"。沿海地区被分为很多地带，每个地带都呈现出被它们探索过以及被占领过的痕迹：有的占领了斜岸底部的红色海藻，有的占领了褐色海藻（譬如昆布与海带），有的占领了海边水洼里的绿色海藻（譬如海白菜），有的占领了光照多的地方。无论哪种藻类都富含叶绿素，可以进行光合作用，只是因为还带有其他色素，所以呈现出了红、褐等颜色。一部分勇敢的动物选择了潮间带，它们只有适应了潮退后的干燥才能在那里繁衍生息。这类动物主要是如今常见的蛾螺、藤壶等。

海绵、植虫、海葵等动物因为无法移动而始终生活在海岸附近，而其他的动物则因为可以游泳而逐渐去往远海，成为真正的海栖动物。这背后的原因显而易见：首先，远海的漂流物很多；其次，远海更加静谧。

海洋生物越来越多的原因还有：很多生活在海边的动物一出生就能入水，常常随波逐流至远海，对于它们来说，潮起潮落的海岸令它们痛苦，而远海却是轻松惬意的。因此蟹、藤壶、砂海星和海胆等动物的幼体大多生活在海洋中，直到发育成熟后才回到岸边。有时候，这些幼小的动物（即海面幼虫）会留在远海，在完全适应后自成一派。当然，这个过程不可能一蹴而就，而需要经过漫长的等待。一部分生活在海洋中的动物看上去一直长不大（永远都是幼体时的模样），譬如腰轮虫，和一种海栖蠕虫的担轮幼虫十分相像。

再来看个不太一样的例子。夏天来临后，生活在海岸边的植虫（或拟水螅）开始出芽，慢慢长出了华丽的游泳钟（或者拟水母）。它们漂浮在海面上，振动着大钟似的透明的身体，与海水融为一体。它们的口器下方垂着像铃铛一样的舌头；大小与黑醋栗差不多，稍大的如胡桃一般，也存在一些更大的；触手上长着具有刺螫功能的细胞，适合用来攻击、麻痹、捕食猎物。

游泳钟排出卵子与精子，受精卵会发育成可以自由游动的胚胎。那些微小的胚胎被冲到近海中的岩石、贝壳及藻类上，经过数百次出芽发育成植虫群落。这个过程虽然不简单，但是很奇特。

植虫出芽后生出游泳钟，游泳钟的受精卵发育成胚胎，胚胎找到合适的地方后再次出芽，并发育为植虫。这一过程世代更迭，类似于苔、羊齿等生活史。不过我们要讨论的是海洋中很多类似于游泳钟一类的动物，而不是植虫一类的动物。这类动物或许演化自拟水母，已经经过了安静的植虫期，彻底远离了海岸。生命史复杂的动物都有缩短某一时期并延长另一时期的倾向。阳光充沛的近海浅水区终究是有限的，也就是说藻类的地盘终究是有限的，从某个地带开始，海底逐渐或陡然下斜，形成了深水区。在两个区域之间通常有一道"泥线"，由来自海岸的许多微粒沉积而成。这些微粒有的是岩石碎屑，有的是海藻碎片——有活的也有死的以及生活在藻丛中的动物的碎屑。那里生活着很多动物群体，例如蠕虫、双壳贝、脆星鱼、海王瓜等，多为软嘴动物，以微生物或碎屑为食。与之相反的硬嘴动物有蟹、乌贼等，其颚坚硬，适合用来吃粗糙硬实的东西。

随着海岸碎屑向下沉去，一部分海岸动物也随之来到深海，并最终在没有阳光的深海定居。我们认为，深海动物就是这样出现的，原因在于它们与近海浅水中的动物有着千丝万缕的联系。另外，某些地方的地壳忽然下陷后，该地的海岸也跟着下沉了，于是也导致某些动物进入了深海。需要强调的是，在目前已知的深海动物中，称得上最古老或最原始的屈指可数。

令人惊奇的是，普通的鲽有时候会远离大海，来到十几英里开外的河流中。它们与其近亲箬鳎、斑鲽等都是海栖动物，而且它们一开始就生活在海洋中，但是现在却在学习如何适应淡水世界，当然，它们在繁殖期会回到海中产卵，且幼时是不能离开大海的。不管怎么说，它们的生命史让我们看到了淡水动物的缘起。某种像鲽鱼一样勇于尝试的鱼类经过长时间的学习，终于开始在淡水中繁衍生息，这一过程让我们明白了"它们如果在淡水中扩张领地？"我们的假设并不是没有依据的，一些鱼类既能适应海洋生活，也能适应淡水生活，例如三棘鱼既会把巢筑在河流与池塘中，也会筑在海岸咸水中，甚至海洋里。除此之外，诸如鲱鱼、海鳟等鱼类也常常在海洋与河流之间穿梭，而这也是淡水动物的由来之一。

在某些地方，随着海平面的变化，海湾会逐渐变成内陆湖。一方面，水中的盐分被水生植物吸收，另一方面，有淡水逐渐流入，因此内陆湖中的水越来越接近淡水。坦噶尼喀湖中生活着一种水蜗牛，但其近亲却生活在海洋中。由此可见，而今的一部分淡水动物或许曾经是海栖动物，或者其祖先是海栖动物。值得一提的是，亚洲的贝加尔湖不但面积巨大，而且远离海洋，可是人们竟然在那里发现了海豹。毫无疑问，海豹是哺乳动物，但应该生活在海洋里，而不是淡水，然而它们真的出现在了淡水湖中，唯一的解释是贝加尔湖曾经与大海相连，或者本就是海洋的一部分。

圣诞岛位于印度洋的最东端，在爪哇岛以南两百英里开外的地方。听说这座小岛曾是鸟类的天堂，而今表面覆有一层相当厚实的磷酸盐层；磷酸盐是非常好的肥料，而岛上的磷酸盐应该是由鸟粪日复一日地堆叠而成。已经去世的穆雷爵士是海洋学的先驱之一，他曾组织探险队于1873～1876年间乘坐着"挑战者号"出海考察，在此期间，他们发现了圣诞岛及岛上的"宝藏"。磷酸盐为英国政府带来了巨大的经济利益，即使需要支付探险队的各项开销，但英国政府还是稳赚不亏。人们把岛上的岩石，也就是鸟粪的沉积物搬上了船，运到部分农业国作为植物的肥料。圣诞岛的另一个与众不同之处在于，人们在那里发现了椰子蟹。这是一种自海洋来到陆地的蟹，十分有趣。它们体形较大，体长可达1英尺，宽可达6英寸。相较于普通的蟹，它们可以算作寄居蟹的近亲。椰子蟹本来生活在海洋里，但它们勇于尝试，时常来到内陆探险，甚至爬到椰子树上去吃椰子。它们撕掉椰子表面的紧致纤维，用大螯敲击椰壳末端的数个小坑，在击穿椰壳后把较窄的一条腿伸进去取食甘甜的椰汁。这种蟹常常到人的住处及工厂里行窃，并因此而为人所熟知。人们曾看到有椰子蟹背着空铁罐——原来装着肉，遮着尾巴潜逃。

龙虾、鱼类等水栖动物的呼吸器官一般都是鳃。鳃呈羽状，向外突起，其内血液可以吸收水中的氧气。鳃之所以会长得像羽毛，或者像凹凸有致的海岸线，是因为那样就能有更大的面积与水接触。当水流过时，氧气可以轻松地进入，而二氧化碳也可以轻松地排出。呼吸作用的本质就是吸收氧气，释放二氧化碳。那么，我们的问题是：为何用鳃呼吸的海栖动物来到陆地后也能吸入干燥的空气？陆栖动物的呼吸器官大多都是肺，或者如肺一般的气囊，而气囊内壁上有很多血管。我们在椰子蟹身上可以看到与鳃有关的一些痕迹，不过鳃室的内壁上长了很多细小幼嫩的突起，其内充盈着血液，所以可以吸入干燥的空气。在这方面，它们是见风使舵的好手。

椰子蟹每年都会离开栖居地，前往海岸产卵，并任由卵随波逐流。幼蟹一生下来就会游泳，长大一些后常常爬上岸溜达，在完全成熟后则返回陆地生活，而到了那个时候，它们的父母早已回到椰树林里了。

圣诞岛等东方海域内的小岛原来是没有椰子树的，或许是碰巧有椰子被冲到了岛上，然后落地生根，成功地生存下来。这意味着，椰子蟹也不是一开始就会爬上椰子树、敲碎椰壳取食椰汁的。

这种蟹的经历告诉我们，有的动物是自海洋来到陆地的，同时很多陆蟹的繁殖地依然在海洋中。

如果把地上的石头翻开，或者把开始腐烂的枯树皮撕开，我们便能看到很多又肥又短的木虱四散逃去，不仅如此，我们还能看到它们的"壳"——已经蜕下的壳（角质层），对于这种动物来说，蜕壳意味着长大。不难看出，那些壳就像木虱的塑像一般。类似于蛇蜕，这壳是从身外整个脱落的，还能看出肢的形态。如果想知道它们有多少肢，可以找来死去的木虱或木虱壳；把它们放在黑色的纸上，用带柄的针把肢一对对地剥离开，然而第一次数未必能得到正确答案。正确的数字是19对！这个答案很微妙，因为无论是龙虾还是小虾，抑或是斑节虾，基本上都是19对肢。木虱与它们居然相同。这是其中一个证据——证明陆栖动物木虱的祖先曾是生活在海洋中的等脚甲壳动物[1]。从潮间带上的痕迹来看，有几种动物正在经历木虱曾经经历的冒险。

---

[1] 确切地说是等脚目动物。——作者注

通过深入研究，我们发现一部分等脚目动物是淡水动物，由此可见，陆栖的木虱演化自淡水等脚目动物，而淡水等脚目动物又来自大海。以此类推可知，作为最典型的陆栖动物——蚯蚓（生活在土壤中，以土壤为食料）演化自淡水蠕虫。令人震惊的是，阿尔玛、第洛等几种蚯蚓长有鳃状物，位于头部附近。

从古至今，动物征服陆地的大规模活动一共出现过三次，而且每一次都具有极其重要的意义。第一次，蠕虫上岸后逐渐演变为而今制造土壤及沃土的蚯蚓；第二次，蜈蚣、马陆、蜘蛛之类的节肢动物出现在陆地，不仅呼吸干燥空气，还把花朵与传播花粉的昆虫联系到了一起；第三次，两栖动物来到陆地，应该是以淡水鱼为首。既能在水中生活，又能在陆地上生活的古代两栖动物是爬行动物的祖先，而爬行动物不再生活于水中，但也有一些出于某种原因重新回到了水里。爬行动物又是鸟类与哺乳动物的祖先，由此可见，第三次活动的意义最为重大，是高等动物崛起的前提——它们开始了冒险。

除此之外，还有一系列次要的征服活动，主要涉及木虱、椰子蟹、几种水蜗牛（陆蜗牛与无壳蛞蝓的祖先）等。然而，我们需要记住的是上述三次大活动，也就是蠕虫的出征、昆虫的出征以及两栖动物的出征，这几类动物可谓是历史的缔造者。

来到陆地之后，动物们练就了各种本领，因为相较于海洋，这里的生活要艰难很多，因此若不能行动迅猛，那么就一定得有保护色或遁形术。在陆地上，夏天与冬天的差别，白天与夜晚的不同，其变化程度都比海洋中要大得多，所以动物们必须找到自身的适应方式；面对干旱、尘土、风沙等自然灾害，它们必须找到自保的方法。一部分动物来到陆地不久，便又被迫回到了海中。蚯蚓选择住进地洞，雨蛙选择来到树上，蛞蝓选择夜晚出行。

最关键且最强大的变化，莫过于动物们对天空的征服。在动物史上，一共出现过四次大规模的征服天空的活动：第一次是昆虫的出征——演变出蜻蜓、蝴蝶、蜜蜂以及双翅目昆虫；第二次是一场短暂的胜利——飞龙与翼龙的出征，小的如鸟雀，大的翅展可达 1 英尺，然而没过多久便消失了；第三次是鸟类的出征——它们是最成功的；第四次是蝙蝠的出征，而蝙蝠是哺乳动物。

生物的进步

植物早在几百万年前就占领了海洋与大陆的绝大部分地方，除了深海之外。不过，这种领地的扩张——不管是在海洋还是在陆地，就算生命形态不够完美也不够自由，也是势不可当的。就人类而言，在遥远的过去，文明尚未崛起之前，蛮族就已控制了海洋与陆地。人类与其他动物都还没有开始踏上巨变的征途，却已长时间地占领了地球。在了解了地球上的几次重大革新之后，我们再来看看两性的演变历程吧！

我们在诸如《天方夜谭》之类的传说中常会看到魔鬼变身的情节，例如一只鸟忽然变成了一条蛇，然后又变成了一只蝇，再变成了谷粒，多么令人匪夷所思啊！在生物出现后的若干年中，它们的形态不断地变化着，只是不像魔鬼那样变得很快，也不像魔法那么离奇。无论是动物还是植物，其个体并没有发生巨变——除非来到了新环境，但是前辈与后代之间以及近亲之间却出现了某些不同之处。当下的我们是可以窥见这些差异的，例如牛群中出现了一只没有长角的牛犊；猫群中出现了一只没长尾巴的幼猫；山鸟中出现了一只白色的雏鸟；绵羊群里出现了一只黑色的羊羔；自然界中忽然出现了叶片为铜色的山毛榉、枝条下垂的柳树、鬃毛垂地的马、尾巴羽毛多出一倍的鸽子、叶片开裂的大白屈菜、不长毛的中国狗、多长了一个歧趾的豚鼠；等等。一部分动植物的变化相对较大，其中一些在经历了巨变后就不再大变，然而世代传承中依然会出现新一轮的改变。我们将这种新的变化称为变异及突变。在竞争激烈的大环境中，变异个体被留下，其中拥有成功秘诀者能够生存得很好，而无法适应新环境者则不得不面临淘汰，数量持续减少，直至完全消失。据庞尼特教授的统计：假如每1000只动物中有100只都出现了类似变异，而其中50只掌握了生存密码，那么在延续了100个世代之后，这些动物就都长成了变种的模样。

赛狗大会上有很多变种，主要有艾尔谷犬、寻血猎犬、牧羊犬、腊肠犬、因纽特犬、猎狐犬、灵缇等，基本上每个字母下都能看到一些新品种。这些变种的祖先是狼和胡狼，而变异随时随地在发生，很是神奇。人们把最喜欢的那些挑选出来进行配种和繁育，于是我们在今天看到了很多不同种类的家犬。人类在短期内做到的事情，难道自然界在漫长的岁月里无法做到吗？大自然的工程无异于人类的计划，也在不断地挑选、调试、嫁接、选种、刘芟等，不同的是，前者是自然发生的，而后者是人为干预的。

赛鸽会上的扇尾鸽、凸胸鸽、翻飞鸽、毛领鸽、信鸽、快马鸽等变种无一不是野鸽的后裔，而野鸽至今依旧生活在苏格兰等地的海边洞穴内。在家鸽出现变种后，人们择其优秀者配种繁育，从而"制造"出了上述各类变种。人类在短期内缔造了如此多的变种，可想而知，从有鸟类出现的侏罗纪到今天，大自然在漫长的岁月中留下过多少发明！

从前的人类利用路边山楂树的变异性而培育出了如今的各种苹果。此外，甘蓝菜也有很多种类，例如花椰菜、西蓝花、小簇花椰菜、绿卷心菜，无一不是海边的野生海甘蓝的变种。这些实例给了我们相同的启示。

在遥远的过去，依照地壳的凹凸地势，陆地、海洋、高地、低地等得以形成。在地壳凸出之处，泥、沙、砾等在风化作用下产生了位移，又在压力的作用下变得越来越坚硬，从而形成了泥板岩、砂岩、砾岩等，因此地球表面由古老的岩石层堆叠而成，最下层的距今最为久远，同时会在某些地方出现倾斜以及不规律的地层。我们在远古海洋与湖泊的底部岩石中发现了很多动植物化石，那无疑是内容最确凿的生物历史书籍，而它们所在的岩石层俨然一个摆放着历史图书的书架，位于书架最下层的书无疑是最古老的，然后依照出现的时间层层向上，最上层的书自然是最近面世的。令人惋惜的是，书架残破不全，其中一些是被大火烧毁的；当中的书籍也多有散失，品类不全，好在世代更迭的痕迹仍依稀可见。

岩石层是书架，化石是图书。它们是诚实的，不过我们依然要认真细致地对待它们，只有这样才能看到：若干年前，脊椎动物尚未出现，只有海绵、珊瑚、蠕虫、海百合、三叶虫、海豆芽等无脊椎动物。后来，鱼类诞生了，一开始是软骨鱼，然后是硬骨鱼。很长一段时间之后，两栖动物在前石炭纪出现，而这意味着脊椎动物已经在陆地上有了一席之地，不过仍然没有哪种动物超越两栖动物。当时的两栖动物是今天的蛙类与蟾蜍的祖先。对于两栖动物来说，石炭纪是它们的鼎盛时期，彼时生长在沼泽地带中的石松、木贼等植物纷纷倒下，为煤层奠定了基础。在此后的一纪[①]中，爬行动物来到了世界上。一部分古老的爬行动物早已消失不见，不过它们留下了后裔——鸟类与哺乳动物。

这便是生物进化的内涵。随着时间的推移，动物们变得愈加复杂也愈加独立了，其行为越来越自由、智力越来越发达、心智越来越高级。在此期间，生物们一步步演化着，偶尔会表现出跨越式发展，直到人类横空出世。

适用于动物的学说一定也适用于植物。在很长一段时间里，地球上只有两种植物，那便是海藻与霉菌[②]。后来，植物逐渐来到了干燥的土地，也就是陆地上。曾几何时（该时期留下的化石很罕见），地球上的简单植物十分繁盛，它们类似于我们今天所看到的青苔、地钱等。此后进入了羊齿类植物——例如栉羊齿、桫椤、木贼、石松等植物的"统治期"，而这

---

① 也就是二叠纪。——译者注

② 即藻类与菌类。——译者注

一时期颇为漫长。再后来，从羊齿类植物中演化出了最原始的种子植物，接着又演化出了显花植物。时至今日，地球上的植物大部分都是显花植物。植物的故事很长很晦涩，不过我们必须明白，植物界无异于动物界，植物们在漫长的演化过程中也逐渐变得更美观了。如我们所知，高等动物具有心智，而我们不太确定这种能力是否曾经出现在植物身上。

斯蒂芬森发明了火车，最初有一辆"蒸汽小火车"，有很多缺陷，说不定还撞不过一头牛。毫无疑问，"蒸汽小火车"完全无法与现代火车比肩，其中最为明显的差异是：首先，后者比前者复杂十倍，好比鸟类之于蚯蚓的高级程度；其次，后者更易控制，各组件更为协调，同样类似于鸟类之于蚯蚓的区别。不言而喻，高等动物就像现代火车一样。

上述分析同样适用于两种不同的动物演化路径：第一种，动物（器官及其功能）朝着复杂方向演化，分工更为细致；其次，逐渐发展为更易调试、更加协调的统一体，而这是主要有赖于神经系统的发育、各部位的紧密联系、血液的循环以及化学反应，也就是"激素"对肌体的调整。

在动物的演化过程中，还有另一个必不可少的因素：调整生理构造及机能，以适应环境及特殊功能。以一种生活在非洲的蛇为例，它们属于食卵蛇属，经常闯入其他动物的地穴偷吃卵；它们的牙齿不太好，数量也很少，不过用来吃卵是毫无问题的。如果卵壳破损，那么营养物质就会流失，所以它们先伸出下颚右侧去咬住卵的左侧，再伸展下颚左侧把卵送进口腔后部。其口腔后部的吞咽肌肉较多，所以卵会从那里被整个吞进食道。这种行为看起来很奇妙，也很令人困惑。它们的食道顶部长有带尖的珐琅质牙齿，所以卵在往下滑的时候会被刺破，这样一来，所有的营养都流进了它们体内。它们会吐出卵壳，实际上，这种蛇总是把食物的空壳吐出来。从它们身上，我们看到了复杂的适应性：有起固定作用的牙齿，有可以左右独立运动的颚，有咬合力极强的口腔、有极具弹性的带有利齿的食道。它们很好地体现了环境适应性，而在动物界中，诸如此类的实例数不胜数，植物界亦复如是。当然，我们还需要讲讲那些食道上的利齿：那是很多从颈部脊骨下方开始向下生长的尖锐突起。实际上，很多脊椎动物都有这样的构造，只是这种蛇的突起更为锋利一些，因为它们的习性有其独特的一面。这无疑是大自然的一记妙笔。

动物演化的第二个里程碑是心智的发展，也就是与感情、意志、理解等有关的内心世界的发展，基于此，它们的生活变得更加丰富与自由了。如我们所知，蚂蚁与蜜蜂的心智大不同于猴类与鸟类的心智，但至少在享受、努力、统治这几个方面是一样的。随着生命的发展，内心世界变得越来越重要。生命控制了物质世界，而内心世界却控制着生命。进化论描述了心灵对自由的渴望：变形虫闪着光，珊瑚做着梦，蚂蚁走出暗夜，来到了白日光下。

综上所述，在很早很早之前，生物就已经占领了海洋与陆地，甚至遍及地球的每个角落，并在时光的长河中逐渐变得更加复杂、更易控制，并具有了更强的适应性，尤其是动物们，在心智的作用下，变得更加完善也更加自由了。

演化的成因

有机演化的过程属于生成过程。目前我们所使用的动物区系与植物区系，基本上是由原来较简单的动物区系与植物区系发展而来的，甚至可以追溯至原始时代的不甚清晰的生物体系。巴特勒氏曾将生物的演化过程比喻为音乐，其中的主题与反主题在为人所知后便失去了新意，然而每一次出现却又令人惊奇。其主题与反主题便是觅食与求偶。当今时代的自然生物无一不是物种变异的产物，而这正是"演化"这一概念的简单表述。不过，历经多年，人们依然无法解释进化（有时候是退化）的成因，也就是演化原因论的问题。目前，演化原因论的发展还处于初步阶段，有经验的博物学家虽然承认演化这件事，却从不解释其成因，或者表示怀疑，又或者自认才疏学浅。不过，一部分人——有的认识不清，有的学识不专——把学者们口中的"还无法确认演化的成因"曲解为"学者们对演化这件事还是犹豫"。实际上，经验丰富的博物学家绝不会如此优柔寡断。

对于有机演化的定义，我们还有没有别的说法呢？我们暂时可以这样来描述：有机演化是物种沿着某个方向，或者不同部分沿着不同方向进行的自然变化，在此期间会出现新的形态，产生新的适应性和新的联系，并逐渐趋于稳定及繁荣，这种变化与其祖先的变化保持同步，最后有可能取代其祖先的位置。我们必须对"有机演化"和"发育"做出区分，因为发育是就个体而言的，譬如一个卵细胞发育成一株山毛榉或一只松鼠。我们不能将人类历史等同于有机演化，毕竟人类既能看见过去，又能看见未来，还能对处于身体外部的社会遗产的演化成就进行统计，而这是其他动物做不到的。太阳系的出现及发展也不能被称为有机演化，而应该被称为"起源"。地球等行星从太阳中分离而出的过程与有机演化中的淘汰过程完全不同。星云中的既有"物质及能量"（必须从整体角度来看）在经过分化后，别无选择地形成了太阳系。在有机演化的过程中，很多参与竞争的生物都失去了生存的机会，彻底地消失了。

对于无机物而言，放射变化与有机演化最为类似，例如铀在历经多次变化后生成了氦元素与铅元素的组合，而这种质的变化与物种变化颇为类似。不过，时至今日，物理变化与化学变化的发展都开始放缓，只有有机演化还在有条不紊且紧张地进行着，其中进化（譬如马、大象等物种谱系所体现的变化）比退化（譬如寄生或安静驻守等生存模式）要多一些，生物特征也更明显一些。现代化学家发现了"创造的综合"，而这种现象与"有机演化的综合"很接近。这种成就毫不逊色于孟德尔派配种家或培育者们所"创造"的混合物种。目前，我们很难通过研究来证明在不受人类干预的情况下，无机物是否在进行某些综合过程。不过，生物界的有机演化从未停止脚步，变异频繁出现，"盲蝾"还很活跃，生命还在进步。

若干年来的有机演化过程恢宏至极，令人感慨万千。无数不同形式的生命从中走出，时至今日，地球上的动物已多达 25 万种。古代也好，现代也罢；海洋也好，陆地也罢；地面也好，天空也罢，一直生机勃勃。各色生物在各个角落层出不穷，令人叹为观止。它们会因为环境中的微小变化而改变栖居地，以便让自身顺利地生存下去，令人震惊不已。更为关键的是，在漫长的岁月里，生命越来越先进，心智越来越发达。

新形态的缘起是生命的核心力量，就如同创造是画家或音乐家的核心力量。流苏鹬是一种惹人爱的鸟类，而且几乎没有哪两只雄鸟如出一辙，这就是我们所说的"善变性"。包括雏鸟在内，每只流苏鹬都是独一无二的个体，不同于其他个体。人们经常说孩子"长得像爸爸"或"长得像妈妈"，不过在生物学上并非如此。孩子长得像父母的确不假，但人们往往会忽略不同之处。自豪的父母或许说得没错，世上再没有哪个孩子比自己的孩子更像自己，即使那孩子不够强壮、不够聪明、不够漂亮。然而，除了孪生兄弟或姐妹之外，孩子通常都是独一无二的存在，并非与父母完全一样，因为人类也具有"善变性"。

如前文所述，赛鸽会上可以看到扇尾鸽、凸胸鸽、毛领鸽、快马鸽、冠枭鸽、枭鸽、信鸽、条翼鸽、翻飞鸽、毛腿鸽等很多变种，而这些家鸽都演化自同一种野鸽。这种野鸽现在依旧生活在英国境内多地的海崖上。同样地，原鸡演化出了交趾鸡、多金鸡、汉堡鸡、安达卢西亚鸡、怀恩多特鸡、乌当鸡、丝羽乌骨鸡以及爪哇鸡，也就是矮脚鸡等。我们在今天的印度森林中仍然可以看到许多原鸡。从 16 世纪开始，金丝雀演化出了很多变种；甘蔗、苹果、小麦也是如此。那么，我们该如何解释这样的现象呢？这就像家犬与家马的身体里流淌着野狗与野马的血统。生物的善变性如此强大，令我们叹为观止。

　　饲养家畜，培育植物，人们干预了新物种的生存，如果放任不管，这些新物种恐怕很快就会消失。当然，自然界总是处于变化之中，最为关键的莫过于高尔顿爵士曾提到的"生物的变动"。毫无疑问，一些生物的形态是长期不变的，例如魟鱼，在几百万年里如出一辙。不过，我们在大部分生物种群中时常会发现新的变种，例如搁浅的水母、杜鹃的不同颜色的卵、树懒的脊椎、猿的牙齿、犬峨螺的壳、薯虫的纹路、荠菜的形状以及三色紫罗兰的颜色，等等。由此可见，变异并不仅仅是家畜、家禽与人类农作物的特征，野物种同样会变异。然而，自然界比人类严苛得多，动物们的很多尝试都以失败告终。如果喙长得太短，一只鸽子不但无法生存，甚至连破壳而出的能力都没有。人工繁殖的变种犬类在来到大自然中后，很多都会迅速死亡。

　　至于同类之间的差异，并非都具有演化研究价值。有的差异是环境、食物、习性的变化所致，有的差异是生殖细胞内容的改变所致。我们尚不能确定前一种情况会不会遗传，但是不可否认，后一种情况极具研究价值，理应得到重视。用科学家的话来说，从观测值差中去掉合理的偶然变化值，便能得到变异值。变异创造了有效的变种。

　　一位学者对鳞翅目昆虫的变种情况进行了研究，并收集了很多标本。我们去参观的时候，一提到醋栗蛾，他就笑呵呵地拿出了三个装满了不同变种标本的抽屉，其他很多标本也是这样。总而言之，和流苏鹬的情况差不多。当然，我们需要好好审视那些"变种"标本，因为其中一部分不过是偶然的、临时的改变，例如像缺乏营养的孩子般面无血色，而这类变化并不具有太大的演化研究价值。

　　如果生物的演化史是一部涵盖了所有地质年代与生物年代的电影，从上午9点开始不停地播放，那么人类要等到深夜12点前的几分钟里才会出现。在生物界中，恐怕只有人类洞察到了这出历时弥久的表演，然而尽管如此，人类依旧无法参透自己所扮演的角色。

　　截至目前，博物学家还无法解释清楚有机演化的成因，而哲学家也没有什么发现，只能说着含糊不清的话。然而，尽管如此，从古至今，有机演化可谓硕果累累。我们不得不承认，无论是毁灭还是退化，恶化还是寄生，抑或是灭绝都实实在在地发生过。总的来看，有机演化是一个进步的过程，随着时间的推移，生物变得越来越高级，越来越精细，其心智也得到了提升，也就是说感情、感知、控制力等都得到了发展。人类拥有最高级的心智，所以在理解力、宽容心、控制力等各个方面的表现也最为突出，而且人类的演化从未、也不会停止。